高等教育"十四五"系列教材

U0641865

路由交换技术（第2版）

主　编◎尹淑玲　喻　香　陈晓红
副主编◎文　松　潘　阳　黄　栗
　　　　吕　林　石　柳

课件PPT

华中科技大学出版社
http://press.hust.edu.cn
中国·武汉

内 容 简 介

本书共含 15 个"岗位导向、能力递进"阶梯式项目,分别介绍了网络规划设计、构建小型局域网、虚拟局域网的应用与配置、生成树协议的应用与配置、链路聚合的应用与配置、静态路由的应用与配置、OSPF 路由协议的应用与配置、虚拟路由器冗余协议的应用与配置、访问控制列表的应用与配置、网络地址转换的应用与配置、局域网交换机安全防护、构建无线园区网络、构建 IPv6 园区网络、网络项目综合实践、Python 自动化运维等内容的知识与技能。书中全部项目紧密结合岗位要求,与真实的工作过程一致,符合企业需求。

本书有机融入 HCIA-Datacom(Huawei Certified ICT Associate-Datacom,华为认证网络通信工程师数据通信方向)职业资格证书考试内容,以华为技术有限公司的交换机、路由器和无线控制器等产品为平台,在内容的选取、组织与编排上强调先进性、技术性和实用性,突出理论和实践相结合的特点。

为了方便教学,本书还配有电子课件等资料,任课教师可以发邮件至 hustpeiit@163.com 索取。

图书在版编目(CIP)数据

路由交换技术 / 尹淑玲,喻香,陈晓红主编. -- 2 版. -- 武汉 : 华中科技大学出版社,2025. 2.
ISBN 978-7-5772-1680-5

Ⅰ. TN915.05

中国国家版本馆 CIP 数据核字第 2025D40M56 号

路由交换技术(第 2 版)
Luyou Jiaohuan Jishu (Di-er Ban)

尹淑玲　喻　香　陈晓红　主编

策划编辑：康　序
责任编辑：李　露
封面设计：曹安珂
责任校对：谢　源
责任监印：曾　婷

出版发行：华中科技大学出版社(中国·武汉)　　　电话：(027)81321913
　　　　　武汉市东湖新技术开发区华工科技园　　　邮编：430223

录　　排：武汉三月禾文化传播有限公司
印　　刷：武汉市籍缘印刷厂
开　　本：787mm×1092mm　1/16
印　　张：20.5
字　　数：533 千字
版　　次：2025 年 2 月第 2 版第 1 次印刷
定　　价：58.00 元

前言

PREFACE

计算机网络技术已发展为当代科技领域的引领技术之一，推动着人类文明的发展和进步。在过去的几十年里，网络技术深入各个领域，给人类社会带来了前所未有的影响。党的二十大报告指出，我们要"坚持把发展经济的着力点放在实体经济上，推进新型工业化，加快建设制造强国、质量强国、航天强国、交通强国、网络强国、数字中国"。建设网络强国已成为我国的重大战略决策之一，而要建设网络强国则必须培养大批的网络技术精英，需要大力普及和强化网络知识和技能。

本书根据当前高职高专院校学生的职业需求，基于网络运维工程师岗位要求，对标华为HCIA-Datacom职业资格认证内容和职业技能竞赛网络技术相关赛项内容，校企合作开发了15个项目，从网络规划设计到交换机和路由器的应用，从有线组网到有线无线混合组网，从IPv4到IPv6，从网络项目综合实践到网络自动化运维，内容涵盖了园区网建设中的常用网络设备、网络互联核心技术和网络运维新技术。本书具有以下特点。

（1）理论与实践相结合。本书基于网络工程项目实践应用设计教学项目，并在每一个教学项目中融入理论教学和项目实践，旨在加深学生对知识的理解并提升其技能，从而培养学生完成工作任务及高效解决实际网络问题的能力。

（2）采用项目化编写体例。本书按照"项目介绍"→"学习目标"→"相关知识"→"任务"→"项目总结与拓展"→"习题"的逻辑顺序来组织教学内容。编写时强调能力与技能的持续培养，力求使学生学完本课程后，能够系统掌握网络工程项目的规划、设计、部署与运维等核心技能，达到提升网络职业能力的目的。

（3）配套资源丰富。本书配套的在线课程被评为2022年职业教育国家在线精品课程，课程资源丰富，包括知识点微课视频、任务实施操作视频、电子课件、授课计划、课程标准、电子教案、试题等。有效和实用的资源可以为学生预习、复习、实训，教师备课、授课、实训指导等提供最大的便利。

（4）落实立德树人根本任务。充分认识党的二十大报告提出的"推进文化自信自强，铸就社会主义文化新辉煌"的精神，坚定文化自信。采用电子课件、拓展学习资料等方式将家国情怀、工匠精神融入教材。推进习近平新时代中国特色社会主义思想进教材、进课堂、进头脑，将党的二十大精神落实到位，充分发挥育人实效。

本书是由湖北科技职业学院的尹淑玲老师等基于多年的网络工程实践经验、教学经验及对网络技术的深刻理解编写而成的。读者对象可以是本科类院校、高职类院校的学生、教师，也可以是准备参加 HCIA 和 HCIP 考试的专业人士，以及希望学习更多网络技术知识的技术人员。

本书由湖北科技职业学院尹淑玲、湖北科技职业学院喻香和武汉职业技术学院陈晓红担任主编，湖北科技职业学院文松、深圳市讯方技术股份有限公司华中区交付与服务部总监潘阳、武汉信息传播职业技术学院黄栗、湖北科技职业学院吕林和湖北生物科技职业学院石柳担任副主编。各项目分工为：项目 1、3、4、5、10、11、14、15 由尹淑玲编写，项目 12、13 由喻香编写，项目 7、8 由陈晓红编写，项目 2 和附录由文松编写，项目 9 由潘阳编写，项目 6 由吕林和陈晓红共同编写，黄栗和石柳参与了本书详细的讨论和校正，武汉科云信息技术有限公司为本书配套立体化教学资源的建设提供了重要支持。

为了进一步加强对课程教学的支持，便于教学互动、问题讨论，读者还可以通过智慧职教 MOOC 学院在线学习平台访问和下载本书的相关教学资源，学习网络知识，交流网络技术问题。

本书涉及的知识点和技能点很多，由于编者水平有限，书中难免有不妥和疏漏之处，诚请各位专家、读者不吝赐教！

为了方便教学，本书还配有电子课件等资料，任课教师可以发邮件至 hustpeiit@163.com 索取。

编者
2025 年 1 月

目录

CONTENTS

项目 1 网络规划设计

1.1 项目介绍

网络规划设计是一项综合的系统工程,科学而合理的网络规划设计是成功构建网络的前提,关系到计算机网络各个方面的性能与应用。在进行园区网络规划设计时一定要有全局观念,不仅要充分满足用户对网络的需求,还要遵循可用性、实用性与先进性兼顾、开放性和标准化、可扩展性等原则,选择合理的网络设备来构建层次化的网络结构。

1.2 学习目标

(1)了解网络规划设计原则。
(2)掌握层次化网络模型。
(3)理解模块化网络设计的优点。
(4)能够根据用户需求完成网络规划设计。
(5)能够使用 Visio 软件绘制网络拓扑图。
(6)了解中国从网络大国向网络强国迈进的过程,激发爱国情怀,增强民族自豪感。

1.3 相关知识

◆ 1.3.1 网络规划设计原则

规划设计计算机网络时,需要考虑的问题很多,根据目前计算机网络现状,应遵循以下各项原则。

网络规划

1. 可用性

网络的可用性决定了所设计的网络系统是否能够满足用户应用和稳定运行的需求。可用性是指计算机网络设备可用于执行预期任务的时间占总时间的百分比,百分比越高,意味着设备或系统出现故障的可能性越小,提供正常服务的时间就越长。因此,网络系统的"可用性"通常是由网络设备的"可用性"决定的,主要体现在交换机、路由器、防火墙、服务器等重负荷设备上。

对于大多数设备来说,可用性为百分之百是不可能的,对于一个网络或者系统来说,可用性可以做到接近百分之百。为了保证一个系统能够不间断地提供服务,必须采用特殊的设计，如设备冗余、负载均衡等，从而避免单个设备故障对系统服务产生影响，这种设计也被称为无单点故障设计。另外，在选购网络设备时要选择国内、国际主流品牌的产品，采用主流技术和成熟型号产品，还要注重良好的售后服务。

2. 实用性与先进性兼顾

设计网络系统时应该以注重实用为原则，紧密结合具体应用的实际需求。考虑先进性不等于在网络系统中无原则地采用新技术和新设备，在选择具体的网络技术时一定要同时考虑当前及未来一段时期的主流应用技术。

3. 开放性和标准化

网络系统首先应满足国家标准和国际标准，其次应满足广为流行的、实用的工业标准，只有这样网络系统内部才能方便地从外部快速获取信息。同时，授权后网络内部的部分信息可以对外开放，以保证网络系统适度的开放性。

4. 可扩展性

网络的可扩展性是为了适应用户业务和网络规模发展的需求必须遵循的原则。通常要求核心交换机有两个以上的高速端口，用于维护和扩展（通常用来连接新增的下级交换机）。在设计网络之初，不能只想到当前所需的端口数而把高速端口全部占用。在服务器的可扩展性方面，要求所选的服务器秉持"按需扩展"的理念，即可以在需要时随时扩展，而不必在购买时一次到位。服务器的可扩展性主要由所支持的对称处理器数量、内存最大容量、磁盘数量等指标来决定。

5. 安全性

如何保证网络运行和通信安全是网络设计中的重要问题。网络安全涉及许多方面，最明显、最重要的就是对外界入侵、攻击的检测与防护。现在的网络几乎时刻都要受到外界的安全威胁，稍有不慎就会被病毒、黑客入侵，致使整个网络瘫痪。在一个安全措施完善的计算机网络中，不仅要部署病毒防护系统、防火墙隔离系统，还要部署入侵检测系统、木马查杀系统和物理隔离系统等。当然，所选用系统的等级要根据网络的规模和安全需求确定，并不一定要求每个网络系统都全面部署这些防护系统。

除了病毒、黑客入侵外，网络系统的安全性需求还体现在用户对数据的访问权限上，一定要根据对应的工作需求为不同用户、不同数据配置相应的访问权限，对安全级别需求较高的数据则要采取相应的加密措施。同时，对用户账户，特别是高权限账户的安全也应给予高度重视，要采取相应的账户防护策略（如密码复杂性策略和账户锁定策略等）保护用户账户，以防被非法用户盗取。

6. 可管理性与高性价比

随着网络规模的扩大和复杂程度的提高，系统管理和故障排除越来越困难。网络设计要具备先进而完善的网络管理软件系统和硬件系统。一个可管理的网络可以使管理员很方便地对网络进行监测、维护和升级。

网络的高性价比强调用尽可能少的支出组建一个满足用户需求、高效、稳定、具备良好的可扩展性、易管理与维护的网络，也就是通常所说的"用最少的钱，办最多、最好的事"。

◆ **1.3.2 层次化网络模型**

在构建计算机网络时，为了使网络工作更有效率，工程人员普遍采用三层结构的层次化网络模型,如图 1-1 所示,这样设计出的网络高效、智能、可扩展和容易管理。

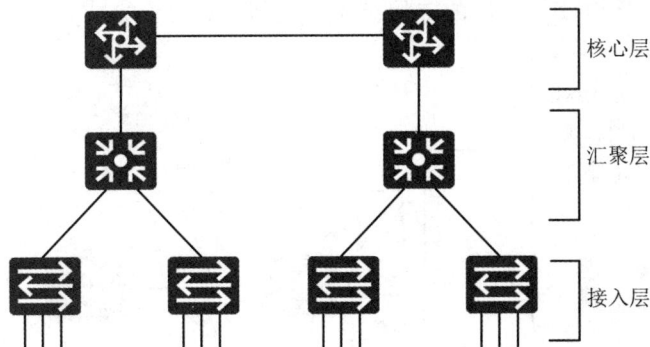

网络设计

图 1-1 层次化网络模型

1. 接入层

接入层位于连接到网络的终端用户处。该层的设备有时被称为大楼接入交换机,其必须具备下述特性。

(1)低交换机端口成本。

(2)高端口密度。

(3)具有连接到高层的可扩展上行链路。

(4)具有用户接入功能。

(5)使用多条上行链路提供弹性。

2. 汇聚层

汇聚层将园区网的接入层和核心层连接起来。该层的设备有时被称为大楼汇聚交换机,其必须具备下述特性。

(1)汇聚多台接入层交换机。

(2)较高的第三层分组处理吞吐量。

(3)使用访问控制列表、分组过滤器提供安全和基于策略的连接。

(4)QoS 特性。

(5)连接到核心层和接入层的高速链路具有可扩展性和弹性。

在汇聚层中,来自接入层设备的上行链路被聚合在一起。汇聚层交换机必须能够处理来自所有连接的设备的总流量。这些交换机必须拥有能提供高速链路的端口密度,以支持所有接入层交换机。

VLAN 和广播域在汇聚层聚合在一起,需要支持路由选择、过滤和安全。该层的交换机还必须能够执行高吞吐量的多层交换。

3. 核心层

园区网的核心层连接所有的汇聚层设备。核心层有时也被称为骨干,必须能够尽可能高效地交换数据流。该层的设备有时被称为园区网主干交换机,其必须具备下述特性。

(1)第二层和第三层的吞吐量高。

(2)不执行高成本或不必要的分组处理。

(3)支持高可用性的冗余和弹性。

(4)QoS 特性。

在有些情况下,可以简化网络的层次结构。例如,当企业或者学校等单位的计算机数量较少时，可以采用二层结构的局域网，将汇聚层和核心层合并，以简化设计和节省成本。图 1-2 所示的网络是某学校某部门的二层结构的局域网。

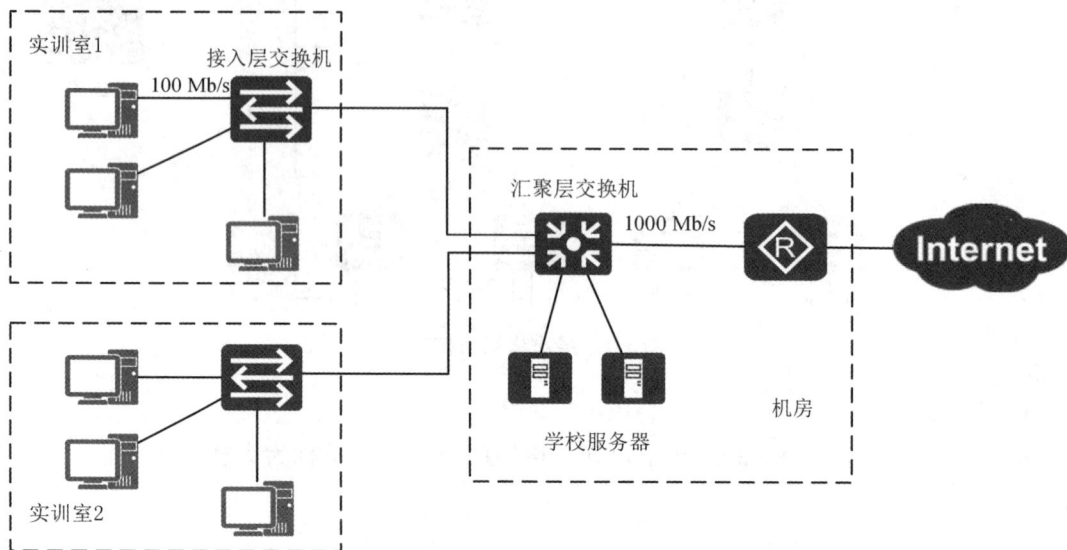

图 1-2　二层结构的局域网

图 1-2 所示的网络包含两间实训室和一间机房。每间实训室部署一台接入层交换机，接入层交换机通常接口（又称端口）较多，带宽通常为 100 Mb/s。各实训室的接入层交换机连接本实训室的计算机。在学校机房部署一台汇聚层交换机，各个实训室的交换机和学校服务器连接到机房汇聚层交换机。汇聚层交换机的端口不一定多，但接口带宽要比接入层交换机的高，通常为 1000 Mb/s，价格比接入层交换机的贵。通常，汇聚层交换机还要通过路由器接入 Internet。

当企业或者学校等单位的网络规模较大时，可以使用三层结构的局域网，如图 1-3 所示。

在图 1-3 所示的某高校网络中，两个部门都有自己的实训室和网络。各部门的汇聚层交换机连接到网络中心的核心层交换机，学校为各部门提供 Internet 接入。通常，核心层交换机的接口带宽要比汇聚层交换机的高，价格也更贵。学校服务器接入核心层交换机，为整个学校提供服务。

1.3.3　模块化网络设计

前面介绍过，最好使用三层结构的层次化网络模型来组建和维护网络。我们还可以使用模块化方法合理地设计园区网，在这种方法中，层次化网络模型的各层被划分为基本的功能单元。可适当地调整这些单元（模块）的规模并将它们连接起来，以支持未来的扩展和扩容。

可以将园区网划分为如下模块。

（1）交换模块：一组接入层交换机及与它们相连的汇聚层交换机。

（2）核心模块：园区网主干。

（3）服务器群组模块：一组企业服务器及与它们相连的接入层和汇聚层交换机。

（4）管理模块：一组网络管理资源及与它们相连的接入层和汇聚层交换机。

（5）企业边缘模块：一组与外部网络接入相关的服务及与它们相连的接入层和汇聚层

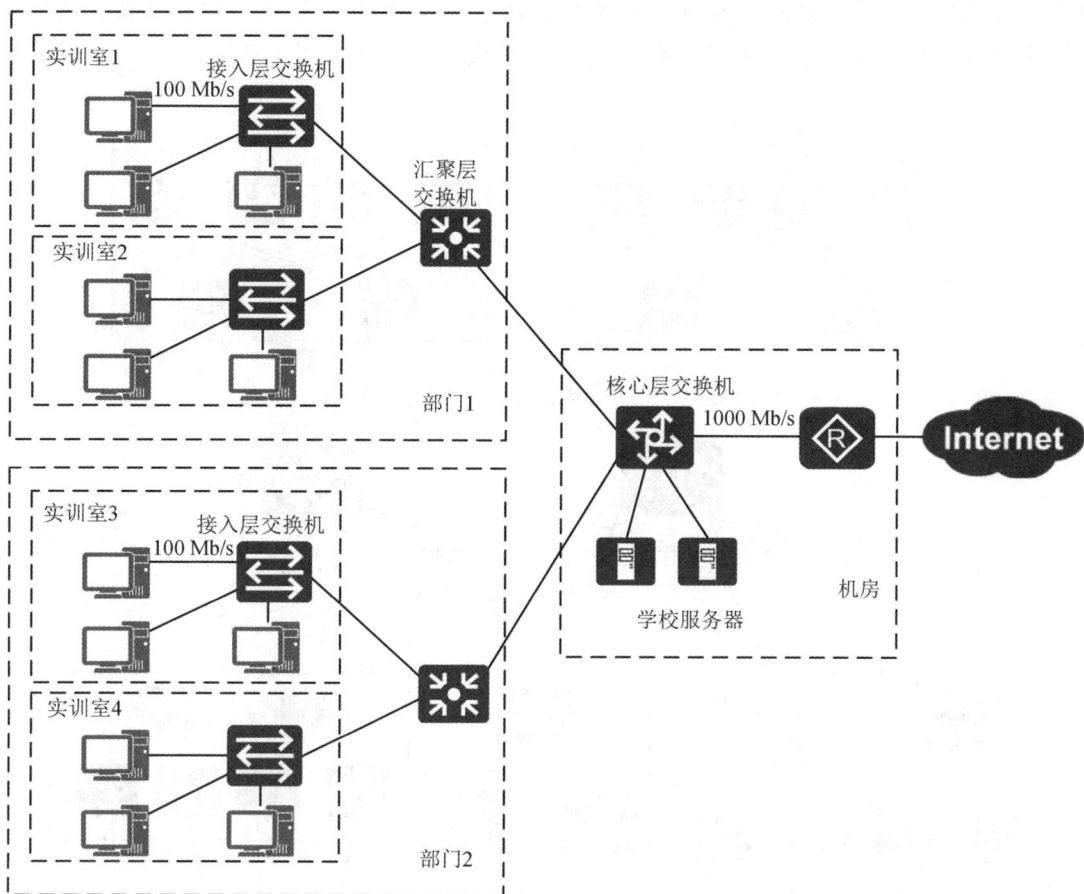

图 1-3　三层结构的局域网

交换机。

（6）服务提供商边缘模块：所使用的外部网络服务，企业边缘模块同它们交互。

所有这些模块的集合被称为企业复合网络模型。其中，交换模块和核心模块是用于组建园区网的基本模块，其他模块对实现园区网的整体功能没有太大的帮助，但可以单独设计它们并将它们加入网络。图 1-4 展示了模块化网络的基本结构。请注意每个模块的功能和位置，同时注意它们如何与核心模块相连。

1. 交换模块

前面介绍过，网络被分为接入层、汇聚层和核心层。交换模块包含接入层和汇聚层的交换机。所有交换模块都与核心模块相连，从而提供跨越园区网的端到端的连接。

交换模块包含第二层和第三层功能，这些功能位于接入层和汇聚层。第二层交换机位于接入层中，将终端用户接入园区网。每个终端用户占用一个交换机端口，因此每个用户都有专用的带宽。每台接入层交换机都与汇聚层交换机相连。第三层功能以路由选择和其他网络服务（安全、服务质量等）的形式由汇聚层交换机提供，因此，汇聚层交换机应该是多层交换机。

图 1-5 说明了典型的交换模块设计。在第三层，两台汇聚层交换机使用一种网关冗余协议来提供一个活动的 IP 网关和一个备用网关。

2. 核心模块

在园区网中，需要使用核心模块来连接多个交换模块。由于在交换模块、服务器群组模块和企业边缘模块之间传输的数据流必须穿越核心模块,因此必须尽可能提高核心模块的效率和弹性。核心模块是园区网的基石,它传输的数据流比其他任何模块都多。

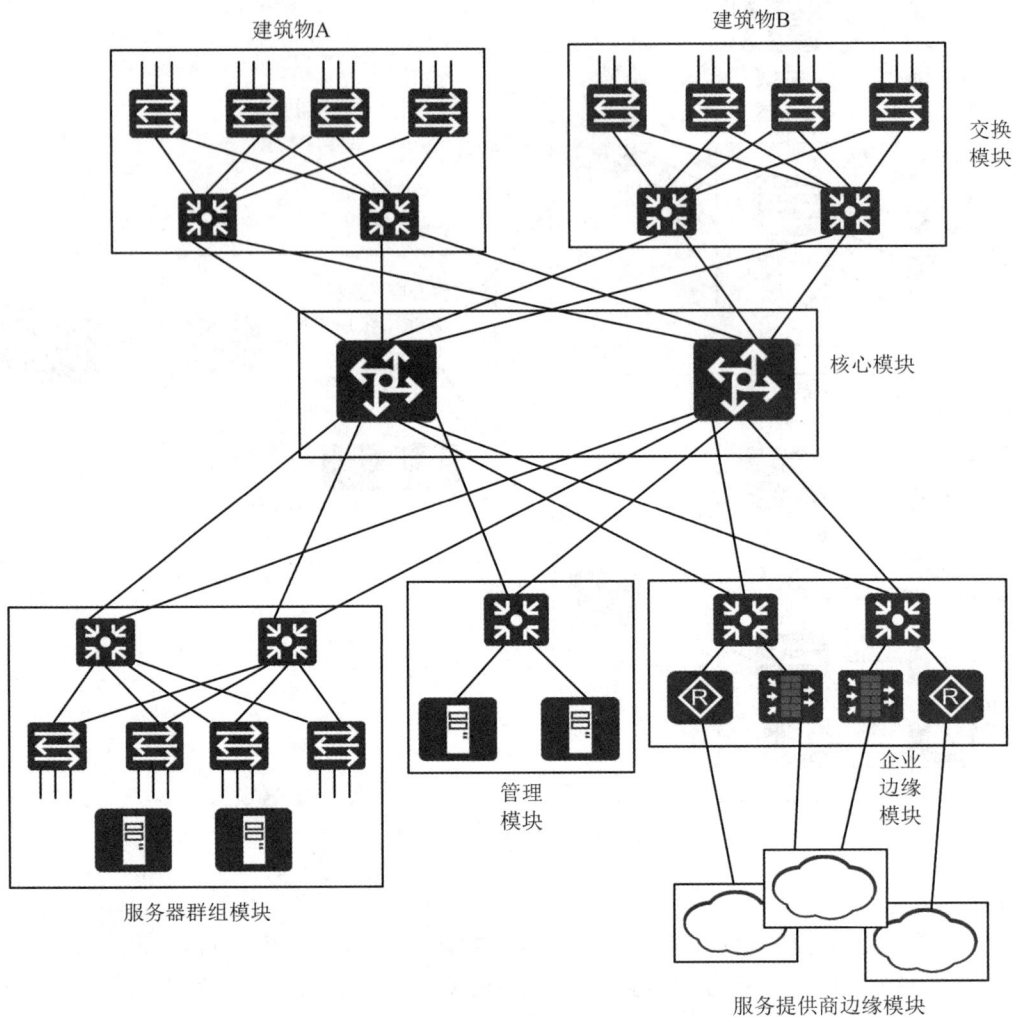

图1-4 模块化网络的基本结构

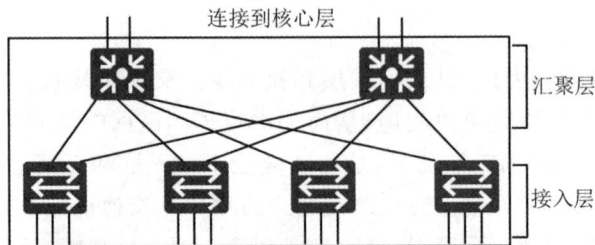

图1-5 典型的交换模块设计

　　网络核心可采用任何技术(帧、信元或分组)来传输数据。很多园区网使用吉比特和10吉比特以太网作为核心技术。这里只介绍以太网核心模块。

　　核心模块可能只包含一台多层交换机,连接两条来自汇聚层交换机的冗余链路。鉴于核心模块在园区网中的重要性,核心模块应包含多台相同的交换机以提供冗余。

可根据园区网的规模选择紧凑核心模型或双核心模型。

（1）紧凑核心模型。

使用紧凑核心模型时，将核心层合并到汇聚层中，汇聚层和核心层的功能都由同一台交换机提供，如图 1-6 所示。在规模较小的园区网中没必要提供独立的核心层，经常采用这种模型。

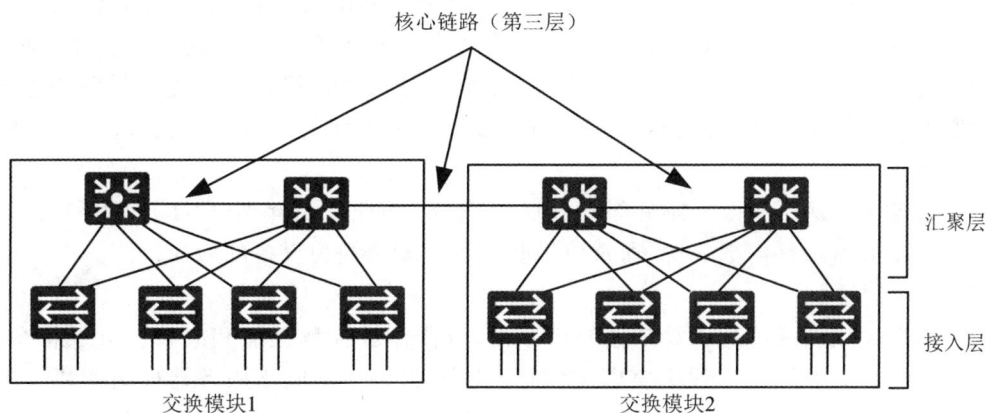

图 1-6　紧凑核心模型

（2）双核心模型。

双核心模型以冗余的方式连接多个交换模块，如图 1-7 所示，核心模块是独立的，没有合并到其他模块或层中。

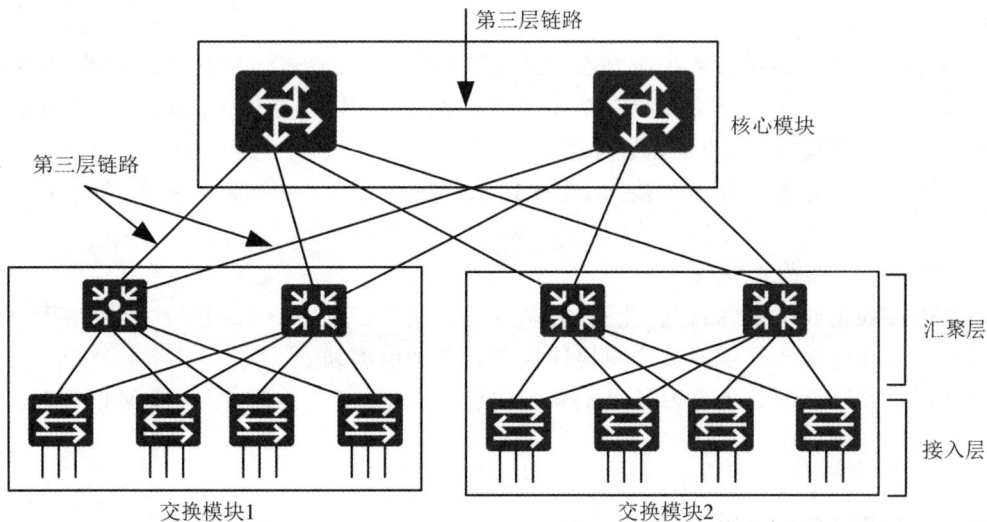

图 1-7　双核心模型

3. 其他模块

园区网中的其他资源可以纳入模块模型。例如，服务器群组由多台服务器组成，这些服务器用于运行各种用户需要访问的应用程序。这些服务器需要是可扩展的以支持未来的扩容，其可访问性必须非常高。

为满足这些要求，可以将资源组成模块，并像常规交换模块那样组织和放置它们。这些模块必须包含由交换机组成的汇聚层，有直接连接到核心层的冗余上行链路，还应包含企业资源。

（1）服务器群组模块。

大多数企业用户访问的服务器或应用程序通常已经属于某个服务器群组。可将整个服务器群组作为独立的交换模块，并为其提供由接入交换机组成的接入层，这些交换机通过上行链路连接到两台汇聚层交换机，再使用冗余的高速链路将这些汇聚层交换机连接到核心层。

每台服务器可以有一条到某台汇聚层交换机的网络链接。然而，这意味着存在单点故障。如果使用冗余的服务器，应将其连接到另一台汇聚层交换机。一种更富弹性的方法是，为每台服务器提供两条网络链接，每条分别连接到两台不同的汇聚层交换机。这被称为双宿主服务器。

企业服务器的例子有电子邮件服务、内联网服务、企业资源计划（ERP）应用和大型机系统等。这些服务器都是内部资源，通常位于防火墙或安全周边设备的后面。

（2）管理模块。

常常需要使用网络管理工具来监控园区网，以便能够检测性能和故障。可以将全部网络管理应用组成一个网络管理交换模块（即管理模块）。这不同于服务器群组模块，因为网络管理工具并非大多数用户都需要访问的企业资源。相反，这些工具将访问园区网中的其他网络设备、应用服务器和用户活动。

网络管理交换模块通常包含一个连接到核心层交换机的汇聚层。这些设备用于检测设备和连接故障，因此其可用性非常重要。应使用冗余链路和冗余交换机。

此模块中的网络管理资源包括：网络监控应用、系统日志（syslog）服务器、AAA 服务器、策略管理应用等。

（3）企业边缘模块。

大多数园区网都必须在某些地方连接到服务提供商，以便能够访问外部资源，这常被称为企业或园区网的边缘。相关资源在整个园区网都是可用的，必须为其设置一个可连接到网络核心的独立交换模块，即企业边缘模块。

边缘服务通常分为 Internet 接入、远程接入、VPN 接入、电子商务接入、WAN 接入等几类。

（4）服务提供商边缘模块。

每家连接到企业网络（简称企业网）的服务提供商都必须有自己的层次化网络设计。服务提供商网络通过服务提供商边缘模块连接到企业边缘模块。

服务提供商网络的结构也遵循这里介绍的设计原则，换句话说，服务提供商只不过是另外一个企业园区网。

1.4 【任务1】校园网规划设计

1.4.1 任务描述

A 高校有教学楼、办公楼、图书馆、宿舍楼等共 20 栋楼宇，学校管理、教育科研、电子教学、远程教育和互联网的引入，以及与对外技术交流与合作服务等有关的大量业务需求，要求校园网是一个实用、可靠性高、效率高、可扩展性高、安全性高的系统。通过前期沟通，分析该校园网用户业务功能需求如下。

（1）要适应学校的网络特点要求。用户数量庞大，网络应用复杂，不能在终端上限制网络用户行为，只能在网络设备上解决网络问题。

（2）要具备可靠性。确保网络系统具有一定的冗余，容错能力强。

（3）要具有先进的技术性。支持线速转发，具备高密度的万兆端口，核心设备支持 T 级以上的背板设计，可硬件实现 ACL、QOS、组播等技术。

（4）要具备安全性。不以牺牲网络性能为代价，实现病毒和攻击的防护、用户接入控制、路由协议安全。

（5）要易于管理。具备网络拓扑发现、网络设备集中统一管理、性能监视和预警、分类查看管理事件的能力。

（6）要能实现弹性扩展。包括背板带宽、交换容量、转发能力、端口密度、业务能力的可扩展，以满足学校未来业务发展的需要。

（7）要实现校园网用户无线接入网络。有线网络和无线网络相融合，保证校园网用户可以在校园内的任何地方接入校园网。

试完成该校园网项目的拓扑结构设计及网络设备选型。

◆ 1.4.2 任务分析

综合上述需求，考虑建成后的校园网络具有大规模、大流量分布式应用服务的特点，整个校园网系统采用"万兆主干、千兆支干、百兆交换桌面"，校园网络结构应采用"接入层、汇聚层、核心层"的层次化三层网络结构设计。

核心层位于中心机房，负责整个校园网的资源共享、数据存储和备份、应用管理等，为了保障骨干网络的稳定性，核心层设计应采用双机冗余热备份，采用两台高性能万兆核心路由交换机。

汇聚层负责校园各建筑楼的信息汇聚交换，并实现核心层与接入层设备的可靠连接，因此，每栋楼都应部署一台汇聚层交换机，承担该栋楼内的路由转发功能等。汇聚层交换机的主要工作是汇聚接入层的用户流量，进行数据分组传输的汇聚、转发与交换，根据接入层的用户流量进行数据分组管理、安全控制、IP 地址转换、流量整形等，再根据处理结果把用户流量转发到核心层或在本地进行路由处理。

接入层将用户终端接入网络，再通过上层链路连接到所在楼的汇聚层交换机。接入层交换机要根据终端数量、端口速率、VLAN 功能及网管性能等来进行选择。

为了保障网络安全，在校园网出口处应该部署防火墙和 VPN 设备。使用防火墙控制外部网络和内部网络之间的访问，通过 VPN 设备方便校外用户访问内部校园网络。

要根据需求部署各种各样的服务器，对外提供 WWW、DNS、FTP 等服务器，对内提供教务管理、办公自动化、精品课程、教学资源库等服务器。在校园网出口处可以部署路由器设备，将校园网接入相应的 ISP 的路由器，实现将校园网连接到 Internet，同时连接到 CERNET（China Education and Research Network，中国教育和科研计算机网）。

为了实现无线网络接入服务，使用 AC＋FIT AP 方案在校园网中部署无线局域网，该方案既可以保证实现无缝漫游和可管理性，又能满足后期网络扩展的需求。

◆ 1.4.3 任务实施

1. 校园网拓扑设计

根据任务分析结果构建该校园网的拓扑结构，如图 1-8 所示。

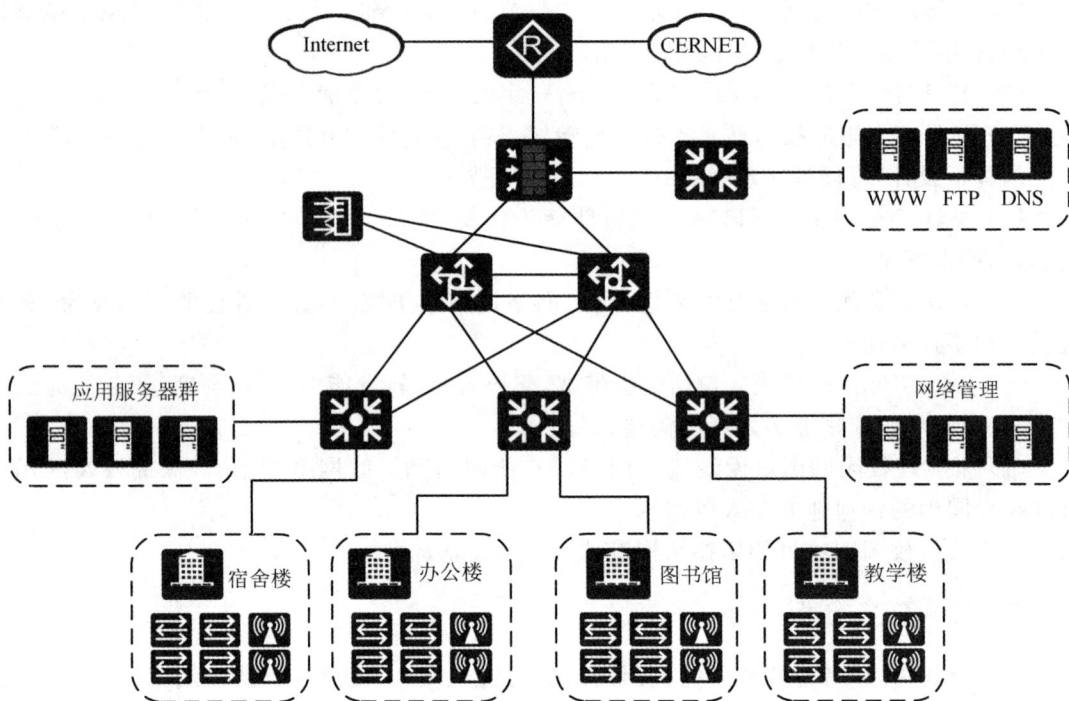

图 1-8　校园网拓扑结构

2. 教学项目网络拓扑设计

图 1-8 所示的是校园网拓扑结构，我们采用一个简化版本来进行模拟调试，如图 1-9 所示。

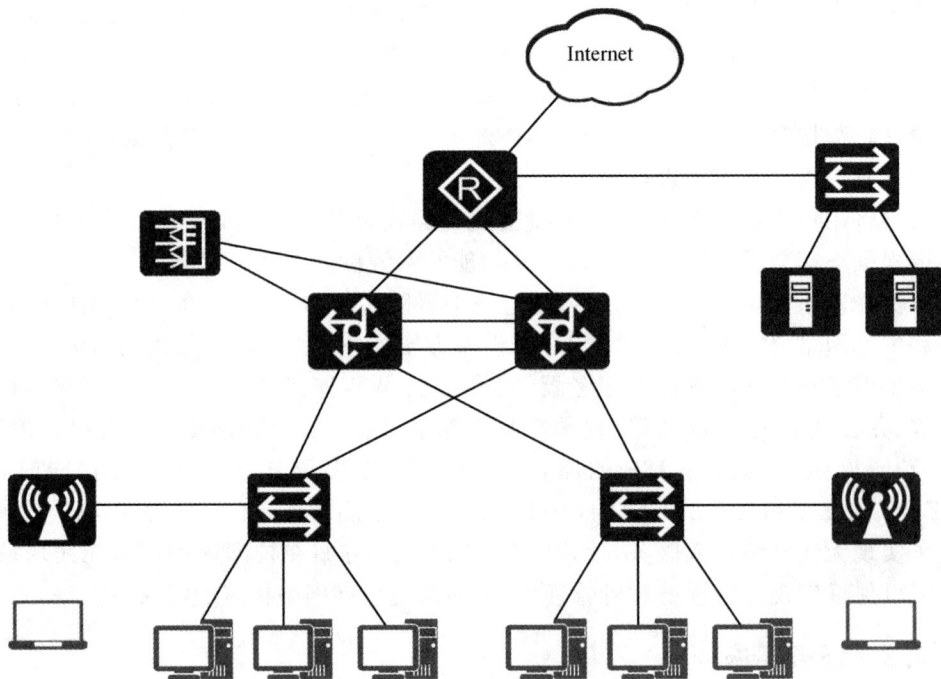

图 1-9　校园网简化拓扑结构

3. 网络设备选型

根据网络功能及资金预算,出口路由器选择华为 AR2200,核心层交换机选择华为 S9700,汇聚层交换机选择华为 S7706,接入层交换机选择华为 S5720,无线控制器选择华为 AC6605,无线接入点选择华为 AP5030DN-S,满足网络功能需求及可扩展性要求。

1.5 【任务2】校园网拓扑结构绘制

◆ 1.5.1 任务描述

在网络工程项目中,网络拓扑图是网络规划、设计和维护中必不可少的工具,它能够直观地展示网络中各个设备之间的连接关系和通信方式,帮助工程师更好地理解和管理网络。因此,绘制网络拓扑图是网络工程师的必备技能。

◆ 1.5.2 任务分析

目前用于绘制网络拓扑图的软件有很多种,这里以 Visio 软件为例介绍绘制网络拓扑图的主要步骤。Visio 是一款功能强大且易于使用的绘图工具,其广泛用于绘制各类图表,包括网络拓扑图。

◆ 1.5.3 任务实施

1. 运行 Visio 软件

打开 Visio 软件并新建文档,如图 1-10 所示,在模板选择界面选择"网络"分类。

选择适合的模板并开始绘制。这里选择"详细网络图",进入如图 1-11 所示的界面。

图 1-10　绘图类别选择

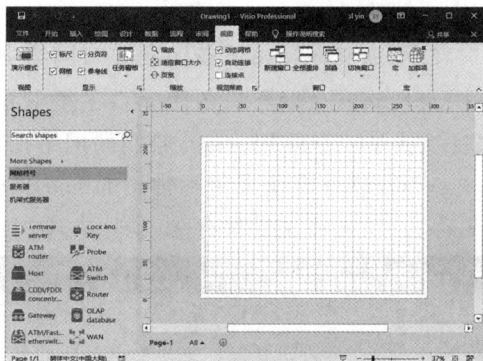

图 1-11　绘制详细网络图界面

2. 绘制图元

在图 1-11 所示的左侧图形列表中选择"网络符号"选项,在图元列表中选择交换机对应的选项,按住鼠标左键,将交换机拖到右边窗口中的相应位置,然后松开鼠标左键,得到一个交换机图元,如图 1-12 所示。

除了 Visio 自带的图标,我们还可以使用计算机中的其他的图片,例如,我们可以通过复制粘贴的方法,把华为的网络设备图标粘贴到窗口,如图 1-13 所示。

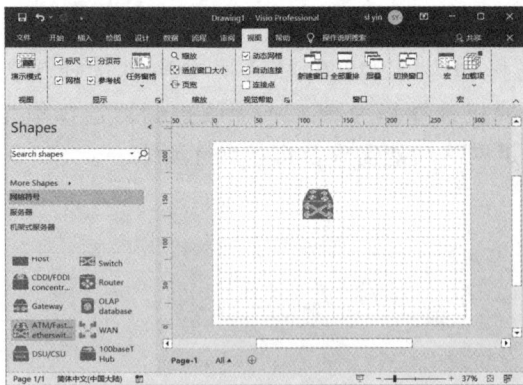

图 1-12　绘制图元

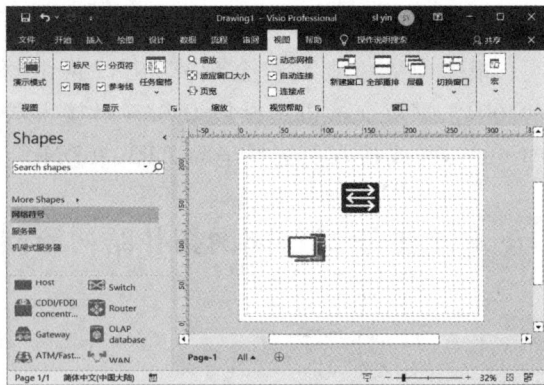

图 1-13　把华为的网络设备图标粘贴到窗口

3. 为图元标注文本

下面为网络拓扑图中的设备添加标注，选择指针工具，在要添加标注的设备上双击鼠标左键，然后在弹出的文本框中输入标注文本即可，如图 1-14 所示。

4. 绘制图元连接线

绘制连接线，将接入层交换机和 PC 连接起来。从"开始"选项卡"工具"组的"形状"按钮列表中选择"线条"绘制工具，如图 1-15 所示。将鼠标光标移至要连接的图形边缘处，

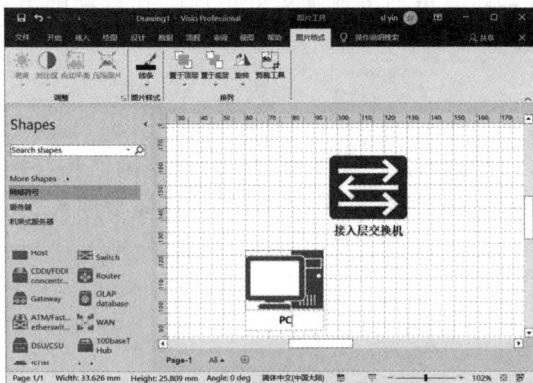

图 1-14　为图元标注文本

按住鼠标左键不放，沿着线条绘制方向拖动鼠标，至目标位置后释放鼠标左键，结果如图 1-16 所示。

5. 添加其他网络设备图元并与网络中的相应设备图元连接

最后将其他网络设备图元一一绘出并与网络中的相应设备图元连接起来。本项目中的图 1-9 就是一个使用 Visio 绘制的网络拓扑图。

Visio 软件默认采用不常用的 vsdx 格式，为了方便非专业人士查看文件，建议可以通过"另存为"功能将文件保存为 jpeg 格式。

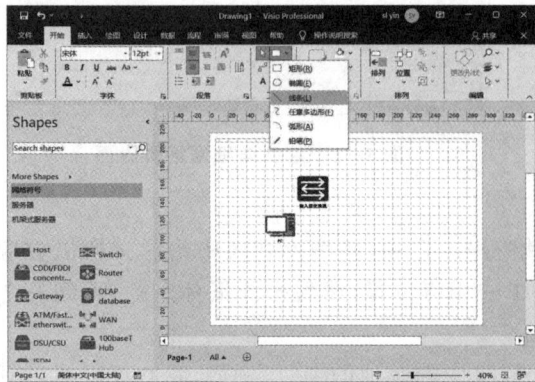

图 1-15　选择"线条"绘制工具

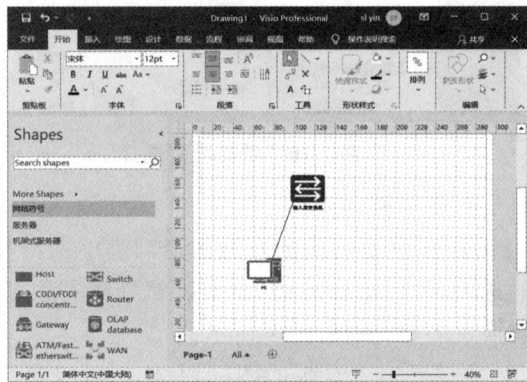

图 1-16　绘制图元连接线

1.6 项目总结与拓展

本项目介绍了网络规划设计原则,并详细描述了层次化网络模型和模块化网络设计。最后给出了校园网规划设计与校园网拓扑结构绘制任务供大家参考。

网络强国新征程

1.7 习题

1. 选择题

(1)将园区网划分为层次化网络结构进行设计的目的是什么?

A. 便于文档化   B. 遵循组织策略和政治策略

C. 使网络具有可预见性和可扩展性   D. 提高网络的冗余性和安全性

(2)建议在层次化园区网设计模型中使用多少层的网络结构?

A. 一层   B. 二层   C. 三层   D. 七层

(3)最终用户应连接到层次结构中的哪一层?

A. 接入层   B. 汇聚层   C. 核心层   D. 通用层

(4)汇聚层设备通常运行在 OSI 模型的哪一层?

A. 第一层   B. 第二层   C. 第三层   D. 第四层

(5)下列哪项服务通常位于企业边缘模块中?

A. 网络管理   B. 终端用户

C. 电子商务服务器   D. VPN 接入和远程接入

2. 问答题

(1)简述层次化网络结构设计的优点。

(2)采用模块化网络设计方法设计出的网络包含哪些基本模块?

(3)如何在交换模块和核心模块中提供冗余?

(4)在核心模块设计中使用多少台交换机就足够了?

(5)为什么将网络管理应用和服务器放在一个独立的模块中?

项目 2 构建小型局域网

2.1 项目介绍

交换机是构建园区网的常用设备,园区网依赖交换机分隔网段并实现高速连接。在简单场景中,交换机作为多台主机的中心连接点用来构建简单局域网;在复杂场景中,交换机可以连接一台或多台其他交换机用来构建大型局域网。

2.2 学习目标

(1) 理解交换机的工作原理。
(2) 熟悉交换机的基本配置命令。
(3) 能够使用交换机构建简单局域网。
(4) 能够对交换机进行管理安全配置。
(5) 通过了解局域网发展史,培养优胜劣汰的忧患意识。

2.3 相关知识

2.3.1 交换机工作原理

交换机基本工作原理

交换机工作在数据链路层,能对数据帧进行相应的操作。以太网数据帧遵循 IEEE 802.3 格式,其中包含了目的 MAC 地址和源 MAC 地址。交换机根据源 MAC 地址进行地址学习和 MAC 地址表的构建;再根据目的 MAC 地址进行数据帧的转发与过滤。

1. 以太网帧格式

网络层的数据包被加上帧头和帧尾,就构成了可由数据链路层识别的以太网数据帧(简称以太网帧,数据帧)。虽然帧头和帧尾所用的字节数是固定不变的,但根据被封装数据包大小的不同,以太网数据帧的长度也随之变化,变化的范围是 64～1518 字节(不包括 7 字节的前导码和 1 字节的帧起始定界符)。

以太网帧的格式有两个标准:一个是由 IEEE 802.3 定义的,称为 IEEE 802.3 格式;一个是由 Xerox、DEC、Intel 这 3 家公司联合定义的,称为 Ethernet Ⅱ 格式。目前的网络设备都可以兼容这两种格式的帧,但 Ethernet Ⅱ 格式的帧使用得更加广泛。通常,绝大部分的以太网帧使用的都是 Ethernet Ⅱ 格式,而承载了某些特殊协议信息的以太网帧才使用 IEEE 802.3 格式。

以太网帧的 Ethernet Ⅱ 格式如图 2-1 所示。

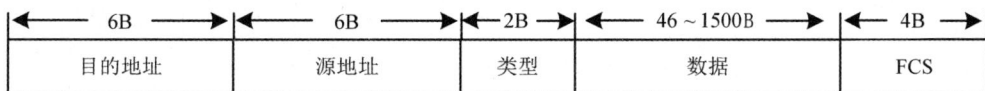

6B	6B	2B	46~1500B	4B
目的地址	源地址	类型	数据	FCS

图 2-1   以太网帧的 Ethernet Ⅱ 格式

其中,各个字段的意义如下。

(1)目的地址:接收端的 MAC 地址,长度为 6 字节。

(2)源地址:发送端的 MAC 地址,长度为 6 字节。

(3)类型:数据包的类型(即上层协议的类型),例如 0x0806 表示 ARP 请求或应答,0x0800 表示 IP 协议。

(4)数据:被封装的数据包,长度为 46~1500 字节。

(5)FCS:用于错误检验,长度为 4 字节。

Ethernet Ⅱ 格式的主要特点是通过类型域标识了封装在帧里的上层数据所采用的协议,类型域是一个有效的指针,通过它,数据链路层可以承载多个上层协议。但是,Ethernet Ⅱ 没有标识帧长度的字段。

2. MAC 地址学习

为了转发数据,以太网交换机需要维护 MAC 地址表。MAC 地址表的表项中包含了与本交换机相连的终端主机的 MAC 地址及本交换机连接主机的端口等信息。

在交换机刚启动时,它的 MAC 地址表中没有表项,如图 2-2 所示。此时如果交换机的某个端口收到数据帧,它会把数据帧从接收端口之外的所有端口发送出去,这被称为泛洪。这样,交换机就能确保网络中其他所有的终端主机都能收到此数据帧。但是,这种广播式转发方式的效率低下,占用了太多的网络带宽,并不是理想的转发方式。

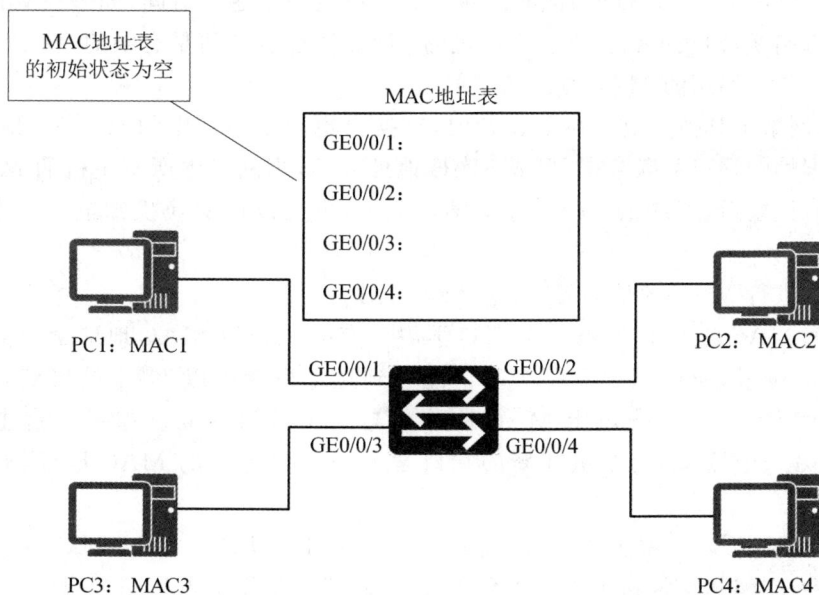

图 2-2   MAC 地址表初始状态

为了能够仅转发数据到目标主机,交换机需要知道终端主机的位置,也就是需要知道主机连接在交换机的哪个端口上。这就需要交换机进行 MAC 地址学习。

交换机通过记录端口接收数据帧的源 MAC 地址和端口的对应关系来进行 MAC 地址学习,如图 2-3 所示。

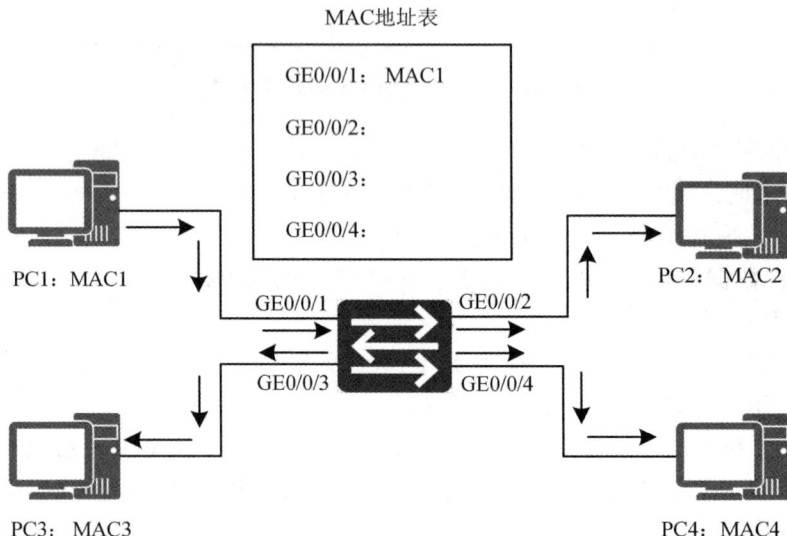

MAC 地址表

GE0/0/1: MAC1

GE0/0/2:

GE0/0/3:

GE0/0/4:

PC1:MAC1

GE0/0/1   GE0/0/2

GE0/0/3   GE0/0/4

PC2:MAC2

PC3:MAC3

PC4:MAC4

图 2-3 MAC 地址学习

在图 2-3 中,PC1 发出数据帧,其源地址是自己的物理地址 MAC1,目的地址是 PC4 的物理地址 MAC4。交换机在 GE0/0/1 端口收到该数据帧后,查看其中的源 MAC 地址,并将该地址与接收到此数据帧的端口关联起来添加到 MAC 地址表中,形成一条 MAC 地址表项。因为 MAC 地址表中没有 MAC4 的相关记录,所以交换机把此数据帧从接收端口之外的所有端口发送出去。

交换机在学习 MAC 地址时,同时给每条表项设定一个老化时间,如果在老化时间到期之前一直没有刷新,则表项会清空。交换机的 MAC 地址表空间是有限的,设定表项老化时间有助于收回长久不用的 MAC 地址表空间。

同样,当网络中其他主机发出数据帧时,交换机也会记录其中的源 MAC 地址,并将其与接收到数据帧的端口关联起来,形成 MAC 地址表项,当网络中所有主机的 MAC 地址在交换机中都有记录后,意味着 MAC 地址学习完成,也可以说交换机知道了所有主机的位置,如图 2-4 所示。

交换机在进行 MAC 地址学习时,遵循以下原则。

(1) 一个 MAC 地址只能被一个端口学习。交换机进行 MAC 地址学习的目的是知道主机所处的位置,所以只要有一个端口能够到达主机就可以,多个端口到达主机反而会造成带宽浪费,所以系统设定 MAC 地址只与一个端口关联。如果一台主机从一个端口转移到另一个端口,交换机在新的端口学习到了此主机的 MAC 地址,则会删除原有的表项。

(2) 一个端口可以学习多个 MAC 地址。一个端口可以关联多个 MAC 地址,比如端口连接到另一台交换机,交换机上连接多台主机,则此端口会关联多个 MAC 地址。

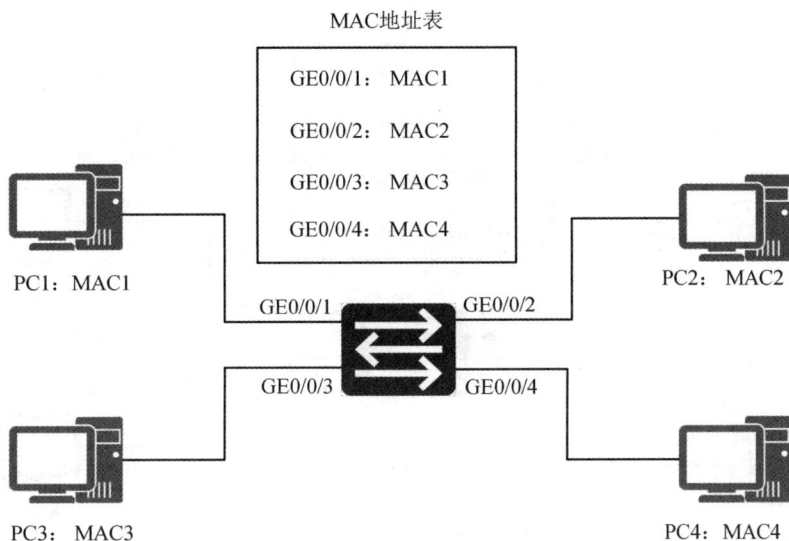

图 2-4　完整的 MAC 地址表

3. 数据帧的转发决策

MAC 地址表学习完成后,交换机根据 MAC 地址表项进行数据帧转发。在进行转发时,遵循以下规则。

（1）对于已知单播数据帧（即帧目的 MAC 地址在交换机 MAC 地址表中有相应表项）,从帧目的 MAC 地址相对应的端口转发出去。

（2）对于未知单播数据帧（即帧目的 MAC 地址在交换机 MAC 地址表中无相应表项）、组播帧和广播帧,从接收端口之外的所有端口转发出去。

在图 2-5 中,PC1 发出数据帧,其目的地址是 PC4 的地址 MAC4。交换机在端口 GE0/0/1 收到该数据帧后,查看目的 MAC 地址,然后检索 MAC 地址表项,发现目的 MAC 地址 MAC4 所对应的端口是 GE0/0/4,就把此数据帧从 GE0/0/4 端口转发出去,不从端口 GE0/0/2 和 GE0/0/3 转发,PC2 和 PC3 不会收到该数据帧。

与已知单播数据帧（简称单播帧）转发不同,交换机会从除接收端口外的其他端口转发组播帧和广播帧,因为广播和组播的目的就是要让网络中其他的成员收到这些数据帧。

在交换机没有学习到所有主机 MAC 地址的情况下,一些单播数据帧的目的 MAC 地址在 MAC 地址表中没有相关表项,所以交换机也要把未知单播数据帧从所有其他端口转发出去,以使网络中的其他主机能收到。

在图 2-6 中,PC1 发出数据帧,其目的地址是 MAC5。交换机在端口 GE0/0/1 收到数据帧后,检索 MAC 地址表项,发现没有 MAC5 对应的表项,所以就把此数据帧从除端口 GE0/0/1 外的所有端口转发出去。

同理,如果 PC1 发出的是广播帧（目的 MAC 地址为 FF-FF-FF-FF-FF-FF）或组播帧,则交换机把此数据帧从除端口 GE0/0/1 外的其他端口转发出去。

4. 数据帧的过滤决策

为了杜绝不必要的帧转发,交换机对符合特定条件的帧进行过滤。无论是单播帧、组播帧还是广播帧,如果帧目的 MAC 地址在 MAC 地址表中存在表项,且表项所关联的端口与

MAC地址表

```
GE0/0/1：MAC1

GE0/0/2：MAC2

GE0/0/3：MAC3

GE0/0/4：MAC4
```

PC1：MAC1

PC2：MAC2

GE0/0/1   GE0/0/2

GE0/0/3   GE0/0/4

PC3：MAC3

PC4：MAC4

图 2-5 已知单播数据帧的转发

MAC地址表

```
GE0/0/1：  MAC1

GE0/0/2：  MAC2

GE0/0/3：  MAC3

GE0/0/4：  MAC4
```

PC1：MAC1

PC2：MAC2

GE0/0/1   GE0/0/2

GE0/0/3   GE0/0/4

PC3：MAC3

PC4：MAC4

图 2-6 组播帧、广播帧和未知单播数据帧的转发

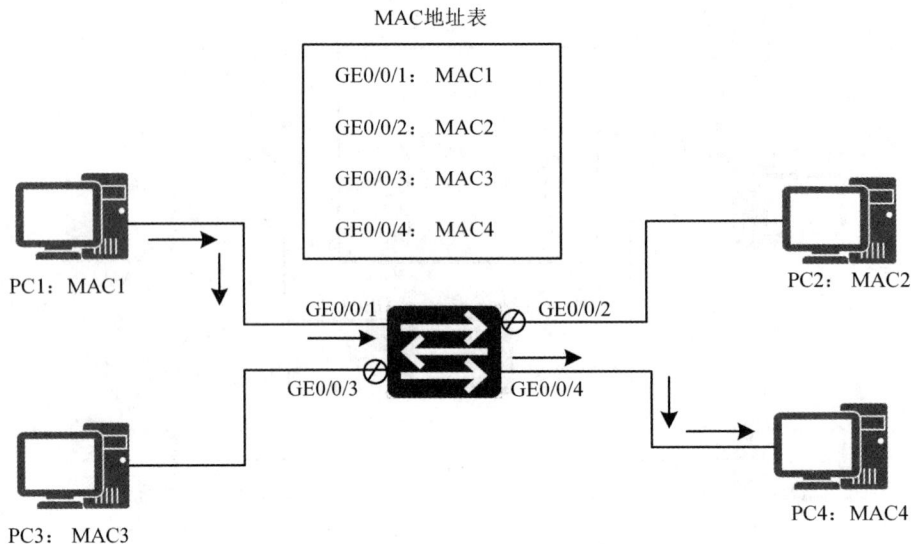

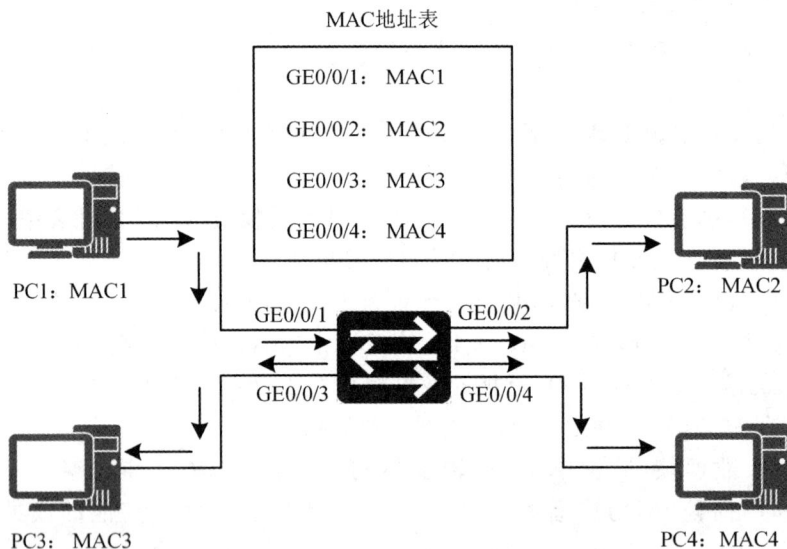

接收到帧的端口相同,则交换机对此数据帧进行过滤,即不转发此数据帧。

如图 2-7 所示,PC1 发出数据帧,其目的地址是 MAC3。交换机在 GE0/0/1 端口收到数据帧后,检索 MAC 地址表项,发现 MAC3 所关联的端口也是 GE0/0/1,则交换机将该数据帧过滤。

通常,数据帧的过滤发生在一个端口学习到多个 MAC 地址的情况下。如图 2-7 所示,交换机的 GE0/0/1 端口连接一个 Hub,所以在端口 GE0/0/1 上会同时学习到 PC1 和 PC3 的 MAC 地址。此时,PC1 和 PC3 之间进行数据通信时,尽管这些数据帧能够到达交换机的 GE0/0/1 端口,交换机也不会转发这些帧到其他端口,而是将其丢弃。

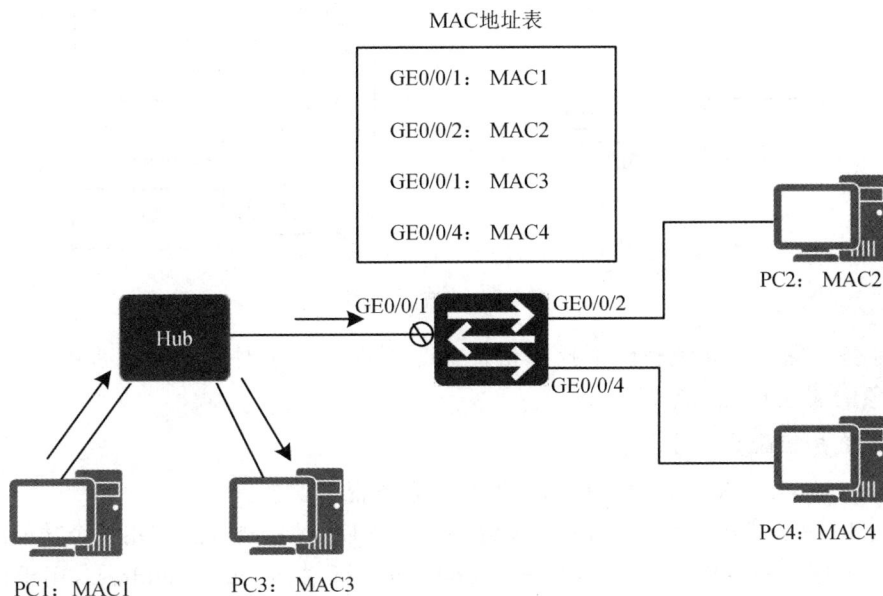

MAC地址表

GE0/0/1： MAC1

GE0/0/2： MAC2

GE0/0/1： MAC3

GE0/0/4： MAC4

图 2-7 数据帧的过滤

2.3.2 交换机配置基础

1.交换机管理方式

通常情况下,交换机可以不经过任何配置,在加电后直接在局域网中使用,但是这种方式浪费了可管理型交换机提供的智能网络管理功能,并且局域网内传输效率的优化,以及安全性、网络稳定性与可靠性等也都不能实现,因此,我们需要对交换机进行一定的配置和管理。

用户对网络设备的操作管理称为网络管理,简称网管。按照用户的配置管理方式,常见的网管方式分为 CLI 方式和 Web 方式。其中,通过 CLI 方式管理设备指的是用户通过 Console端口、Telnet 或 SSH 方式登录设备,使用设备提供的命令行对设备进行配置和管理。

通过 Console 端口进行本地登录是登录设备最基本的方式,也被称为带外管理,其是其他登录方式的基础。默认情况下,用户可以直接通过 Console 端口进行本地登录。该方式仅限于本地登录,通常在以下 3 种场景下应用。

(1)当对设备进行第一次配置时,可通过 Console 端口登录设备进行配置。

(2)当用户无法远程登录设备时,可通过 Console 端口进行本地登录。

(3)当设备无法启动时,可通过 Console 端口进入 BootLoader 进行诊断或系统升级。

2.交换机命令视图

为了方便用户使用命令,华为交换机按功能分类将命令注册在命令行视图下。命令行视图采用层次性树状结构,分三个级别,从低到高依次是用户视图、系统视图和具体业务视图(如接口视图、VLAN 视图、路由协议视图等),如图 2-8 所示。

(1)用户视图。用户从终端成功登录至设备即进入用户视图,在屏幕上显示:〈Huawei〉。在用户视图下,用户可以使用查看运行状态和统计信息等功能。

(2)系统视图。在用户视图下执行 system-view 命令进入系统视图,在系统视图下用户可配置系统参数及通过该视图进入其他的具体业务视图。

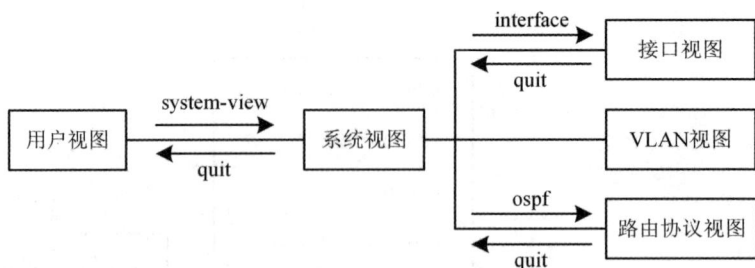

图 2-8　命令行视图

（3）业务视图。在系统视图下执行指定命令可进入相应对象的业务视图，可在该视图下进行对象的属性及功能配置。

3. 常用交换机配置命令

（1）system-view 命令。用于从用户视图向系统视图切换。

（2）undo 命令。在命令前加 undo 关键字可用来恢复缺省情况、禁用某个功能或者删除某项配置。几乎每条配置命令都有对应的 undo 命令行，如 undo ip address，用于删除配置的 IP 地址。

（3）sysname 命令。用于设置网络设备的名称。

（4）interface 命令。用于进入指定接口视图，进入视图后，可配置接口的相关属性。

（5）quit 命令。在视图中执行 quit 命令可从当前视图回退到较低级别的视图，如果是用户视图则退出系统。

（6）save 命令。在用户视图下执行，用于保存当前配置。

（7）reboot 命令。在用户视图下执行，用于重启系统。

（8）reset saved-configuration 命令。在用户视图下执行，用于清空设备下次启动时使用的配置文件的内容，并取消指定系统下次启动时使用的配置文件。

（9）在线帮助。用户在使用命令行时，可以使用在线帮助获取实时帮助，从而无须记忆大量的复杂命令。在线帮助通过键入"?"来获取，在命令行输入过程中，用户可以随时键入"?"以获得在线帮助。

（10）display 命令。用于查看系统版本信息、VLAN 信息、配置信息等。

① display current-configuration：用来查看当前生效的配置信息。

② display this：用来查看系统当前视图的运行配置。

③ display vlan：用来查看系统 VLAN 信息。

④ display ip interface brief：用来查看接口 IP 地址配置信息。

⑤ display ip routing-table：用来查看设备路由表。

2.4　【任务1】使用交换机构建局域网

◆　2.4.1　任务描述

利用交换机构建简单局域网，并配置交换机主机名、查看交换机的 MAC 地址表、配置静态 MAC 地址表项。

◆ 2.4.2 任务分析

在网络构建中,交换机是最基础的网络设备,它基于 MAC 地址进行数据转发,交换机中的 MAC 地址表并非一成不变,而是在不断更新,MAC 地址表项的生存时间(即老化时间)默认是 300 s,到达时限没有刷新(通信)将被删除。

使用 1 台交换机和 4 台主机构建如图 2-9 所示的简单局域网,实现主机通信,并查看交换机的 MAC 地址表。

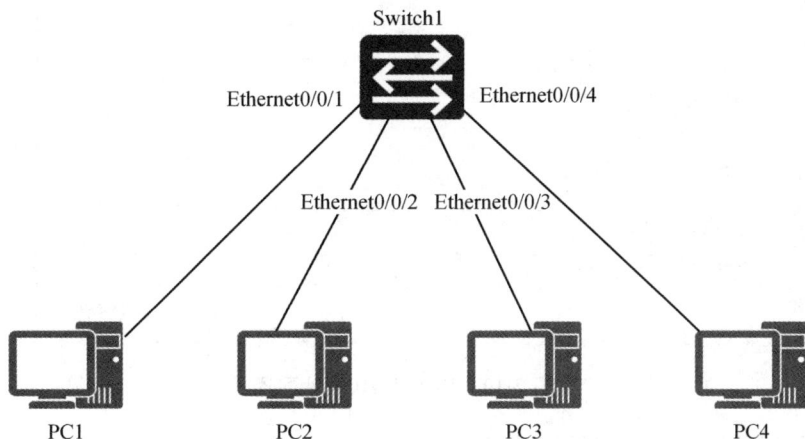

图 2-9 简单局域网拓扑结构

主机 IP 地址规划表如表 2-1 所示。

表 2-1 主机 IP 地址规划表

设备	接口	IP 地址/子网掩码		默认网关
PC1	Ethernet0/0/0	192.168.1.11	255.255.255.0	N/A
PC2	Ethernet0/0/0	192.168.1.12	255.255.255.0	N/A
PC3	Ethernet0/0/0	192.168.1.13	255.255.255.0	N/A
PC4	Ethernet0/0/0	192.168.1.14	255.255.255.0	N/A

◆ 2.4.3 任务实施

1.配置交换机主机名

```
<Huawei>system-view
[Huawei]sysname Switch1
```

2.查看交换机的 MAC 地址表

我们使用 display mac-address 命令可以查看 MAC 地址表里的信息。

```
[Switch1]display mac-address
[Switch1]
```

从以上输出结果可以看出,此时的 MAC 地址表为空,这是因为没有任何主机发送数据到交换机,此时交换机还没有学习到每个接口所连主机的 MAC 地址。

3. 为主机配置 IP 地址，并使用 ping 命令

PC1 的 IP 地址配置如图 2-10 所示。

图 2-10　PC1 的 IP 地址配置

　　PC2、PC3 和 PC4 的 IP 地址配置和 PC1 类似，此处省略。

　　完成主机的 IP 地址配置后，使用 ping 命令检测主机之间的连通性。

```
PC1>ping 192.168.1.12

Ping 192.168.1.12: 32 data bytes, Press Ctrl_C to break
From 192.168.1.12: bytes=32 seq=1 ttl=128 time=47 ms
From 192.168.1.12: bytes=32 seq=2 ttl=128 time=63 ms
From 192.168.1.12: bytes=32 seq=3 ttl=128 time=32 ms
From 192.168.1.12: bytes=32 seq=4 ttl=128 time=47 ms
From 192.168.1.12: bytes=32 seq=5 ttl=128 time=47 ms

---192.168.1.12 ping statistics---
  5 packet(s) transmitted
  5 packet(s) received
  0.00%  packet loss
  round-trip min/avg/max=32/47/63 ms

PC1>ping 192.168.1.13

Ping 192.168.1.13: 32 data bytes, Press Ctrl_C to break
From 192.168.1.13: bytes=32 seq=1 ttl=128 time=47 ms
From 192.168.1.13: bytes=32 seq=2 ttl=128 time=47 ms
From 192.168.1.13: bytes=32 seq=3 ttl=128 time=62 ms
From 192.168.1.13: bytes=32 seq=4 ttl=128 time=47 ms
From 192.168.1.13: bytes=32 seq=5 ttl=128 time=31 ms
```

```
---192.168.1.13 ping statistics---
  5 packet(s) transmitted
  5 packet(s) received
  0.00%  packet loss
  round-trip min/avg/max=31/46/62 ms


PC1>ping 192.168.1.14

Ping 192.168.1.14: 32 data bytes, Press Ctrl_C to break
From 192.168.1.14: bytes=32 seq=1 ttl=128 time=47 ms
From 192.168.1.14: bytes=32 seq=2 ttl=128 time=47 ms
From 192.168.1.14: bytes=32 seq=3 ttl=128 time=47 ms
From 192.168.1.14: bytes=32 seq=4 ttl=128 time=31 ms
From 192.168.1.14: bytes=32 seq=5 ttl=128 time=31 ms


--- 192.168.1.14 ping statistics---
  5 packet(s) transmitted
  5 packet(s) received
  0.00%  packet loss
  round- trip min/avg/max=31/40/47 ms
```

4. 再次查看交换机的 MAC 地址表

测试完主机之间的连通性后,在交换机上再次查看 MAC 地址表,如下所示。

```
[Switch1]display mac-address
MAC address table of slot 0:
-------------------------------------------------------------------------------
MAC Address     VLAN/    PEVLAN  CEVLAN  Port      Type       LSP/LSR-ID
                VSI/SI                                        MAC-Tunnel

-------------------------------------------------------------------------------
5489-980e-2c30  1        -       -       Eth0/0/1  dynamic    0/-
5489-988c-5c20  1        -       -       Eth0/0/2  dynamic    0/-
5489-9876-6ad1  1        -       -       Eth0/0/3  dynamic    0/-
5489-98c7-042d  1        -       -       Eth0/0/4  dynamic    0/-
-------------------------------------------------------------------------------

Total matching items on slot 0 displayed=4
```

由以上输出结果可以看出,交换机已经学习到了接口所连主机的 MAC 地址,Type 为 dynamic 表示该条目是动态构建的,老化时间到期后会自动删除。在华为交换机上,使用 display mac-address aging-time 命令可以看到 MAC 地址表项的老化时间默认为 300 s。

5. 配置静态 MAC 地址表项

我们使用如下命令可以配置静态 MAC 地址表项。静态 MAC 地址表项不会老化,保存后,即使设备重启也不会消失,只能手动删除。

```
[Switch1]mac-address static 5489-980e-2c30 Ethernet 0/0/1 vlan 1


[Switch1]display mac-address
MAC address table of slot 0:
```

```
--------------------------------------------------------------------
MAC Address       VLAN/   PEVLAN  CEVLAN  Port      Type      LSP/LSR-ID
                  VSI/SI                                      MAC-Tunnel
--------------------------------------------------------------------
5489-980e-2c30    1       -       -       Eth0/0/1  static    -
--------------------------------------------------------------------
Total matching items on slot 0 displayed=1
```

在华为交换机上，使用 undo mac-address 命令可以清空 MAC 地址表。

2.5 【任务 2】交换机管理安全配置

◆ 2.5.1 任务描述

通过 SSH
登录设备

交换机在网络中作为一个中枢设备，它与许多工作站、服务器、路由器相连。大量的业务数据需要通过交换机来进行传送转发。如果交换机的配置内容被攻击者修改，很可能造成网络工作异常甚至整体瘫痪，从而失去通信能力。因此，网络管理员（简称管理员）往往要对交换机进行管理安全配置，以保证系统安全运行。

◆ 2.5.2 任务分析

常见的交换机管理安全结构如图 2-11 所示。

Console 端口管理安全是指，当用户从 Console 端口进入交换机的用户模式时，需要检查用户名和密码或者只检查密码，以增强网络的安全性。

当园区网覆盖范围较大时，交换机会被分别放置在不同的地点，如果每次配置交换机都要到交换机所在的地点进行现场配置，管理员的工作量会很大。这时可以在交换机上进行 SSH 配置，以后再需要配置交换机时，管理员可以远程以 SSH 方式登录配置。以 SSH 方式配置管理交换机是目前常用的一种管理方式，如图 2-12 所示。

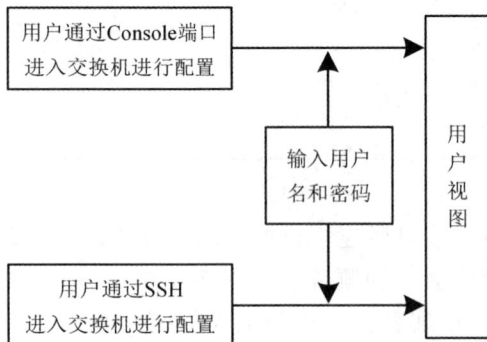

图 2-11 交换机管理安全结构

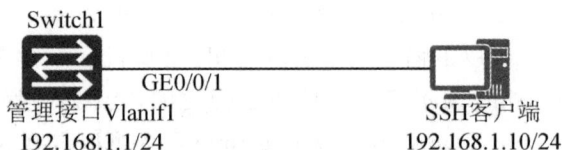

图 2-12 以 SSH 方式配置管理交换机

◆ 2.5.3 任务实施

1. 配置交换机主机名和输入用户的相关信息

```
<Huawei>system-view
[Huawei] sysname Switch1   //配置交换机主机名为 Switch1
[Switch1] aaa             //进入 AAA 视图
```

```
[Switch1-aaa] local-user admin password cipher admin@123    //创建本地用户
[Switch1-aaa] local-user admin privilege level 3    //配置本地用户的级别
[Switch1-aaa] local-user admin service-type terminal    //配置用户的接入类型为 Console 用户
```

2. 配置 Console 端口认证

```
[Switch1] user-interface console 0                          //进入 Console 用户界面
[Switch1-ui-console0] authentication-mode aaa              //设置用户认证方式为 AAA 认证
[Switch1-ui-console0] quit
```

执行以上操作后,用户使用 Console 用户界面重新登录设备时,需要输入用户名 admin,认证密码 admin@123 才能通过身份验证,成功登录设备,如下所示。

```
[Switch1]quit
<Switch1>quit User interface con0 is available

Please Press ENTER.


Login authentication


Username:admin
Password:
<Switch1>
```

3. 配置通过 SSH 管理交换机

将交换机配置为 SSH 服务器,在客户端通过 Xshell 或 SecureCRT 等安全终端模拟软件远程登录交换机,具体配置命令如下。

① 配置交换机管理 IP

```
[Switch1]interface Vlanif1
[Switch1-Vlanif1]ip address 192.168.1.1 24
[Switch1-Vlanif1]quit
```

② 生成本地密钥对

```
[Switch1]rsa local-key-pair create
The key name will be: Switch_Host
The range of public key size is (512~2048).
NOTES: If the key modulus is greater than 512,
       it will take a few minutes.
Input the bits in the modulus[default= 512]:2048
Generating keys...
................+++
....................+++
...............++++++++
...................++++++++
```

③ 创建 SSH 用户,配置登录用户名和密码

```
[Switch1]aaa
[Switch1-aaa]local-user sshuser password cipher admin@123
[Switch1-aaa]local-user sshuser privilege level 3
[Switch1-aaa]local-user sshuser service-type ssh
```

```
[Switch1-aaa]quit
[Switch1]ssh user sshuser authentication-type password
[Switch1]ssh user sshuser service-type stelnet
```
④ 配置 VTY 用户界面
```
[Switch1] user-interface vty 0 14
[Switch1-ui-vty0-14] authentication-mode aaa
[Switch1-ui-vty0-14] protocol inbound ssh
[Switch1-ui-vty0-14] quit
```
⑤ 开启 STelnet 服务功能
```
[Switch1]stelnet server enable
```
⑥ 配置 SSH 用户 sshuser 的服务方式为 STelnet
```
[Switch1]ssh user sshuser service-type stelnet
```

4. 客户端通过 SSH 远程登录交换机

在客户端主机上,使用 PuTTY 软件 SSH 远程登录交换机 Switch1。打开 PuTTY 软件,弹出如图 2-13 所示的连接对话框。

在连接对话框中填入服务器 IP 地址和端口,选中 SSH 连接类型,设置连接会话名称并点击"Save"按钮,然后点击"Open"按钮登录。如果是首次登录,接下来会弹出如图 2-14 所示的对话框。

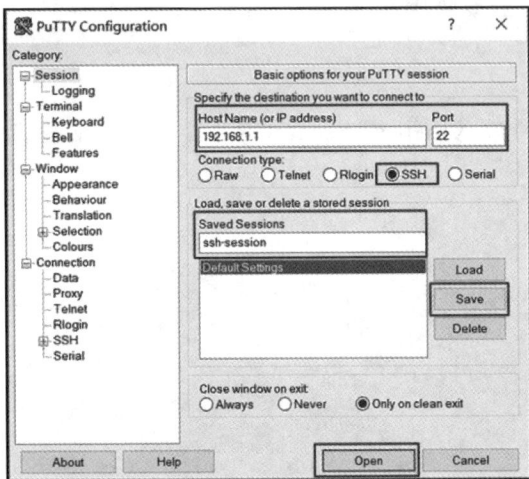

图 2-13　连接对话框

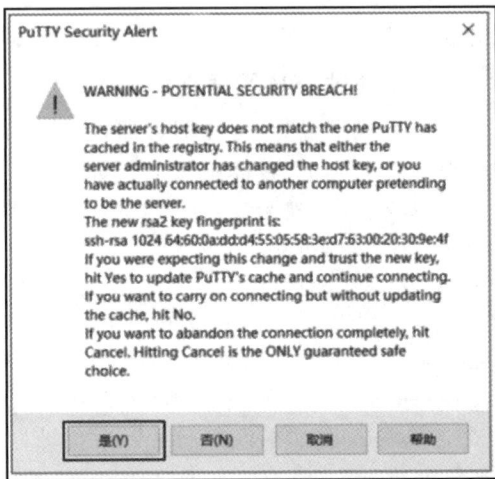

图 2-14　PuTTY Security Alert 对话框

在图 2-14 所示的对话框中,点击"是"按钮弹出如图 12-15 所示的 SSH 登录界面。在该界面按照提示输入用户名和密码就可以成功登录交换机了。

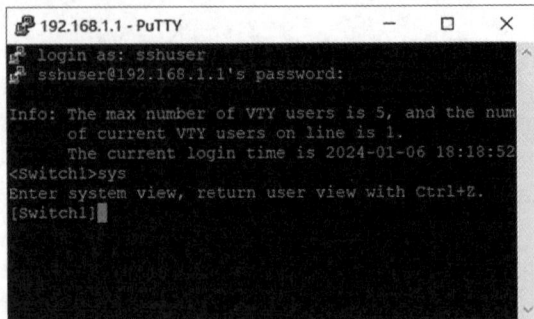

图 2-15　SSH 登录界面

2.6 项目总结与拓展

交换机是构建园区网的常用设备，本项目介绍了交换机工作原理、交换机配置基础、使用交换机构建局域网的方法及交换机管理安全配置。

局域网发展史

2.7 习题

1. 选择题

（1）在第二层交换机中使用什么信息来转发帧？

A. 源 MAC 地址　　　　　　　　　　　B. 目的 MAC 地址

C. 源交换机端口　　　　　　　　　　　D. IP 地址

（2）一个单播帧进入交换机的某一端口，如果交换机在 MAC 地址表中查不到关于该帧的目的 MAC 地址表项，那么交换机对该帧进行的转发操作是？

A. 丢弃　　　　　　　　　　　　　　　B. 泛洪

C. 点对点转发　　　　　　　　　　　　D. 可能是点对点转发，也可能是丢弃

（3）下面哪种提示符表示交换机现在处于接口视图？

A.〈Switch〉　　　　　　　　　　　　　B.［Switch-Vlanif10］

C.［Switch］　　　　　　　　　　　　　D.［Switch-vlan10］

（4）在第一次配置一台新交换机时，只能通过哪种方式进行？

A. 通过控制口连接进行配置　　　　　　B. 通过 Telnet 连接进行配置

C. 通过 Web 连接进行配置　　　　　　D. 通过 SNMP 连接进行配置

（5）要将当前配置保存下来，应使用下列哪个命令？

A. save current-configuration　　　　　B. save

C. write　　　　　　　　　　　　　　　D. write saved-configuration

（6）要查看网络设备使用的操作系统版本等信息，可采用下列哪个命令？

A. display version　　　　　　　　　　B. display current-configuration

C. display system　　　　　　　　　　D. show version

（7）要为交换机配置主机名为 Switch1，可采用下列下列哪个命令？

A. hostname Switch1　　　　　　　　　B. system-name Switch1

C. sys-name Switch1　　　　　　　　　D. sysname Switch1

（8）要为一个接口配置 IP 地址，应在下列哪个视图下进行配置？

A. 用户视图　　　B. 系统视图　　　C. 接口视图　　　D. 用户接口视图

（9）要在一个接口上配置 IP 地址和子网掩码，正确的命令是哪个？

A.［Switch-Vlanif10］ip address 192.168.1.1 24

B.［Switch］ip address 192.168.1.1 255.255.255.0

C.［Switch-Vlanif10］ip address 192.168.1.1 netmask 255.255.255.0

D.［Switch］ip address 192.168.1.1 24

（10）应该为哪个接口配置 IP 地址，以便管理员可以通过网络连接交换机进行管理？

A. Fastethernet 0/1　　B. Console　　　　C. Line vty 0　　　D. Vlanif 1

2. 问答题

（1）简述 Ethernet Ⅱ 数据帧格式。

（2）以太网交换机是如何进行地址学习的？

（3）假设有人询问 MAC 地址为 00-10-20-30-4f-5d 的主机的位置，如果已经知道该主机连接的交换机，可以使用什么命令来找到它？

（4）交换机如何转发单播数据帧？

（5）简述交换机的管理方式。

项目 3 虚拟局域网的应用与配置

3.1 项目介绍

在使用交换机搭建的校园网中,所有部门的主机默认在一个广播域中,这不仅影响网络的性能,部门网络的安全也得不到保障,这就需要使用虚拟局域网(Virtual Local Area Network,VLAN)来实现不同部门之间的网络隔离。

虚拟局域网技术的出现,主要是为了解决交换机在进行局域网互连时无法限制广播的问题。VLAN 技术可以把一个物理局域网划分成多个虚拟局域网,每个 VLAN 就是一个广播域,VLAN 内的主机间通信就和在一个 LAN 内一样,而 VLAN 间的主机则不能直接互通,这样,广播数据帧就被限制在一个 VLAN 内。

3.2 学习目标

(1) 了解 VLAN 技术的产生背景和 VLAN 的类型。
(2) 理解 VLAN 技术的原理。
(3) 能够在交换机上配置基于端口的 VLAN。
(4) 能够配置 VLAN 间路由。
(5) 明白必须自主创新核心技术。

3.3 相关知识

◆ 3.3.1 VLAN 概述

1. VLAN 技术介绍

VLAN 技术原理

交换式以太网出现后,同一台交换机的不同端口处于不同的冲突域,效率大大提高。但是,在交换式以太网中,由于交换机的所有端口都处于一个广播域内,导致一台主机发出的广播帧,局域网中的其他主机都可以收到。随着企业的发展及信息技术的普及,当网络上的主机越来越多时,由大量的广播报文所带来的带宽浪费、安全问题等变得越来越突出。

在图 3-1 中,4 台终端主机发出的广播帧在整个局域网中泛洪,假如每台主机的广播帧

流量是 100 Kbps,则 4 台主机的广播帧流量是 400 Kbps。如果链路采用 100 Mbps 带宽,则广播帧流量占用的带宽达到约 0.4%,如果网络内主机达到 400 台,则占用的带宽达到约 40%。网络上过多的广播帧流量会造成网络的带宽资源被极大地浪费。另外,过多的广播帧流量会造成网络设备及主机的 CPU 负担过重,系统反应变慢甚至死机。因此,如何降低广播域的范围,提高局域网的性能,是急需解决的问题。

以太网处于 TCP/IP 协议栈的第二层,第二层上的本地广播是不能被路由转发的,终端主机发出的广播帧在路由器端口被终止,如图 3-2 所示。为了降低广播报文的影响,可以使用路由器来减少以太网上广播域的范围,从而提高网络的性能。

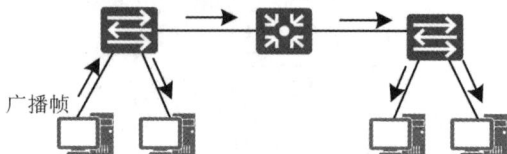

图 3-1　交换机无法隔离广播域　　　图 3-2　路由器隔离广播域

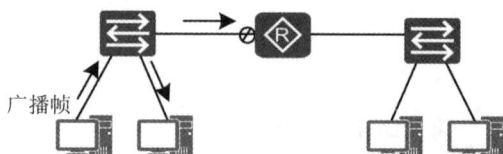

但是,使用路由器不能解决同一交换机下的用户隔离,而且路由器的价格比交换机要高,使用路由器提高了局域网的部署成本。另外,大部分中低端路由器使用软件转发数据包,转发性能不高,容易在网络中造成性能瓶颈。所以,在局域网中使用路由器来隔离广播域是一个高成本、低性能的方案。

VLAN 技术实现了在交换机上进行广播域的划分,解决了利用路由器划分广播域时所存在的诸如成本高、受物理位置限制等问题。

IEEE 协会于 1999 年颁布了用以标准化 VLAN 实现方案的 802.1Q 协议标准草案。VLAN 技术发展很快,目前世界上主要的网络设备生产厂商在他们的交换机设备中都实现了 VLAN 协议。

2. VLAN 的定义和用途

VLAN 提供一种可以将 LAN 分割成多个广播域的机制,其结果是创建了虚拟的 LAN(因此得名 VLAN)。VLAN 是不被物理网络分段和不受传统的 LAN 限制的一组网络服务,所有在同一个 VLAN 里的主机都可以共享资源。

VLAN 能够提供全部传统的 LAN 所能够提供的特性,如可扩展性、安全性等。VLAN 之间不能通过二层交换机相互访问,必须通过三层设备(例如路由器)进行互相访问。

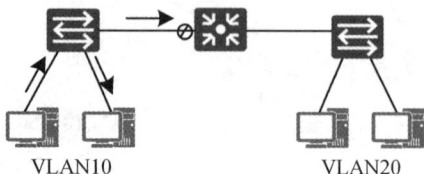

VLAN10　　　　VLAN20

图 3-3　VLAN 分割广播域

VLAN 技术将整个交换网络分为多个广播域。每一个 VLAN 都是被建立在一台或多台交换机上的广播域,被分配在一个 VLAN 里的主机通过交换机只能和本 VLAN 内的主机通信。VLAN 分割广播域示意图如图 3-3 所示。

如果一个 VLAN 内的主机想要同另外一个 VLAN 内的主机通信,则必须通过一个三层设备才能实现。其原理和路由器连接不同的子网是一样的。

VLAN 的划分不受物理位置的限制。不在同一物理位置范围内的主机可以属于同一个 VLAN;一个 VLAN 包含的用户可以连接在同一台交换机上,也可以跨越交换机。

某个 VLAN 中的广播只有该 VLAN 中的成员才能收到,而不会传播到其他的 VLAN 中去,这样可以很好地控制不必要的广播报文的扩散,提高网络内带宽资源的利用率,也减少了主机接收这些不必要的广播所带来的资源浪费。

通过将企业网络划分为 VLAN 网段,可以强化网络管理和网络安全。在企业或者校园的园区网中,不同数据和资源的权限要求各不相同,例如,财务处和人事处的数据就不允许其他部门的人员看到或者侦听截取到。在普通的二层交换机上无法实现广播帧的隔离,只要主机在同一个基于二层的网络内,数据、资源就有可能不安全。利用 VLAN 技术来限制不同工作组之间用户二层之间的通信,就可以很好地提高数据的安全性。

此外,VLAN 的划分可以依据网络用户的组织结构进行,形成一个个虚拟的工作组。这样,网络中的工作组就可以突破共享网络中地理位置的限制,而完全根据管理功能来划分了。这种基于工作流的分组模式,大大优化了网络的管理功能。

图 3-4 所示的就是使用 VLAN 构造的与物理位置无关的 VLAN,该网络按照企业的组织结构划分了虚拟工作组。

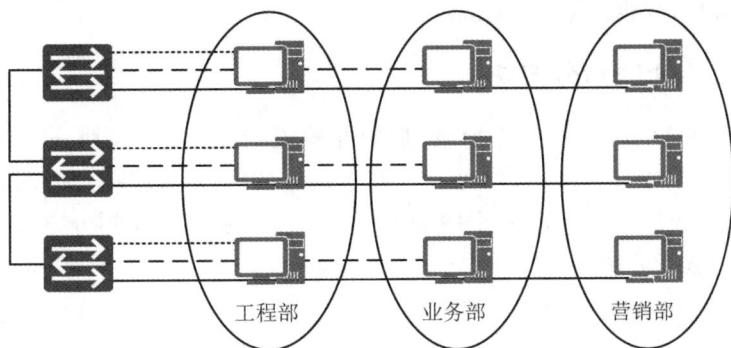

图 3-4 与物理位置无关的 VLAN

若没有路由,不同 VLAN 之间就不能相互通信,这样就增强了网络的安全性。网络管理员可以通过配置 VLAN 之间的路由来全面管理企业内部不同管理单元之间的信息互访。

3. VLAN 的优点

VLAN 的优点在于,网络管理员可以在对网络的物理结构不做或者少做调整的前提下,对用户进行组织和优化,其具体优点如下。

(1)限制广播包。

根据交换机的转发原理,如果一个数据帧找不到应该从哪个端口转发出去,那么交换机就会将该数据帧向除接收端口以外的其他所有端口转发,即数据帧的泛洪。这样的结果极大地浪费了带宽,如果配置了 VLAN,当一个数据包不知道该如何转发时,交换机只会将此数据包发送到所有属于该 VLAN 的其他端口,而不是所有的交换机端口。这样,就将数据包限制在了一个 VLAN 内,在一定程度上节省了带宽。

(2)增强安全性。

由于配置了 VLAN 后,一个 VLAN 的数据包不会发送到另外一个 VLAN 中,因此,其他 VLAN 的用户在网络上是收不到任何该 VLAN 的数据包的,这样就确保了该 VLAN 的信息不会被其他 VLAN 内的人窃听,从而实现了信息的保密。

(3)灵活构建虚拟工作组。

虚拟工作组的目标是建立一个动态的组织环境。例如,在企业网中,同一个部门的终端就好像在同一个 LAN 上一样,很容易互相访问、交流信息,同时,所有的广播包也都限制在该 VLAN,而不影响 VLAN 内的用户。如果一个用户从一个办公地点换到了另外一个办公地点，而没有换部门，那么，他的配置无须改变。而如果一个用户虽然办公地点没有变，但他换了一个部门，只需要令网络管理员配置相应的 VLAN 参数即可。当然，要实现这些变化，还需要数据管理服务器等方面的支持。

（4）减少移动和改变的代价。

动态管理网络可以减少移动和改变的代价。也就是说，当一个用户从一个位置移动到另一个位置时，他的网络属性不需要重新配置，而是动态地完成网络管理，这种动态管理网络的方法给网络管理员和使用者都带来了极大的好处。一个用户，无论他在哪里，都能不做任何修改地接入网络，这种前景是非常美好的。当然，并不是所有的 VLAN 定义方法都能做到这一点。

目前，绝大多数以太网交换机都能够支持 VLAN。使用 VLAN 来构建局域网，组网方案灵活，配置管理简单，降低了管理维护的成本。同时，VLAN 可以减小广播域的范围，减少 LAN 内的广播流量，提供高效率、低成本的方案。

◆ 3.3.2 VLAN 的划分方法

VLAN 的主要目的就是划分广播域，那么在建设网络时，如何划分这些广播域呢？目前，划分 VLAN 的方法有很多种，常见的有基于端口的 VLAN、基于 MAC 地址的 VLAN、基于网络层协议的 VLAN、基于 IP 子网的 VLAN，不同的 VLAN 划分方法适用于不同的场合，下面我们一一进行介绍。

1. 基于端口的 VLAN

基于端口的 VLAN 是划分虚拟局域网最简单、最有效的方法，其根据以太网交换机的端口来进行划分。网络管理员只需要管理和配置交换机上的端口，而不用管这些端口连接什么设备。如图 3-5 所示，交换机的 GE0/0/1 和 GE0/0/3 端口被划分到 VLAN10，而 GE0/0/2 和 GE0/0/4 端口被划分到 VLAN20。这些属于同一 VLAN 的端口可以不连续，并且同属于一个 VLAN 的端口也可以跨越数个以太网交换机。

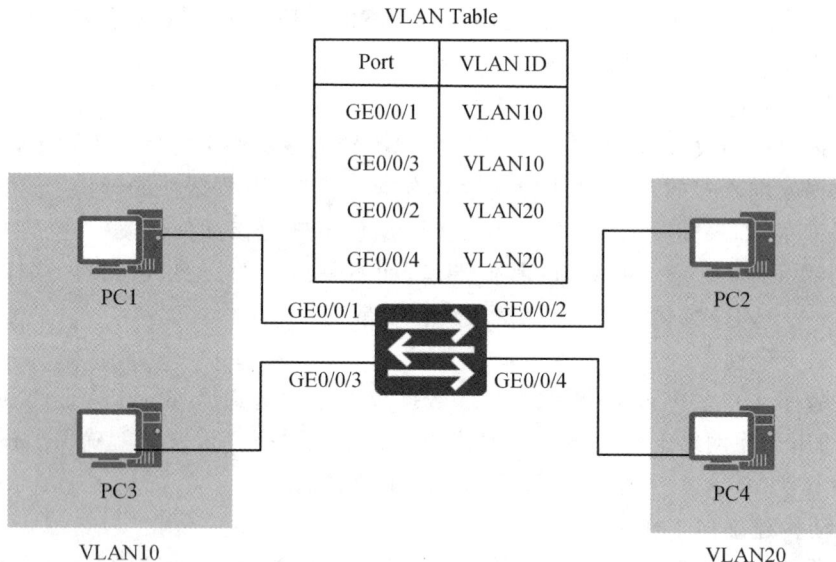

图 3-5　基于端口的 VLAN

　　基于端口的 VLAN 方法是目前最广泛使用的方法,IEEE 802.1Q 规定了依据以太网交换机的端口来划分 VLAN 的国际标准。这种划分方法的优点是定义 VLAN 成员时非常简单,只要将所有的端口都定义一次就可以了。它的缺点是如果某 VLAN 的用户离开了原来的端口,在移到一个新的交换机端口时,就必须重新定义。

　　由于在这种划分 VLAN 的方法中,端口属于哪一个 VLAN 是固定不变的(除非手工修改了端口的划分),因此该方法也被称为静态 VLAN。后面我们将要介绍的三种划分 VLAN 的方法,则属于动态 VLAN,此时端口属于哪一个 VLAN 要根据所连接主机的配置来决定。

2. 基于 MAC 地址的 VLAN

　　这种方法是根据每个主机网卡的 MAC 地址来划分 VLAN 的,即每个 MAC 地址的主机都被固定地配置属于一个 VLAN。交换机维护一张 VLAN 映射表,这个表记录了 MAC 地址和 VLAN 的对应关系。

　　在图 3-6 中,通过定义 VLAN 映射表,使 PC1 的 MAC 地址 MAC1 和 PC3 的 MAC 地址 MAC3 与 VLAN10 关联;使 PC2 的 MAC 地址 MAC2 和 PC4 的 MAC 地址 MAC4 与 VLAN20 关联。这样,PC1 和 PC3 就处于同一个 VLAN,可以进行本地通信;而 PC2 和 PC4 处于另一个 VLAN,也可以进行本地通信。

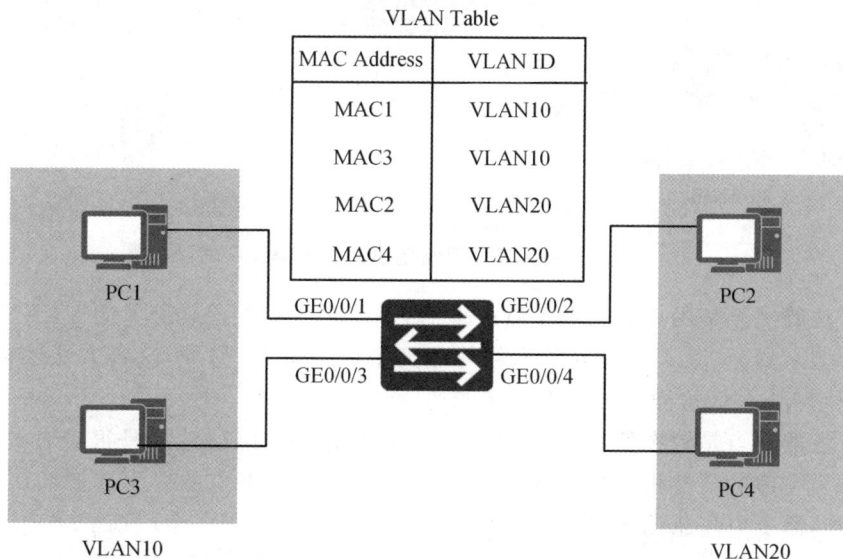

VLAN Table

MAC Address	VLAN ID
MAC1	VLAN10
MAC3	VLAN10
MAC2	VLAN20
MAC4	VLAN20

PC1　　GE0/0/1　　GE0/0/2　　PC2

GE0/0/3　　GE0/0/4

PC3　　　　　　　　　　　　PC4

VLAN10　　　　　　　　　　VLAN20

图 3-6　基于 MAC 地址的 VLAN

　　这种划分 VLAN 的方法的最大优点是当用户的物理位置移动时,即从一个交换机换到其他的交换机时,不用重新配置 VLAN。这种方法的缺点是初始化时,对所有主机的 MAC 地址都必须进行记录,然后划分 VLAN。如果有几百个甚至上千个用户的话,配置工作量是非常大的。而且这种划分方法也导致了交换机执行效率的降低,因为在每一个端口都可能存在很多个 VLAN 组的成员,这样就无法限制广播包了。另外,对于使用笔记本电脑的用户来说,他们可能经常更换网卡,这样,就必须不停地配置 VLAN。

3. 基于网络层协议的 VLAN

　　VLAN 按网络层协议来划分,可分为 IP、IPX、DECnet、AppleTalk、Banyan 等 VLAN 网络。交换机从端口接收到以太网帧后,会根据帧中所封装的协议类型来确定报文所属的

VLAN,然后将数据帧自动划分到指定的 VLAN 中传输。这种按网络层协议来组织的 VLAN,可使广播域跨越多个 VLAN 交换机。这对于希望针对具体应用和服务来组织用户的网络管理员来说是非常具有吸引力的。而且,用户可以在网络内部自由移动,但其 VLAN 成员身份仍然保留不变。

在图 3-7 中,通过定义 VLAN 映射表,将 IP 协议与 VLAN10 关联,将 IPX 协议与 VLAN20 关联。这样,当 PC1 发出的帧到达交换机端口 GE0/0/1 后,交换机通过识别帧中的协议类型,就将 PC1 划分到 VLAN10 中进行传输。PC1 与 PC3 都运行 IP 协议,则同属于一个 VLAN,可以进行本地通信;PC2 与 PC4 都运行 IPX 协议,同属于另一个 VLAN,也可以进行本地通信。

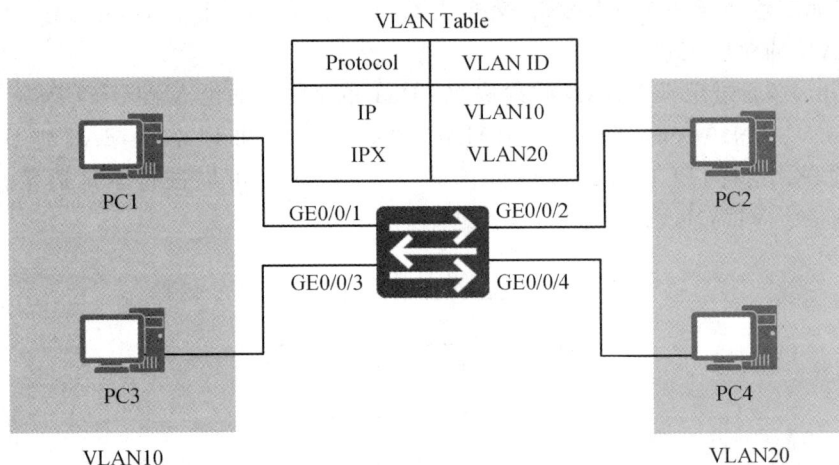

图 3-7　基于网络层协议的 VLAN

这种方法的优点是用户的物理位置改变时,不需要重新配置其所属的 VLAN,而且可以根据协议类型来划分 VLAN,这对于网络管理员来说很重要,另外,这种方法不需要附加的帧标签来识别 VLAN,这样可以减少网络的通信量。

这种方法的缺点是效率低,因为检查每一个数据包的网络层地址是很费时的(相对于前面两种方法),一般的交换机芯片都可以自动检查网络上数据包的以太网帧头,但要芯片能检查 IP 包头,需要更高超的技术,同时也更费时。当然,这也跟各个厂商的实现方法有关。

4. 基于 IP 子网的 VLAN

基于 IP 子网的 VLAN 方法是以报文源 IP 地址及子网掩码作为依据来进行 VLAN 划分的。设备从端口接收到报文后,根据报文中的源 IP 地址,找到与现有 VLAN 的对应关系,然后自动划分到指定 VLAN 中转发。此特性主要用于将指定网段或 IP 地址发出的数据在指定的 VLAN 中传送。

如图 3-8 所示,交换机根据 IP 子网划分 VLAN,使 VLAN10 对应网段 172.16.1.0/24,VLAN20 对应网段 172.16.2.0/24。端口 GE0/0/1 和 GE0/0/3 连接的主机地址属于 172.16.1.0/24,因而将被划入 VLAN10;端口 GE0/0/2 和 GE0/0/4 连接的主机地址属于 172.16.2.0/24,因而将被划入 VLAN20。

这种 VLAN 划分方法管理配置灵活,网络用户可自由移动位置而不需重新配置主机或交换机,并且可以按照传输协议进行子网划分,从而实现针对具体应用服务来组织网络用户。但是,这种方法也有它不足的一面,为了判断用户属性,必须检查每一个数据包的网络

VLAN Table

IP子网	VLAN ID
172.16.1.0/24	VLAN10
172.16.2.0/24	VLAN20

PC1
172.16.1.1/24

GE0/0/1   GE0/0/2

GE0/0/3   GE0/0/4

PC2
172.16.2.1/24

PC3
172.16.1.2/24

PC4
172.16.2.2/24

VLAN10

VLAN20

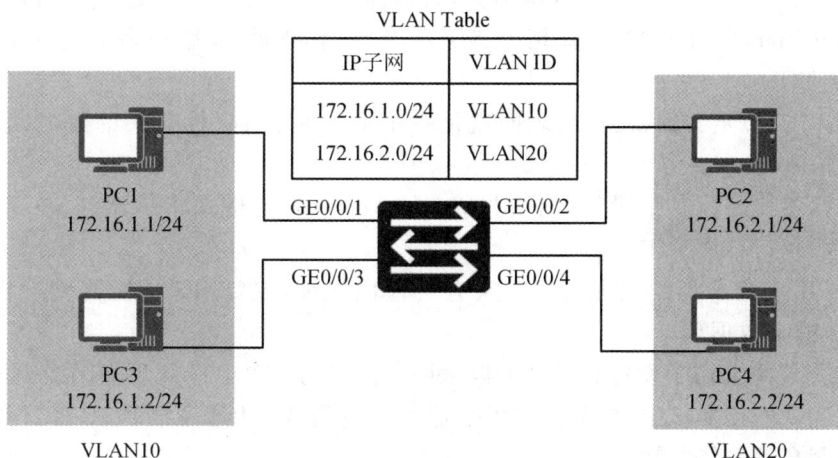

图 3-8　基于 IP 子网的 VLAN

层地址,这将耗费交换机不少的资源;并且同一个端口可能存在多个 VLAN 用户,这使对广播的抑制效率有所下降。

通过上面的介绍可以看出,各种不同的划分 VLAN 的方法有各自的优缺点,网络管理员可以根据自己的实际需要选择合适的方法。

◆ 3.3.3　VLAN 技术原理和配置

1. VLAN 的数帧格式

IEEE 802.1Q 是虚拟桥接局域网的正式标准,定义了同一个物理链路上承载多个子网的数据流的方法。IEEE 802.1Q 定义了 VLAN 帧格式,为识别数据帧属于哪个 VLAN 提供了一个标准的方法,有利于保证不同厂家设备配置的 VLAN 可以互通。其主要内容包括 VLAN 的架构、VLAN 中所提供的服务和 VLAN 实施中涉及的协议和算法 3 个部分。

IEEE 802.1Q 协议不仅规定了 VLAN 中的 MAC 帧的格式,而且还制定了数据帧发送及校验、回路检测、对业务质量(QOS)参数的支持及对网管系统的支持等方面的标准。

802.1Q 协议是帧标记的标准方法,其在以太网帧中插入一个 4 字节的 802.1Q 标签,使其成为带有 VLAN 标签的帧,如图 3-9 所示。

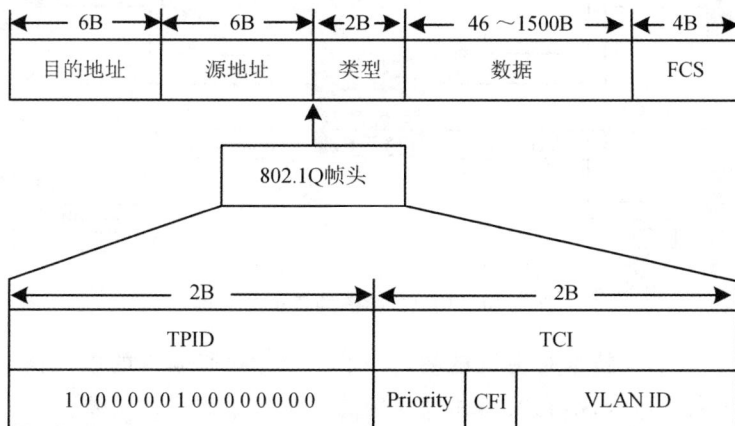

←6B→	←6B→	←2B→	←46～1500B→	←4B→
目的地址	源地址	类型	数据	FCS

802.1Q帧头

←2B→	←2B→		
TPID	TCI		
1000000100000000	Priority	CFI	VLAN ID

图 3-9　VLAN 帧格式

这个 4 字节的 802.1Q 标签头(即帧头,简称标签)包含了 2 字节的标签协议标识(Tag Protocol Identifier,TPID,它的值是 0x8100)和 2 字节的标签控制信息(Tag Control Information,TCI)。

TPID 是 IEEE 定义的新类型,表明这是一个加了 802.1Q 标签头的数据帧。TPID 字段具有固定值 0x8100。

TCI 是标签控制信息字段,包括优先级(Priority)、规范格式指示器(Canonical Format Indicator,CFI)和 VLAN ID。

Priority 用于表示帧的优先级。一共有 8 种优先级,主要用于决定当交换机发生拥塞时,优先发送哪个数据包。

CFI:这一位主要用于设置总线型的以太网类网络与 FDDI、令牌环类网络交换数据时的帧格式。在以太网交换机中,规范格式指示器被设置为 0。由于兼容性,CFI 常用于以太网类网络和令牌环类网络之间。

VLAN Identified(VLAN ID):这是一个 12 位的域,表示 VLAN 的 ID,每个支持 802.1Q 协议的主机发出来的数据包都会包含这个域,以指明自己属于哪一个 VLAN。该字段为 12 位,理论上支持 4096 个 VLAN 的识别。不过在 4096 个可能的 VLAN ID 中,0 用于识别帧的优先级,其余 4095 个 VLAN ID 作为预留值,VLAN 配置的最大可能值是 4094。

802.1Q 标签中的 4 个字节是由支持 802.1Q 协议的设备新增加的,由于我们目前使用的计算机网卡多数并不支持 802.1Q,所以计算机发送出去的数据包的以太网帧头一般不包含这 4 个字节,同时也无法识别这 4 个字节。

2. 单交换机 VLAN 标签操作

交换机根据数据帧中的标签来判定数据帧属于哪一个 VLAN,那么标签是从哪里来的呢? VLAN 标签是由交换机端口在数据帧进入交换机时添加的。这样做的好处是,VLAN 对终端主机是透明的,终端主机不需要知道网络中的 VLAN 是如何划分的,也不需要识别带有 802.1Q 标签的以太网帧,所有的相关事情均由交换机负责。

如图 3-10 所示,当终端主机发出的以太网帧到达交换机端口时,交换机根据相关的 VLAN 配置给进入端口的帧附加相应的 802.1Q 标签。默认情况下,所附加标签中的 VLAN ID 等于端口所属 VLAN 的 ID。端口所属的 VLAN 称为端口默认 VLAN,又称为 PVID(Port VLAN ID)。

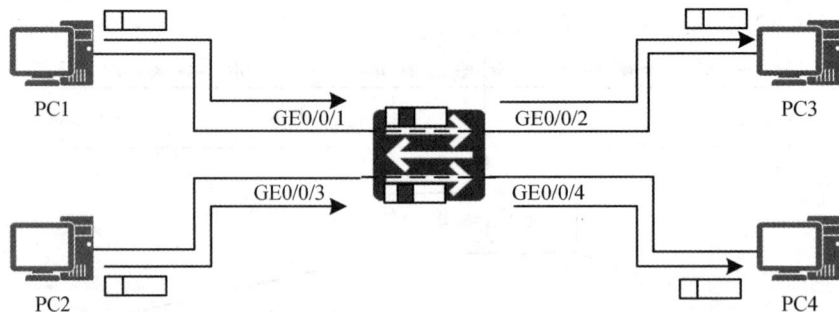

图 3-10 VLAN 标签的添加与剥离

同样,为保持 VLAN 技术对主机透明,交换机负责剥离端口的以太网帧的 802.1Q 标签。这样,对于终端主机来说,它发出和接收到的都是普通的以太网帧。

只允许 PVID 的以太网帧通过的端口称为 Access 链路类型端口(简称 Access 端口)。

Access 端口在收到以太网帧后添加(打上)VLAN 标签,转发出端口时剥离 VLAN 标签,其对终端主机透明,所以通常用来连接不需要识别 802.1Q 协议的设备,如终端主机、路由器等。

通常在单交换机 VLAN 环境中,所有端口都是 Access 链路类型端口。如图 3-10 所示,交换机连接有 4 台 PC,PC 并不能识别带有 VLAN 标签的以太网帧。在交换机上设置与 PC 相连的端口属于 Access 链路类型端口,并指定端口属于哪一个 VLAN,使交换机能够根据端口进行 VLAN 划分,不同 VLAN 间的端口属于不同广播域,从而隔离广播。

3. 跨交换机 VLAN 标签操作

VLAN 技术很重要的功能是在网络中构建虚拟工作组,划分不同的用户到不同的工作组,同一工作组的用户不必局限于某一固定的物理范围。通过在网络中实施跨交换机 VLAN,能够实现虚拟工作组。

VLAN 跨交换机时,需要交换机之间传递的以太网数据帧带有 802.1Q 标签。这样,数据帧所属的 VLAN 信息才不会丢失。

在图 3-11 中,PC1 和 PC2 所发出的数据帧到达 Switch1 后,Switch1 对这些数据帧分别打上 VLAN10 和 VLAN20 的标签。Switch1 的端口 GE0/0/3 负责对这些带 802.1Q 标签的数据帧进行转发,并不对其中的标签进行剥离。

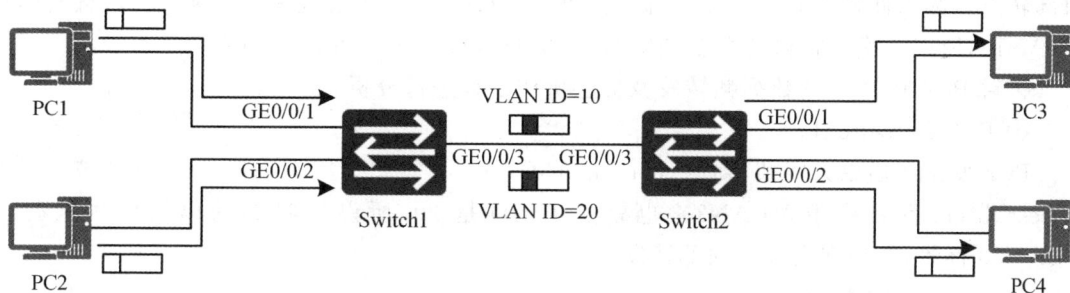

图 3-11 跨交换机 VLAN 标签操作

(1) Trunk 链路类型端口。

上述不对 VLAN 标签进行剥离操作的端口就是 Trunk 链路类型端口(简称 Trunk 端口)。Trunk 链路类型端口可以接收和发送多个 VLAN 的数据帧,且在接收和发送过程中不对帧中的标签进行任何操作。

不过,端口默认 VLAN(PVID)帧是一个例外。在发送帧时,Trunk 端口要剥离端口默认 VLAN(PVID)帧中的标签;同样,交换机从 Trunk 端口接收到不带标签的帧时,要打上 PVID 标签。

图 3-12 所示的为 PC1 至 PC3、PC2 至 PC4 的标签操作流程。下面先分析从 PC1 到 PC3 的数据帧转发及标签操作过程。

① PC1 到 Switch1。

PC1 发出普通以太网帧,到达 Switch1 的 GE0/0/1 端口。因为端口 GE0/0/1 被设置为 Access 端口,且其属于 VLAN10,也就是 PVID 是 10,所以接收到的以太网帧被打上 VLAN10 标签,然后根据 MAC 地址表在交换机内部转发。

② Switch1 到 Switch2。

Switch1 的 GE0/0/3 端口被设置为 Trunk 端口,且 PVID 被配置为 20。所以,带有 VLAN10 标签的以太网帧能够在交换机内部转发到端口 GE0/0/3;且因为 PVID 是 20,与帧中的标签不同,所以交换机不对其进行标签剥离操作,只是将其从端口 GE0/0/3 转发出去。

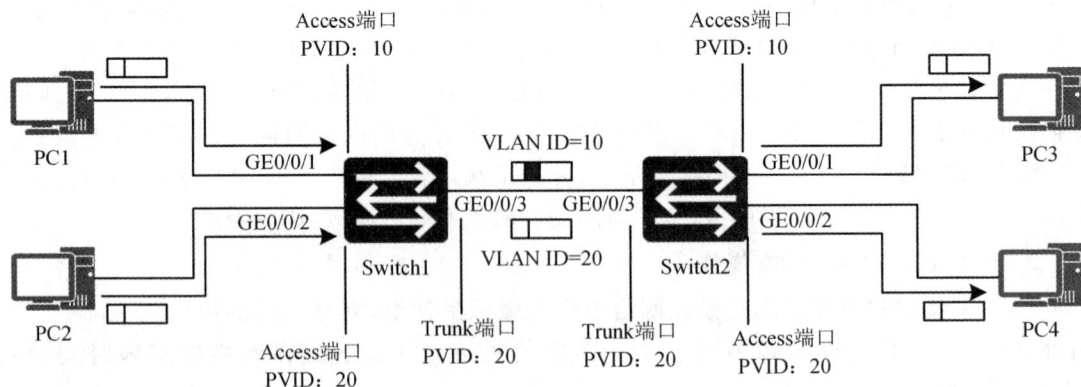

图 3-12　Trunk 链路类型端口

③ Switch2 到 PC3。

Switch2 收到帧后，从帧中的标签得知它属于 VLAN10。因为端口设置为 Trunk 端口，且 PVID 被配置为 20，所以交换机并不对帧进行标签剥离操作，只是根据 MAC 地址表进行内部转发。因为此帧带有 VLAN10 标签，而端口 GE0/0/1 被设置为 Access 端口，且其属于 VLAN10，所以交换机将帧转发至端口 GE0/0/1，经标签剥离后到达 PC3。

再对 PC2 到 PC4 的数据帧转发及标签操作过程进行分析。

① PC2 到 Switch1。

PC2 发出普通以太网帧，到达 Switch1 的 GE0/0/2 端口。因为端口 GE0/0/2 被设置为 Access 端口，且其属于 VLAN20，也就是 PVID 是 20，所以接收到的以太网帧被打上 VLAN20 标签，然后在交换机内部转发。

② Switch1 到 Switch2。

Switch1 的 GE0/0/3 端口被设置为 Trunk 端口，且 PVID 被配置为 20。所以，带有 VLAN20 标签的以太网帧能够在交换机内部转发到端口 GE0/0/3；但因为 PVID 是 20，与帧中的标签相同，所以交换机对其进行标签剥离操作，去掉标签后从端口 GE0/0/3 转发出去。

③ Switch2 到 PC4。

Switch2 收到不带标签的以太网帧。因为端口设置为 Trunk 端口，PVID 被配置为 20，所以交换机对接收到的帧添加 VLAN20 的标签，再进行内部转发。因为此帧带有 VLAN20 标签，而端口 GE0/0/2 被设置为 Access 端口，且其属于 VLAN20，所以交换机将帧转发至端口 GE0/0/2，经标签剥离后到达 PC4。

Trunk 端口通常用于跨交换机 VLAN。通常在多交换机环境下，且需要配置跨交换机 VLAN 时，与 PC 相连的端口被设置为 Access 端口；交换机之间互连的端口被设置为 Trunk 端口。

（2）Hybrid 链路类型端口。

除了 Access 链路类型和 Trunk 链路类型端口外，交换机还支持第三种链路类型端口，称为 Hybrid 链路类型端口（简称 Hybrid 端口）。Hybrid 端口可以接收和发送多个 VLAN 的数据帧，同时还能够指定对任何 VLAN 帧进行标签剥离操作。

当网络中大部分主机之间需要隔离，但这些相互隔离的主机又需要与另一台主机互通时，可以使用 Hybrid 端口。

图 3-13 所示的为 PC1 到 PC3、PC2 到 PC3 的标签操作流程。下面分析从 PC1 到 PC3 的数据帧转发及标签操作过程。

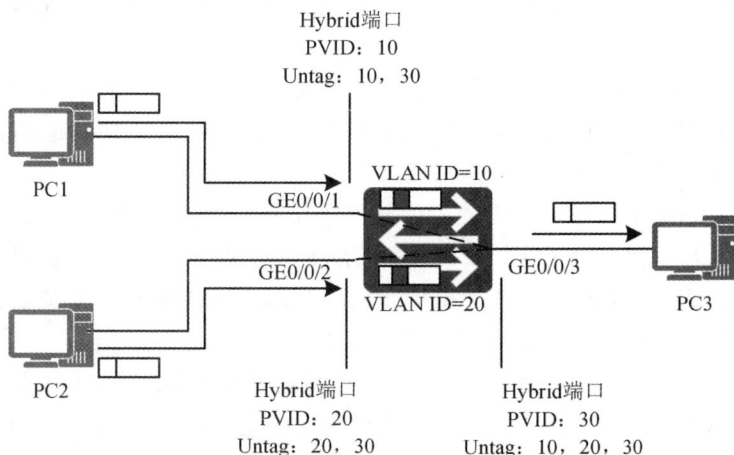

图 3-13　Hybrid 链路类型端口

① PC1 到 Switch1。

PC1 发出普通以太网帧，到达 Switch1 的 GE0/0/1 端口。因为端口 GE0/0/1 被设置为 Hybrid 端口，且其 PVID 是 10，所以接收到的以太网帧被打上 VLAN10 标签，然后根据 MAC 地址表在交换机内部转发。

② Switch1 到 PC3。

Switch1 的 GE0/0/3 端口被设置为 Hybrid 端口，且允许 VLAN10、VLAN20、VLAN30 的数据帧通过，但通过时要进行标签剥离操作（Untag:10,20,30）。所以，带有 VLAN10 标签的以太网帧能够被交换机从端口 GE0/0/3 转发出去，且被剥离标签。

③ PC3 到 Switch1。

PC3 对收到的帧进行回应。PC3 发出的是普通以太网帧，到达交换机的 GE0/0/3 端口。

因为端口 GE0/0/3 被设置为 Hybrid 端口，且其 PVID 是 30，所以接收到的以太网帧被打上 VLAN30 标签，然后根据 MAC 地址表在交换机内部转发。

④ Switch1 到 PC1。

Switch1 的 GE0/0/1 端口被设置为 Hybrid 端口，且允许 VLAN10、VLAN30 的数据帧通过，但通过时要进行标签剥离操作（Untag:10,30）。所以，带有 VLAN30 标签的以太网帧能够被交换机从端口 GE0/0/1 转发出去，且被剥离标签。

这样，PC1 与 PC3 之间的主机能够通信。

同理，根据上述分析过程，可以分析 PC2 能够与 PC3 进行通信。

那么，PC1 与 PC2 之间能否通信呢？答案是否定的。因为 PC1 发出的以太网帧到达连接 PC2 的端口时，端口上的设定（Untag:20,30）表明只对 VLAN20、VLAN30 的数据帧进行转发与标签剥离，而不允许 VLAN10 的帧通过，所以 PC1 与 PC2 不能互通。

4. VLAN 间路由

VLAN 是位于一台或多台交换机内的第二层网络，VLAN 之间是彼此孤立的，每个 VLAN 对应一个 IP 网段。VLAN 隔离广播域，不同 VLAN 之间是二层隔离，即不同 VLAN 的主机发出的数据帧不能进入另一个 VLAN。

VLAN 间路由

但是，组建网络的最终目的是要实现网络的互连互通，划分 VLAN 的目的是隔离广播，

并非使不同 VLAN 内的主机不能相互通信,所以,要有相应的解决方案来使不同 VLAN 之间能够通信。

VLAN 在 OSI 模型的第二层创建网络分段,并隔离数据流。VLAN 内的主机处在相同的广播域中,并且可以自由通信。如果想让主机在不同的 VLAN 之间通信,必须使用第三层的网络设备,传统上,这是路由器的功能。

如果有少量的 VLAN,可以使用独立的物理连接将交换机上的每个 VLAN 同路由器连接起来,如图 3-14 示。这种方式的 VLAN 间路由实现对路由器的端口数量要求较高,有多少个 VLAN 就需要路由器上有多少个端口,端口与 VLAN 之间一一对应。显然,交换机上 VLAN 数量较多时,路由器的端口数量较难满足要求。

为了避免物理端口的浪费,简化连接方式,可以使用 802.1Q 封装和利用子端口,通过一条物理链路实现 VLAN 间路由,如图 3-15 所示,这通常被称为"单臂路由",因为路由器仅需要一个端口便可完成这种任务。

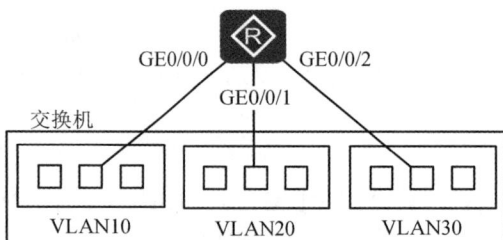

图 3-14　VLAN 间路由

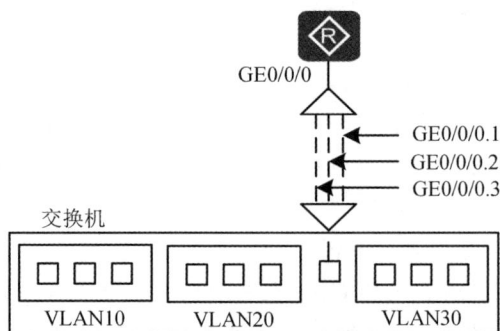

图 3-15　利用路由器子端口实现 VLAN 间路由

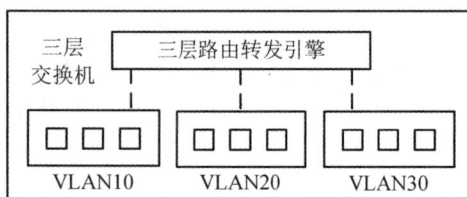

图 3-16　利用三层交换机实现 VLAN 间路由

采用"单臂路由"方式进行 VLAN 间路由时,数据帧要在干道上往返发送,从而引入了一定的转发延迟;同时,路由器是采用软件转发 IP 报文的,如果 VLAN 间路由数据量较大,会消耗路由器大量的 CPU 和内存资源,造成转发性能的瓶颈。三层交换机通过内置的三层路由转发引擎在 VLAN 间进行路由转发,从而解决上述问题,如图 3-16 所示。

三层交换机将路由选择和交换功能放到一台设备中,在这种情况下,不需要外部路由器。为实现 VLAN 间路由,三层交换机为每个 VLAN 创建一个虚拟的三层 VLAN 接口(即 VLANIF 逻辑接口),这个接口像路由器端口一样接收和转发 IP 报文。

5. VLAN 的配置

基于端口划分 VLAN 主要包括以下配置任务。

(1) 创建 VLAN。

首先,如果 VLAN 不存在,必须在交换机上创建它。然后,将交换机端口分配给 VLAN。在华为交换机上,可以创建的 VLAN ID 的范围是 2~4094。默认情况下,VLAN1 是交换机自动创建的,不可被删除,且所有的端口都属于 VLAN1。

在系统视图下,配置 VLAN 并进入 VLAN 视图的命令如下:

vlan *vlan-id*

如果要一次性创建多个 VLAN,可在系统视图下执行命令 **vlan batch** 批量创建 VLAN。

（2）配置端口类型并将端口加入 VLAN。

创建了 VLAN 之后，VLAN 里并没有任何端口。因此，我们还需要将端口和对应的 VLAN 关联起来。

交换机的端口类型缺省为 Hybrid，在接口视图下，使用如下命令可以将端口类型修改为 Access 或 Trunk：

port link-type ⟨ **access** | **trunk** ⟩

对于 Access 端口，在接口视图下使用如下命令配置端口的缺省 VLAN 并将端口加入指定 VLAN：

port default vlan *vlan-id*

如果需要批量将端口加入 VLAN，可以在 VLAN 视图下执行命令 **port** *interface-type* ⟨*interface-number* 1 [**to** *interface-number* 2]⟩ 向 VLAN 中添加一个或一组端口。

对于 Trunk 端口，在接口视图下分别使用如下命令配置端口的缺省 VLAN 和端口所允许通过的 VLAN：

port trunk pvid vlan *vlan-id*

port trunk allow-pass vlan ⟨ ⟨ *vlan-id* 1 [*to vlan-id* 2] ⟩ | *all* ⟩

交换机的端口类型缺省为 Hybrid，如果一个端口被配置为 Access 端口或 Trunk 端口，需要在接口视图下使用命令 **undo port link-type** 恢复端口缺省的链路类型。默认情况下，所有 Hybrid 端口只允许 VLAN1 通过，在接口视图下分别使用如下命令配置 Hybrid 端口的缺省 VLAN 和端口所允许通过的 VLAN，并指定是否剥离标签：

port hybrid pvid vlan *vlan-id*

port hybrid ⟨ **tagged** | **untagged** ⟩ **vlan** ⟨ ⟨ *vlan-id* 1 [*to vlan-id* 2] ⟩ | *all* ⟩

3.4 【任务1】配置 VLAN 实现网络隔离

◆ 3.4.1 任务描述

A 大学财务处和人事处在同一楼层，校园网搭建完成之后，同一台交换机上连接了这两个不同部门的主机，现要求按照部门划分子网。

◆ 3.4.2 任务分析

现要实现不同部门之间的网络隔离，网络拓扑图如图 3-17 所示。

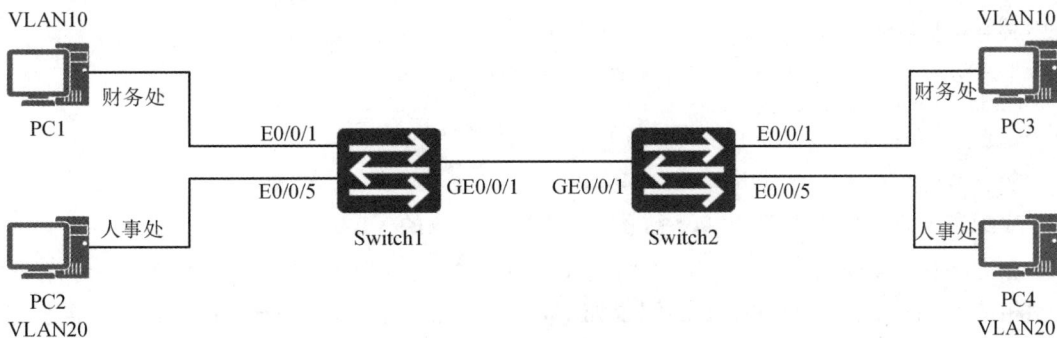

图 3-17　VLAN 配置拓扑结构

交换机 VLAN 规划表如表 3-1 所示。

表 3-1 交换机 VLAN 规划表

设备	VLAN ID	VLAN 名称	端口范围	连接的计算机
Switch1	10	Finance	Ethernet0/0/1～Ethernet0/0/4	PC1
	20	Personnel	Ethernet0/0/5～Ethernet0/0/8	PC2
	Trunk		GE0/0/1	
Switch2	10	Finance	Ethernet0/0/1～Ethernet0/0/4	PC3
	20	Personnel	Ethernet0/0/5～Ethernet0/0/8	PC4
	Trunk		GE0/0/1	

主机 IP 地址规划表如表 3-2 所示。

表 3-2 主机 IP 地址规划表

设备	端口	IP 地址/子网掩码	默认网关
PC1	Ethernet0/0/0	192.168.10.11 255.255.255.0	N/A
PC2	Ethernet0/0/0	192.168.10.12 255.255.255.0	N/A
PC3	Ethernet0/0/0	192.168.10.13 255.255.255.0	N/A
PC4	Ethernet0/0/0	192.168.10.14 255.255.255.0	N/A

◆ 3.4.3 任务实施

根据前面的介绍已经知道,用户 PC 连接的端口既可以是 Access 类型,也可以是不带标签的 Hybrid 类型;而交换机之间连接的端口既可以是 Trunk 类型,也可以是带标签的 Hybrid 类型。本任务中交换机连接用户 PC 的端口采用 Access 类型,交换机之间连接的端口采用 Trunk 类型。

1. 基本配置

基本配置包括按规划表为每台交换机配置主机名,为每台 PC 配置 IP 地址/子网掩码和默认网关。

2. 创建 VLAN

分别在交换机 Switch1 和 Switch2 上创建两个 VLAN,并为 VLAN 命名。Switch1 上的配置如下,Switch2 上的配置与 Switch1 相同,不再赘述。

```
[Switch1]vlan 10
[Switch1-vlan10]description Finance
[Switch1-vlan10]quit
[Switch1]vlan 20
[Switch1-vlan20]description Personnel
```

3. 配置连接 PC 的端口为 Access 类型,并加入相应的 VLAN

在交换机 Switch1 和 Switch2 上将与主机相连的端口配置为 Access 类型,并将端口加入到相应的 VLAN。Switch1 上的配置如下,Switch2 上的配置与 Switch1 相同,不再赘述。

```
[Switch1]interface Ethernet 0/0/1
[Switch1-Ethernet0/0/1]port link-type access
[Switch1-Ethernet0/0/1]port default vlan 10
[Switch1-Ethernet0/0/1]quit
[Switch1]interface Ethernet 0/0/2
[Switch1-Ethernet0/0/2]port link-type access
[Switch1-Ethernet0/0/2]port default vlan 10
[Switch1-Ethernet0/0/2]quit
[Switch1]interface Ethernet 0/0/3
[Switch1-Ethernet0/0/3]port link-type access
[Switch1-Ethernet0/0/3]port default vlan 10
[Switch1-Ethernet0/0/3]quit
[Switch1]interface Ethernet 0/0/4
[Switch1-Ethernet0/0/4]port link-type access
[Switch1-Ethernet0/0/4]port default vlan 10
[Switch1-Ethernet0/0/4]quit
[Switch1]interface Ethernet 0/0/5
[Switch1-Ethernet0/0/5]port link-type access
[Switch1-Ethernet0/0/5]port default vlan 20
[Switch1-Ethernet0/0/5]quit
[Switch1]interface Ethernet 0/0/6
[Switch1-Ethernet0/0/6]port link-type access
[Switch1-Ethernet0/0/6]port default vlan 20
[Switch1-Ethernet0/0/6]quit
[Switch1]interface Ethernet 0/0/7
[Switch1-Ethernet0/0/7]port link-type access
[Switch1-Ethernet0/0/7]port default vlan 20
[Switch1-Ethernet0/0/7]quit
[Switch1]interface Ethernet 0/0/8
[Switch1-Ethernet0/0/8]port link-type access
[Switch1-Ethernet0/0/8]port default vlan 20
[Switch1-Ethernet0/0/8]quit
```

4. 配置交换机之间连接的端口为 Trunk 类型,并设置允许通过的 VLAN

将交换机 Switch1 和 Switch2 之间相连的端口 GE0/0/1 配置为 Trunk 类型,并设置允许通过的 VLAN 为 VLAN10 和 VLAN20。Switch1 上的配置如下,Switch2 上的配置与 Switch1 相同,不再赘述。

```
[Switch1]int GigabitEthernet 0/0/1
[Switch1-GigabitEthernet0/0/1]port link-type trunk
[Switch1-GigabitEthernet0/0/1]port trunk allow-pass vlan 10 20
[Switch1-GigabitEthernet0/0/1]quit
```

配置完成后,使用 display vlan 命令查看端口和 VLAN 的对应关系,该命令的输出如下。

```
[Switch2]display vlan
The total number of vlans is : 3
```

```
--------------------------------------------------------------------------------
U: Up;          D: Down;          TG: Tagged;          UT: Untagged;
MP: Vlan-mapping;                 ST: Vlan-stacking;
# : ProtocolTransparent-vlan;  * : Management-vlan;
--------------------------------------------------------------------------------


VID   Type    Ports
--------------------------------------------------------------------------------
1     common  UT:Eth0/0/9(D)     Eth0/0/10(D)      Eth0/0/11(D)      Eth0/0/12(D)
                 Eth0/0/13(D)     Eth0/0/14(D)      Eth0/0/15(D)      Eth0/0/16(D)
                 Eth0/0/17(D)     Eth0/0/18(D)      Eth0/0/19(D)      Eth0/0/20(D)
                 Eth0/0/21(D)     Eth0/0/22(D)      GE0/0/1(U)        GE0/0/2(D)

10    common  UT:Eth0/0/1(U)     Eth0/0/2(D)       Eth0/0/3(D)       Eth0/0/4(D)
              TG:GE0/0/1(U)
20    common  UT:Eth0/0/5(U)     Eth0/0/6(D)       Eth0/0/7(D)       Eth0/0/8(D)
              TG:GE0/0/1(U)


VID   Status  Property    MAC-LRN Statistics Description
--------------------------------------------------------------------------------


1     enable  default     enable  disable    VLAN 0001
10    enable  default     enable  disable    Finance
20    enable  default     enable  disable    Personnel
```

5. 测试 VLAN 间通信

完成以上配置步骤后，使用 ping 命令测试主机的通信情况，发现同一个 VLAN 内的主机可以互相通信，不同 VLAN 内的主机无法互通，测试结果如下。

```
PC1>ping 192.168.10.13
Ping192.168.10.13: 32 data bytes, Press Ctrl_C to break
From192.168.10.13: bytes=32 seq=1 ttl=128 time=62 ms
From192.168.10.13: bytes=32 seq=2 ttl=128 time=78 ms
From192.168.10.13: bytes=32 seq=3 ttl=128 time=78 ms
From192.168.10.13: bytes=32 seq=4 ttl=128 time=78 ms
From192.168.10.13: bytes=32 seq=5 ttl=128 time=78 ms

---192.168.10.13 ping statistics---
  5 packet(s) transmitted
  5 packet(s) received
  0.00%  packet loss
  round-trip min/avg/max=62/74/78 ms

PC1>ping 192.168.10.12
Ping192.168.10.12: 32 data bytes, Press Ctrl_C to break
From192.168.10.11: Destination host unreachable
```

```
From192.168.10.11: Destination host unreachable
From192.168.10.11: Destination host unreachable
From192.168.10.11: Destination host unreachable
From192.168.10.11: Destination host unreachable

---192.168.10.12 ping statistics---
  5 packet(s) transmitted
  0 packet(s) received
  100.00%  packet loss

PC1 >ping 192.168.10.14
Ping192.168.10.14: 32 data bytes, Press Ctrl_C to break
From192.168.10.11: Destination host unreachable
From192.168.10.11: Destination host unreachable
From192.168.10.11: Destination host unreachable
From192.168.10.11: Destination host unreachable
From192.168.10.11: Destination host unreachable

---192.168.10.14 ping statistics---
  5 packet(s) transmitted
  0 packet(s) received
  100.00%  packet loss
```

3.5 【任务2】配置 VLAN 间路由

◆ 3.5.1 任务描述

A 大学校园网按照不同部门业务,规划出多个不同的 VLAN,实现了部门之间的网络隔离。部门网络被隔离之后,虽然安全性和干扰问题得到解决,但也造成了网络之间不能互通的结果,从而导致校园网内部公共资源无法共享,因此,需要通过 VLAN 间路由来实现所有部门之间网络的安全通信。

◆ 3.5.2 任务分析

与传统的路由器相比,三层交换机可以实现高速路由,并且,路由与交换模块是汇聚连接的,由于是内部连接,可以确保相当大的带宽。因此,我们利用三层交换机实现部门间的网络互访,网络拓扑图如图 3-18 所示。

在 Switch1 和 Switch2 上划分两个 VLAN,并将与主机相连的端口设置为 Access 类型,与三层交换机 Switch3 相连的端口设置为 Trunk 类型。

在 Switch3 上,首先创建 VLAN10 和 VLAN20,并将与交换机 Switch1 和 Switch2 相连的端口 GE0/0/1～GE0/0/2 设置为 Trunk 类型。为实现不同 VLAN 间的路由,要在三层交换机 Switch3 上创建各个 VLAN 的 VLANIF 接口并配置 IP 地址。

交换机 VLAN 规划表如表 3-3 所示。

VLANIF10：192.168.10.1/24
VLANIF20：192.168.20.1/24

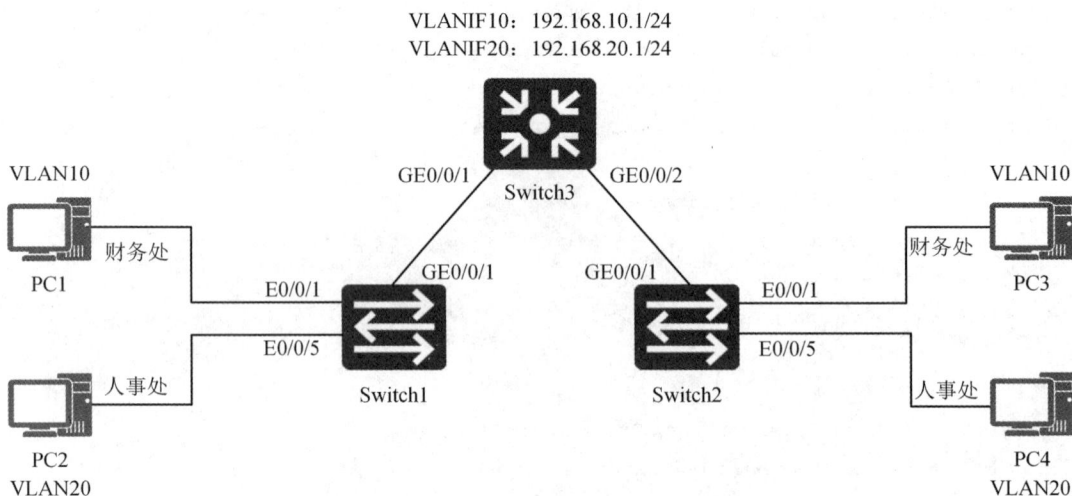

图 3-18　VLAN 间路由配置拓扑结构

表 3-3　交换机 VLAN 规划表

设备	VLAN ID	VLAN 名称	端口范围	连接的计算机
Switch1	10	Finance	Ethernet0/0/1～Ethernet0/0/4	PC1
	20	Personnel	Ethernet0/0/5～Ethernet0/0/8	PC2
	Trunk		GE0/0/1	
Switch2	10	Finance	Ethernet0/0/1～Ethernet0/0/4	PC3
	20	Personnel	Ethernet0/0/5～Ethernet0/0/8	PC4
	Trunk		GE0/0/1	
Switch3	Trunk		GE0/0/1～GE0/0/2	

主机 IP 地址规划表如表 3-4 所示。

表 3-4　主机 IP 地址规划表

设备	端口	IP 地址/子网掩码	默认网关
PC1	Ethernet0/0/0	192.168.10.11　255.255.255.0	192.168.10.1
PC2	Ethernet0/0/0	192.168.20.12　255.255.255.0	192.168.20.1
PC3	Ethernet0/0/0	192.168.10.13　255.255.255.0	192.168.10.1
PC4	Ethernet0/0/0	192.168.20.14　255.255.255.0	192.168.20.1

3.5.3　任务实施

1. 基本配置

按规划分别为 3 台交换机配置主机名，为 4 台 PC 配置 IP 地址/子网掩码和默认网关。

2. 创建 VLAN

分别在交换机 Switch1、Switch2 和 Switch3 上创建两个 VLAN，并为 VLAN 命名。Switch1 上的配置如下，Switch2 和 Switch3 上的配置与 Switch1 相同，不再赘述。

```
[Switch1]vlan 10
[Switch1-vlan10]description Finance
[Switch1-vlan10]quit
[Switch1]vlan 20
[Switch1-vlan20]description Personnel
```

3. 配置 Access 端口和 Trunk 端口

① Switch1 上的配置

```
[Switch1]interface Ethernet 0/0/1
[Switch1-Ethernet0/0/1]port link-type access
[Switch1-Ethernet0/0/1]port default vlan 10
[Switch1-Ethernet0/0/1]quit
[Switch1]interface Ethernet 0/0/2
[Switch1-Ethernet0/0/2]port link-type access
[Switch1-Ethernet0/0/2]port default vlan 10
[Switch1-Ethernet0/0/2]quit
[Switch1]interface Ethernet 0/0/3
[Switch1-Ethernet0/0/3]port link-type access
[Switch1-Ethernet0/0/3]port default vlan 10
[Switch1-Ethernet0/0/3]quit
[Switch1]interface Ethernet 0/0/4
[Switch1-Ethernet0/0/4]port link-type access
[Switch1-Ethernet0/0/4]port default vlan 10
[Switch1-Ethernet0/0/4]quit
[Switch1]interface Ethernet 0/0/5
[Switch1-Ethernet0/0/5]port link-type access
[Switch1-Ethernet0/0/5]port default vlan 20
[Switch1-Ethernet0/0/5]quit
[Switch1]interface Ethernet 0/0/6
[Switch1-Ethernet0/0/6]port link-type access
[Switch1-Ethernet0/0/6]port default vlan 20
[Switch1-Ethernet0/0/6]quit
[Switch1]interface Ethernet 0/0/7
[Switch1-Ethernet0/0/7]port link-type access
[Switch1-Ethernet0/0/7]port default vlan 20
[Switch1-Ethernet0/0/7]quit
[Switch1]interface Ethernet 0/0/8
[Switch1-Ethernet0/0/8]port link-type access
[Switch1-Ethernet0/0/8]port default vlan 20
[Switch1-Ethernet0/0/8]quit
[Switch1]int GigabitEthernet 0/0/1
[Switch1-GigabitEthernet0/0/1]port link-type trunk
[Switch1-GigabitEthernet0/0/1]port trunk allow-pass vlan 10 20
[Switch1-GigabitEthernet0/0/1]quit
```

② Switch2 上的配置

与 Switch1 相同，请参考 Switch1 上的配置

③ Switch3 上的配置

```
[Switch3]int GigabitEthernet 0/0/1
[Switch3-GigabitEthernet0/0/1]port link-type trunk
[Switch3-GigabitEthernet0/0/1]port trunk allow-pass vlan 10 20
[Switch3-GigabitEthernet0/0/1]quit
[Switch3]int GigabitEthernet 0/0/2
[Switch3-GigabitEthernet0/0/2]port link-type trunk
[Switch3-GigabitEthernet0/0/2]port trunk allow-pass vlan 10 20
[Switch3-GigabitEthernet0/0/2]quit
```

4. 配置 VLAN 间路由

在 Switch3 上分别为 VLAN10 和 VLAN20 创建 VLANIF 接口并配置 IP 地址。配置 VLANIF 接口时，需要使用 interface Vlanif vlan-id 命令创建 VLANIF 接口，指定 VLANIF 接口所对应的 VLAN ID，并进入 VLANIF 接口视图，在接口视图下配置 IP 地址，具体配置命令如下。

```
[Switch3]interface Vlanif 10
[Switch3-Vlanif10]ip address 192.168.10.1 24
[Switch3-Vlanif10]quit
[Switch3]interface vlanif 20
[Switch3-Vlanif20]ip address 192.168.20.1 24
[Switch3-Vlanif20]quit
```

5. 测试 VLAN 间通信

完成以上配置步骤后，使用 ping 命令测试主机的通信情况，发现不同 VLAN 内的主机可以互相通信，测试结果如下。

```
PC1>ping 192.168.20.12
Ping192.168.20.12: 32 data bytes, Press Ctrl_C to break
From192.168.20.12: bytes=32 seq=1 ttl=127 time=78 ms
From192.168.20.12: bytes=32 seq=2 ttl=127 time=110 ms
From192.168.20.12: bytes=32 seq=3 ttl=127 time=94 ms
From192.168.20.12: bytes=32 seq=4 ttl=127 time=109 ms
From192.168.20.12: bytes=32 seq=5 ttl=127 time=94 ms

---192.168.20.12 ping statistics---
  5 packet(s) transmitted
  5 packet(s) received
  0.00%  packet loss
  round-trip min/avg/max=78/97/110 ms

PC1>ping 192.168.20.14
Ping192.168.20.14: 32 data bytes, Press Ctrl_C to break
From192.168.20.14: bytes=32 seq=1 ttl=127 time=141 ms
From192.168.20.14: bytes=32 seq=2 ttl=127 time=78 ms
From192.168.20.14: bytes=32 seq=3 ttl=127 time=93 ms
From192.168.20.14: bytes=32 seq=4 ttl=127 time=78 ms
```

```
From192.168.20.14: bytes=32 seq=5 ttl=127 time=78 ms

---192.168.20.14 ping statistics---
  5 packet(s) transmitted
  5 packet(s) received
  0.00%  packet loss
  round-trip min/avg/max=78/93/141 ms
```

3.6 项目总结与拓展

本项目主要介绍了 VLAN 的相关概念。VLAN 是不受物理区域和交换机限制的逻辑网络,它构成一个广播域,因此可以解决局域网内由于广播过多所带来的带宽利用率下降、安全性低等问题。我们可以依据交换机的端口来定义 VLAN,手工将交换机的端口划分到不同的 VLAN,这些端口 **华为与思科大战** 将保持在被分配的 VLAN 中,直至人工改变它。而动态 VLAN 则不同,端口属于哪一个 VLAN 不是由网络管理员指定的,而是依据端口所连接主机的 MAC 地址、网络层协议或者 IP 子网来决定的。由于 VLAN 隔离了广播域,所以要实现 VLAN 之间的通信需要三层设备的支持,例如通过路由器以单臂路由的方式实现,或者通过三层交换机以 VLANIF 接口的方式实现。采用单臂路由的方式实现 VLAN 间的路由具有速度慢(受到端口带宽限制)、转发速率低的缺点,容易产生瓶颈,所以现在的网络一般都采用三层交换机,以三层交换的方式来实现 VLAN 间的路由。

3.7 习题

1. 选择题

(1) VLAN 是下列哪一项?

A. 冲突域　　　　　B. 生成树域　　　　　C. 广播域　　　　　D. VTP 域

(2) 交换机在 OSI 模型的哪一层提供 VLAN 连接?

A. 第一层　　　　　B. 第二层　　　　　C. 第三层　　　　　D. 第四层

(3) 要在两个连接到不同 VLAN 的 PC 之间传递数据需要下列哪一项?

A. 二层交换机　　　B. 三层交换机　　　C. 中继　　　　　　D. 隧道

(4) 下列哪条交换机命令用于将端口加入 VLAN?

A. access vlan vlan-id　　　　　　　　B. port default vlan vlan-id

C. vlan vlan-id　　　　　　　　　　　D. set port vlan vlan-id

(5) 802.1Q 中继最多可以支持多少个 VLAN?

A. 256　　　　　　　B. 1024　　　　　　C. 4096　　　　　　D. 32768

(6) 默认情况下,Trunk 链路支持哪些 VLAN?

A. 无　　　　　　　　　　　　　　　　B. VLAN1

C. 所有活动 VLAN　　　　　　　　　　D. 协商的 VLAN

(7) 关于 VLANIF 接口的描述,以下哪项是错误的?

A. VLANIF 接口是虚拟的逻辑端口

B. VLANIF 接口可以配置 IP 地址作为 VLAN 的网关

C. VLANIF 接口的数量不能修改

D. VLANIF 接口的数量是由网络管理员设定的

（8）下面哪些方法可以实现 VLAN 间通信？

A. STP   B. OSPF

C. 二层交换机加路由器   D. 三层交换机

（9）以太网引入 VLAN 功能后，交换机的端口被划分为哪几种类型？

A. Access 端口   B. Trunk 端口   C. Hybrid 端口   D. None 端口

（10）VLAN 的划分包括下列哪些方式？

A. 基于端口   B. 基于 MAC 地址

C. 基于网络层协议   D. 基于 IP 地址

E. 基于 IP 子网

2. 问答题

（1）在局域网内使用 VLAN 所带来的好处是什么？

（2）IEEE 802.1Q 协议是如何给以太网帧打上 VLAN 标签的？

（3）简述 Access 类型的端口在接收到带 tag 的报文时采取的处理方式。

（4）简述 Trunk 类型的端口在接收到带 tag 的报文时采取的处理方式。

（5）目前有哪些方法能够实现 VLAN 间的通信？

项目 4 生成树协议的应用与配置

4.1 项目介绍

当我们进行网络拓扑结构的设计和规划时,冗余常常是我们要考虑的重要因素之一。冗余的重要性体现在它可以帮助我们避免网络出现单点故障,能够自动进行灾难恢复,最大限度地减少由于网络故障所带来的损失,提高网络的稳定性。然而,在交换网络中,我们在实现冗余的同时,几乎一定会出现环路,交换环路很容易引起广播风暴、多帧复制和 MAC 地址表不稳定等问题,这些问题同样可能导致网络不可用。

为了解决交换环路带来的问题,生成树协议可以逻辑地阻塞一些交换机的端口,使具有环路的网络在逻辑上变成树形的网络结构。

4.2 学习目标

(1)了解在网络中实现冗余的重要性。
(2)理解交换环路对网络的影响。
(3)掌握生成树协议和快速生成树协议的工作原理。
(4)理解多生成树协议的工作原理。
(5)能够配置快速生成树协议和多生成树协议。
(6)将理论与实践相结合,培养严谨细致、精益求精的工匠精神。

4.3 相关知识

◆ 4.3.1 冗余和交换环路问题

1.冗余对于网络的重要意义

如今的企业越来越依赖于计算机网络来组织和实施企业的生产活动。一旦网络出现故障,企业就会面临生产无法协调、不能按合同交付产品、客户满意度下降等损失。企业对网络的可靠性要求非常高,企业希望网络能不间断地运转,故障时间在一年内不超过几分钟。这样高的要求是很难保证的,所以既能容忍网络故障,又能够从故障中快速恢复的网络设计是必要的。冗余正好可以最大限度地满足这个要求。冗余的目的是减少网络因单点故障引起的停机损耗。

图 4-1　单点故障：网段 1 和网段 2
之间无法互相访问

在图 4-1 中，网段 1 和网段 2 之间只有一条链路，一旦线路出现问题，比如出现断路或者接头损坏，网段 1 和网段 2 之间就无法互相访问了，这种故障就是单点故障。

如图 4-2 所示，我们可以在网段 1 和网段 2 之间再添加一条链路和一台交换机，单点故障就可以被有效地避免，这就是冗余设计。

实际上，要在网络设计中实现冗余，主要的手段就是添加备份的链路和备份的设备。这会导致投入的成本偏高。网络设备的故障率要远远低于线路的故障率，因此我们可以使用如图 4-3 所示的设计减少成本。不过该设计只能够避免线路故障问题，并不能够有效解决网络设备的单点故障问题。

图 4-2　避免单点故障：网段 1 和
网段 2 之间可以互相访问

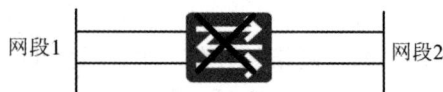

图 4-3　单点故障：交换机故障使网段 1 和
网段 2 之间无法互相访问

综上所述，冗余设计对于网络的可靠性是极其重要的。

2. 交换环路所带来的危害

在交换网络中，我们在实现冗余的同时，几乎一定会出现环路，交换环路很容易引起广播风暴、多帧复制和 MAC 地址表不稳定等问题，这些问题同样可能导致网络不可用。

（1）广播风暴。

广播风暴是网络设计者和管理者所要极力避免的灾难之一，它可以在短时间内无情地摧毁整个交换网络，使所有的交换机处于极端忙碌的状态。由于网卡在被迫不断处理大量的广播帧，在用户终端会呈现网络传输速度极为缓慢或者根本不能连通的现象。

广播风暴产生的原因，除了有个别网络终端发生故障，不断发送广播包之外，还有交换环路的出现。

图 4-4 显示了一个广播风暴，由这个拓扑图可以看到广播风暴是如何形成的。

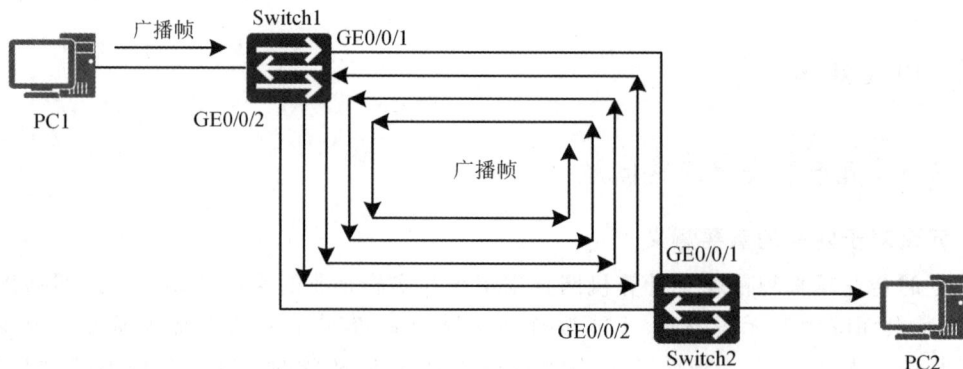

图 4-4　广播风暴

在交换网络里，不是所有的广播都是不正常的，有一些应用必须使用广播，如 ARP 解析,这涉及的是正常的广播。但是由于出现了交换环路,即使是正常的广播,也会威胁到整个网络,因为交换机处理广播的方式是向除了接收端口之外的所有端口发送广播帧,在出现交换环路时,这种对广播帧的处理方式会导致广播风暴。

比如,在图 4-4 中,PC1 发出 ARP 广播帧解析 PC2 的 MAC 地址,对应的广播帧会被 Switch1 收到,Switch1 收到这个帧,查看目的 MAC 地址发现其是一个广播帧,会向除了接收端口之外的所有端口进行转发,也就是向端口 GE0/0/1 和 GE0/0/2 进行转发。Switch2 则会分别从端口 GE0/0/1 和 GE0/0/2 接收到这个广播帧的两个拷贝,它也会发现这是一个广播帧,需要向除了接收端口之外的所有端口进行转发。因此,Switch2 从端口 GE0/0/1 接收到的广播帧会转发给端口 GE0/0/2 和 PC2;而从端口 GE0/0/2 接收到的广播帧会转发给端口 GE0/0/1 和 PC2。

这时,我们可以看到,虽然 PC2 已经收到了两个广播帧的拷贝,但广播的过程并没有停止。

Switch2 从端口 GE0/0/1 和 GE0/0/2 转发出去的广播帧会再次被 Switch1 收到,Switch1 同样会把从端口 GE0/0/1 接收到的广播帧转发给端口 GE0/0/2 和 PC1,而把从端口 GE0/0/2 接收到的广播帧转发给端口 GE0/0/1 和 PC1。

结果就是 Switch2 再次收到了两个广播帧的拷贝,并再次进行转发。这个过程将在 Switch1 和 Switch2 之间循环往复、永不停止。

（2）多帧复制。

广播风暴不仅仅在交换机之间旋转,它还会向交换机的所有端口"泛洪"。对于 PC2 等接入网络的终端,广播风暴每次转到其接入的网段,其都会收到一次广播包。随着广播风暴的旋转,主机会不断地收到相同的广播帧,如图 4-5 所示。

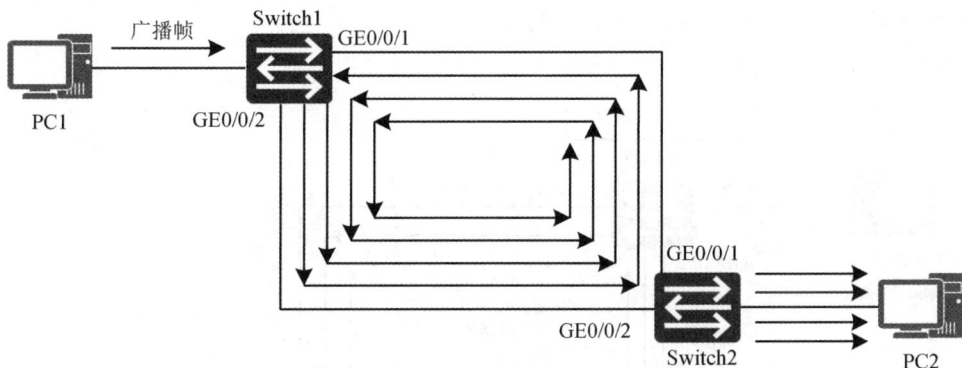

图 4-5 多帧复制情况 1

这种多帧复制情况发生在广播风暴不断旋转时。同一个广播帧被反复在网段上传递,交换机就要拿出更多的时间处理这个不断复制的帧,从而使整个网络的性能急剧下降,甚至瘫痪。而主机也忙于处理这些相同的广播帧,因为它们在不断地被发送到主机的网络接口卡上,这会影响主机的正常工作,严重时甚至会使主机死机。

多帧复制还有另外一种情况,如图 4-6 所示。

当 PC1 发送一个单播帧给 PC2 时,若 Switch1 的 MAC 地址表中没有 PC2 的条目,则会把这个单播帧从端口 GE0/0/1 和 GE0/0/2 泛洪出去。因此,Switch2 就会从端口 GE0/0/1 和 GE0/0/2 分别收到两个发给 PC2 的单播帧。如果 Switch2 的 MAC 地址表中已经有

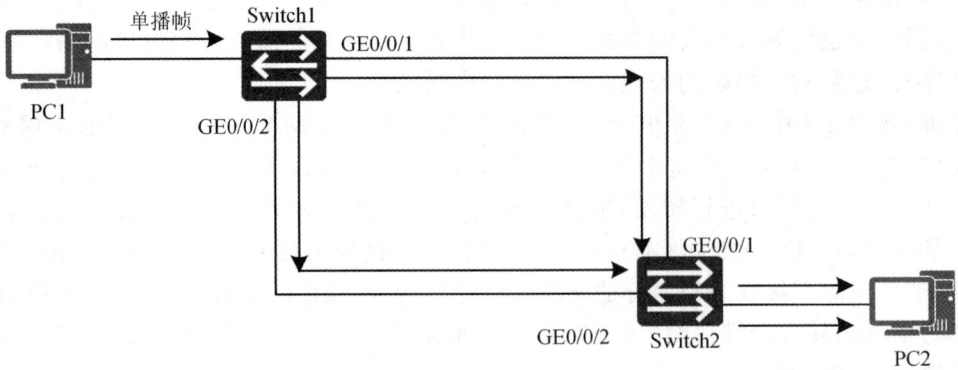

图 4-6　多帧复制情况 2

了 PC2 的条目,它就会将这两个帧分别转发给 PC2,这样 PC2 就收到了同一个帧的两份拷贝,于是形成了多帧复制。

(3) MAC 地址表不稳定。

我们知道交换机的内存里有一个 MAC 地址表,但是在发生广播风暴或多帧复制的时候,相同帧的拷贝会在交换机的不同端口上被接收,这样就会影响到 MAC 地址表的正常工作,从而削弱交换机的数据转发功能。

继续看图 4-6 所示的例子,当 Switch2 从端口 GE0/0/1 接收到 PC1 发送出的单播帧时,它会将端口 GE0/0/1 与 PC1 的对应关系写入 MAC 地址表;而当 Switch2 随后又从端口 GE0/0/2 收到 PC1 发送出的单播帧时,会将 MAC 地址表中 PC1 对应的端口改为 GE0/0/2,这就造成了 MAC 地址表的不稳定。当 PC2 向 PC1 回复了一个单播帧后,同样的情况也会发生在 Switch1 中,图 4-7 展示了如上情况。

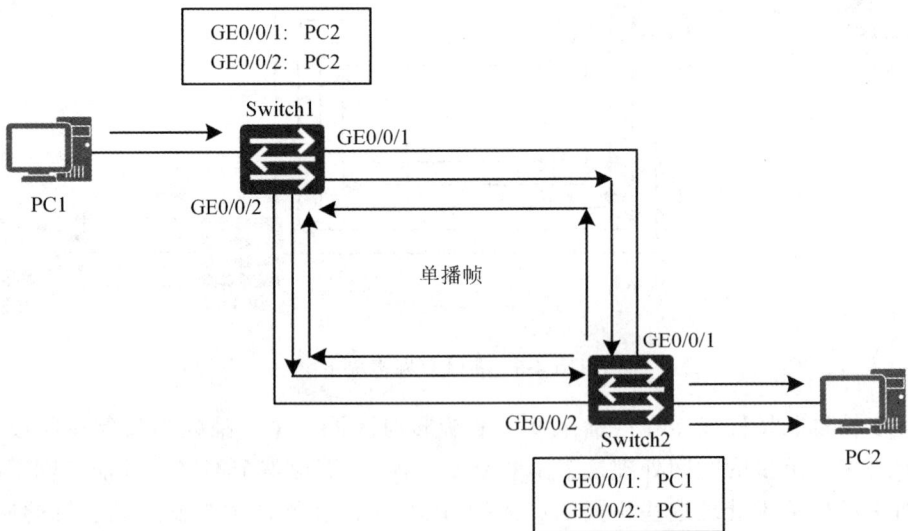

图 4-7　MAC 地址表不稳定

在图 4-7 中,Switch2 的 MAC 地址表中关于 PC1 的条目会在端口 GE0/0/1 和 GE0/0/2 之间不断跳变;Switch1 的 MAC 地址表中关于 PC2 的条目同样也会在端口 GE0/0/1 和 GE0/0/2 之间不断跳变,无法稳定下来。交换机不得不消耗更多的系统资源处理这些变化,从而影响了交换机交换数据帧的速度。

虽然冗余会带来复杂而严重的问题,但是我们可以通过在交换网络里使用生成树协议的方法来达到既实现网络的冗余设计,又避免环路的目的。

◆ 4.3.2 生成树协议

为了解决冗余链路引起的问题,IEEE 通过了 IEEE 802.1d 协议,即生成树协议(Spanning Tree Protocol,STP)。IEEE 802.1d 协议通过在交换机上运行一套复杂的生成树算法(Spanning-Tree Algorithm,STA),把冗余端口置于

STP 协议基本原理

"阻塞状态",使得网络中的计算机在通信时只有一条链路生效,而当这个链路出现故障时,STP会重新计算出网络链路,将处于"阻塞状态"的端口打开,从而确保网络连接稳定可靠。

1. STP 的原理

通过冗余设计,可以尽可能地避免那些造成网络中断的故障,保证网络的可靠性。但是实现冗余设计时会出现交换环路,从而造成广播风暴。而且,由于交换机工作在 OSI 参考模型的数据链路层(第二层),第二层的帧头没有类似第三层(网络层)IP 包头所拥有的 TTL(生存时间),所以广播帧将在环路中无休止地旋转下去,直到耗尽带宽和交换机资源,使网络瘫痪。

在交换网络中,往往多个环路会同时存在,如图 4-8 所示。

交换网络中的交换设备越多,网络的拓扑结构越复杂,产生的环路也越多,环路之间的关系也越复杂。

STP 的主要思想就是当网络中存在环路时,逻辑地阻塞一些交换机的端口,使具有环路的网络在逻辑上变成树形的网络结构,如图 4-9 所示。

图 4-8　交换网络中的多个环路

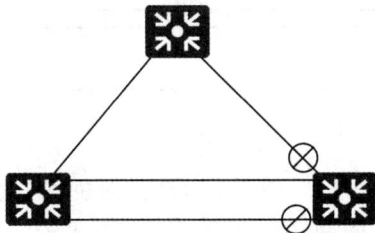

注意,在图 4-9 中,交换机的端口被逻辑地阻塞,所谓逻辑地阻塞是指在交换机的操作系统软件里不允许数据帧从该端口收发,该端口在物理上并没有被关闭,还是处于 Up 状态,以备在出现物理故障时,该端口能够快速地切换为正常可收发数据的端口,从而在保证了冗余的同时,又切断了环路。在逻辑地阻塞了交换机的端口之后,有环路的网络在逻辑上变成了图 4-10 所示的网络结构。

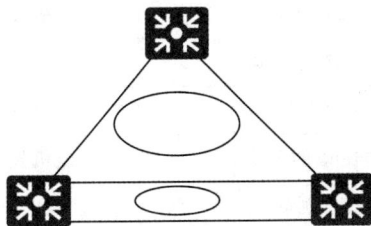

图 4-9　使用 STP 逻辑地阻塞交换机的端口

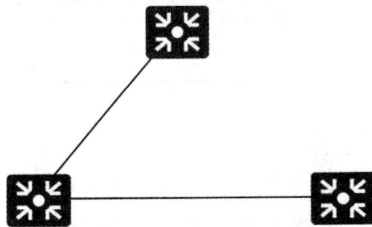

图 4-10　无环路的树形结构

2. 网桥协议数据单元

在 STP 的工作过程中,交换机之间通过交换网桥协议数据单元(Bridge Protocol Data Unit,BPDU)来了解彼此的存在。STP 算法利用 BPDU 中的信息来消除冗余链路。BPDU 具有两种格式:一种是配置 BPDU,从指定端口发送到相应的交换机;另一种是拓扑变更通知 BPDU(Topology Change Notifications BPDU,TCN BPDU),是由任意交换机在发现拓

扑变更或者被通知有拓扑变更时,从它的根端口发出的帧,以通知根网桥(简称根桥)。当交换机接收到 BPDU 时,利用接收到的信息计算自己的 BPDU,然后再进行转发。

交换机通过端口发送 BPDU,使用该端口的 MAC 地址作为源地址。交换机并不知道它周围的其他交换机的地址,BPDU 的目标地址是 STP 组播地址 01-80-c2-00-00-00。

BPDU 主要包括 STP 版本、BPDU 类型、根网桥 ID、路径开销、网桥 ID 和端口 ID 等内容,如表 4-1 所示。

表 4-1　BPDU 各字段

字段	字节数	描述
协议标识符	2	协议标准,如值为 0x0000,表示协议为 IEEE 802.1d 标准
STP 版本	1	协议版本号,恒定为 0
BPDU 类型	1	BPDU 类型,如值为 0x00,表示 BPDU 类型为配置 BPDU;如值为 0x80,表示 BPDU 类型为 TCN BPDU
标识	1	标识位只有 0 和 7 两种情况,0 表示拓扑变更标记;7 表示拓扑变更确认标记
根网桥 ID	8	根网桥的网桥 ID
路径开销	4	交换机到达根网桥的路径开销
网桥 ID	8	网桥的标识符,由优先级加 MAC 地址组成
端口 ID	2	交换机发送 BPDU 的端口标识符
报文老化时间	2	从根网桥产生本 BPDU 起,该信息的生存时间
最大老化时间	2	保存 BPDU 的最长时间,默认为 20 秒
Hello 时间	2	交换机发送 BPDU 的间隔时间,默认是 2 秒
转发延时	2	监听和学习状态的持续时间,默认是 15 秒

BPDU 中包括了 STP 算法中使用的参数,如网桥 ID(Bridge ID)、路径开销(Path Cost)和端口 ID(Port ID)。

(1)网桥 ID。

网桥 ID 共有 8 个字节,由 2 字节的网桥优先级和 6 字节的网桥 MAC 地址组成,如图 4-11 所示。

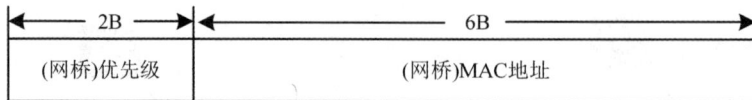

图 4-11　网桥 ID

网桥优先级是 0~65535 范围内的值,默认值是 32768(0x8000)。网桥优先级(值)最小的交换机将成为根网桥。如果网络中所有交换机的网桥优先级相同,则比较网桥 MAC 地址,具有最小 MAC 地址的交换机将成为根网桥。由于 MAC 地址具有唯一性,在网桥 ID 中加入 MAC 地址就可以确保网桥 ID 的唯一性,也就意味着必然能够选举出根网桥。

(2)路径开销。

STP 依赖于路径开销的概念,最短路径是建立在累计路径开销的基础之上的。要理解路径开销,我们要先了解什么是端口开销。

交换机上的每个端口都有端口开销,它的大小与链路带宽成反比,如表 4-2 所示。

表 4-2 端口开销默认值与推荐取值范围

链路带宽	端口开销默认值	推荐取值范围
10 Gbps 以上	1	1～2
10 Gbps	2	2～20
1 Gbps	20	2～200
100 Mbps	200	20～2000
10 Mbps	2000	200～20000

路径开销就是两台交换机之间的路径上的一系列端口开销之和,它是对交换机之间接近程度的度量。

(3) 端口 ID。

端口 ID 用于区分描述交换机上的不同端口,其共有 2 个字节。端口 ID 的定义方法有多种,图 4-12 给出了其中两种常见的定义方法。第一种定义中,高 4 位是端口优先级,低 12 位是端口编号。第二种定义中,高 8 位是端口优先级,低 8 位是端口编号,端口优先级默认值是 128。

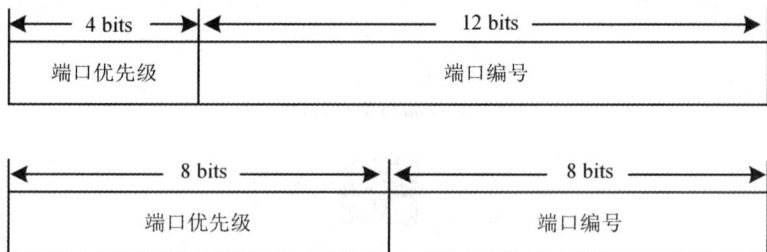

← 4 bits →	← 12 bits →
端口优先级	端口编号

← 8 bits →	← 8 bits →
端口优先级	端口编号

图 4-12 端口 ID

端口优先级越小,则优先级越高。如果端口优先级相同,则端口编号越小,优先级越高。

3. STP 的算法

STP 要构造一个逻辑无环的拓扑结构,需要执行下面四个步骤。

(1) 选举根网桥。

在树形结构中,一定是有一个根的。在 STP 里,也要确定一个根,即确定一台交换机作为根交换机,我们称之为根网桥。根网桥的作用就是作为一个生成树型结构的参考点,以确定在环路中哪个端口应该是转发状态,哪个端口应该是阻塞状态。

执行 STP 算法的第一步,就是要确定哪台交换机是根网桥,在图 4-13 中,Switch1 就是根网桥,因为它的 MAC 地址最小。如果想要人为地让某台交换机成为根网桥,那么需要改变交换机的优先级,优先级最小的交换机便是根网桥。

(2) 选举根端口。

每一台非根交换机上,都有一个端口会成为根端口。根端口是该交换机到达根网桥路径开销最小的端口。

比较各端口去往根网桥的路径开销,最小的路径开销所在的端口即为根端口;如果一台非根交换机上的多个端口去往根网桥的路径开销相同,则比较端口上行交换机的网桥 ID,网桥 ID 较小的端口为根端口;如果上行交换机的网桥 ID 也相同,则再比较上行交换机的端口 ID,端口 ID 较小的端口为根端口。

优先级：32768
MAC地址：00d0.f800.1111

Switch1 　根网桥

GE0/0/1　　　　GE0/0/2

GE0/0/1　　　　　　　　　　　　　GE0/0/2

Switch2 　　　　　GE0/0/2　　　　GE0/0/1　　　　　Switch3

优先级：32768　　　　　　　　　　优先级：32768
MAC地址：00d0.f800.2222　　　　MAC地址：00d0.f800.3333

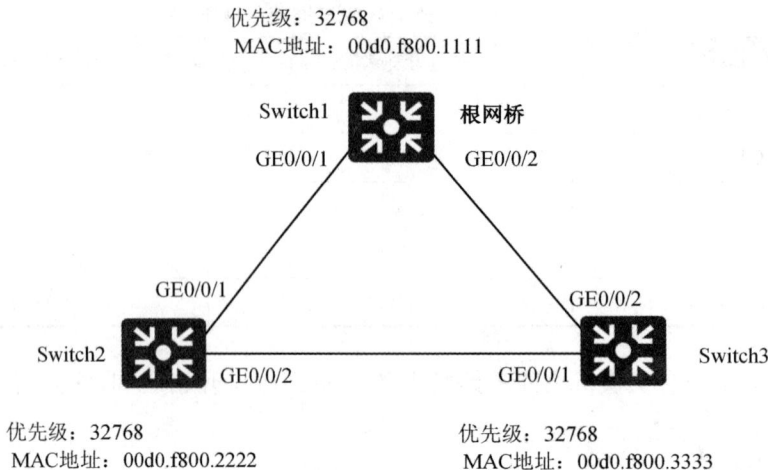

图 4-13　选举根网桥

在图 4-13 中,令所有的链路都采用 1Gbps 以太网线,那么 Switch2 的端口 GE0/0/1 和端口 GE0/0/2 的路径开销都是 20,但是端口 GE0/0/1 到达根网桥的路径开销是 20,而端口 GE0/0/2 到达根网桥的路径开销是 40,所以端口 GE0/0/1 是根端口。同理,Switch3 的端口 GE0/0/2 是根端口,如图 4-14 所示。

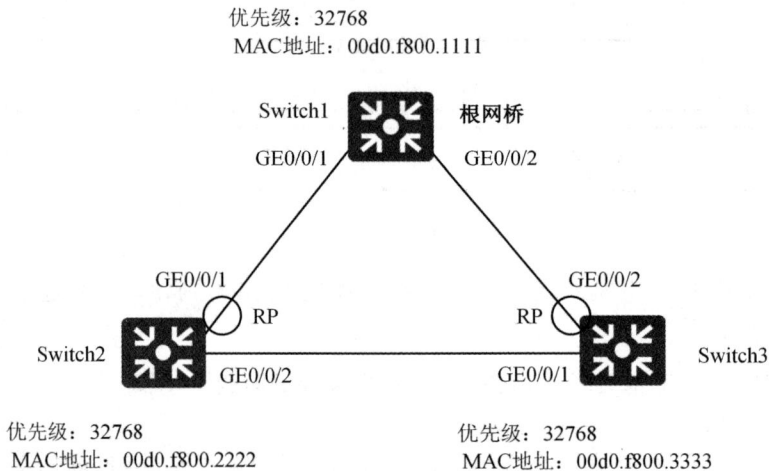

优先级：32768
MAC地址：00d0.f800.1111

Switch1 　根网桥

GE0/0/1　　　　GE0/0/2

GE0/0/1　　　　　　　　　　　　　GE0/0/2

RP　　　　　　　　　　　　　　RP

Switch2 　　　　　GE0/0/2　　　　GE0/0/1　　　　　Switch3

优先级：32768　　　　　　　　　　优先级：32768
MAC地址：00d0.f800.2222　　　　MAC地址：00d0.f800.3333

图 4-14　选举根端口

如果我们将这个拓扑结构稍作变化,将 Switch1 与 Switch3 之间的以太网线换成 100Mbps 的,那么根端口就不同了。Switch3 的端口 GE0/0/2 的路径开销变成了 200,而端口 GE0/0/1 的路径开销还是 40,端口 GE0/0/1 变成了根端口。

（3）选举指定端口。

所谓指定端口,就是连接在某个网段上的一个连接端口,该端口距离根网桥最近,它通过该网段既向根网桥发送流量,也从根网桥接收流量。桥接网络中的每个网段都必须有一个指定端口。

选举指定端口时,首先比较该网段连接端口所属交换机的根路径开销,越小越优先;如果根路径开销相同,则比较所连接端口所属交换机的网桥 ID,越小越优先;如果根路径开销相同,所属交换机的网桥 ID 也相同,则比较所连接的端口的端口 ID,越小越优先。根网桥上的每个活动端口都是指定端口,因为它的每个端口都具有最小的路径开销。

如图 4-15 所示,根网桥上的活动端口 GE0/0/1 和 GE0/0/2 由于根路径开销为 0,都应当被选为指定端口;而 Switch2 和 Switch3 之间的网段情况复杂一些,该网段上两个端口的根路径开销都是 40,那么就需要比较所在交换机的网桥 ID 了。Switch2 和 Switch3 的网桥优先级相同,但 Switch2 的 MAC 地址更小,所以 Switch2 的 GE0/0/2 端口会被选举为该网段的指定端口。

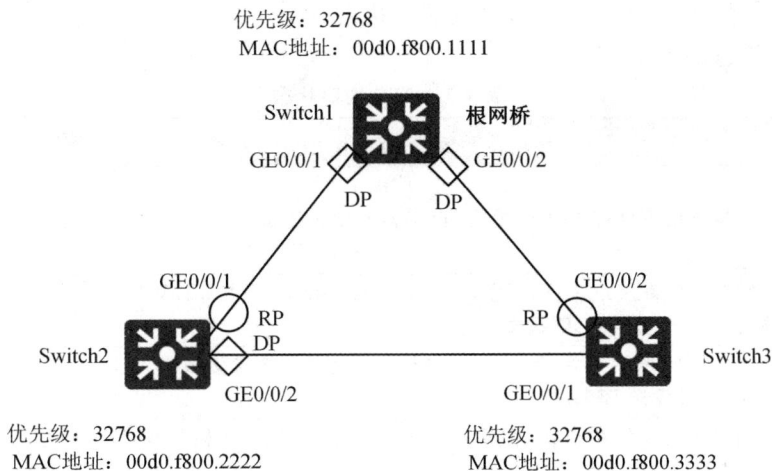

优先级:32768
MAC地址:00d0.f800.1111

Switch1   根网桥
GE0/0/1   GE0/0/2
DP   DP

GE0/0/1   GE0/0/2
RP   RP
DP
Switch2   Switch3
GE0/0/2   GE0/0/1

优先级:32768   优先级:32768
MAC地址:00d0.f800.2222   MAC地址:00d0.f800.3333

图 4-15 选举指定端口

STP 的计算过程到这里就结束了。这时,只有 Switch3 上的 GE0/0/1 端口既不是根端口,也不是指定端口。

(4)阻塞非根、非指定端口。

在网桥已经确定了根端口、指定端口和非根非指定端口之后,STP 就开始创建一个无环拓扑了。

为创建一个无环拓扑,STP 配置根端口和指定端口转发流量,然后阻塞非根和非指定端口,形成逻辑上无环路的拓扑结构,最终的结果如图 4-16 所示。

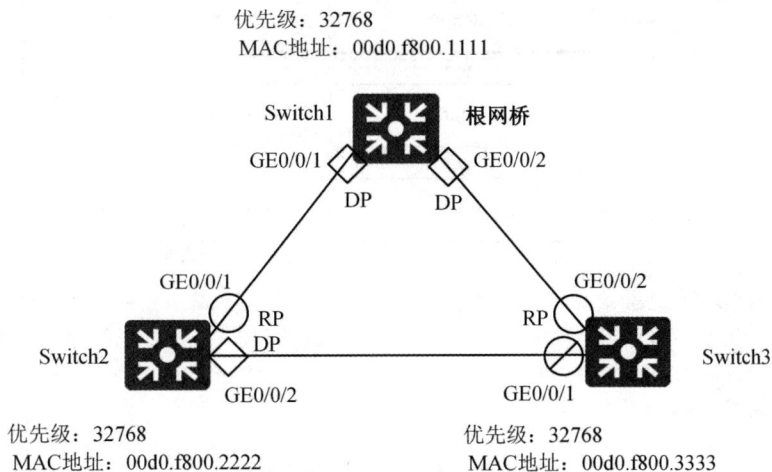

优先级:32768
MAC地址:00d0.f800.1111

Switch1   根网桥
GE0/0/1   GE0/0/2
DP   DP

GE0/0/1   GE0/0/2
RP   RP
DP
Switch2   Switch3
GE0/0/2   GE0/0/1

优先级:32768   优先级:32768
MAC地址:00d0.f800.2222   MAC地址:00d0.f800.3333

图 4-16 STP 生成的无环拓扑

此时,Switch2 和 Switch3 之间的链路为备份链路,当 Switch1 和 Switch2、Switch1 和 Switch3 之间的主链路正常时,这条链路处于逻辑断开状态,这样就将交换环路变成了逻辑上的无环拓扑。只有当主链路出现故障时,才会启用备份链路,以保证网络的连通性。

4. STP 端口状态

当运行 STP 的交换机启动后,其所有的端口都要经过一定的端口状态变化过程。在这个过程中,STP 要通过交换机互相传递 BPDU 来决定网桥角色(根网桥、非根网桥)、端口角色(根端口、指定端口、非指定端口),以及端口状态。

STP 端口状态如表 4-3 所示。

表 4-3 STP 端口状态

端口状态	目的	描述
Disabled 未启用状态 (禁用状态)	端口不仅不处理 BPDU 报文,也不转发用户流量	端口状态为 Down
Blocking 阻塞状态	端口不转发用户流量,不学习 MAC 地址,接收并处理 BPDU 报文,但不发送 BPDU 报文	阻塞端口的最终状态
Listening 监听状态	端口不转发用户流量,不学习 MAC 地址,只参与生成树计算,接收并发送 BPDU 报文	过渡状态
Learning 学习状态	端口不转发用户流量,但学习 MAC 地址,参与生成树计算,接收并发送 BPDU 报文	过渡状态,防止产生临时环路
Forwarding 转发状态	端口转发用户流量,学习 MAC 地址,参与生成树计算,接收并发送 BPDU 报文	只有根端口或指定端口才能进入该状态

STP 端口可能处于阻塞、监听、学习和转发四种状态之一,如图 4-17 所示。

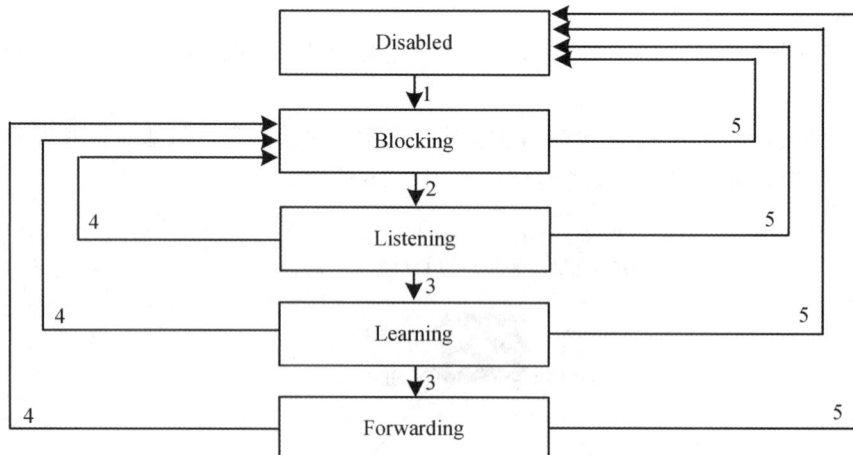

1 端口初始化或使能,进入阻塞状态
2 端口被选为根端口或指定端口,进入监听状态
3 端口的临时状态停留时间到,进入下一状态(学习状态或转发状态),端口被选为根端口或指定端口
4 端口不再是根端口或指定端口,进入阻塞状态
5 端口被禁用或者链路失效

图 4-17 STP 端口的状态变化

阻塞状态下,并不是物理地使端口关闭,而是逻辑地使端口处于不收发数据帧的状态。

但是,有一种数据帧可以通过阻塞状态的端口,那就是 BPDU。交换机依靠 BPDU 互相学习信息,阻塞状态下的端口必须允许这种数据帧通过,因此,可以看出,阻塞状态下的端口实际上是处于激活状态的。

网络中的交换机刚刚启动的时候,所有的端口都处于阻塞状态,这个状态要维持 20 秒,这是为了防止在启动过程中产生交换环路。

然后,端口会由阻塞状态变为监听状态,交换机开始互相学习 BPDU 里的信息。这个状态要维持 15 秒,以便交换机可以学习到网络里所有其他交换机的信息。在这个状态下,交换机不能转发数据帧,不能进行 MAC 地址与端口的映射,不能进行 MAC 地址的学习。

接着,端口进入学习状态。在这个状态下,交换机对学习到的其他交换机的信息进行处理,开始计算 STP。在这个状态下,已经开始允许交换机学习 MAC 地址,进行 MAC 地址与端口的映射,但是交换机还是不能转发数据帧。这个状态也要维持 15 秒,以便网络中所有的交换机都可以计算完毕。

当学习状态结束时,交换机已经完成了 STP 的计算,所有应该进入转发状态的端口转变为转发状态,应该进入阻塞状态的端口进入阻塞状态,网络达到收敛状态,交换机开始正常工作。STP 的 BPDU 仍然会定时(默认每隔 2 秒)从各个交换机的指定端口发出,以维护链路的状态。

综上所述,阻塞状态和转发状态是 STP 的一般状态,监听状态和学习状态是 STP 的过渡状态,STP 的总延时为 50 秒左右。

当网络出现故障时,发现该故障的交换机会向根交换机发送 BPDU,根交换机会向其他交换机发出 BPDU 通知该故障,所有收到该 BPDU 的交换机会把自己的端口全部设置为阻塞状态,然后重复上面叙述的过程,直到收敛。

5. STP 拓扑变更

如果一个交换网络中的所有交换机端口都处于阻塞状态或者转发状态,这个交换网络就达到了收敛。转发端口发送并且接收通信数据和 BPDU,阻塞端口仅接收 BPDU。

当网络拓扑发生变更时,交换机必须重新计算 STP,端口的状态会发生改变,这样会中断用户通信,直至计算出一个重新收敛的 STP 拓扑。新生成的拓扑可能会跟原先的网络拓扑存在一定的差异。但是,在交换机上,指导报文转发的是 MAC 地址表,默认的动态表项的生存时间是 300 秒,此时,数据转发工作如果仍然按照原有的 MAC 地址表执行,会导致数据转发错误。为防止拓扑变更情况下的数据发送错误,STP 中定义了拓扑变更消息泛洪机制,当网络拓扑发生变化的时候,会修改 MAC 地址表的生存时间为一个较短的数值,等网络拓扑结构稳定之后,再恢复 MAC 地址表的生存时间。STP 规定这个较短的 MAC 地址表的生存时间为交换机的 Forward Delay 参数,默认为 15 秒。

发生变化的交换机会在它的根端口上每隔一个 Hello 时间就发送一次拓扑变更通知 BPDU(TCN BPDU),直到生成树上游的指定网桥邻居确认了该 TCN 为止。当根网桥收到该 TCN BPDU 后,会发送出设置了 TC 位的 BPDU(即拓扑变更配置 BPDU),通知整个生成树拓扑结构发生了变化。图 4-18 展现了这个过程,下游交换机发现了拓扑变更后,会逐级向上汇报,直至根网桥收到这个消息,然后根网桥再向全网内所有交换机通知拓扑变更,图 4-18 中的编号标识了各类消息发送的顺序。

所有的下游交换机得到拓扑变更通知后,会把它们的地址表老化计时器从默认值(300秒)调为转发延时时间(默认为 15 秒),从而让不活动的 MAC 地址更快地被地址表更新。

当拓扑发生变化时,新的配置消息要经过一定的延时才能传播到整个网络,这个延时就

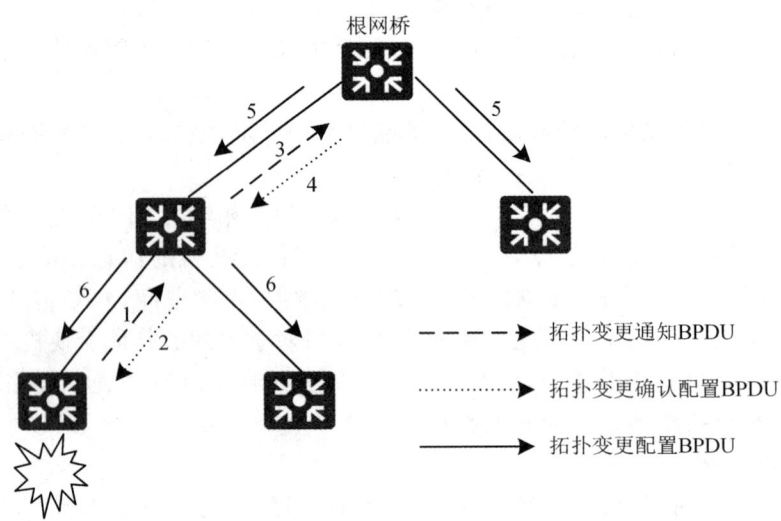

图 4-18　STP 拓扑变更

是 15 秒的转发延时。在所有网桥收到这个变化的消息之前，若旧拓扑结构中处于转发状态的端口还没有发现自己应该在新的拓扑中停止转发，则可能存在临时环路。为了解决临时环路的问题，生成树采用的是定时器策略，即在端口阻塞状态与转发状态中间加上一个只学习 MAC 地址但不参与转发的中间状态——学习状态，两次状态切换的时间长度都是转发延时，这样就可以保证在拓扑发生变更的时候不会产生临时环路。但是，这个看似良好的解决方案实际上带来的却是至少两倍的转发延时收敛时间。

◆ 4.3.3　快速生成树协议

为了解决 STP 收敛速度慢的缺陷，IEEE 推出了 802.1w 标准，作为对 802.1d 标准的补充。在 IEEE 802.1w 标准里定义了快速生成树协议（Rapid Spanning Tree Protocol，RSTP）。

RSTP 是对 STP 的改进和补充，它保留了 STP 大部分的术语和参数，只是针对交换机的端口角色、端口状态和收敛性做了一些修订。

1. RSTP 的端口角色和端口状态

RSTP 在物理拓扑或者配置参数发生变化时，显著地减少了网络拓扑的重新收敛时间。除了根端口和指定端口外，RSTP 定义了两种新增加的端口角色——替代端口（Alternate Port，AP，又称替换端口）和备份端口（Backup Port，BP），这两种新增的端口用于取代阻塞端口。替代端口为当前的根端口到根网桥的连接提供了替代路径，而备份端口则提供了到达同段网络的备份路径，是对一个网段的冗余连接。在根端口或指定端口失效的情况下，替代端口或备份端口就会无延时地进入转发状态。图 4-19 所示的是端口角色示意图。

图 4-19　端口角色示意图

尽管增加了新的端口角色，RSTP 计算最终生成树拓扑的方式与 STP 还是相同的，生成树算法仍然是依据 BPDU 决定端口角色。和 802.1d 中对根端口的定义一样，到达根网桥最近的端口即为根端口，同样的，在每个桥接网段上，通过比较 BPDU 选举出谁是指定端口。一个桥接网络中只能有一个指定端口。

RSTP 只有三种端口状态——丢弃状态（Discarding）、学习状态（Learning）和转发状态（Forwarding）。STP 中的禁用状态、阻塞状态和监听状态对应 RSTP 中的丢弃状态。表 4-4 所示的为 STP 和 RSTP 的端口状态比较。通过缩减交换机的端口状态，RSTP 可以加快生成树收敛的时间。

表 4-4　STP 和 RSTP 的端口状态比较

STP 端口状态	RSTP 端口状态	在活动的拓扑中是否包含此状态
禁用状态	丢弃状态	否
阻塞状态		否
监听状态		否
学习状态	学习状态	否
转发状态	转发状态	是

在稳定的网络中，根端口和指定端口处于转发状态，而替代端口和备份端口则处于丢弃状态。

2. RSTP 中的 BPDU

RSTP 使用 802.1d 的 BPDU 格式，以向后兼容。然而，RSTP 使用了消息类型字段中一些以前未使用的位。发送交换机端口通过其 RSTP 角色和状态标识自己。

在 802.1d 中，BPDU 基本上都来自根网桥，其他交换机沿生成树向下中继。而在 RSTP 中，无论是否收到根网桥的 BPDU，交换机所有端口都每隔 Hello 时间发送一条 BPDU。这样，网络中的任何交换机都可以主动地维护网络拓扑。交换机还期望从邻居那里定期地收到 BPDU，如果连续 3 次没有收到 BPDU，将认为邻居交换机出现了故障，所有与前往该邻居的端口相关的信息都将被删除，这意味着交换机能够在 3 个 Hello 时间间隔内检测到邻居故障（默认 6 秒）。

RSTP 能够区分自己的 BPDU 和 802.1d BPDU，因此其可以与使用 802.1d 的交换机共存。每个端口都根据收到的 BPDU 来运行，例如，收到 802.1d BPDU 后，端口将根据802.1d 的规则运行。

3. RSTP 的收敛特性

RSTP 可以主动地将端口立即转变为转发状态，而无须通过调整计时器的方式来缩短收敛时间。为了能够达到这种目的，就出现了两个新的要素：边缘端口（Edge Port）和链路类型（Link Type）。

边缘端口是指连接终端的端口。由于此类端口连接的是主机、服务器等终端设备，而非交换机，是不可能导致交换环路的，因此这类端口没有必要经过监听状态和学习状态，从而可以直接转变为转发状态。一旦边缘端口收到了 BPDU，它将立刻失去边缘端口状态，变为普通的 RSTP 端口。

链路类型是根据端口的双工模式来确定的。全双工端口被认为是点到点链路，而半双工端口被认为是共享型链路。在点到点链路上，不采用定时器过期的策略，而是通过与邻接交换机快速握手来确定端口状态。以提议和同意的方式在两台交换机之间交换 BPDU。一台交换机提议自己的端口成为指定端口,如果另一台交换机同意,它将使用同意消息进行响应。

RSTP 处理网络收敛时,通过点到点链路传播握手消息。交换机需要做出 STP 决策时,将与最近的邻居握手,该握手成功后,下一台交换机再进行握手,这种过程不断重复,直到到达网络边缘。

在 RSTP 中,仅在非边缘端口进入转发状态时才检测拓扑变更。802.1w 中的拓扑变更通知与 802.1d 中的不同,它可以大大减少数据通信中断。在 802.1d 中,交换机检测到端口状态发生变化时,它通过发送拓扑变更通知 BPDU 来告诉根网桥,然后根网桥发送 TCN 消息给其他交换机,而在 RSTP 中,当检测到拓扑变更后,交换机会向网络中的其他交换机传播变更消息,让它们也能更正桥接表,这大大减少了在拓扑变更中丢失的 MAC 地址。

◆ 4.3.4 多生成树协议

1. MSTP 的产生背景

STP 使用生成树算法,能够在交换网络中避免环路造成的故障,并实现冗余备份的功能。RSTP 则进一步提高了交换网络拓扑变化时的收敛速度。然而当前的交换网络往往工作在多 VLAN 的环境下,在 Trunk 链路上,同时存在多个 VLAN,每个 VLAN 实质上是一个独立的二层交换网络。为了给所有的 VLAN 提供环路避免和冗余备份功能,就必须为所有的 VLAN 都提供生成树计算。

STP 和 RSTP 使用统一的生成树,也就是在网络中只会产生一棵用于消除环路的生成树,所有的 VLAN 共享一棵生成树,其拓扑结构也是一致的。因此在一条 Trunk 链路上,所有的 VLAN 要么全部处于转发状态,要么全部处于阻塞状态,如图 4-20 所示。

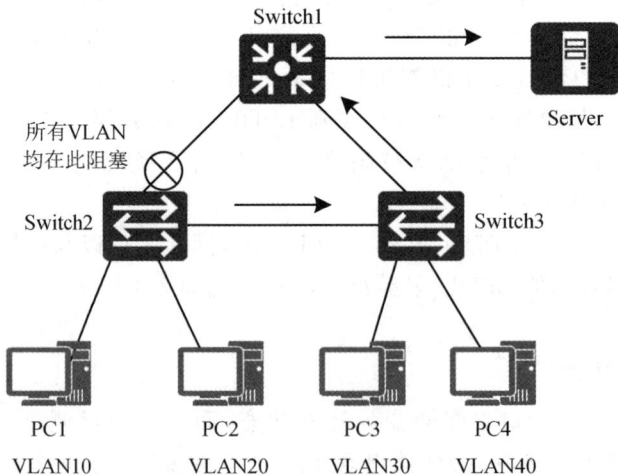

图 4-20 STP/RSTP 的不足

在图 4-20 所示的情况下,Switch2 到 Switch1 的端口被阻塞,则从 PC1 或 PC2 到 Server 的所有数据都要经过 Switch2 至 Switch3 至 Switch1 的路径传递。Switch1 和 Switch2 的带宽被浪费了。

为了克服单生成树协议的缺陷,支持 VLAN 的多生成树协议出现了,IEEE 于 2002 年发布的 802.1s 标准定义了 MSTP(Multiple Spanning Tree Protocol,多生成树协议)。

MSTP 兼容 STP 和 RSTP,既可以快速收敛,又能使不同 VLAN 的流量沿各自的路径转发,从而为冗余链路提供了更好的负载分担机制。

MSTP 定义了"实例"的概念,所谓实例就是多个 VLAN 的一个集合。STP/RSTP 是基于端口的,而 MSTP 是基于实例的。通过 MSTP,可以在网络中定义多生成树实例(Multiple Spanning Tree Instance,MSTI),每个实例对应多个 VLAN 并维护自己的独立生成树。这样既避免了为每个 VLAN 维护一棵生成树的巨大资源消耗,又可以使不同的 VLAN 具有完全不同的生成树拓扑,从而实现 VLAN 级负载均衡。

在图 4-21 中,有 VLAN10、VLAN20、VLAN30 和 VLAN40,采用 MSTP 可以将 VLAN10、VLAN20 放入一个实例(实例 1),把 VLAN30、VLAN40 放入另一个实例(实例 2),每个实例对应一棵生成树。Switch1 和 Switch2 之间的链路在实例 1 中是连通的,而在实例 2 中是阻塞的,所以 PC1 到 Server 的数据流会经过 Switch2 至 Switch1 之间的链路传递。同理,Switch3 和 Switch1 之间的链路在实例 2 中是连通的,而在实例 1 中是阻塞的,所以 PC4 到 Server 的数据流会经过 Switch3 至 Switch1 之间的链路传递。这样既减少了 BPDU 的通信量和交换机上的资源消耗,也实现了不同 VLAN 的数据流有不同的转发路径。

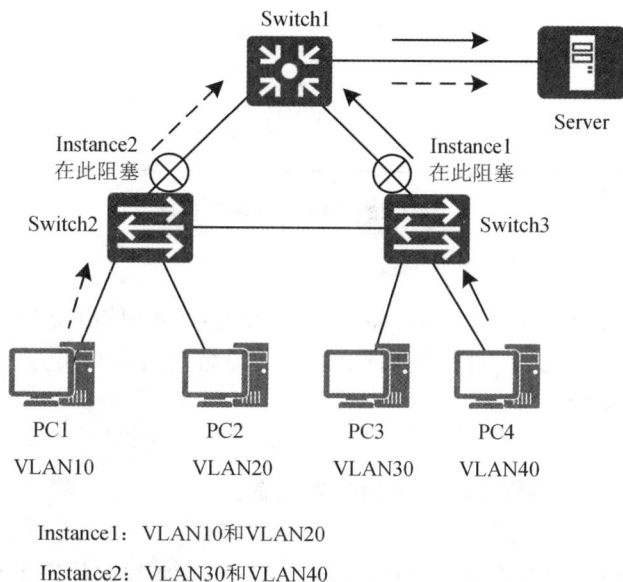

Instance1:VLAN10和VLAN20

Instance2:VLAN30和VLAN40

图 4-21　MSTP 实现负载均衡

相对于之前介绍的各种生成树协议,MSTP 的优势非常明显,它具有 VLAN 认知能力,可以实现负载均衡,可以实现类似于 RSTP 的端口状态快速切换,可以捆绑多个 VLAN 到一个实例中以降低资源占用率。MSTP 可以很好地向下兼容 STP/RSTP 协议,并且 MSTP 是 IEEE 标准协议,现在基本上各个网络厂商的交换机产品均能够支持 MSTP。

2. MSTP 的基本概念

在 MSTP 网络中可以有多生成树实例(MSTI),这会涉及生成树实例的划分及各生成树实例之间的关系等问题,这与 STP 和 RSTP 在许多方面存在不同。本节具体介绍 MSTP 所涉及的一些基本概念。

(1)MSTP 网络的层次结构。

MSTP 不仅涉及多个 MSTI,而且还可划分多个 MST 域(MST Region,也称为 MST 区域）。总体来说，一个 MSTP 网络可以包含一个或多个 MST 域，而每个 MST 域中又可包含一个或多个 MSTI。组成每个 MSTI 的是其中运行 STP/RSTP/MSTP 的交换设备，MSTI 是这些交换设备经 MSTP 计算后形成的树状网络。

如图 4-22 所示的 MSTP 网络示例，图中共划分了 3 个 MST 区域，每个区域中又包括 3 个 MSTI。

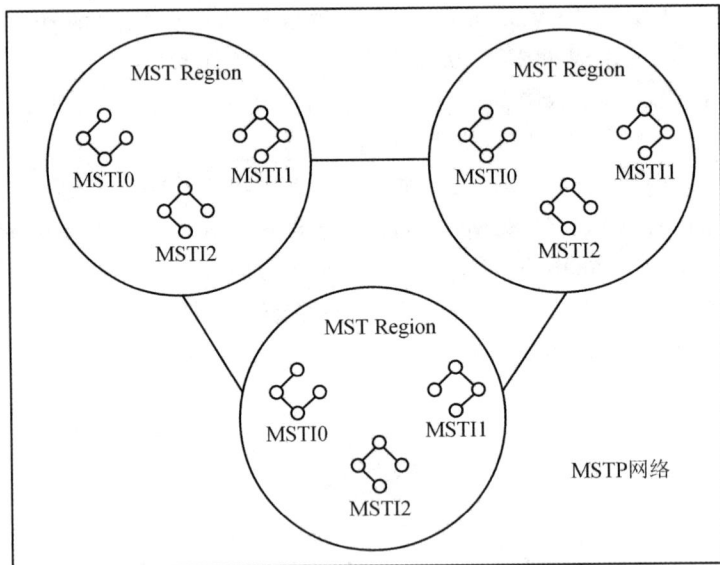

图 4-22　MSTP 网络示例

（2）MST 域。

MST 域（Multiple Spanning Tree Region，多生成树域）是由交换网络中的多台交换设备及它们之间的网段构成的。同一个 MST 域中的设备具有下列特点。

① 都启动了 MSTP。

② 具有相同的域名。

③ 具有相同的 VLAN 到生成树实例映射配置。

④ 具有相同的 MSTP 修订级别配置。

一个 MSTP 网络可以存在多个 MST 域，各 MST 域之间在物理上直接或间接相连。用户可以通过 MSTP 配置命令把多台交换设备划分在同一个 MST 域内。

图 4-23 所示的 MST 域 R0 包含交换机 Switch1、Switch2、Switch3 和 Switch4，域中有 3 个 MSTI，即 MSTI0、MSTI1 和 MSTI2。

（3）MSTI。

MSTI 是指 MST 域内的生成树。

一个 MST 域内可以通过 MSTP 生成多棵生成树，各棵生成树之间彼此独立。一个 MSTI 可以与一个或多个 VLAN 对应，但一个 VLAN 只能与一个 MSTI 对应。

每个 MSTI 都有一个标识（MSTI ID），MSTI ID 是一个 16 位（bit）的整数。华为设备支持 16 个 MSTI，MSTI ID 的取值范围是 0～15，默认所有的 VLAN 映射到 MSTI0。

既然是生成树，那就不允许存在环路。如图 4-23 所示，这个 MST 域中包含 3 个 MSTI，注意看它们的拓扑，总有一个方向的交换机连接是断开的，每个 MSTI 都没有环路。

为了在交换机上标识 VLAN 和 MSTI 的映射关系，交换机需要维护一个 MST 配置表

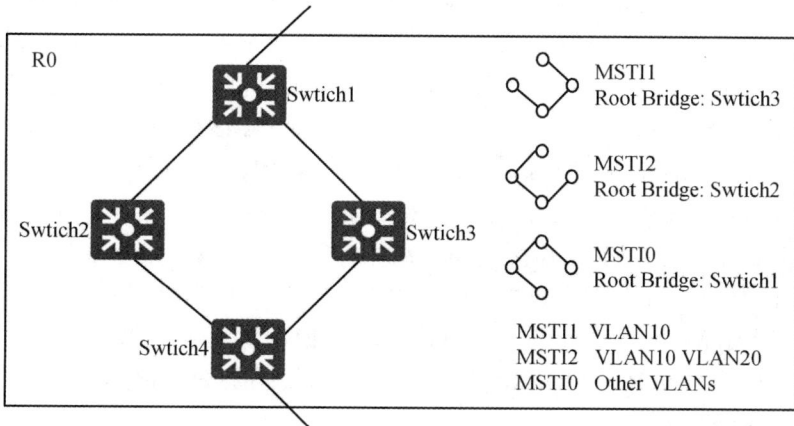

图 4-23　MST 域

（MST Configuration Table）。MST 配置表的结构是 4096 个连续的 16 位元素组，代表 4096 个 VLAN，将第一个元素和最后一个元素设置为全 0，第二个元素表示 VLAN1 映射到的 MSTI 的 MSTI ID，第三个元素表示 VLAN2 映射到的 MSTI 的 MSTI ID，以此类推，倒数第二个元素（第 4095 个元素）表示 VLAN4094 映射到的 MSTI 的 MSTI ID。

　　在一般的企业网络中，通常将支持 MSTP 的设备全部划分到一个 MST 域中，而将不支持 MSTP 的设备划分到另一个 MST 域中。对于 MSTI 来说，通常将具有相同转发路径的 VLAN 映射到一个 MSTI 中，以形成一棵独立的生成树。

　　（4）IST、CST 和 CIST。

　　IST（Internal Spanning Tree，内部生成树）是各个 MST 域内部的一棵生成树，其仅针对具体的 MST 域来计算。但它是一个特殊的 MSTI，其 MSTI ID 为 0，即 IST 通常称为 MSTI0。每个 MST 域中只有一个 IST，包括对应 MST 域中所有互连的交换机。

　　在如图 4-24 所示的 MSTP 网络中（包含多个 MST 域），每个 MST 域内部用细线连接的各交换机就构成了对应 MST 域中的 IST。

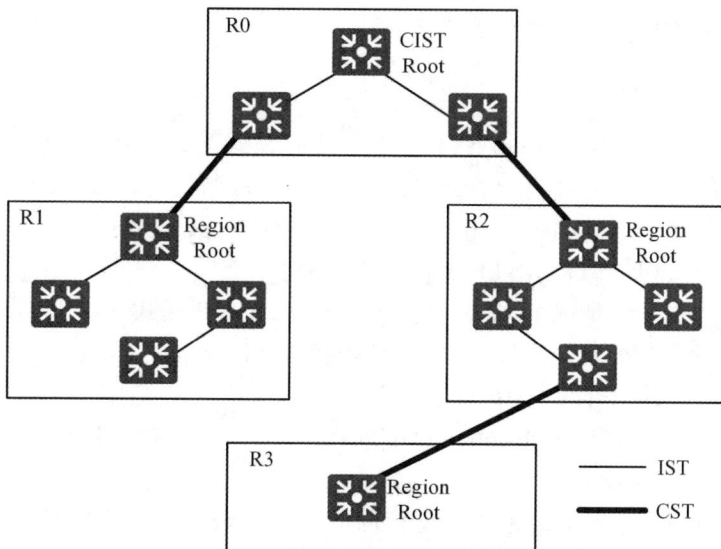

图 4-24　MSTP 网络中的 IST、CST 和 CIST

CST(Common Spanning Tree,公共生成树)是连接整个 MSTP 网络内所有 MST 域的一棵单生成树,是针对整个 MSTP 网络来计算的。如果把每个 MST 域看作是一台"交换机",每个 MST 域看成是 CST 的一个节点,则 CST 就是这些节点"交换机"通过 STP 或者 RSTP 协议计算生成的,如图 4-24 中的粗线条所示。每个 MSTP 网络中只有一个 CST。

CIST(Common and Internal Spanning Tree,公共和内部生成树)是通过 STP 或 RSTP 协议计算生成的,连接整个 MSTP 网络内所有交换机的单生成树,由 IST 和 CST 共同构成。这里要注意,上面介绍的 CST 是连接交换网络中所有 MST 域的单生成树,而此处的 CIST 则是连接交换网络内的所有交换机的单生成树。即每个 MSTP 网络中也只有一个 CIST。交换网络中的所有 MST 域的 IST 和 CST 一起构成一棵完整的生成树,也就是这里的 CIST。在图 4-24 中,R0、R1、R2 和 R3 四个 MST 区域中的 IST,再加上 MST 域间的 CST 就是整个交换网络的 CIST 了。

3. MSTP 的基本计算过程

在 MSTP 中,每个 MSTI 的基本计算过程也就是 RSTP 的计算过程,只是在术语上有些差别。本节介绍非 0 的 MSTI 的相关计算,对于 MSTI0 的计算过程,感兴趣的读者可以自行学习。

首先选举此 MSTI 的 MST 区域根交换机(Region Root),相当于 RSTP 中的根交换机。选举的依据是各交换机配置在该 MSTI 中的网桥 ID,如同 RSTP,此网桥 ID 由优先级和 MAC 地址两部分组成,数值越小越优先。

为此 MSTI 的非根交换机选举一个根端口,根端口为该交换机提供到达此 MSTI 的 Region Root 的最优路径。选举的依据为内部根路径开销,表示一台交换机到达相关 Region Root 的 MST 区域的内部开销,如果多个端口提供的路径开销相同,则按顺序比较上行交换机网桥 ID、所连接上行交换机端口的端口 ID 及接收端口的端口 ID 来选举最优路径。

每个网段的指定端口为所连接网段提供到达相关 MSTI 的 Region Root 的最优路径。替换端口和备份端口的选举依据和 RSTP 相同。

◆ 4.3.5 生成树协议配置命令

1. STP 和 RSTP 配置命令

STP/RSTP 基本功能配置包括 STP/RSTP 工作模式配置、根桥/备份根桥配置、桥优先级配置、端口路径开销配置、端口优先级配置、边缘端口配置、查看生成树配置等。当然,其中大部分是可选配置任务,具体如下。

配置 STP 与
RSTP

(1)STP/RSTP 工作模式配置。

默认情况下,华为交换机运行在 MSTP 模式下。在系统视图下使用如下命令配置交换机的生成树模式为 STP 或 RSTP:

stp mode〈 stp|rstp 〉

如果要关闭 STP,可用 **stp disable** 或 **undo stp enable** 命令进行设置。

(2)根桥/备份根桥配置。

默认情况下,所有交换机的优先级是相同的。此时,STP 只能根据 MAC 地址选择根桥,MAC 地址最小的桥为根桥。但实际上,这个 MAC 地址最小的桥并不一定就是最佳的根桥。

可以在系统视图下通过如下命令来配置根桥或备份根桥：

stp root〔**primary**|**secondary**〕

在该命令中，如果选择二选一选项 **primary**，则配置当前设备为根桥；如果选择二选一选项 **secondary**，则配置当前设备为备份根桥。如果配置为根桥，则该设备优先级 BID 值自动为 0，且不能更改；如果配置为备份根桥，则该设备优先级 BID 值自动为 4096，且也不能更改。缺省情况下，交换设备（即交换机）不作为任何生成树的根桥或备份根桥，可用 **undo stp root** 命令取消当前交换设备为指定生成树的根桥或备份根桥的资格。

（3）桥优先级配置。

配置交换机的桥优先级（即网桥优先级）关系着到底哪个交换机成为整个网络的根网桥，同时也关系到整个网络的拓扑结构。通常情况下，应当把核心交换机的桥优先级设置得高些（数值小），使核心交换机成为根网桥，这样有利于整个网络的稳定。

通过配置网桥的优先级来指定根桥。优先级越小，该网桥就越有可能成为根。配置命令如下：

stp priority *priority*

在该命令中，参数 *priority* 的取值范围是 0～61440，步长为 4096，即仅可以配置 16 个优先级取值，如 0、4096、8192 等，不可随意设置。优先级值越小，则优先级越高，对应的网桥越能成为根桥或备份根桥。缺省情况下，交换机的桥优先级值为 32768，可用 **undo stp priority** 命令恢复交换机的桥优先级为缺省值。

注意，如果已经通过执行命令 **stp root primary** 或命令 **stp root secondary** 指定当前设备为根桥或备份根桥，且要改变当前设备的优先级，则需要执行命令 **undo stp root** 去使能根桥或者备份根桥功能，然后执行本命令配置新的优先级值。

（4）端口路径开销配置。

交换机的每个活动端口的根路径开销为 BPDU 沿途经过的累加开销。交换机收到 BPDU 后，将接收端口的端口开销加到 BPDU 中的根路径开销中。端口路径开销与端口的带宽成反比。

要配置交换机的端口路径开销，可在接口视图下使用如下配置命令：

stp cost *cost*

在该命令中，参数 *cost* 的取值范围根据所采用的计算方法的不同而不同。使用华为的私有计算方法时，参数 *cost* 的取值范围是 1～200000；使用 IEEE 802.1d 标准方法时，参数 *cost* 的取值范围是 1～65535；使用 IEEE 802.1t 标准方法时，参数 *cost* 的取值范围是 1～200000000。

要配置端口路径开销缺省值的计算方法，可在系统视图下使用如下配置命令：

stp pathcost-standard〔**dotld-1998**|**dotlt**|**legacy**〕

在该命令中，**dotld-1998** 表示采用 IEEE 802.1d 标准方法；**dotlt** 表示采用 IEEE 802.1t 标准方法；**legacy** 表示采用华为的私有计算方法。缺省情况下，路径开销缺省值的计算方法为 IEEE 802.1t(dotlt)标准方法，可用 **undo stp pathcost-standard** 命令恢复端口路径开销的计算方法为缺省计算方法。且同一网络内所有交换机的端口路径开销应使用相同的计算方法。

（5）端口优先级配置。

在接口视图下使用如下命令来配置端口优先级：

stp port priority *port-priority*

在该命令中,参数 *port-priority* 的取值范围为 0~240,步长为 16,不可随意设置,且优先级值越小,优先级越高,对应的端口越能成为指定端口。缺省情况下,端口的优先级值为128,可用 **undo stp port priority** 命令恢复当前端口的优先级为缺省值。

（6）边缘端口配置。

与 RSTP 相关的配置还有边缘端口。在 RSTP 中,如果某一个指定端口位于整个网络的边缘,即不再与其他交换机连接,而是直接与终端设备直连,则这种端口称为边缘端口。边缘端口不接收处理配置 BPDU 报文,不参与 RSTP 运算,可以由 Disable 直接转到Forwarding 状态,且不经历延时,就像在端口上将 RSTP 禁用。

在接口视图下,使用如下命令可以将端口配置为 RSTP 边缘端口:

stp edged-port enable

（7）查看生成树配置。

配置完成后可以使用以下命令查看交换机上运行的生成树实例的状态,以检查配置是否正确:

display stp [**brief**]

也可以用下面的命令显示交换机上某个具体端口的生成树信息:

display stp interface *interface-type interface-num* [**brief**]

2. MSTP 配置命令

MSTP 可以把一个交换网络划分成多个域,在每个域内形成多棵生成树,生成树之间彼此独立,可实现不同 VLAN 流量的分离,达到均衡网络负载的目的。

给交换机配置 MSTP 工作模式,配置并激活 MST 域后,启动 MSTP,MSTP 便开始进行生成树计算,将网络修剪成树状,破除环路。如果想要人为干预生成树计算的结果,还可以进行如下配置:手动配置指定根桥和备份根桥设备,配置交换机在指定 MSTI 中的优先级,配置端口在指定 MSTI 中的路径开销,配置端口在指定 MSTI 中的优先级。具体配置任务如下。

（1）配置 MSTP 工作模式。

缺省情况下,华为交换机运行在 MSTP 模式下,如果运行在其他生成树模式下,可以在系统视图下使用如下命令配置交换机的生成树模式为 MSTP 模式:

stp mode mstp

执行本命令后,在交换机所有启用生成树协议的端口中,除了和 STP 交换机直接相连的端口工作在 STP 模式下,其他端口都工作在 MSTP 模式下,即向外发送 MST BPDU 报文。

（2）配置并激活 MST 域。

在使用了 MSTP 的网络中,必须在区域中的每台交换机上手工配置（即手动配置）MST属性,具体步骤如下。

第 1 步,在系统视图下,使用如下命令进入 MST 域视图:

stp region-configuration

第 2 步,在 MST 域视图下,使用如下命令配置 MST 域名:

region-name *name*

第 3 步,在 MST 域视图下,使用如下命令配置多生成树实例和 VLAN 的映射关系:

instance *instance-id* **vlan** { *vlan-id* 1 [**to** *vlan-id* 2] }

第 4 步,在 MST 域视图下,使用如下命令配置 MST 域的修订级别:

revision-level *level*

在该命令中,参数 *level* 的取值范围为 0~65535。缺省情况下,MSTP 域的 MSTP 修订级别为 0。当设备所在域的 MSTP 修订级别不为 0 时,需要执行本操作。

第 5 步,为了使以上 MST 域名、VLAN 映射表和 MSTP 修订级别配置生效,必须在 MST 域视图下执行如下命令:

active region-configuration

如果不执行本操作,以上配置的 MST 域名、VLAN 映射表和 MSTP 修订级别将无法生效。如果在启动 MSTP 特性后又修改了交换机的 MST 域相关参数,可以通过执行本命令激活 MST 域,使修改后的参数生效。

只有两台交换机的 MST 域名、多生成树实例和 VLAN 的映射关系、MST 域的修订级别这 3 个参数配置相同,这两台交换机才属于同一个 MST 域。

缺省情况下,MST 域名为交换机主控板的 MAC 地址,MSTP 修订级别取值为 0,所有 VLAN 均映射到 CIST 上。可用 **undo stp region-configuration** 命令将 MST 域配置恢复为缺省值。

(3)配置 MSTP 根桥和备份根桥。

在系统视图下,使用如下命令配置当前设备为指定 MSTI 的根桥或备份根桥:

stp [**instance** *instance-id*] **root** ⟨**primary**|**secondary**⟩

在该命令中,可选参数 *instance-id* 用来指定 MSTI 的编号,如果不指定此可选参数,则将当前设备作为 CIST 的根桥或备份根桥。配置为根桥后,该设备优先级 BID 值自动为 0,配置为备份根桥后,该设备优先级 BID 值自动为 4096,且都不能更改。

缺省情况下,交换机不作为任何生成树的根桥或备份根桥,可用 **undo stp root** 命令取消当前设备作为指定 MSTI 的根桥或备份根桥的资格。

(4)配置交换机在指定 MSTI 中的优先级。

在系统视图下,使用如下命令配置当前设备在指定 MSTI 中的桥优先级:

stp [**instance** *instance-id*] **priority** *priority*

在该命令中,可选参数 *instance-id* 用来指定 MSTI 的编号,如果不指定此可选参数,则将配置当前设备在 CIST 中的桥优先级。参数 *priority* 用来指定当前设备的桥优先级。

4.4 【任务 1】配置 RSTP 避免网络环路

4.4.1 任务描述

A 高校校园网为了满足网络的可靠性要求、达到最佳的工作效率,使用了两台高性能交换机作为核心交换机,汇聚层交换机与核心层交换机相连,形成冗余结构。为了避免网络冗余带来的环路,需要在交换机上配置生成树协议。

4.4.2 任务分析

要避免网络环路,可采用生成树协议,考虑到生成树协议的收敛需要较长的时间,这里采用快速生成树协议。网络拓扑如图 4-25 所示。

在图 4-25 所示的拓扑结构中配置 RSTP 防止出现环路并实现链路冗余。交换机 Switch1 和 Switch2 是核心层交换机,它们之间通过两条并行链路相连实现备份,Switch3 和 Switch4 是汇聚层交换机。很显然,为了提高网络性能,应该使交换机 Switch1 位于转发路

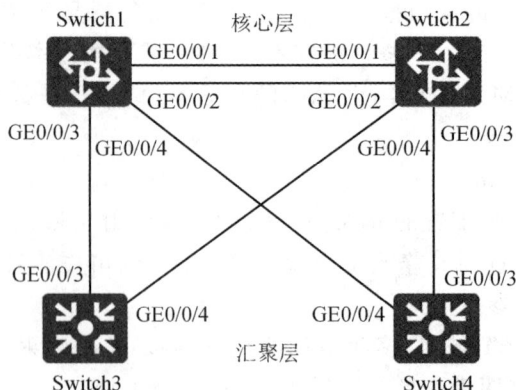

图 4-25　配置 RSTP 网络拓扑结构

径的中心位置（即作为生成树的根），同时为了增加可靠性，应该使 Switch2 作为根的备份。

◆ 4.4.3　任务实施

1. 配置交换机的主机名

按规划分别将 4 台交换机的主机名设置为 Switch1、Switch2、Switch3 和 Switch4。

2. 在交换机上配置 RSTP

为了使网络能够满足设计需求，需要在 Switch1、Switch2、Switch3 和 Switch4 上配置生成树工作在 RSTP 模式下，配置命令如下。

```
[Switch1]stp mode rstp
[Switch2]stp mode rstp
[Switch3]stp mode rstp
[Switch4]stp mode rstp
```

3. 将 Switch1 和 Switch2 分别配置为根桥和备份根桥

```
[Switch1]stp root primary
[Switch2]stp root secondary
```

配置完成后，使用 display stp brief 命令查看交换机中生成树的运行状态，结果如下。

```
[Switch1]display stp brief
MSTID  Port                  Role  STP State   Protection
  0    GigabitEthernet0/0/1  DESI  FORWARDING  NONE
  0    GigabitEthernet0/0/2  DESI  FORWARDING  NONE
  0    GigabitEthernet0/0/3  DESI  FORWARDING  NONE
  0    GigabitEthernet0/0/4  DESI  FORWARDING  NONE

[Switch2]display stp brief
MSTID  Port                  Role  STP State    Protection
  0    GigabitEthernet0/0/1  ROOT  FORWARDING   NONE
  0    GigabitEthernet0/0/2  ALTE  DISCARDING   NONE
  0    GigabitEthernet0/0/3  DESI  FORWARDING   NONE
  0    GigabitEthernet0/0/4  DESI  FORWARDING   NONE

[Switch3]display stp brief
```

```
MSTID   Port                           Role    STP State        Protection
   0    GigabitEthernet0/0/3           ROOT    FORWARDING       NONE
   0    GigabitEthernet0/0/4           ALTE    DISCARDING       NONE

[Switch4]display stp brief
MSTID   Port                           Role    STP State        Protection
   0    GigabitEthernet0/0/3           ALTE    DISCARDING       NONE
   0    GigabitEthernet0/0/4           ROOT    FORWARDING       NONE
```

从以上输出结果可以看出,将 Switch1 配置为根桥后,其 GE0/0/1、GE0/0/2、GE0/0/3及 GE0/0/4 端口在生成树计算中被选举为指定端口;Switch2 的 GE0/0/1 端口被选举为根端口、GE0/0/2 端口被选举为 Alternate 端口、GE0/0/3 和 GE0/0/4 端口被选举为指定端口;Switch3 的 GE0/0/3 端口被选举为根端口、GE0/0/4 端口被选举为 Alternate 端口;Switch4 的 GE0/0/4 端口被选举为根端口、GE0/0/3 端口被选举为 Alternate 端口。根端口和指定端口处于 Forwarding 状态,Alternate 端口处于 Discarding 状态。

通过以上的查看操作就可以验证配置是正确的。

配置完成后,还可以使用 display stp 命令查看交换机中生成树运行状态的详细信息。

4.5 【任务 2】配置 MSTP 避免网络环路

◆ 4.5.1 任务描述

A 高校校园网为了满足网络的可靠性要求、达到最佳的工作效率,使用了两台高性能交换机作为核心交换机,汇聚层交换机将校园网内不同部门的主机进行聚合,并与核心层交换机相连,形成冗余结构。为了避免网络冗余带来的环路,并实现 VLAN 级负载均衡,需要在交换机上配置多生成树协议。

◆ 4.5.2 任务分析

在多 VLAN 的网络环境中,要避免网络环路并充分利用网络带宽,需采用 MSTP,网络拓扑如图 4-26 所示。

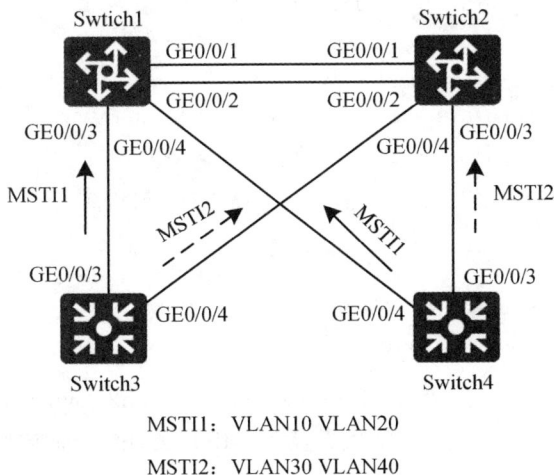

MSTI1:VLAN10 VLAN20

MSTI2:VLAN30 VLAN40

图 4-26 配置 MSTP 网络拓扑结构

在图 4-26 中，Switch3 和 Switch4 作为汇聚层的交换机，分别汇聚了 VLAN10 和 VLAN20、VLAN30 和 VLAN40 的流量，现在需要将 VLAN 的流量进行分流后进入冗余的核心层，以达到负载均衡和实现冗余链路的目的。

◆ 4.5.3 任务实施

1. 配置交换机的主机名

按规划分别将 4 台交换机的主机名设置为 Switch1、Switch2、Switch3 和 Switch4。

2. 在交换机上配置 VLAN 和 Trunk

在 Switch1、Switch2、Switch3 和 Switch4 上创建 VLAN，并设置 Trunk 类型端口，配置命令如下。

```
① Switch1 上的配置
[Switch1]vlan batch 10 20 30 40
[Switch1]interface GigabitEthernet 0/0/1
[Switch1-GigabitEthernet0/0/1]port trunk allow-pass vlan all
[Switch1-GigabitEthernet0/0/1]quit
[Switch1]interface GigabitEthernet 0/0/2
[Switch1-GigabitEthernet0/0/2]port trunk allow-pass vlan all
[Switch1-GigabitEthernet0/0/2]quit
[Switch1]interface GigabitEthernet 0/0/3
[Switch1-GigabitEthernet0/0/3]port trunk allow-pass vlan all
[Switch1-GigabitEthernet0/0/3]quit
[Switch1]interface GigabitEthernet 0/0/4
[Switch1-GigabitEthernet0/0/4]port trunk allow-pass vlan all
[Switch1-GigabitEthernet0/0/4]quit
② Switch2 上的配置
与 Switch1 相同，请参考 Switch1 上的配置
③ Switch3 上的配置
[Switch3]vlan batch 10 20 30 40
[Switch3]interface GigabitEthernet0/0/3
[Switch3-GigabitEthernet0/0/3]port link-type trunk
[Switch3-GigabitEthernet0/0/3]port trunk allow-pass vlan all
[Switch3-GigabitEthernet0/0/3]quit
[Switch3-GigabitEthernet0/0/3]interface GigabitEthernet0/0/4
[Switch3-GigabitEthernet0/0/4]port link-type trunk
[Switch3-GigabitEthernet0/0/4]port trunk allow-pass vlan all
[Switch3-GigabitEthernet0/0/4]quit
④ Switch4 上的配置
与 Switch3 相同，请参考 Switch3 上的配置
```

3. 在交换机上配置并激活 MST 域

为了使网络能够满足设计需求，需要在 Switch1、Switch2、Switch3 和 Switch4 上配置生成树工作在 MSTP 模式下，同时还要配置并激活 MST 域，配置命令如下。

① Switch1 上的配置

```
[Switch1]stp mode mstp
[Switch1]stp region-configuration
[Switch1-mst-region]region-name RG1
[Switch1-mst-region]instance 1 vlan 10 20
[Switch1-mst-region]instance 2 vlan 30 40
[Switch1-mst-region]active region-configuration
[Switch1-mst-region]quit
```

② Switch2、Switch3 和 Switch4 上的配置

与 Switch1 相同,请参考 Switch1 上的配置

4. 配置根桥和备份根桥

将 Switch1 配置为 MSTI1 的根桥、MSTI2 的备份根桥;将 Switch2 配置为 MSTI2 的根桥、MSTI1 的备份根桥,配置命令如下。

```
[Switch1]stp instance 1 root primary
[Switch1]stp instance 2 root secondary


[Switch2]stp instance 1 root secondary
[Switch2]stp instance 2 root primary
```

配置完成后,使用 display stp instance instance-id brief 命令查看交换机中 MSTP 的运行状态,结果如下。

```
[Switch1]display stp instance 1 brief
MSTID   Port                    Role   STP State    Protection
  1     GigabitEthernet0/0/1    DESI   FORWARDING   NONE
  1     GigabitEthernet0/0/2    DESI   FORWARDING   NONE
  1     GigabitEthernet0/0/3    DESI   FORWARDING   NONE
  1     GigabitEthernet0/0/4    DESI   FORWARDING   NONE
[Switch1]display stp instance 2 brief
MSTID   Port                    Role   STP State    Protection
  2     GigabitEthernet0/0/1    ROOT   FORWARDING   NONE
  2     GigabitEthernet0/0/2    ALTE   DISCARDING   NONE
  2     GigabitEthernet0/0/3    DESI   FORWARDING   NONE
  2     GigabitEthernet0/0/4    DESI   FORWARDING   NONE


[Switch2]display stp instance 1 brief
MSTID   Port                    Role   STP State    Protection
  1     GigabitEthernet0/0/1    ROOT   FORWARDING   NONE
  1     GigabitEthernet0/0/2    ALTE   DISCARDING   NONE
  1     GigabitEthernet0/0/3    DESI   FORWARDING   NONE
  1     GigabitEthernet0/0/4    DESI   FORWARDING   NONE
[Switch2]display stp instance 2 brief
MSTID   Port                    Role   STP State    Protection
  2     GigabitEthernet0/0/1    DESI   FORWARDING   NONE
  2     GigabitEthernet0/0/2    DESI   FORWARDING   NONE
  2     GigabitEthernet0/0/3    DESI   FORWARDING   NONE
  2     GigabitEthernet0/0/4    DESI   FORWARDING   NONE
```

```
[Switch3]display stp instance 1 brief
MSTID    Port                     Role   STP State     Protection
    1    GigabitEthernet0/0/3     ROOT   FORWARDING    NONE
    1    GigabitEthernet0/0/4     ALTE   DISCARDING    NONE
[Switch3]display stp instance 2 brief
MSTID    Port                     Role   STP State     Protection
    2    GigabitEthernet0/0/3     ALTE   DISCARDING    NONE
    2    GigabitEthernet0/0/4     ROOT   FORWARDING    NONE
```

4.6 项目总结与拓展

网络高可用性
技术简介

交换网络中存在环路会导致广播风暴、多帧复制和 MAC 地址表不稳定等问题，为了增加网络的可靠性和容错性，同时保留冗余链路，可以采用生成树协议。本项目主要介绍了 STP、RSTP 和 MSTP 的工作原理和应用配置。

STP 通过逻辑上阻塞一些冗余端口来消除环路，将物理环路改变为逻辑上无环路的拓扑，而一旦活动链路故障，被阻塞的端口能够立即启用，以达到冗余备份的目的。

IEEE 802.1d 标准中，一个交换网络达到 STP 收敛需要 50 秒的时间，这在很多情况下是不能忍受的，因此 IEEE 又制订了 802.1w 标准，将收敛速度缩短到 1 秒。

STP 和 RSTP 使用统一的生成树，也就是在网络中只会产生一棵用于消除环路的生成树，所有的 VLAN 共享一棵生成树，为了克服单生成树协议的缺陷，IEEE 802.1s 定义了 MSTP。MSTP 是基于实例的，所谓实例就是多个 VLAN 的一个集合。

4.7 习题

1. 选择题

（1）下面哪项最好地描述了桥接环路？

A. 在交换机之间为实现冗余而形成的环路

B. 由生成树协议生成的环路

C. 在交换机之间形成的环路，帧沿环路无休止地传输下去

D. 帧在源和目的地之间的往返路径

（2）以下哪种技术不可以用来避免交换网络中的环路？

A. STP   B. RSTP   C. MSTP   D. ACL

（3）下面哪个参数用于选举根网桥？

A. 根路径开销   B. 路径开销   C. 网桥优先级   D. BPDU 修订号

（4）RSTP 基于下面哪种标准？

A. 802.1q   B. 802.1d   C. 802.1w   D. 802.1s

（5）如果网络中所有交换机都使用默认的 STP 值，下面哪项是正确的？

A. 根网桥将为 MAC 地址最小的交换机

B. 根网桥将为 MAC 地址最大的交换机

C. 一台或多台交换机的网桥优先级为 4096

D. 网络中没有辅助根网桥

（6）下面哪项导致 RSTP 认为端口是点到点的？

A. 端口速度　　　　B. 端口介质　　　　C. 端口双工　　　　D. 端口优先级

（7）交换机从两个不同的端口收到 BPDU，则其会按照下面哪种顺序来比较 BPDU，从而决定哪个端口是根端口？

A. 根网桥 ID、根路径开销、指定桥 ID、指定端口 ID

B. 根网桥 ID、指定桥 ID、根路径开销、指定端口 ID

C. 根网桥 ID、指定桥 ID、指定端口 ID、根路径开销

D. 根路径开销、根网桥 ID、指定桥 ID、指定端口 ID

（8）二层网络中的路径环路容易引起网络的以下哪些问题？

A. 链路带宽增加　　B. 广播风暴　　　　C. MAC 地址表不稳定　　D. 多帧复制

（9）以下关于生成树指定端口的描述中，哪些是正确的？

A. 每个非根网桥可以有多个指定端口

B. 指定端口负责向与其相连的网段转发报文

C. 指定端口是通向根交换机的一条路径

D. 指定端口转发从此交换机到达根交换机的数据报文

（10）单生成树的弊端有哪些？

A. 单生成树可能会导致位于不同交换机上同一 VLAN 的主机不能互通

B. 在单生成树条件下，不能进行流量在不同链路上的分担

C. 运行单生成树时，整个网络的收敛速度比较慢

D. 在单生成树条件下，可能存在次优的二层路径

2. 问答题

（1）请根据表 4-5 中的信息判断哪台交换机将成为根网桥？如果根网桥出现故障，哪台交换机将成为辅助根网桥？

表 4-5　题图 1

交换机名	网桥优先级	MAC 地址	端口开销
Switch1	32768	00-d0-10-35-26-a0	均为 20
Switch2	32768	00-d0-10-35-25-a0	均为 20
Switch3	8192	00-d0-10-35-27-a0	均为 20
Switch4	32768	00-d0-10-35-25-a1	均为 20

（2）什么情况会导致 STP 拓扑发生变化？这种变化对 STP 和网络有什么影响？

（3）若根网桥已经被选举出来，但安装的新交换机与现有根网桥相比，有更低的网桥 ID，则将发生什么情况？

（4）假设交换机从两个端口接收到配置 BPDU，这两个端口被分配给同一个 VLAN，每个 BPDU 都指出 Switch1 为根网桥，那么这台交换机可以将这两个端口都视为根端口吗？为什么？

（5）要定义 MST 域，必须配置哪些参数？

项目 **5** 链路聚合的应用与配置

5.1 项目介绍

随着网络规模不断扩大,用户对骨干链路的带宽和可靠性提出越来越高的要求。在传统技术中,常用更换高速率的端口板或更换支持高速率端口板的设备的方式来增加带宽,但这种方案需要付出高额的费用,而且不够灵活。以太网链路聚合技术可以在不进行硬件升级的条件下,将交换机的多个端口捆绑成一条高带宽链路,同时通过几个端口进行链路负载均衡,既实现了网络的高速性,也保证了链路的冗余性。

5.2 学习目标

(1)了解以太网链路聚合的作用。
(2)理解以太网链路聚合的工作原理。
(3)能够配置链路聚合以增加网络带宽。
(4)树立共享发展理念,实现网络资源效用最大化。

5.3 相关知识

◆ 5.3.1 以太网链路聚合概述

链路聚合(Link Aggregation)又称端口聚合,在华为 S 系列交换机中又称为 Eth-Trunk,指将一组相同类型的物理以太网端口捆绑在一起形成一个逻辑上的聚合端口,避免链路出现拥塞现象,也可以防止由于单条链路转发速率过低而出现的丢帧现象。使用链路聚合服务的上层实体把同一聚合组内的多条物理链路视为一条逻辑链路,数据通过聚合端口进行传输。链路聚合示意图如图 5-1 所示。

1. 链路聚合的优点

链路聚合是以太网交换机所实现的一种非常重要的高可靠性技术,在不增加更多网络建设成本的前提下,既实现了网络的高速性,也保证了链路的冗余性。链路聚合具有以下优点。

(1)增加链路带宽。

通过把数据流分散到聚合组中各个成员端口,实现端口间的流量负载分担,从而有效地增加了交换机间的链路带宽。如图 5-1 所示,将 4 条 100 Mbps 的快速以太网链路聚合成一条高速链路,这条链路在全双工模式下可以达到 800 Mbps 的带宽,这样就可以保证在两台交换机之间不会出现带宽瓶颈。另外,由于服务器的数据流量较大,可以将两条 100 Mbps 的链路聚合为一条高速链路。

（2）提高链路可靠性。

聚合端口可以实时地监控同一聚合组内各个成员端口的状态,从而实现成员端口之间的动态备份。在聚合链路中,只要还存在正常工作的成员链路,整

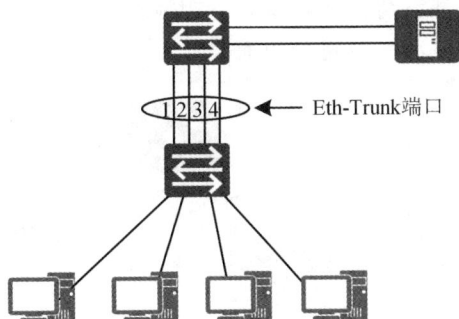

图 5-1　链路聚合示意图

个传输链路就不会失效。例如在图 5-1 中,如果链路 1 和链路 2 先后出现故障,则它们的数据流会被迅速转移到另外两条链路上,并继续保持负载均衡,因而两台交换机之间的连接不会中断。

链路聚合技术与生成树协议并不冲突,生成树协议会把链路聚合后的高速链路当作单个逻辑链路进行生成树的建立,例如在图 5-1 中,链路 1、2、3、4 聚合之后,就产生了一个聚合端口（Eth-Trunk 端口）,这个 Eth-Trunk 端口是作为单条链路进行生成树计算的。

在实际应用中,并非捆绑的链路越多越好,华为 S 系列交换机最多允许 8 个端口进行聚合,这是由于捆绑端口的数目越多,其消耗掉的交换机端口数目就越多,另外,捆绑过多的链路容易给服务器带来难以承担的重荷。

2. IEEE 802.3ad

现在主要的链路聚合标准有 IEEE 802.3ad 的链路汇聚控制协议（Link Aggregation Control Protocol, LACP）和 Cisco 公司的端口汇聚协议（Port Aggregation Protocol, PAgP）,其中,只有 Cisco 公司的产品支持 PAgP,而大部分厂家均支持 LACP,因此,本书主要介绍 LACP 的配置技术。

在链路聚合的过程中,需要交换机之间通过 LACP 进行相互协商,LACP 通过链路汇聚控制协议数据单元（Link Aggregation Control Protocol Data Unit, LACPDU）与对端交互信息。当某端口的 LACP 启动后,该端口将通过发送 LACPDU 向对端通告自己的系统优先级、MAC 地址、端口优先级、端口号和操作密钥等信息。对端接收到这些信息后,将这些信息与其他端口所保存的信息进行比较以选择能够聚合的端口,从而双方可以对端口加入或退出某个聚合组达成一致。

◆ 5.3.2　以太网链路聚合实现原理

目前华为 S 系列交换机支持两种聚合模式,即手工模式和 LACP 模式。在 CSS 集群场景中支持 Eth-Trunk 端口本地流量优先转发,还支持跨设备的链路聚合。

链路聚合原理

1. 手工模式链路聚合

根据是否启用 LACP,链路聚合分为手工模式和 LACP 模式。手工模式下,Eth-Trunk 的建立、成员端口的加入通过手工配置,没有 LACP 的参与。手工模式可以实现增加带宽、提高可靠性和分担负载的目的。

如图 5-2 所示,在 Switch1 与 Switch2 之间创建 Eth-Trunk,手工模式下,三条活动链路

都参与数据转发并分担流量。当一条链路故障时,该故障链路将无法转发数据,剩余的两条活动链路将分担流量。

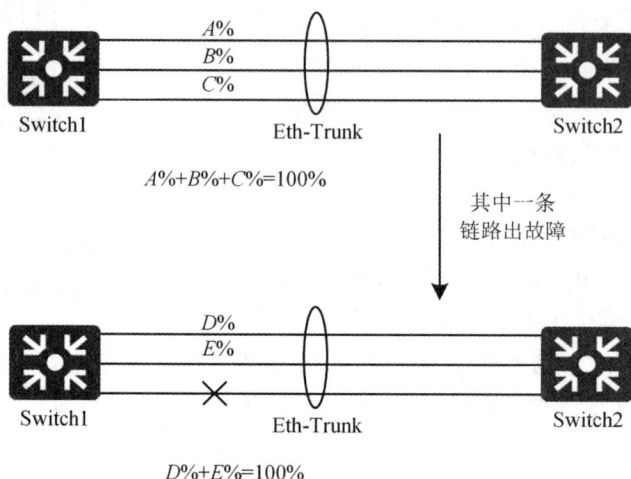

$$A\%+B\%+C\%=100\%$$

$$D\%+E\%=100\%$$

图 5-2 手工模式链路聚合

2. LACP 模式链路聚合

基于手工模式可以将多个物理端口聚合成一个 Eth-Trunk 端口来提高带宽,同时能够检测到同一聚合组内的成员链路有无断路等故障,但是无法检测到链路层故障、链路错连故障等。

为了提高 Eth-Trunk 的容错性,并且能提供备份功能,保证成员链路的高可靠性,出现了 LACP,LACP 模式就是采用了 LACP 的一种链路聚合模式。LACP 为交换数据的设备提供一种标准的协商方式,以供设备根据自身配置自动形成聚合链路并启动聚合链路收发数据。聚合链路形成以后,LACP 负责维护链路状态,在聚合条件发生变化时,自动调整或解散链路聚合。

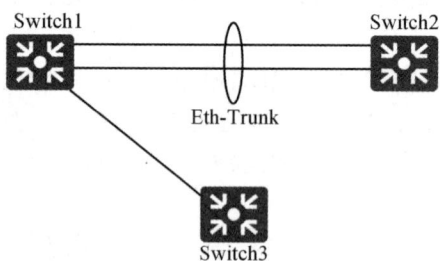

图 5-3 Eth-Trunk 错连示意图

如图 5-3 所示,在 Switch1 与 Switch2 之间创建 Eth-Trunk,需要将 Switch1 上的三个接口与 Switch2 捆绑成一个 Eth-Trunk,由于错将 Switch1 上的一个接口与 Switch3 相连,这将会导致 Switch1 向 Switch2 传输数据时可能会将本应该发到 Switch2 上的数据发送到 Switch3 上,LACP 模式的 Eth-Trunk 能及时检测到此故障,而手工模式的 Eth-Trunk 不能及时检测到此故障。

如果在 Switch1 和 Switch2 上都启用 LACP,经过协商后,Eth-Trunk 就会选择正确连接的链路作为活动链路来转发数据,从而 Switch1 发送的数据能够正确到达 Switch2。

3. LACP 模式实现原理

基于 IEEE 802.3ad 标准的 LACP 是一种实现链路动态聚合与解聚合的协议。

（1）系统 LACP 优先级。

系统 LACP 优先级是为了区分两端设备优先级的高低而配置的参数。LACP 模式下,两端设备所选择的活动接口必须保持一致,否则无法建立链路聚合组。此时可以使其中一端具有更高的优先级,另一端根据高优先级的一端来选择活动接口即可。系统 LACP 优先级值越小,系统优先级越高。

(2)接口 LACP 优先级。

对于同一个 Eth-Trunk 中的不同接口,优先级高的接口将优先被选为活动接口。接口 LACP 优先级值越小,接口优先级越高。

(3)成员端口间的 $M:N$ 备份。

LACP 模式下,由 LACP 确定聚合组中的活动和备份链路,称此为 $M:N$ 模式,即 M 条活动链路与 N 条备份链路的模式。这种模式提供了更高的链路可靠性,并且可以在 M 条链路中实现不同方式的负载均衡。

如图 5-4 所示,两台设备间有 $M+N$ 条链路(M 的值为 2,N 的值为 1),在聚合链路上转发数据时,在两条活动链路上分担负载,而另外一条链路提供备份功能,即其为备份链路。此时链路的实际带宽为两条活动链路带宽的总和,但是能提供的最大带宽为三条链路带宽的总和。

在 $M:N$ 模式下,当 M 条链路中有一条链路故障时,LACP 会从 N 条备份链路中找出一条优先级高的可用链路替换故障链路。此时链路的实际带宽还是 M 条链路带宽的总和,但是能提供的最大带宽就变为 $M+N-1$ 条链路带宽的总和。

(4)LACP 模式下 Eth-Trunk 的建立过程。

LACP 模式下,Eth-Trunk 的建立过程如下。

① 两端互发 LACPDU 报文。

如图 5-5 所示,在 Switch1 和 Switch2 上创建 Eth-Trunk 并配置为 LACP 模式,然后向 Eth-Trunk 中手工加入成员端口,此时成员端口上便启用了 LACP 协议,两端互发 LACPDU 报文。

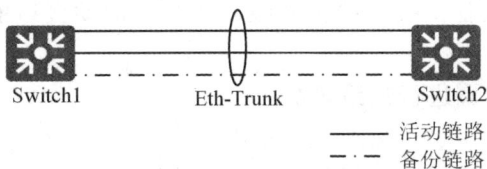

图 5-4　$M:N$ 模式示意图　　　　图 5-5　两端互发 LACPDU 报文

② 确定主动端和活动链路。

如图 5-6 所示,两端设备均会收到对端发来的 LACPDU 报文。以 Switch2 为例,当 Switch2 收到 Switch1 发送的报文时,Switch2 会查看并记录对端信息,然后比较系统优先级字段,如果 Switch1 的系统优先级高于本端的系统优先级,则确定 Switch1 为 LACP 主动端。如果 Switch1 和 Switch2 的系统优先级相同,则比较两端设备的 MAC 地址,确定 MAC 地址小的一端为 LACP 主动端。

选出主动端后,两端都会按主动端的接口优先级来选择活动接口,如果主动端的接口优先级都相同,则选择接口编号比较小的为活动接口。两端设备选择了一致的活动接口,便可以建立活动链路组,这些活动链路以负载分担的方式转发数据。

(5)活动链路与非活动链路的切换。

LACP 模式下,聚合组任何一端检测到以下事件,都会触发链路切换。

① 链路 Down 事件。

② 以太网 OAM 检测到链路失效。

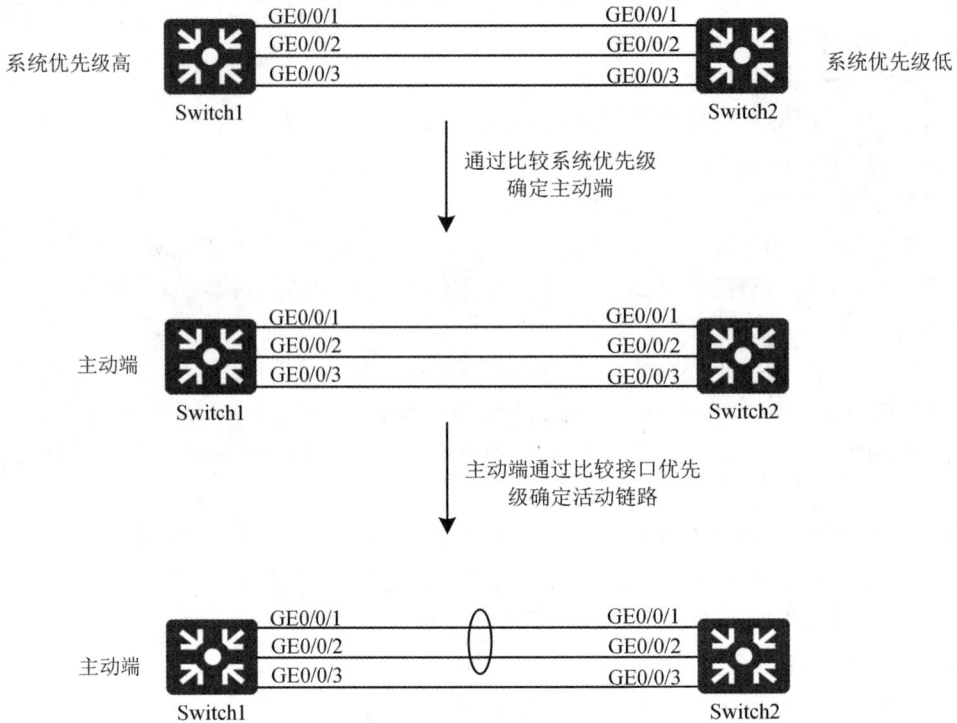

图 5-6 确定主动端和活动链路的过程

③ LACP 发现链路故障。

④ 接口不可用。

⑤ 在使能 LACP 抢占功能的前提下,更改备份接口的优先级高于当前活动接口的优先级。

当满足上述切换条件之一时,可按照如下步骤进行链路切换。

① 关闭故障链路。

② 从 N 条备份链路中选择优先级最高的链路接替活动链路中的故障链路。

③ 将优先级最高的备份链路转为活动状态并转发数据,完成切换。

(6) LACP 抢占。

使能 LACP 抢占功能后,聚合组会始终保持令具有高优先级的接口作为活动接口的状态。

如图 5-7 所示,接口 GE0/0/1、GE0/0/2 和 GE0/0/3 为 Eth-Trunk 的成员端口,Switch1 为主动端,活动接口数上限阈值为 2,三个接口的 LACP 优先级分别为 10、20、30。当通过 LACP 协议协商完毕后,接口 GE0/0/1 和 GE0/0/2 因为优先级较高被选作活动接口,GE0/0/3 成为备份接口。

以下两种情况下需要使能 LACP 的抢占功能。

① 接口 GE0/0/1 出现故障而后又恢复了正常。当接口 GE0/0/1 出现故障时,会被接口 GE0/0/3 取代,如果在 Eth-Trunk 端口下未使能 LACP 抢占功能,则故障恢复时接口 GE0/0/1 将处于备份状态;如果使能了 LACP 抢占功能,当接口 GE0/0/1 故障恢复时,由于其优先级比接口 GE0/0/3 高,其将重新成为活动接口,接口 GE0/0/3 再次成为备份接口。

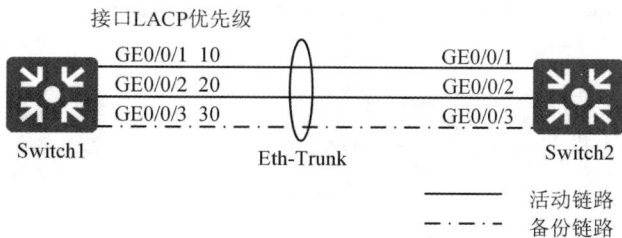

图 5-7 LACP 抢占场景

② 如果希望接口 GE0/0/3 替换接口 GE0/0/1、接口 GE0/0/2 中的一个接口成为活动接口,可以使能 LACP 抢占功能,并为接口 GE0/0/3 配置较高的 LACP 优先级。如果没有使能 LACP 抢占功能,即使将备份接口的优先级调整为高于当前活动接口,系统也不会重新进行选择活动接口的过程,即不切换活动接口。

LACP 具有抢占延时是指 LACP 抢占发生时,处于备用状态的链路将会等待一段时间后再切换到转发状态。配置抢占延时是为了避免由于某些链路状态频繁变化而导致 Eth-Trunk 数据传输不稳定的情况。如图 5-7 所示,接口 GE0/0/1 由于链路故障切换为非活动接口,此后该链路又恢复了正常,若系统使能了 LACP 抢占功能并配置了抢占延时,接口 GE0/0/1 重新切换回活动状态就需要经过抢占延时时间。

4. 链路聚合的负载分担

链路聚合会根据报文中的 MAC 地址或 IP 地址进行负载分担,即把流量平均分配到端口通道的成员链路中去。目前华为 S 系列交换机所支持的普通负载分担方式如下。

(1) 目的 IP 地址(dst-ip):从报文的目的 IP 地址、出端口的 TCP/UDP 端口号中分别选择指定位的 3 位数值进行异或运算,根据运算结果选择聚合端口中的出接口。

(2) 目的 MAC 地址(dst-mac):从报文的目的 MAC 地址、VLAN ID、以太网类型及入端口信息中分别选择指定位的 3 位数值进行异或运算,根据运算结果选择聚合端口中的出接口。

(3) 源 IP 地址(src-ip):从报文的源 IP 地址、入端口的 TCP/UDP 端口号中分别选择指定位的 3 位数值进行异或运算,根据运算结果选择聚合端口中的出接口。

(4) 源 MAC 地址(src-mac):从报文的源 MAC 地址、VLAN ID、以太网类型及入端口信息中分别选择指定位的 3 位数值进行异或运算,根据运算结果选择聚合端口中的出接口。

(5) 源 IP 地址与目的 IP 地址(src-dst-ip):对报文的目的 IP 地址、源 IP 地址两种负载分担模式的运算结果进行异或运算,根据运算结果选择聚合端口中的出接口。在特定交换机上,若不清楚是采用基于源 IP 地址进行负载分担还是采用基于目的 IP 地址进行负载分担时,可以采用这种结合源和目的 IP 地址进行负载分担的转发方式。

(6) 源 MAC 地址与目的 MAC 地址(src-dst-mac):从报文的目的 MAC 地址、源 MAC 地址、VLAN ID、以太网类型及入端口信息中分别选择指定位的 3 位数值进行异或运算,根据运算结果选择聚合端口中的出接口。在特定交换机上,若不清楚是采用基于源 MAC 地址进行负载分担还是采用基于目的 MAC 地址进行负载分担时,可以采用这种结合源和目的 MAC 地址进行负载分担的转发方式。

在实际应用中,应根据不同的网络环境设置合适的流量分配方式,以便能把流量均匀地分配到各个链路,充分利用网络带宽。

在图 5-8 中,两台交换机之间设置了链路聚合,服务器的 MAC 地址只有一个。为了让客户主机与服务器的通信流量能被多条链路分担,连接服务器的交换机应当设置为根据目的

MAC 地址进行负载分担,而连接客户主机的交换机应当设置为根据源 MAC 地址进行负载分担。

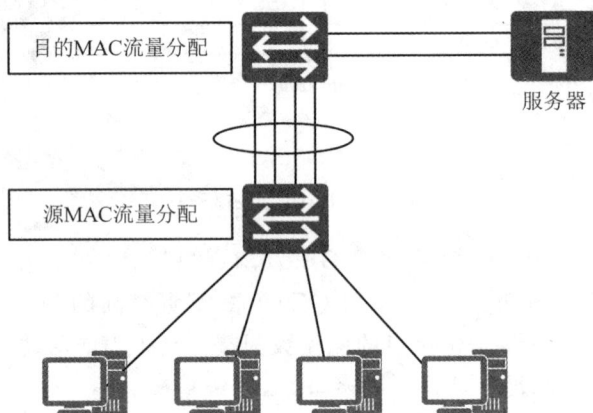

图 5-8　链路聚合的负载分担

需要注意的是,不同型号的交换机支持的负载分担算法类型不尽相同,在进行配置前需要查看交换机的配置手册。

◆　5.3.3　以太网链路聚合的基本配置命令

1. 手工模式链路聚合配置命令

手工模式链路聚合的优点是没有聚合协议报文占用带宽,对双方的聚合协议没有兼容性要求,通常应用在小型局域网中。配置手工模式链路聚合的步骤如下。

（1）创建链路聚合组。

在系统视图下,使用如下命令创建链路聚合组:

配置链路聚合　　　　**interface eth-trunk** *trunk-id*

在该命令中,参数 *trunk-id* 用来指定所创建的 Eth-Trunk 端口编号,不同系列产品的取值有所不同。可用 **undo interface eth-trunk** *trunk-id* 命令来删除所创建的 Eth-Trunk 端口,但在删除 Eth-Trunk 端口时,Eth-Trunk 端口中不能有成员端口。

（2）配置链路聚合模式为手工模式。

在 Eth-Trunk 端口视图（即接口视图）下,使用如下命令配置链路聚合模式为手工模式:

mode manual load-balance

手工模式下,Eth-Trunk 端口的建立、成员端口的加入完全通过手工来进行配置。所有活动链路都参与数据的转发,平均分担流量。手工模式通常应用在对端设备不支持 LACP 协议的情况下。

缺省情况下,Eth-Trunk 端口的工作模式为手工模式。

端口配置时需要保证本端和对端采用的模式一致。即如果本端配置为手工模式,那么对端也必须配置为手工模式。

（3）将成员端口加入聚合组。

向聚合组中加入成员端口可基于 Eth-Trunk 端口视图进行配置,也可基于成员端口视图进行配置,用户根据需要选择其一即可。

在 Eth-Trunk 端口视图下使用如下命令向聚合组中加入成员端口:

trunkport *interface-type* ｛ *interface-number* 1 ［ **to** *interface-number* 2 ］｝ &＜1-8＞

在 Eth-Trunk 端口视图下添加成员以太网接口时,成员端口的部分属性必须是缺省值,否则将无法加入。命令中的参数和选项说明如下。

① *interface-type*:指定要加入的成员以太网接口的接口类型。

② *interface-number*1:指定要加入的成员以太网接口的第一个接口的编号。

③ *interface-number*2:可选参数,指定要加入的成员以太网接口的最后一个接口的编号。

④ &<1-8>:表示前面的{*interface-number*1[**to** *interface-number*2]}参数最多可有 8 个,因为每个 Eth-Trunk 端口下最多可以加入 8 个成员端口。但不同类型的端口不能加入同一个 Eth-Trunk 端口。

缺省情况下,Eth-Trunk 端口没有加入任何成员端口。可用 **undo trunkport** *interface-type*{*interface-number*1[**to** *interface-number*2]}&<1-8>命令在 Eth-Trunk 端口视图下删除指定的成员端口。

在成员端口视图下使用如下命令向聚合组中加入成员端口:

eth-trunk *trunk-id*

缺省情况下,当前接口不属于任何 Eth-Trunk 端口时,可使用 **undo eth-trunk** 命令将当前接口从指定的 Eth-Trunk 端口中删除。

将成员端口加入 Eth-Trunk 端口后,需要注意以下问题。

① 一个以太网接口只能加入一个 Eth-Trunk 端口,如果需要加入其他 Eth-Trunk 端口,必须先退出原来的 Eth-Trunk 端口。

② 当成员端口加入 Eth-Trunk 端口后,学习 MAC 地址或 ARP 地址时是按照 Eth-Trunk 端口来学习的,而不是按照成员端口来学习。

③ 删除聚合组时需要先删除聚合组中的成员端口。

2. LACP 模式链路聚合配置命令

LACP 模式链路聚合与手工模式链路聚合相比,最大的优势就是既可以实现负载分担,又可以同时实现链路备份。配置 LACP 模式链路聚合的步骤如下。

(1)创建链路聚合组。

这一步与手工模式链路聚合配置中的第一项配置任务一样。每个链路聚合组唯一对应一个逻辑接口,即 Eth-Trunk 端口。配置 LACP 模式链路聚合时也首先要创建一个 Eth-Trunk 端口。

(2)配置链路聚合模式为 LACP 模式。

在 Eth-Trunk 端口视图下,使用如下命令配置链路聚合模式为 LACP 模式:

mode lacp-static

LACP 模式下,同样需要手工创建 Eth-Trunk 端口,但活动接口的选择是由 LACP 协商确定的,配置相对灵活。改变 Eth-Trunk 端口工作模式前应确保该 Eth-Trunk 端口中没有加入任何成员端口,否则无法更改 Eth-Trunk 端口的工作模式。

(3)将成员端口加入聚合组。

向聚合组中加入成员端口可基于 Eth-Trunk 端口视图进行配置,也可基于成员端口视图进行配置,用户根据需要选择其一即可。

(4)(可选)配置活动接口数阈值。

在 LACP 模式链路聚合中可以设置以下两个阈值。

① 活动接口数下限阈值:设置活动接口数下限阈值是为了保证最小带宽,当前活动链

路数目小于下限阈值时,Eth-Trunk 端口的状态转为 Down。

② 活动接口数上限阈值:设置活动接口数上限阈值的目的是在保证带宽的情况下提高网络的可靠性,当前活动链路数目达到上限阈值时,再向 Eth-Trunk 端口中添加成员端口,不会增加 Eth-Trunk 端口活动接口的数目。

在 Eth-Trunk 端口视图下可使用如下命令设置活动接口数上限阈值:

max active-linknumber *link-number*

在该命令中,参数 *link-number* 用来指定链路聚合活动接口数上限阈值,取值范围为 1～8。本端和对端设备的活动接口数上限阈值可以不同,如果上限阈值不同,则以上限阈值数值较小的一端为准。

手工模式链路聚合中,各链路都是用来进行负载分担的,没有备份链路,因此,手工模式链路聚合中不配置活动接口数上限阈值。

(5)(可选)配置负载分担方式。

缺省情况下,Eth-Trunk 端口的负载分担是逐流进行的,以保证包的正确顺序,即保证了同一数据流的帧在同一条物理链路上转发,而不同数据流的帧在不同的物理链路上转发,从而实现负载分担。

华为 S 系统交换机都可以配置普通负载分担模式,即基于报文的 IP 地址或 MAC 地址来进行负载分担。

(6)(可选)配置系统 LACP 优先级。

系统 LACP 优先级是为了区分链路聚合两端设备优先级的高低而配置的参数。在 LACP 模式下,两端设备所选择的活动接口必须一致,否则无法建立链路聚合组。而要想使两端活动接口保持一致,可以使其中一端具有更高的优先级,另一端根据高优先级的一端来选择活动接口即可。

在系统视图下使用如下命令配置系统 LACP 优先级:

lacp priority *priority*

在该命令中,参数 *priority* 用来指定当前设备的系统 LACP 优先级,取值范围为 0～ 65535,值越小优先级越高。在两端设备中选择系统 LACP 优先级值较小的一端作为主动端,如果系统 LACP 优先级值相同则选择 MAC 地址较小的一端作为主动端。

(7)(可选)配置接口 LACP 优先级。

在 LACP 模式下可以通过配置接口 LACP 优先级来区分不同接口被选为活动接口的优先程度,优先级高的接口将优先被选为活动接口。

键入要配置接口 LACP 优先级的成员端口,进入接口视图,使用如下命令配置接口 LACP 优先级:

lacp priority *priority*

在该命令中,参数 *priority* 用来指定当前成员端口的 LACP 优先级,取值范围为 0～ 65535,值越小优先级越高,优先级高的端口将被选为活动接口。

(8)(可选)配置 LACP 抢占。

在 LACP 模式下,当活动链路中出现故障链路时,系统会从备用链路中选择优先级最高的链路替代故障链路;如果被替代的故障链路恢复了正常,而且该链路的优先级又高于替代自己的链路,这时如果使能了 LACP 优先级抢占功能,高优先级的链路会抢占低优先级的链路,回切到活动状态,否则,系统不会重新选择活动接口,故障恢复后的链路将作为备用链路。在进行优先级抢占时,系统将根据主动端接口的优先级进行抢占。

在 Eth-Trunk 端口视图下,使用如下命令使能 LACP 抢占功能:

lacp preempt enable

缺省情况下,LACP 抢占功能处于禁止状态。如果使能了 LACP 抢占功能,可使用 **undo lacp preempt enable** 命令禁止 LACP 抢占功能。

在这里还涉及一个概念,即抢占延时,也就是抢占等待时间,是指在 LACP 模式下 Eth-Trunk 端口中非活动接口切换为活动接口需要等待的时间。

在 Eth-Trunk 端口视图下,使用如下命令配置 LACP 抢占延时:

lacp preempt delay *delay-time*

在该命令中,参数 *delay-time* 用来指定当前 Eth-Trunk 端口的 LACP 抢占延时,取值范围为 10~180(秒)。缺省情况下,LACP 抢占延时为 30(秒)。

配置抢占延时可以避免由于某些链路状态频繁发生变化而导致的 Eth-Trunk 端口数据传输不稳定的情况。

5.4 【任务1】手工模式链路聚合配置

◆ 5.4.1 任务描述

为了提高网络主要链路带宽,避免网络带宽瓶颈问题,A 高校在组建校园网时根据业务需求及设备特点,在两台核心交换机之间采用了链路聚合技术,以满足增加链路冗余及扩展带宽的需求,提高网络性能。

◆ 5.4.2 任务分析

两台核心交换机之间的网络拓扑如图 5-9 所示。

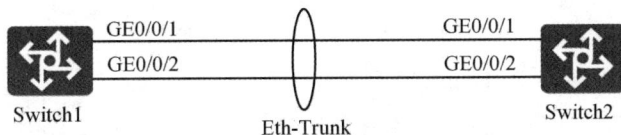

图 5-9　手工模式链路聚合配置拓扑

因为没有要求提供链路备份功能,所以采用手工模式链路聚合方式来进行配置。在配置链路聚合之前,需要将两个成员端口(GE0/0/1 与 GE0/0/2)恢复为缺省配置。另外,最好将这些成员端口从缺省的 VLAN1 退出或关闭,避免出现广播风暴。在本任务中,Switch1 和 Switch2 的配置是对称的。

◆ 5.4.3 任务实施

1. 配置交换机的主机名

按规划分别将 2 台交换机的主机名设置为 Switch1 和 Switch2。

2. 配置链路聚合

在交换机 Switch1 和 Switch2 上分别创建 Eth-Trunk 端口,指定手工模式,并加入成员端口,配置命令如下。

```
①Switch1 上的配置
[Switch1]interface eth-trunk 1
[Switch1-Eth-Trunk1]mode manual load-balance
[Switch1-Eth-Trunk1]trunkport GigabitEthernet 0/0/1 to 0/0/2
[Switch1-Eth-Trunk1]quit
② Switch2 上的配置
[Switch2]interface eth-trunk 1
[Switch2-Eth-Trunk1]mode manual load-balance
[Switch2-Eth-Trunk1]quit
[Switch2]interface GigabitEthernet 0/0/1
[Switch2-GigabitEthernet0/0/1]eth-trunk 1
[Switch2-GigabitEthernet0/0/1]quit
[Switch2]interface GigabitEthernet 0/0/2
[Switch2-GigabitEthernet0/0/2]eth-trunk 1
[Switch2-GigabitEthernet0/0/2]quit
```

以上配置中，在 Switch1 和 Switch2 上分别用两种不同的方式将成员端口加入到了聚合端口 Eth-Trunk 1 中。

3. 配置 Eth-Trunk 端口的负载分担方式

在交换机 Switch1 和 Switch2 上将端口聚合的负载分担方式设置为源 MAC 地址与目的 MAC 地址，配置命令如下。

```
①Switch1 上的配置
[Switch1]interface eth-trunk 1
[Switch1-Eth-Trunk1]load-balance src-dst-mac
[Switch1-Eth-Trunk1]quit
② Switch2 上的配置
与 Switch1 相同，请参考 Switch1 上的配置
```

4. 配置 Eth-Trunk 端口为 Trunk 类型

在交换机 Switch1 和 Switch2 上将聚合端口 Eth-Trunk 1 设置为 Trunk 类型，并允许相应的 VLAN 通过，配置命令如下。

```
①Switch1 上的配置
[Switch1]interface eth-trunk 1
[Switch1-Eth-Trunk1]port link-type trunk
[Switch1-Eth-Trunk1]port trunk allow-pass vlan all
[Switch1-Eth-Trunk1]quit
② Switch2 上的配置
与 Switch1 相同，请参考 Switch1 上的配置
```

配置完成后，在 Switch1 和 Switch2 上执行 display eth-trunk 命令，检查 Eth-Trunk 端口是否创建成功，以及成员端口是否正确加入，结果如下。

```
[Switch1]display eth-trunk
Eth-Trunk1's state information is:
WorkingMode: NORMAL          Hash arithmetic: According to SA-XOR-DA
Least Active-linknumber: 1   Max Bandwidth-affected-linknumber: 8
Operate status: up           Number Of Up Port In Trunk: 2
```

```
-----------------------------------------------------------------------
PortName                        Status        Weight
GigabitEthernet0/0/1            Up            1
GigabitEthernet0/0/2            Up            1
```

由以上信息可以看出,Eth-Trunk 1 中包含两个成员端口,即 GigabitEthernet0/0/1 和 GigabitEthernet0/0/2,成员端口的状态都为 Up。Eth-Trunk 1 的"Operate status"为 up。

5.5 【任务2】LACP 模式链路聚合配置

◆ 5.5.1 任务描述

为了提高网络主要链路带宽,避免网络带宽瓶颈问题,A 高校在组建校园网时根据业务需求及设备特点,在两台核心交换机之间采用了链路聚合技术,以满足数据传输的可靠性,同时要求两台核心交换机之间的聚合链路带宽保持稳定。

◆ 5.5.2 任务分析

两台核心交换机之间的网络拓扑如图 5-10 所示。

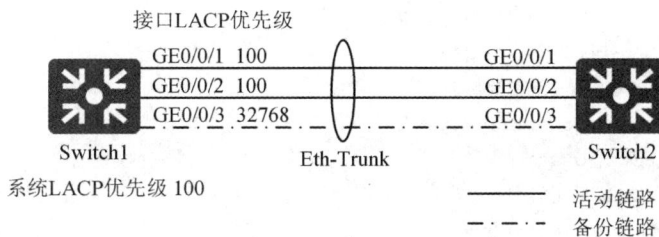

图 5-10 LACP 模式链路聚合配置拓扑

因为要保持聚合链路带宽的稳定性,所以要在两台交换机上配置 LACP 模式链路聚合,要有两条分担负载的活动链路、一条冗余备份链路,当活动链路出现故障时,备份链路会替代故障链路,从而保持数据传输的稳定性和可靠性。

◆ 5.5.3 任务实施

1. 配置交换机的主机名

按规划分别将 2 台交换机的主机名设置为 Switch1 和 Switch2。

2. 配置链路聚合

在交换机 Switch 1 上配置 LACP 模式链路聚合,并设置 Switch1 为主动端,配置命令如下。

```
① 创建 Eth-Trunk 1 并配置为 LACP 模式
[Switch1] interface eth-trunk 1
[Switch1-Eth-Trunk1] mode lacp-static
[Switch1-Eth-Trunk1] quit
② 将成员端口加入 Eth-Trunk 1
[Switch1] interface GigabitEthernet 0/0/1
[Switch1-GigabitEthernet0/0/1] eth-trunk 1
[Switch1-GigabitEthernet0/0/1] quit
[Switch1] interface GigabitEthernet 0/0/2
```

```
[Switch1-GigabitEthernet0/0/2] eth-trunk 1
[Switch1-GigabitEthernet0/0/2] quit
[Switch1] interface GigabitEthernet 0/0/3
[Switch1-GigabitEthernet0/0/3] eth-trunk 1
[Switch1-GigabitEthernet0/0/3] quit
```
③ 配置系统优先级为 100，使其成为 LACP 主动端
```
[Switch1] lacp priority 100
```
④ 配置活动接口数上限阈值为 2
```
[Switch1] interface eth-trunk 1
[Switch1-Eth-Trunk1] max active-linknumber 2
[Switch1-Eth-Trunk1] quit
```
⑤ 配置接口优先级确定活动链路
```
[Switch1] interface GigabitEthernet 0/0/1
[Switch1-GigabitEthernet0/0/1] lacp priority 100
[Switch1-GigabitEthernet0/0/1] quit
[Switch1] interface GigabitEthernet 0/0/2
[Switch1-GigabitEthernet0/0/2] lacp priority 100
[Switch1-GigabitEthernet0/0/2] quit
```

在交换机 Switch2 上配置 LACP 模式链路聚合，在 Switch2 上不必配置系统优先级，缺省系统 LACP 优先级值为 32768，配置命令如下。

① 创建 Eth-Trunk 1 并配置为 LACP 模式
```
[Switch2] interface eth-trunk 1
[Switch2-Eth-Trunk1] mode lacp-static
[Switch2-Eth-Trunk1] quit
```
② 将成员端口加入 Eth-Trunk 1
```
[Switch2] interface GigabitEthernet 0/0/1
[Switch2-GigabitEthernet0/0/1] eth-trunk 1
[Switch2-GigabitEthernet0/0/1] quit
[Switch2] interface GigabitEthernet 0/0/2
[Switch2-GigabitEthernet0/0/2] eth-trunk 1
[Switch2-GigabitEthernet0/0/2] quit
[Switch2] interface GigabitEthernet 0/0/3
[Switch2-GigabitEthernet0/0/3] eth-trunk 1
[Switch2-GigabitEthernet0/0/3] quit
```

3. 配置 Eth-Trunk 的负载分担方式

在交换机 Switch1 和 Switch2 上将端口聚合的负载分担方式设置为源 MAC 地址与目的 MAC 地址，配置命令如下。

① Switch1 上的配置
```
[Switch1]interface eth-trunk 1
[Switch1-Eth-Trunk1]load-balance src-dst-mac
[Switch1-Eth-Trunk1]quit
```
② Switch2 上的配置
与 Switch1 相同，请参考 Switch1 上的配置

4. 配置 Eth-Trunk 端口为 Trunk 类型

在交换机 Switch1 和 Switch2 上将聚合端口 Eth-Trunk 1 设置为 Trunk 类型，并允许相应的 VLAN 通过，配置命令如下。

```
①Switch1 上的配置
[Switch1]interface eth-trunk
[Switch1-Eth-Trunk1]port link-type trunk
[Switch1-Eth-Trunk1]port trunk allow-pass vlan all
[Switch1-Eth-Trunk1]quit
② Switch2 上的配置
与 Switch1 相同,请参考 Switch1 上的配置
```

配置完成后,在 Switch1 和 Switch2 上执行 display eth-trunk 命令,检查 Eth-Trunk 端口是否创建成功,以及成员端口是否正确加入,结果如下。

```
[Switch1]display eth-trunk
Eth-Trunk1's state information is:
Local:
LAG ID: 1                         WorkingMode: STATIC
Preempt Delay: Disabled           Hash arithmetic: According to SA-XOR-DA
System Priority: 100              System ID: 4c1f-cc0d-0911
Least Active-linknumber: 1  Max Active-linknumber: 2
Operate status: up                Number Of Up Port In Trunk: 2
--------------------------------------------------------------------------
ActorPortName          Status    PortType PortPri PortNo PortKey PortState Weight
GigabitEthernet0/0/1   Selected 1GE       100     2      305     10111100  1
GigabitEthernet0/0/2   Selected 1GE       100     3      305     10111100  1
GigabitEthernet0/0/3   Unselect 1GE       32768   4      305     10100010  1

Partner:
--------------------------------------------------------------------------
ActorPortName          SysPri    SystemID       PortPri PortNo PortKey  PortState
GigabitEthernet0/0/1   32768     4c1f-ccbc-04db 32768   2      305      10111100
GigabitEthernet0/0/2   32768     4c1f-ccbc-04db 32768   3      305      10111100
GigabitEthernet0/0/3   0         0000-0000-0000 0       0               0 10100011
```

由以上信息可以看出,Switch1 的系统优先级值为 100,高于 Switch2 的系统优先级值。Eth-Trunk 的成员端口中,GigabitEthernet0/0/1、GigabitEthernet0/0/2 成为活动接口,处于"Selected"状态,GigabitEthernet0/0/3 处于"Unselect"状态,实现了两条链路分担负载和一条链路冗余备份的功能。

5.6 项目总结与拓展

链路聚合在华为 S 系列交换机中称为 Eth-Trunk,指将一组相同类型的物理以太网端口捆绑在一起形成一个逻辑上的聚合端口,其是用来增加带宽的一种方法。华为 S 系列交换机支持手工和 LACP 两种链路聚合模式,可将两个或两个以上物理端口捆绑成一个 Eth-Trunk 端口。当聚合链路中的一条链路发生故障时,故障链路上的流量会自动分担到其他链路上,从而保证了业务传输不被中断。

协同创新、
共赢未来

本项目主要介绍了链路聚合的基本原理及华为 S 系列交换机上两种链路聚合模式的配置与管理方法。

5.7 习题

选择题

(1) 关于链路聚合技术,下列描述中,不正确的是?

A. 链路聚合技术可以用在两台路由器之间

B. 链路聚合技术可以用在两台交换机之间

C. 链路聚合技术可以用在一台交换机和一台服务器之间

D. 链路聚合技术不可以用在一台交换机和一台路由器之间

(2) 下面哪项不是链路聚合的优点?

A. 增加链路带宽   B. 提高链路可靠性

C. 减少维护工作量   D. 提供链路备份

(3) 如果两台交换机之间需要使用链路聚合,但其中一台交换机不支持 LACP,则需要使用的聚合方式是?

A. LACP 模式   B. 手工模式   C. 协议聚合   D. 动态聚合

(4) 在交换机上创建聚合端口的配置命令为?

A. [Switch]eth-trunk 1

B. [Switch]interface eth-trunk 1

C. [SwitchB-GigabitEthernet0/0/1]eth-trunk 1

D. [SwitchA-Eth-Trunk1]trunkport GigabitEthernet 0/0/1

(5) 在交换机上配置系统 LACP 优先级的命令为?

A. [Switch]lacp priority 100

B. [Switch-Eth-Trunk1]lacp priority 100

C. [SwitchB-GigabitEthernet0/0/1]lacp priority 100

D. [Switch]lacp e-trunk priority 100

(6) 将交换机端口加入聚合端口的命令是?

A. [Switch]eth-trunk 1

B. [Switch]interface eth-trunk 1

C. [SwitchB-Eth-Trunk1]eth-trunk 1

D. [SwitchA-Eth-Trunk1]trunkport GigabitEthernet 0/0/1

(7) 假设某台设备上的端口均为 GE 口,如果需要绑定出一个最大带宽可达3.5 Gbps的 Eth-Trunk 端口,那么至少需要将几个端口加入这个 Eth-Trunk 端口?

A. 2   B. 3   C. 4   D. 5

(8) 下面哪种技术可以提供更高的带宽和链路冗余?

A. 生成树协议   B. 虚拟局域网   C. 链路聚合   D. 动态路由

(9) IEEE 制定的实现以太网链路聚合的标准是?

A. 802.1d   B. 802.1q   C. 802.3ad   D. 802.3z

(10) 下面哪种方法不是有效的链路聚合负载分担方法?

A. 源 MAC 地址   B. 源 MAC 地址与目的 MAC 地址

C. 源 IP 地址与目的 IP 地址   D. IP 优先级

项目 6 静态路由的应用与配置

6.1 项目介绍

路由技术就是通过路由器将数据包从一个网段传递到另一个网段的技术。路由是指导路由器进行数据包发送的路径信息。路由表包含目的地址、下一跳地址、出接口、路由开销等要素,路由器根据自己的路由表对数据包进行转发操作。

每台路由器都有路由表,路由表的来源主要有直连路由、静态路由和动态路由。直连路由无须配置,路由器自动获得其直连网段,静态路由是由管理员手工配置在路由器的路由表里的路由,动态路由则是路由器通过路由协议自动学习到的路由。

6.2 学习目标

(1)掌握路由器的作用及路由转发原理。
(2)掌握路由表的构成及含义。
(3)掌握静态路由的原理及配置方法。
(4)能够利用浮动静态路由实现路由备份。
(5)培养职业精神,养成良好的职业习惯。

6.3 相关知识

◆ 6.3.1 IP 路由技术原理

1. 路由器转发数据包

路由器提供了将异构网络互连起来的机制,实现将一个数据包从一个网络(网段)发送到另一个网络。

IP 路由原理
及配置

路由器根据所收到的数据包的目的 IP 地址选择一条合适的路径,并将数据包传送到下一台路由器,路径上最后的路由器负责将数据包交送给目的主机。数据包在网络上的传输是通过多台路由器一站一站地接力传送的,每台路由器只负责令数据包在本站通过最优的路径转发。当然,有时候由于一些路由策略的实施,数据包通过的路径并不一定是最优的。

路由器具有逐跳性。在图 6-1 所示的网络中，Router1 收到 PC1 发往 PC2 的数据包后，将数据包转发给 Router2，Router1 并不负责指导 Router2 如何转发数据包。所以，Router2 必须自己将数据包发送给 Router3，Router3 再转发给 Router4，以此类推。这就是路由逐跳性，即路由只指导本地转发行为，不会影响其他路由器的转发行为，路由器之间的转发是相互独立的。

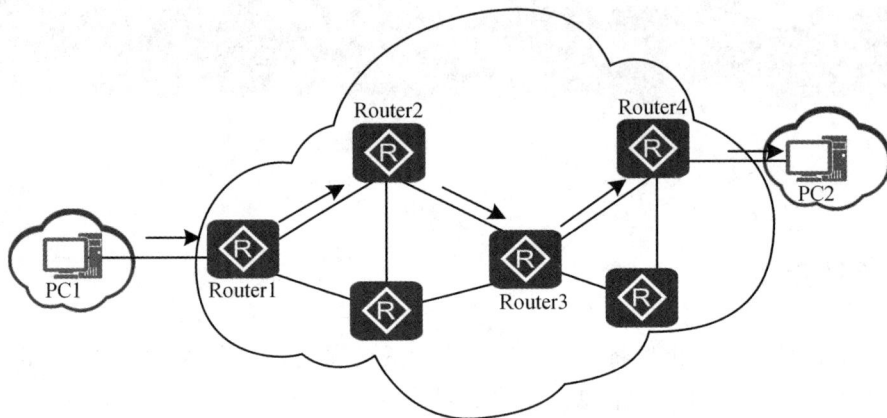

图 6-1　数据包传送示意图

2. 路由的基本过程

如图 6-2 所示，这是一种最简单的网络拓扑，它所表现的是连接在同一台路由器上的两个网段。下面我们以这个拓扑图为例，讲解数据包被路由的过程。

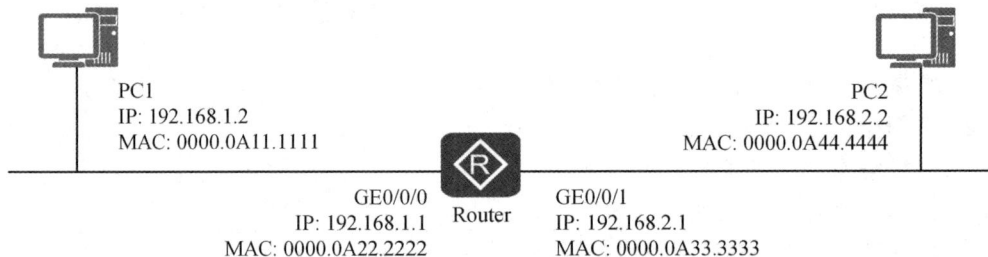

图 6-2　连接在同一台路由器上的两个网段

假设 PC1（其 IP 地址是 192.168.1.2）要发一个数据包（为了表述方便，我们称该数据包为数据包 A）到 PC2（其 IP 地址是 192.168.2.2）。由于这两台主机分别属于网段 192.168.1.0 和网段 192.168.2.0，它们之间的通信必须通过路由器才能实现。

以下是数据包 A 被路由的过程。

（1）在 PC1 上的封装过程。

首先，在 PC1 的应用层上向 PC2 发出一个数据流，该数据流在 PC1 的传输层上被分成了数据段。然后这些数据段从传输层向下进入网络层，准备在这里被封装成数据包。在这里，我们只描述其中一个数据包的路由过程，其他数据包的路由过程与之相同。

在网络层上，将数据段封装成数据包的一个主要工作，就是为数据段加上 IP 包头，IP 包头的主要部分为源 IP 地址和目的 IP 地址。数据包 A 的源 IP 地址和目的 IP 地址分别是 PC1 和 PC2 的 IP 地址。

封装完成后，PC1 将数据包向下送到数据链路层进行数据帧的封装。在数据链路层要为数据包 A 封装上帧头和尾部的校验码,帧头中的主要部分为源 MAC 地址和目的 MAC 地址。在这里,被封装后的数据包 A 变成数据帧 A。

那么,数据帧 A 的源 MAC 地址和目的 MAC 地址是什么呢?源 MAC 地址当然还是 PC1 的 MAC 地址,但是,目的 MAC 地址并不是 PC2 的 MAC 地址,而是路由器的 GE0/0/0 接口的 MAC 地址,这是为什么呢?

原因在于,PC1 和 PC2 不在同一个 IP 网段,它们之间的通信必须经过路由器。当 PC1 发现数据包 A 的目的 IP 地址不在本地时,它会把该数据包发送到默认的网关,由默认网关把这个数据包转发到它的目的 IP 网段。在这里,PC1 的默认网关就是路由器的 GE0/0/0 接口。

PC1 默认网关 IP 地址配置如图 6-3 所示,PC1 可以通过 ARP 地址解析得到自己的默认网关 MAC 地址,并将它缓存起来以备使用。一旦出现数据包的目的 IP 地址不在本网段的情况,就以默认网关的 MAC 地址作为目的 MAC 地址封装数据帧,将该数据帧发往默认网关(具有路由功能的设备),由网关负责寻找目的 IP 地址所对应的 MAC 地址或可以到达目的网段的下一个网关的 MAC 地址。

图 6-3　PC1 默认网关 IP 地址配置

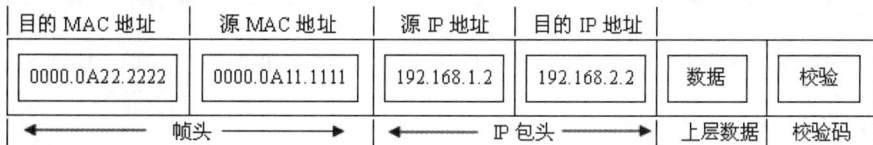

如图 6-3 所示,PC1 上配置的默认网关 IP 地址是路由器上 GE0/0/0 接口的 IP 地址。至此,我们在 PC1 上得到了一个封装完整的数据帧 A,它所携带的地址信息如图 6-4 所示。

PC1 将这个数据帧 A 放到物理层,发送给目的 MAC 地址所标明的设备——默认网关。

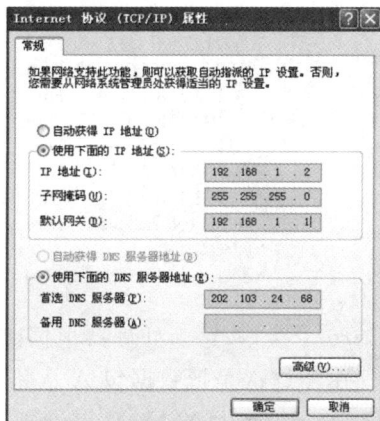

目的 MAC 地址	源 MAC 地址	源 IP 地址	目的 IP 地址	数据	校验
0000.0A22.2222	0000.0A11.1111	192.168.1.2	192.168.2.2	数据	校验
帧头		IP 包头		上层数据	校验码

图 6-4　数据帧 A 所携带的地址信息(此图省略了帧头和 IP 包头的部分信息)

(2)路由器的工作过程。

当数据帧到达路由器的 GE0/0/0 接口之后,首先被存放在接口的缓存里进行校验以确保数据帧在传输过程中没有被损坏,然后路由器会把数据帧 A 的帧头和尾部校验码拆掉,取出其中的数据包 A。

路由器将数据包 A 的包头送往路由处理器,路由处理器会读取其中的目的 IP 地址,然后在自己的路由表里查找是否存在该 IP 地址所在网段的路由。图 6-5 所示的是路由器的路由表。

路由器的路由表记载了路由器所知道的所有网段的路由,路由器把数据包传递到目的地,就是依靠路由表来实现的。只有数据包想要去的目的网段存在于路由表中,这个数据包才可以被发送到目的地去。如果在路由表里没有找到相关的路由,路由器会丢弃这个数据包,并向它的源设备发送"destination network unavailable"的 ICMP 消息,通知该设备目的网络不可达。

在图 6-5 所示的路由表里,箭头标明了到达目的网络 192.168.2.0 要通过路由器的

```
[Router]display ip routing-table
Route Flags: R - relay, D - download to fib
------------------------------------------------------------------------------
Routing Tables: Public
        Destinations : 10      Routes : 10

Destination/Mask    Proto  Pre  Cost    Flags NextHop      Interface

     127.0.0.0/8     Direct  0    0       D   127.0.0.1    InLoopBack0
     127.0.0.1/32    Direct  0    0       D   127.0.0.1    InLoopBack0
127.255.255.255/32   Direct  0    0       D   127.0.0.1    InLoopBack0
  192.168.1.0/24     Direct  0    0       D   192.168.1.1  GigabitEthernet0/0/0
  192.168.1.1/32     Direct  0    0       D   127.0.0.1    GigabitEthernet0/0/0
192.168.1.255/32     Direct  0    0       D   127.0.0.1    GigabitEthernet0/0/0
  192.168.2.0/24     Direct  0    0       D   192.168.2.1  GigabitEthernet0/0/1   ←
  192.168.2.1/32     Direct  0    0       D   127.0.0.1    GigabitEthernet0/0/1
192.168.2.255/32     Direct  0    0       D   127.0.0.1    GigabitEthernet0/0/1
```

图 6-5　路由器的路由表

GE0/0/1 接口,路由处理器根据路由表里的信息,对数据包 A 重新进行帧的封装。

由于这次是把数据包 A 从路由器的 GE0/0/1 接口发出去,所以源 MAC 地址是该接口的 MAC 地址,目的 MAC 地址则是 PC2 的 MAC 地址,这个地址是路由器由 ARP 解析得来的。

路由器又重新建立了数据帧 B,其包含的地址信息如图 6-6 所示。路由器将数据帧 B 从 GE0/0/1 接口发送给 PC2。

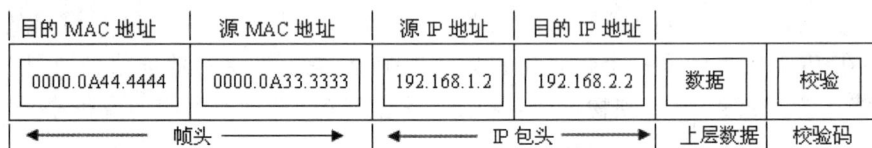

目的 MAC 地址	源 MAC 地址	源 IP 地址	目的 IP 地址		
0000.0A44.4444	0000.0A33.3333	192.168.1.2	192.168.2.2	数据	校验
帧头		IP 包头		上层数据	校验码

图 6-6　数据帧 B 所携带的地址信息(此图省略了帧头和 IP 包头的部分信息)

(3) 在 PC2 上的拆封过程。

数据帧 B 到达 PC2 后,PC2 首先核对帧头的目的 MAC 地址与自己的 MAC 地址是否一致,如不一致 PC2 就会把该帧丢弃。核对无误之后,PC2 会检查尾部校验码,看数据帧是否损坏。证明数据是完整的之后,PC2 会拆掉帧的封装,把里面的数据包 A 拿出来,向上送给网络层处理。

网络层核对目的 IP 地址无误后会拆掉 IP 包头,将数据段向上送给传输层处理。至此,数据包 A 的路由过程结束。PC2 会在传输层按顺序将数据段重组成数据流。

PC2 向 PC1 发送数据包的路由过程和以上过程类似,只不过源地址和目的地址与上面的过程正好相反。

由此我们可以看出,数据在从一台主机传向另一台主机时,数据包本身没有变化,源 IP 地址和目的 IP 地址也没有变化,路由器是依靠识别数据包中的 IP 地址来确定数据包的路由的,而 MAC 地址却在每经过一台路由器时都发生变化。

3. 路由表

每个路由器中都保存着一张路由表,表中每条路由项都指明数据到某个网段应通过路由器的哪个物理接口发送,然后就可以到达该路径的下一台路由器,或者不再经过别的路由器而到达直接相连的网络中的目的主机。

如果数据包是可以被路由的,那么路由器将会检查路由表获得一个正确的路径。如果数据包的目标地址不能匹配到任何一条路由表项,那么数据包将被丢弃,同时路由器向源设备发送一个"目标不可达"的 ICMP 消息。

数据库中的路由表项包含的部分要素如表 6-1 所示。

表 6-1　路由表项包含的要素

目的地址/掩码长度	下一跳(IP)地址	出接口	度量值
10.0.0.0/24	10.0.0.1	GE0/0/1	0
20.0.0.0/24	20.0.0.1	GE0/0/2	0
30.0.0.0/24	20.0.0.1	GE0/0/2	2
40.0.0.0/24	20.0.0.1	GE0/0/2	3
0.0.0.0/0	50.0.0.1	S0/0/0	10

目的地址:路由器可以到达的网络地址。路由器可能会有多条路径到达同一目的地址,但在路由表中只会存在到达这一地址的最佳路径。

下一跳地址:更接近目的网络的下一台路由器的地址。如果只配置了出接口,下一跳地址是出接口的 IP 地址。

出接口:指明 IP 数据包将从该路由器的哪个接口转发。

度量值:IP 数据包到达目标需要花费的代价。当网络中存在到达目的网络的多条路径时,路由器可依据度量值来选择一条最优的路径发送 IP 数据包,从而保证 IP 数据包能更好更快地到达目的地址。

根据掩码长度的不同,可以把路由表中的路由表项分为以下几个类型。

① 主机路由:掩码长度是 32 位的路由,表明此路由匹配单一 IP 地址。

② 子网路由:掩码长度小于 32 位但大于 0 位的路由,表明此路由匹配一个子网。

③ 默认路由:掩码长度为 0 位的路由,表明此路由匹配全部 IP 地址。

当路由表中存在多个路由表项可以同时匹配目的 IP 地址时,路由查找进程会选择其中掩码长度最长的路由表项进行转发,此为最长匹配原则。

4. 路由器根据路由表转发数据包

路由器通过匹配路由表里的路由表项来实现数据包的转发。如图 6-7 所示,这是一个简单的网络,图中给出了每台路由器需要的路由表项。

在图 6-7 中,如果 Router1 收到一个源地址为 10.1.1.100、目的地址为 10.1.5.30 的数据包,路由表查询的结果将是:目的地址的最优匹配是子网 10.1.5.0,可以从 S0/0/0 接口出站经下一跳地址 10.1.2.2 去往目的网络。数据包被发送给 Router2,Router2 查找自己的路由表后发现数据包应该从 S0/0/1 接口出站经下一跳地址 10.1.3.2 去往目的网络。此过程一直持续到数据包到达 Router4。当 Router4 在接口 S0/0/0 接收到数据包时,Router4 通过查找路由表,发现目的地址是连接在 GE0/0/0 接口的一个直连网络。最终结束路由选择过程,数据包被传递给以太网链路上的主机 10.1.5.30。

上面说明的路由选择过程的前提是路由器可以将下一跳地址同它的接口进行匹配。例如,Router2 必须知道通过接口 S0/0/1 可以到达 Router3 的地址 10.1.3.2。首先 Router2 从分配给接口 S0/0/1 的 IP 地址和子网掩码可以知道子网 10.1.3.0 直接连接在接口 S0/0/1 上;那么 Router2 就可以知道 10.1.3.2 是子网 10.1.3.0 的成员,而且一定被连接到

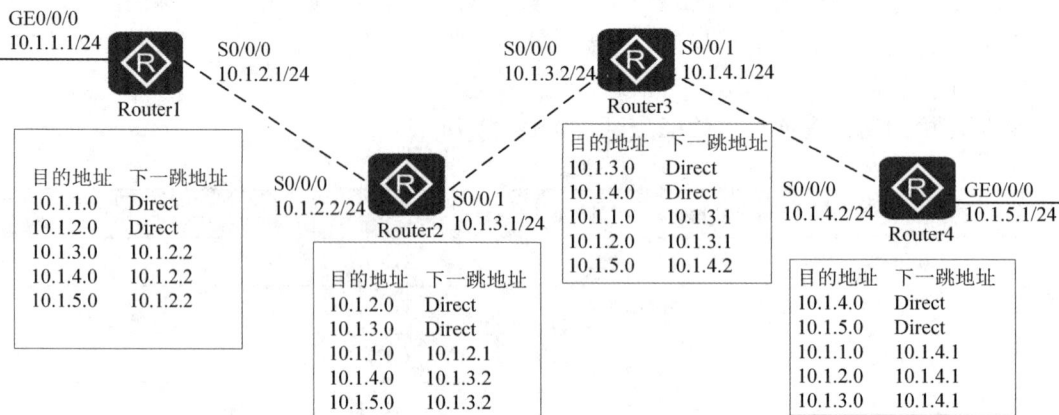

图 6-7 简单网络示例

该子网上。

为了正确地进行数据包交换，每台路由器都必须保持信息的一致性和准确性。例如，在图 6-7 中，如果 Router2 的路由表中丢失了关于网络 10.1.1.0 的表项，从 10.1.1.100 到 10.1.5.30 的数据包将被传递，但是当 10.1.5.30 向 10.1.1.100 回复数据包时，数据包从 Router4 传到 Router3，再传到 Router2，Router2 查找路由表后会发现没有关于子网 10.1.1.0 的路由表项，此时会丢弃此数据包，同时 Router2 向主机 10.1.5.30 发送"目标不可达"的 ICMP 消息。

5. 路由的来源

路由的来源主要有如下 3 种。

（1）直连路由：直连路由无须配置，当接口配置了 IP 地址并且状态正常时，由路由进程自动生成。它的特点是开销小，配置简单，无须人工维护，但只能发现本路由器接口所属网段的路由。

（2）手工（又称手动）配置的静态路由：由管理员手工配置的路由称为静态路由。通过静态路由配置可建立一个互通的网络，但这种配置的问题在于，当一个网络发生故障后，静态路由不会自动修正，必须由管理员修改配置。静态路由无开销，配置简单，适合简单拓扑结构的网络。

（3）动态路由协议下的路由（动态路由）：当网络拓扑结构十分复杂时，手动配置静态路由的工作量大而且容易出现错误，这时就可以用动态路由协议（如 RIP、OSPF 等）让其自动修改路由，避免人工维护。但动态路由协议开销大，配置复杂。

6.3.2 直连路由

直连路由是指路由器接口直接相连的网段的路由。直连路由不需要特别进行配置，只需要在路由器的接口上配置 IP 地址即可。路由器会根据接口的状态决定是否使用此路由。如果路由器接口的物理层和链路层状态均为 Up，路由器即认为接口工作正常，该接口所属网段的路由就可生效并以直连路由的形式出现在路由表中；如果状态为 Down，路由器就会认为接口工作不正常，不能通过该接口到达其地址所属网段，因此该接口所属网段的路由也就不能以直连路由的形式出现在路由表中。

图 6-8 所示的是基本的局域网间路由，其中，路由器的 3 个接口分别连接 3 个局域网网

段,只需要在路由器上为其 3 个接口配置 IP 地址,就可为 10.1.1.0/24、10.1.2.0/24 和 10.1.3.0/24 网段提供路由服务。

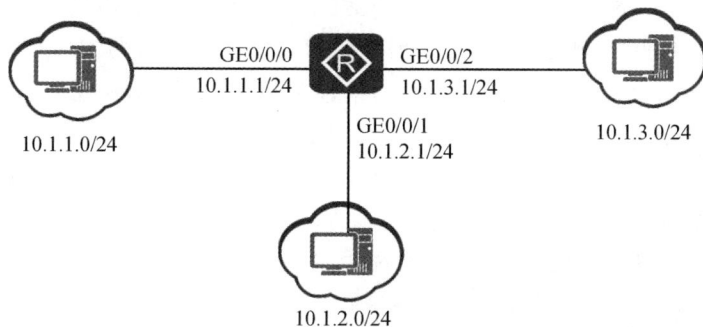

图 6-8 局域网间路由

在路由器上配置接口 IP 地址,且接口工作正常,查看路由表,结果如下。

```
[Router]display ip routing-table
Route Flags: R-relay, D-download to fib
--------------------------------------------------------------------------------
Routing Tables: Public
          Destinations : 13         Routes : 13
Destination/Mask    Proto   Pre Cost Flags NextHop    Interface
      10.1.1.0/24   Direct  0    0     D    10.1.1.1   GigabitEthernet0/0/0
      10.1.1.1/32   Direct  0    0     D    127.0.0.1  GigabitEthernet0/0/0
    10.1.1.255/32   Direct  0    0     D    127.0.0.1  GigabitEthernet0/0/0
      10.1.2.0/24   Direct  0    0     D    10.1.2.1   GigabitEthernet0/0/1
      10.1.2.1/32   Direct  0    0     D    127.0.0.1  GigabitEthernet0/0/1
    10.1.2.255/32   Direct  0    0     D    127.0.0.1  GigabitEthernet0/0/1
      10.1.3.0/24   Direct  0    0     D    10.1.3.1   GigabitEthernet0/0/2
      10.1.3.1/32   Direct  0    0     D    127.0.0.1  GigabitEthernet0/0/2
    10.1.3.255/32   Direct  0    0     D    127.0.0.1  GigabitEthernet0/0/2
```

由以上输出的 IP 路由表信息可以看出,IP 路由表中包含了 Destination(目的地址)、Mask(掩码长度)、Proto(路由协议)、Pre(路由协议优先级)、Cost(路由开销/度量值)、NextHop(下一跳地址)、Interface(出接口)等字段。其中,Proto 字段表示路由协议,包括静态路由(Static)、直连路由(Direct)和各种动态路由。直连路由的 Pre 为 0,即具有最高优先级,Cost 也为 0,表明是直接相连。直连路由的 Pre 和 Cost 不能更改。

在图 6-8 所示的网络中,路由器与 3 个网络 10.1.1.0/24、10.1.2.0/24 和 10.1.3.0/24 直接相连,因此在其路由表中有这 3 个目的 IP 地址、下一跳地址和出接口的直连路由。

◆ 6.3.3 静态路由

1. 静态路由概述

静态路由是由网络管理员手动配置在路由器的路由表里的路由。对于早期的网络,网络规模不大,路由器的数量很少,路由表也相应较小,通常采用手动的方法对每台路由器的路由表进行配置。这种方法适用于在规模较小、路由表也相对简单的网络中使用。它较简单,容易实现,沿用了很长一段时间。

配置静态路由

　　随着网络规模的增长，在大规模网络中，路由器的数量很多，路由表的表项较多，较为复杂。在这样的网络中对路由表进行手动配置，除了配置复杂外，还有一个更明显的问题就是不能适应网络拓扑结构的变化。对于大规模网络而言，如果网络拓扑结构改变或网络链路发生故障，那么路由器上指导数据转发的路由表就应该相应变化。如果还采用静态路由，用手动的方法配置及修改路由表，会对管理员形成很大的压力。

　　在小规模网络中，静态路由具有以下优点。

　　（1）手动配置，可以精确控制路由选择，改进网络的性能。

　　（2）不需要动态路由协议参与，这将会减少路由器的开销，为重要的应用保证带宽。

2. 静态路由的配置命令

　　静态路由的配置在系统视图下进行，命令如下：

ip route-static *network* ｛*mask*｜*mask-length*｝｛*ip-address*｜*interface-id*｝［**preference** *preference-value*］

　　各参数如表 6-2 所示。

表 6-2　ip route-static 命令参数

参数	描述
network	目的网络地址
mask	目的 IP 地址掩码
mask-length	掩码长度，取值范围为 0～32
ip-address	下一跳 IP 地址
interface-id	本路由器的出站接口号
preference-value	指定静态路由的优先级，取值范围 1～255，默认值为 60

　　在配置静态路由时，可以指定出接口，也可指定下一跳。一般情况下，配置静态路由时都会指定路由的下一跳，系统会根据下一跳 IP 地址查找到出接口。但如果在某些情况下无法知道下一跳 IP 地址（如拨号线路在拨通前是可能不知道对方甚至自己的 IP 地址的），则必须指定出接口。另外，如果出接口是广播类型接口（如以太网接口、VLAN 接口等），则不能指定出接口，必须指定下一跳 IP 地址。

3. 默认路由

　　默认路由也称为缺省路由，指的是路由表中未直接列出目的网络的路由选择项，它用于在不明确的情况下指明数据包的下一跳的方向。在路由表中，默认路由以到网络 0.0.0.0/0 的路由形式出现，用 0.0.0.0 作为目的网络号，用 0.0.0.0 作为子网掩码。每个 IP 地址与子网掩码 0.0.0.0 进行二进制"与"操作后的结果都为 0，与目的网络号 0.0.0.0 相同，因此用 0.0.0.0/0 作为目的网络的路由记录符合所有的网络。路由器如果配置了默认路由，则所有未明确指明目的网络的数据包都按默认路由进行转发。

　　默认路由一般使用在 stub 网络（又称末梢网络）中，stub 网络是只有一条出口路径的网络，如图 6-9 所示。使用默认路由来发送那些目的网络没有包含在路由表中的数据包。

　　在路由器上合理配置默认路由能够减少路由表中路由表项的数量，节省路由表空间，加快路由匹配速度。默认路由可以手动配置，也可以由某些动态路由协议（如 OSPF、IS-IS 和

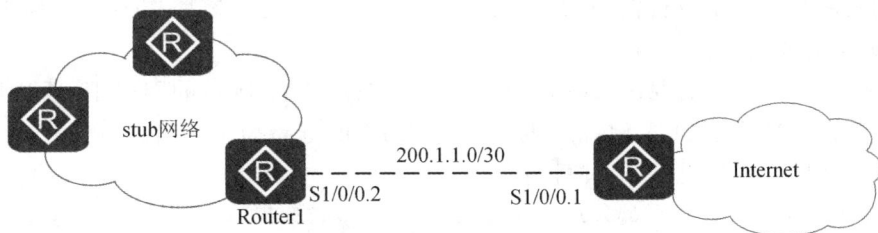

图 6-9 末梢网络与默认路由

RIP)生成。

默认路由的配置在系统视图下进行,命令如下:

ip route-static 0. 0. 0. 0〔**0. 0. 0. 0**｜**0**〕〔*ip-address*｜*interface-id*〕〔**preference**
preference-value〕

在如图 6-9 所示的网络中,Router1 连接了一个末梢网络,末梢网络中的流量都通过
Router1 到达 Internet,Router1 是一个边缘路由器。在 Router1 上可以采用如下两种方法
配置默认路由:

〔Router1〕ip route-static 0. 0. 0. 0 0 Serial1/0/0

或者

〔Router1〕ip route-static 0. 0. 0. 0 0 200. 1. 1. 1

4. 浮动静态路由

浮动静态路由不同于其他路由,它仅仅会在首选路
由发生故障的时候出现。浮动静态路由主要考虑链路的
冗余性能。

在图 6-10 中,某企业网络使用一台出口路由器连接
到不同的 ISP。如果想实现负载均衡,则可配置两条默认
路由,下一跳指向两个不同的接口,配置并查看路由表
如下。

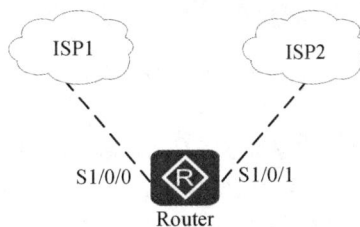

图 6-10 路由备份

```
[Router]ip route-static 0.0.0.0 0.0.0.0 Serial1/0/0
[Router]ip route-static 0.0.0.0 0.0.0.0 Serial1/0/1
[Router]display ip routing-table
Route Flags: R-relay, D-download to fib
------------------------------------------------------------------------
Routing Tables: Public
        Destinations : 13      Routes : 14
Destination/Mask    Proto   Pre  Cost      Flags NextHop       Interface
        0.0.0.0/0   Static  60   0         D     200.1.1.100   Serial1/0/0
                    Static  60   0         D     100.1.1.100   Serial1/0/1
     100.1.1.0/24   Direct  0    0         D     100.1.1.100   Serial1/0/1
......
```

配置完成后,网络内访问 ISP 的数据报文被路由器从两个接口 S1/0/0 和 S1/0/1 转发
到 ISP,这样可以提高路由器到 ISP 的链路带宽利用率。

通常,负载均衡应用在几条链路带宽相同或相近的场合,但如果链路间的带宽不同,则
可以使用路由备份的方式。例如,在图 6-10 所示的网络中,假设路由器通过 S1/0/1 接口到

达 ISP2 的链路是一条带宽很低的拨号链路，我们就需要让这条链路作为备份链路，只有主链路出现故障时才启用该链路。

要实现路由备份，就需要配置浮动静态路由。在图 6-10 所示的网络中，通过配置浮动静态路由，可以让路由器通过 S1/0/0 接口到达 ISP1 的链路为主链路，而通过 S1/0/1 接口到达 ISP2 的链路为备份链路，具体配置如下。

```
[Router]ip route-static 0.0.0.0 0.0.0.0 Serial1/0/0
[Router]ip route-static 0.0.0.0 0.0.0.0 Serial1/0/1 preference 80
```

从备份链路到达 ISP2 的静态路由后面跟了 preference 80，把该路由的优先级值设置为 80。缺省情况下，静态路由的优先级值为 60，该值越大，优先级越低。当到达相同的网络存在两条路径时，路由器将会选择优先级值较小的路径。

当主链路正常时，路由器通过 S1/0/0 接口到达 ISP1；当主链路出现故障时，路由器 S1/0/0 接口的状态为 Down，路由器会把到达 ISP 的路由切换到优先级值为 80 的备份链路。浮动静态路由在路由表中的表现如下。

```
① 主链路正常时的路由表
[Router]display ip routing-table
Route Flags: R-relay, D-download to fib
------------------------------------------------------------------------
Routing Tables: Public
         Destinations : 13        Routes : 13
Destination/Mask    Proto    Pre   Cost       Flags NextHop       Interface
       0.0.0.0/0    Static   60    0          D     200.1.1.100   Serial1/0/0
     100.1.1.0/24   Direct   0     0          D     100.1.1.100   Serial1/0/1
……
② 主链路出现故障后的路由表
[Router]display ip routing-table
Route Flags: R-relay, D-download to fib
------------------------------------------------------------------------
Routing Tables: Public
         Destinations : 9         Routes : 9
Destination/Mask    Proto    Pre   Cost       Flags NextHop       Interface
       0.0.0.0/0    Static   80    0          D     100.1.1.100   Serial1/0/1
     100.1.1.0/24   Direct   0     0          D     100.1.1.100   Serial1/0/1
……
```

6.4 【任务1】配置静态路由实现网络互通

◆ 6.4.1 任务描述

A 高校在本部已建设一套园区网并投产使用，现因学生人数逐年增加，A 高校在距离本部 30 千米处新增 3 栋大楼，分别用于学生实习实训、校内外人员培训和召开各种大型会议。目前分部的网络设备已经安装到位，每栋大楼的主机处在一个独立的局域网中，需要配置静态路由实现不同部门（实训中心、培训中心和会议中心）局域网之间的通信。

◆ 6.4.2　任务分析

　　网络拓扑如图 6-11 所示，拓扑中有 3 台路由器，其中，Router1、Router2、Router3 分别连接实训中心、培训中心和会议中心三个部门的局域网，PC1、PC2、PC3 分别代表这三个局域网中的主机。

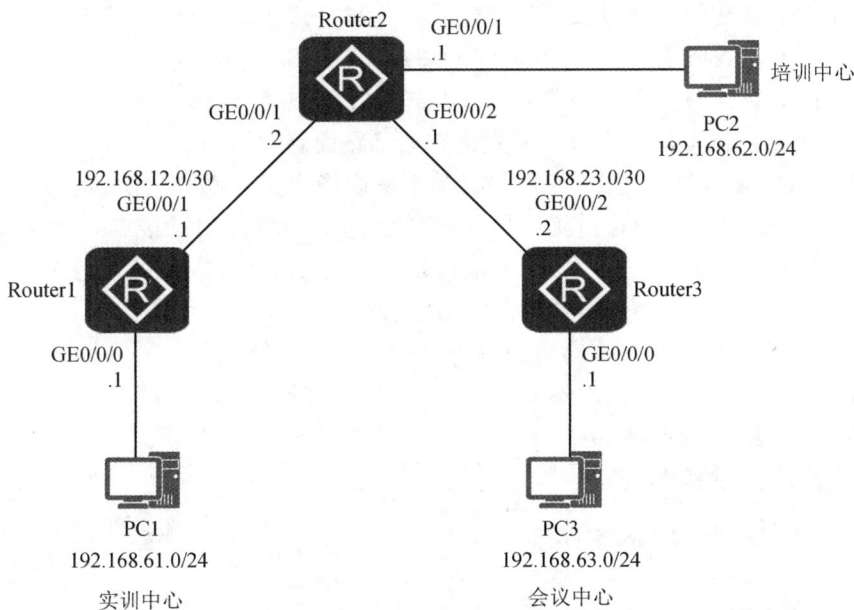

图 6-11　配置静态路由拓扑

　　IP 地址规划表如表 6-3 所示。

表 6-3　IP 地址规划表

设备	接口	IP 地址/子网掩码		默认网关
Router1	GE0/0/1	192.168.12.1	255.255.255.252	N/A
	GE0/0/0	192.168.61.1	255.255.255.0	N/A
Router2	GE0/0/1	192.168.12.2	255.255.255.252	N/A
	GE0/0/2	192.168.23.1	255.255.255.252	N/A
	GE0/0/0	192.168.62.1	255.255.255.0	N/A
Router3	GE0/0/2	192.168.23.2	255.255.255.252	N/A
	GE0/0/0	192.168.63.1	255.255.255.0	N/A
PC1	Ethernet0/0/0	192.168.61.10	255.255.255.0	192.168.61.1
PC2	Ethernet0/0/0	192.168.62.10	255.255.255.0	192.168.62.1
PC3	Ethernet0/0/0	192.168.63.10	255.255.255.0	192.168.63.1

◆ 6.4.3　任务实施

1.基本配置

　　基本配置包括为每台路由器配置主机名、接口 IP 地址/子网掩码，为每台 PC 配置 IP 地址/子网掩码和默认网关。完成基本配置后，使用 ping 命令检测各直连链路的连通性。

2. 配置静态路由实现网络通信

由于主机 PC1、PC2、PC3 之间跨越了若干个不同网段,要实现它们之间的通信,只通过简单的 IP 地址等基本配置是无法实现的,必须在路由器 Router1、Router2、Router3 上添加相应的路由信息,通过配置静态路由来实现。

(1) 为每台路由器标识所有非直连的数据链路。

Router1 的非直连网段有:192.168.23.0/30,192.168.62.0/24,192.168.63.0/24

Router2 的非直连网段有:192.168.61.0/24,192.168.63.0/24

Router3 的非直连网段有:192.168.12.0/30,192.168.61.0/24,192.168.62.0/24

(2) 为每台路由器写出关于每个非直连数据链路的路由语句。

配置静态路由有两种方式,一种是在配置中采取指定下一跳 IP 地址的方式,另一种是指定出接口的方式。注意:如果出接口是点到点类型的接口(如串行接口),则既可以指定出接口,也可以指定下一跳 IP 地址;如果出接口是广播类型的接口(如以太网接口、VLAN 接口等),则不能指定出接口,必须指定下一跳 IP 地址。

在所有路由器上配置非直连网络的路由,配置如下。

```
① 在 Router1 上配置非直连网络的路由
[Router1]ip route-static 192.168.23.0 30 192.168.12.2
[Router1]ip route-static 192.168.62.0 24 192.168.12.2
[Router1]ip route-static 192.168.63.0 24 192.168.12.2
② 在 Router2 上配置非直连网络的路由
[Router2]ip route-static 192.168.61.0 24 192.168.12.1
[Router2]ip route-static 192.168.63.0 24 192.168.23.2
③ 在 Router3 上配置非直连网络的路由
[Router3]ip route-static 192.168.12.0 30 192.168.23.1
[Router3]ip route-static 192.168.61.0 24 192.168.23.1
[Router3]ip route-static 192.168.62.0 24 192.168.23.1
```

配置好静态路由后,可以在路由器 Router1、Router2、Router3 上使用 display ip routing-table 查看 IP 路由表,以验证配置结果。由于 IP 路由表条目(表项)较多,这里只使用 display ip routing-table protocol static 命令查看静态路由表项。

```
① Router1 的路由表
<Router1>display ip routing-table protocol static
Route Flags: R-relay, D-download to fib
------------------------------------------------------------------------------
Public routing table : Static
        Destinations : 3        Routes : 3        Configured Routes : 3

Static routing table status : <Active>
        Destinations : 3        Routes : 3

Destination/Mask    Proto   Pre  Cost       Flags NextHop       Interface

    192.168.23.0/30  Static  60   0          RD    192.168.12.2  GigabitEthernet0/0/1
    192.168.62.0/24  Static  60   0          RD    192.168.12.2  GigabitEthernet0/0/1
    192.168.63.0/24  Static  60   0          RD    192.168.12.2  GigabitEthernet0/0/1
```

```
Static routing table status : <Inactive>
        Destinations : 0          Routes : 0
```
② Router2 的路由表
```
<Router2>display ip routing-table protocol static
Route Flags: R-relay, D-download to fib
-------------------------------------------------------------------------

Public routing table : Static
        Destinations : 2          Routes : 2          Configured Routes : 2

Static routing table status : <Active>
        Destinations : 2          Routes : 2

Destination/Mask    Proto  Pre  Cost      Flags NextHop        Interface

  192.168.61.0/24  Static  60   0         RD    192.168.12.1   GigabitEthernet0/0/1
  192.168.63.0/24  Static  60   0         RD    192.168.23.2   GigabitEthernet0/0/2

Static routing table status : <Inactive>
        Destinations : 0          Routes : 0
```
③ Router3 的路由表
```
<Router3>display ip routing-table protocol static
Route Flags: R-relay, D-download to fib
-------------------------------------------------------------------------

Public routing table : Static
        Destinations : 3          Routes : 3          Configured Routes : 3

Static routing table status : <Active>
        Destinations : 3          Routes : 3

Destination/Mask    Proto  Pre  Cost      Flags NextHop        Interface

  192.168.12.0/30  Static  60   0         RD    192.168.23.1   GigabitEthernet0/0/2
  192.168.61.0/24  Static  60   0         RD    192.168.23.1   GigabitEthernet0/0/2
  192.168.62.0/24  Static  60   0         RD    192.168.23.1   GigabitEthernet0/0/2

Static routing table status : <Inactive>
        Destinations : 0          Routes : 0
```

可以看出，每台路由器的路由表中均有到达 PC1、PC2 和 PC3 所在网段的路由。

3. 测试网络连通性

可以用 ping 命令来检测 PC1、PC2、PC3 间的连通性。

```
PC1>ping 192.168.62.10

Ping 192.168.62.10: 32 data bytes, Press Ctrl_C to break
From 192.168.62.10: bytes=32 seq=1 ttl=126 time=15 ms
From 192.168.62.10: bytes=32 seq=2 ttl=126 time=31 ms
From 192.168.62.10: bytes=32 seq=3 ttl=126 time=16 ms
```

```
From 192.168.62.10: bytes=32 seq=4 ttl=126 time=16 ms
From 192.168.62.10: bytes=32 seq=5 ttl=126 time=15 ms

---192.168.62.10 ping statistics---
  5 packet(s) transmitted
  5 packet(s) received
  0.00%  packet loss
  round-trip min/avg/max=15/18/31 ms

PC1>ping 192.168.63.10

Ping 192.168.63.10: 32 data bytes, Press Ctrl_C to break
Request timeout!
From 192.168.63.10: bytes=32 seq=2 ttl=125 time=31 ms
From 192.168.63.10: bytes=32 seq=3 ttl=125 time=16 ms
From 192.168.63.10: bytes=32 seq=4 ttl=125 time=31 ms
From 192.168.63.10: bytes=32 seq=5 ttl=125 time=15 ms

---192.168.63.10 ping statistics---
  5 packet(s) transmitted
  4 packet(s) received
  20.00%  packet loss
  round-trip min/avg/max=0/23/31 ms

PC2>ping 192.168.63.10

Ping 192.168.63.10: 32 data bytes, Press Ctrl_C to break
From 192.168.63.10: bytes=32 seq=1 ttl=125 time=31 ms
From 192.168.63.10: bytes=32 seq=2 ttl=125 time=16 msFrom 192.168.63.10: bytes=32 seq=3
ttl=125 time=15 ms
From 192.168.63.10: bytes=32 seq=4 ttl=125 time=32 ms
From 192.168.63.10: bytes=32 seq=5 ttl=125 time=15 ms

---192.168.63.10 ping statistics---
  5 packet(s) transmitted
  5 packet(s) received
  0.00%  packet loss
  round-trip min/avg/max=15/21/32 ms
```

也可以用 tracert 命令来检测 PC1、PC2、PC3 间的连通性。

```
PC1>tracert 192.168.62.10

traceroute to 192.168.62.10, 8 hops max
(ICMP), press Ctrl+C to stop
1  192.168.61.1   16 ms   15 ms   16 ms
2  192.168.12.2   16 ms   15 ms   32 ms
3  192.168.62.10   15 ms   16 ms   15 ms
```

```
PC1>tracert 192.168.63.10

traceroute to 192.168.63.10, 8 hops max
(ICMP), press Ctrl+ C to stop
1  192.168.61.1   16 ms   16 ms   <1 ms
2  192.168.12.2   15 ms   32 ms   15 ms
3  192.168.23.2   31 ms   16 ms   16 ms
4  192.168.63.10  15 ms   32 ms   15 ms
```

以上测试结果显示,PC1、PC2、PC3 之间可以正常通信。

6.5 【任务 2】配置浮动静态路由实现路由备份

◆ 6.5.1 任务描述

为了保障 A 高校分部各部门之间通信的可靠性,需要为不同部门之间的通信提供冗余链路,并配置路由备份。

◆ 6.5.2 任务分析

网络拓扑如图 6-12 所示,为了提供链路冗余,三台路由器 Router1、Router2 和 Router3 之间采用全互连的方式进行组网。

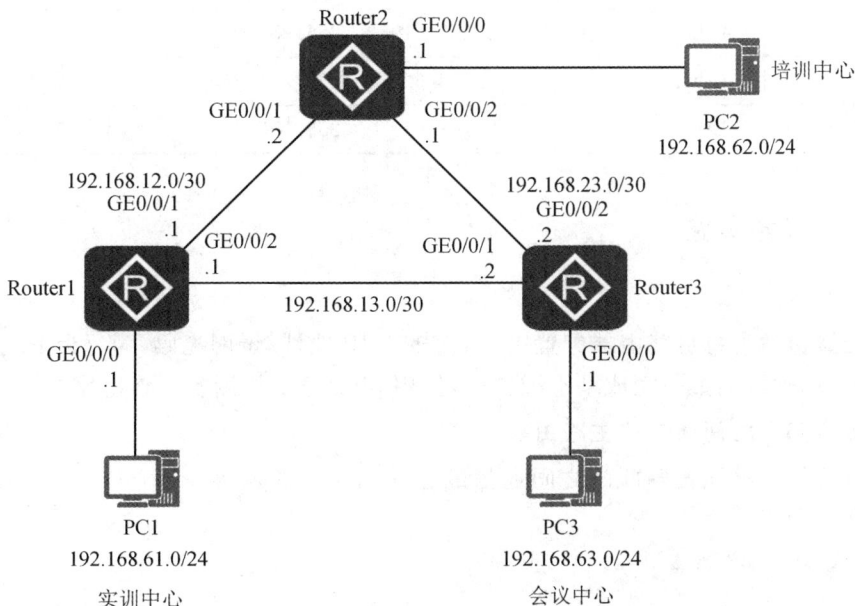

图 6-12 配置浮动静态路由拓扑

为了实现三个部门之间的通信,并提高网络的可靠性,规划如下。

实训中心(PC1)访问培训中心(PC2)的主链路为 Router1→Router2,备份链路为 Router1→Router3→Router2;实训中心(PC1)访问会议中心(PC3)的主链路为 Router1→Router3,备份链路为 Router1→Router2→Router3。

培训中心(PC2)访问实训中心(PC1)的主链路为 Router2→Router1,备份链路为 Router2→Router3→Router1;培训中心(PC2)访问会议中心(PC3)的主链路为 Router2→ Router3,备份链路为 Router2→Router1→Router3。

会议中心(PC3)访问实训中心(PC1)的主链路为 Router3→Router1,备份链路为 Router3→Router2→Router1;会议中心(PC3)访问培训中心(PC2)的主链路为 Router3→ Router2,备份链路为 Router3→Router1→Router2。

因此需要在 Router1、Router2 和 Router3 间配置浮动静态路由,实现链路备份。

IP 地址规划表如表 6-4 所示。

表 6-4　IP 地址规划表

设备	接口	IP 地址/子网掩码	默认网关
Router1	GE0/0/1	192.168.12.1　255.255.255.252	N/A
	GE0/0/2	192.168.13.1　255.255.255.252	N/A
	GE0/0/0	192.168.61.1　255.255.255.0	N/A
Router2	GE0/0/1	192.168.12.2　255.255.255.252	N/A
	GE0/0/2	192.168.23.1　255.255.255.252	N/A
	GE0/0/0	192.168.62.1　255.255.255.0	N/A
Router3	GE0/0/1	192.168.13.2　255.255.255.252	N/A
	GE0/0/2	192.168.23.2　255.255.255.252	N/A
	GE0/0/0	192.168.63.1　255.255.255.0	N/A
PC1	Ethernet0/0/0	192.168.61.10　255.255.255.0	192.168.61.1
PC2	Ethernet0/0/0	192.168.62.10　255.255.255.0	192.168.62.1
PC3	Ethernet0/0/0	192.168.63.10　255.255.255.0	192.168.63.1

◆ 6.5.3　任务实施

1. 基本配置

基本配置包括为每台路由器配置主机名、接口 IP 地址/子网掩码,为每台 PC 配置 IP 地址/子网掩码和默认网关。完成基本配置后,使用 ping 命令检测各直连链路的连通性。

2. 配置各部门之间通信的主路由

按项目规划要求配置各部门之间通信的主路由。在路由器 Router1、Router2、Router3 上的配置如下。

```
① 在 Router1 上配置到达 PC2、PC3 的主路由
[Router1]ip route-static 192.168.62.0 24 192.168.12.2
[Router1]ip route-static 192.168.63.0 24 192.168.13.2
② 在 Router2 上配置到达 PC1、PC3 的主路由
[Router2]ip route-static 192.168.61.0 24 192.168.12.1
[Router2]ip route-static 192.168.63.0 24 192.168.23.2
③ 在 Router3 上配置到达 PC1、PC2 的主路由
[Router3]ip route-static 192.168.61.0 24 192.168.13.1
[Router3]ip route-static 192.168.62.0 24 192.168.23.1
```

配置好静态路由后，在路由器 Router1、Router2、Router3 上查看 IP 路由表，以验证配置结果，如下所示。

① Router1 的路由表

```
<Router1>display ip routing-table protocol static
Route Flags: R-relay, D-download to fib
--------------------------------------------------------------------------
Public routing table : Static
         Destinations : 2        Routes : 2        Configured Routes : 2

Static routing table status : <Active>
         Destinations : 2        Routes : 2

Destination/Mask    Proto   Pre  Cost      Flags NextHop      Interface

192.168.62.0/24  Static  60   0          RD   192.168.12.2    GigabitEthernet0/0/1
  192.168.63.0/24  Static  60   0          RD   192.168.13.2    GigabitEthernet0/0/2

Static routing table status : <Inactive>
         Destinations : 0        Routes : 0
```

② Router2 的路由表

```
<Router2>display ip routing-table protocol static
Route Flags: R-relay, D-download to fib
--------------------------------------------------------------------------
Public routing table : Static
         Destinations : 2        Routes : 2        Configured Routes : 2

Static routing table status : <Active>
         Destinations : 2        Routes : 2

Destination/Mask    Proto   Pre  Cost      Flags NextHop      Interface

192.168.61.0/24  Static  60   0          RD   192.168.12.1    GigabitEthernet0/0/1
  192.168.63.0/24  Static  60   0          RD   192.168.23.2    GigabitEthernet0/0/2

Static routing table status : <Inactive>
         Destinations : 0        Routes : 0
```

③ Router3 的路由表

```
<Router3>display ip routing-table protocol static
Route Flags: R-relay, D-download to fib
--------------------------------------------------------------------------
Public routing table : Static
         Destinations : 2        Routes : 2        Configured Routes : 2

Static routing table status : <Active>
         Destinations : 2        Routes : 2

Destination/Mask    Proto   Pre  Cost      Flags NextHop      Interface
```

```
   192.168.61.0/24  Static  60   0        RD   192.168.13.1    GigabitEthernet0/0/1
  192.168.62.0/24  Static  60   0        RD   192.168.23.1    GigabitEthernet0/0/2

Static routing table status : <Inactive>
              Destinations : 0         Routes : 0
```

从 Router1 的路由表得知：PC1 到达 PC2 的下一跳是 Router2，PC1 到达 PC3 的下一跳是 Router3；从 Router2 的路由表得知：PC2 到达 PC1 的下一跳是 Router2，PC1 到达 PC3 的下一跳是 Router3；从 Router3 的路由表得知：PC3 到达 PC1 的下一跳是 Router1；PC3 到达 PC2 的下一跳是 Router2。符合项目规划中不同部门间访问时主路由的需求。

可使用 tracert 命令查看 PC1、PC2、PC3 之间访问的路径信息。此处仅分析 PC1 到达 PC2 及 PC3 的路径信息。在 PC1 上使用 tracert 命令查看其到达 PC2、PC3 的路径信息。

```
PC1>tracert 192.168.62.10

traceroute to 192.168.62.10, 8 hops max
(ICMP), press Ctrl+ C to stop
1  192.168.61.1   16 ms  16 ms  15 ms
2  192.168.12.2   16 ms  16 ms  31 ms
3  192.168.62.10  <1 ms  15 ms  16 ms

PC1>tracert 192.168.63.10

traceroute to 192.168.63.10, 8 hops max
(ICMP), press Ctrl+ C to stop
1  192.168.61.1   <1 ms  15 ms  16 ms
2  192.168.13.2   16 ms  15 ms  32 ms
3  192.168.63.10  15 ms  16 ms  15 ms
```

从输出结果可以看出，PC1 到达 PC2 的路径为 Router1→Router2；PC1 到达 PC3 的路径为 Router1→Router3。

3. 配置各部门之间通信的备份路由

按项目规划要求，使用浮动静态路由配置各部门之间通信的备份路由，将路由优先级值由默认值 60 修改为 100。在路由器 Router1、Router2、Router3 上的配置如下。

① 在 Router1 上配置到达 PC2、PC3 的备份路由

```
[Router1]ip route-static 192.168.62.0 24 192.168.13.2 preference 100
[Router1]ip route-static 192.168.63.0 24 192.168.12.2 preference 100
```

② 在 Router2 上配置到达 PC1、PC3 的备份路由

```
[Router2]ip route-static 192.168.61.0 24 192.168.23.2 preference 100
[Router2]ip route-static 192.168.63.0 24 192.168.12.1 preference 100
```

③ 在 Router3 上配置到达 PC1、PC2 的备份路由

```
[Router3]ip route-static 192.168.61.0 24 192.168.23.1 preference 100
[Router3]ip route-static 192.168.62.0 24 192.168.13.1 preference 100
```

配置完成后，使用 display ip routing-table 命令在路由器 Router1、Router2、Router3 上查看 IP 路由表，以验证配置结果。在此仅显示 Router1 的路由表。

```
<Router1>display ip routing-table
Route Flags: R-relay, D-download to fib
------------------------------------------------------------------------------
Routing Tables: Public
         Destinations : 15        Routes : 15

Destination/Mask      Proto   Pre  Cost      Flags NextHop        Interface

       127.0.0.0/8    Direct  0    0          D    127.0.0.1      InLoopBack0
      127.0.0.1/32    Direct  0    0          D    127.0.0.1      InLoopBack0
127.255.255.255/32    Direct  0    0          D    127.0.0.1      InLoopBack0
    192.168.12.0/30   Direct  0    0          D    192.168.12.1   GigabitEthernet0/0/1
    192.168.12.1/32   Direct  0    0          D    127.0.0.1      GigabitEthernet0/0/1
    192.168.12.3/32   Direct  0    0          D    127.0.0.1      GigabitEthernet0/0/1
    192.168.13.0/30   Direct  0    0          D    192.168.13.1   GigabitEthernet0/0/2
    192.168.13.1/32   Direct  0    0          D    127.0.0.1      GigabitEthernet0/0/2
    192.168.13.3/32   Direct  0    0          D    127.0.0.1      GigabitEthernet0/0/2
    192.168.61.0/24   Direct  0    0          D    192.168.61.1   GigabitEthernet0/0/0
    192.168.61.1/32   Direct  0    0          D    127.0.0.1      GigabitEthernet0/0/0
  192.168.61.255/32   Direct  0    0          D    127.0.0.1      GigabitEthernet0/0/0
    192.168.62.0/24   Static  60   0          RD   192.168.12.2   GigabitEthernet0/0/1
    192.168.63.0/24   Static  60   0          RD   192.168.13.2   GigabitEthernet0/0/2
255.255.255.255/32    Direct  0    0          D    127.0.0.1      InLoopBack0
```

可以看到,从 PC1 到达 PC2 和从 PC1 到达 PC3 的路由只有主路由,并未发现备份路由。这是因为路由表里只显示最优的路由,只有当主路由失效时,浮动静态路由才会出现在路由表中。

我们使用 display ip routing-table protocol static 命令查看 Router1、Router2、Router3 的静态路由的路由表,可以看到浮动静态路由,其中,Router1 上的静态路由如下所示。

```
<Router1>display ip routing-table protocol static
Route Flags: R-relay, D-download to fib
------------------------------------------------------------------------------
Public routing table : Static
         Destinations : 2        Routes : 4        Configured Routes : 4

Static routing table status : <Active>
         Destinations : 2        Routes : 2

Destination/Mask      Proto   Pre  Cost      Flags NextHop        Interface

    192.168.62.0/24   Static  60   0          RD   192.168.12.2   GigabitEthernet0/0/1
    192.168.63.0/24   Static  60   0          RD   192.168.13.2   GigabitEthernet0/0/2

Static routing table status : <Inactive>
         Destinations : 2        Routes : 2

Destination/Mask      Proto   Pre  Cost      Flags NextHop        Interface

    192.168.62.0/24   Static  100  0          R    192.168.13.2   GigabitEthernet0/0/2
```

```
    192.168.63.0/24  Static 100  0        R    192.168.12.2   GigabitEthernet0/0/1
```

以 Router1 的路由表为例，PC1 到达 PC2、PC1 到达 PC3 都分别有两条静态路由：主路由和备份路由。PC1 到达 PC2 的备份路由的下一跳是 Router3；PC1 到达 PC3 的备份路由的下一跳是 Router2。

4.验证主路由切换到备份路由

当主链路正常时，PC1 到达 PC2 的路径是主链路，即 Router1→Router2。现在，关闭 Router1 的 GigabitEthernet0/0/1 接口以断开主链路，再次在 PC1 上使用 tracert 命令测试其到达 PC2 的路径信息。

```
PC1>tracert 192.168.62.10

traceroute to 192.168.62.10, 8 hops max
(ICMP), press Ctrl+C to stop
1  192.168.61.1   <1 ms  16 ms  15 ms
2  192.168.13.2   16 ms  <1 ms  16 ms
3  192.168.23.1   15 ms  16 ms  31 ms
4  192.168.62.10  16 ms  31 ms  16 ms
```

可以看到，当主链路失效时，PC1 到达 PC2 的路径是 Router1→Router3→Router2，此为备份链路。

用同样的方法可测试 PC1 到 PC3 及其他主机间主备链路的切换，在此不予赘述。

6.6 项目总结与拓展

本项目介绍了 IP 路由技术的基础知识，包括路由的基本过程，路由表项包含的要素及路由器根据路由表转发数据包的过程等，并介绍了直连路由和静态路由的原理与配置。

HCIE 认证介绍

6.7 习题

1.选择题

（1）在路由表中，0.0.0.0 代表？

A. 静态路由　　　　B. 动态路由　　　　C. 默认路由　　　　D. RIP 路由

（2）在华为路由器中，使用以下哪条命令查看路由表？

A. arp　-a　　　　　　　　　　　　　B. traceroute

C. route print　　　　　　　　　　　D. display ip routing-table

（3）路由器是根据以下哪项来进行选路和转发数据包的？

A. 访问控制列表　　B. MAC 地址表　　C. 路由表　　　　D. ARP 缓存表

（4）当路由器接收到的数据的 IP 地址在路由表中找不到对应路由时，会做什么操作？

A. 丢弃数据　　　　B. 分片数据　　　　C. 转发数据　　　　D. 泛洪数据

（5）关于路由的来源，以下不正确的是？

A. 直连路由　　　　　　　　　　　　B. 手工配置的静态路由

C. 动态路由协议下的路由　　　　　　D. 以上都不是

（6）静态路由协议默认的优先级值是？

A. 0　　　　　　　　B. 10　　　　　　　　C. 60　　　　　　　　D. 150

（7）下面哪个命令用来在华为路由器上配置静态路由？

A. ip route　　　　　B. ip routing　　　　C. ip route-static　　　D. ip address

（8）以下 4 条路由都以静态路由的形式存在于某路由的 IP 路由表中，那么该路由器对于目的 IP 地址为 8.1.1.1 的 IP 数据包将根据哪条路由来进行转发？

A. 0.0.0.0/0　　　　B. 8.0.0.0/8　　　　C. 8.1.0.0/16　　　　D. 18.0.0.0/16

（9）使用下面哪条命令可以确定网络层所经过的路由器数目？

A. ping　　　　　　B. arp　-a　　　　　C. tracert　　　　　　D. telnet

（10）当路由器收到 IP 数据包的 TTL 值等于 0 时，采取的策略是？

A. 丢掉该分组　　　B. 将该分组分片　　　C. 转发该分组　　　D. 以上答案均不对

2. 问答题

（1）简述路由的产生方式（来源）。

（2）静态路由的优缺点分别是什么？

（3）路由表中需要保存哪些信息？

（4）什么是浮动静态路由？

（5）什么是缺省路由？

项目 **7** OSPF 路由协议的应用与配置

7.1 项目介绍

开放最短路径优先(Open Shortest Path First,OSPF)协议是典型的链路状态路由协议,它是由 Internet 工程任务组(Internet Engineering Task Force,IETF)开发的路由选择协议,用来代替存在一些问题的距离矢量路由协议,应用非常广泛。现在,OSPF 协议是 IETF 建议使用的内部网关协议。

7.2 学习目标

(1)理解 OSPF 的数据包类型。
(2)掌握 OSPF 路由协议工作原理。
(3)能够配置 OSPF 路由协议。
(4)培养严谨细致、精益求精的工匠精神。

7.3 相关知识

◆ 7.3.1 OSPF 路由协议基本原理

OSPF 基本原理

OSPF 协议是一种链路状态(路由)协议,正如它的命名,OSPF 使用 Dijkstra 的最短路径优先(SPF)算法,而且是开放的。这里所说的开放是指它不被任何厂商和组织私自拥有。

像所有的链路状态路由协议一样,OSPF 协议和距离矢量路由协议相比,一个主要的改善在于它的快速收敛,这使得 OSPF 协议可以支持更大型的网络,并且不容易受到有害路由选择信息的影响。

从概括的角度来看,OSPF 路由协议的操作过程如下。

(1)宣告 OSPF 的路由器从所有启动 OSPF 协议的接口上发出 Hello 数据包。如果两台路由器共享一条公共数据链路,并且能够互相成功协商它们各自 Hello 数据包中所指定的某些参数,那么它们就成为了邻居(Neighbor)。

(2)邻接关系是在一些邻居路由器之间构成的,可以看作是一条点到点的虚链路。OSPF 协议定义了一些网络类型和一些路由器类型的邻接关系。邻接关系的建立是由交换

Hello 信息的路由器类型和交换 Hello 信息的网络类型决定的。

（3）每一台路由器都会在所有形成邻接关系的邻居之间发送链路状态通告（Link-State Advertisement，LSA）。LSA 描述了路由器所有的链路、接口、邻居，以及链路状态信息。链路可以是一个末梢网络（Stub Network，指没有和其他路由器相连的网络）的链路、到其他 OSPF 路由器的链路、到其他区域网络的链路，或是到外部网络（从其他的路由选择进程学习到的网络）的链路。由于链路状态信息具有多样性，OSPF 协议定义了许多 LSA 类型。

（4）每一台收到从邻居路由器发出的 LSA 的路由器都会把这些 LSA 记录在它的链路状态数据库当中，并且发送一份 LSA 的拷贝给该路由器的其他所有邻居。

（5）通过 LSA 泛洪扩散到整个区域，所有的路由器都会形成同样的链路状态数据库（Link State DataBase，LSDB）。

（6）当这些路由器的数据库完全相同时，每一台路由器都将以其自身为根，使用 SPF 算法来计算一个无环路的拓扑图，以描述它所知道的到达每一个目的地的最短路径。这个拓扑图就是 SPF 算法树。

（7）每一台路由器都将从 SPF 算法树中构建出自己的路由表。

当所有的链路状态信息泛洪到区域内的所有路由器上，并且邻居检验到它们的链路状态数据库也相同，从而成功地创建了路由表时，OSPF 协议就变成了一个"安静"的协议。邻居之间交换的 Hello 数据包称为 keepalive，并且每隔 30 分钟重传一次 LSA。如果网络拓扑稳定，那么网络中将不会有什么活动发生。

1. OSPF 路由协议术语

在 OSPF 路由协议中有一些术语，理解这些术语有利于我们学习 OSPF 路由协议，图 7-1 中展示了部分术语。

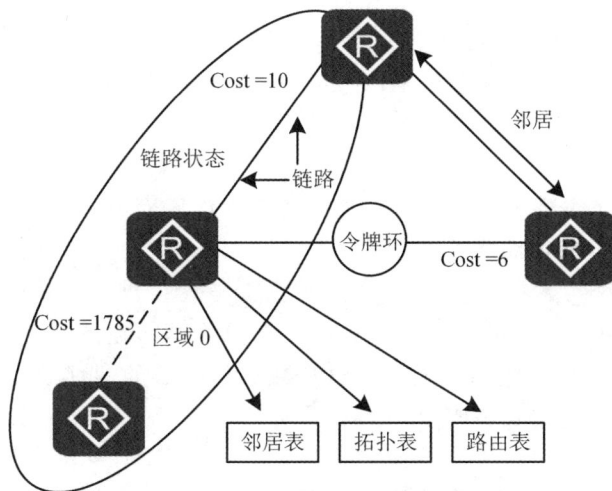

图 7-1　OSPF 路由协议术语

相关术语的详细介绍如下。

链路：运行 OSPF 路由协议的路由器所连接的网络线路或路由器接口。OSPF 路由器从邻居处得到关于链路的信息，并且将该信息继续向其他邻居传递。

链路状态：用来描述路由器接口及其与邻居路由器的关系，所有链路状态信息构成链路状态数据库。

路由器 ID（Router ID）：路由器 ID 用于标识路由器的 IP 地址。

邻居：指由某个接口连接到一个公共网络上的路由器，如两台连接到一个点到点串行链路上的路由器，或者多台连接到一个广播型链路上的路由器。

邻接：一种两台 OSPF 路由器之间的关系，这两台路由器允许直接交换路由更新数据。OSPF 路由器只与建立了邻接关系的邻居直接共享路由信息。不是所有的邻居之间都有邻接关系，这取决于网络的类型和路由器上的配置。

Hello 协议：OSPF 的 Hello 协议可以动态发现邻居，并维护邻居关系。

邻居表：运行 OSPF 路由协议的路由器会维护三张表，邻居表是其中的第一张表。凡是路由器认为的可以与自己成为邻居的路由器，都会出现在这张表中。只有形成了邻居表，路由器才可能向其他路由器学习网络拓扑。

拓扑表：当路由器建立了邻居表以后，运行 OSPF 路由协议的路由器会互相通告自己所知道的网络拓扑从而建立拓扑表。在同一个区域，所有的路由器应该形成相同的拓扑表。拓扑表也被称为链路状态数据库。

路由表：当完整的拓扑表建立起来之后，运行 OSPF 路由协议的路由器会按照链路的带宽不同，使用 SPF 算法从拓扑表里计算出路由，记入路由表。

LSA 和 LSU：链路状态通告（LSA）是一个 OSPF 的数据包，它包含在 OSPF 路由器中共享的链路状态和路由信息，它必须封装在链路状态更新（Link-State Update，LSU）数据包中在网络上传递，一个 LSU 可以包含多个 LSA。有多种不同类型的 LSA 数据包，OSPF 路由器将只与建立了邻接关系的路由器交换 LSA 数据包。

DR 和 BDR：当几台路由器工作在同一网段上时，为了减少网络中路由信息的交换数量，OSPF 定义了指定路由器（Designated Router，DR）和备份指定路由器（Backup Designated Router，BDR）。DR 和 BDR 负责收集网络中的链路状态通告，并将它们集中发给其他的路由器。

区域：OSPF 路由协议会把大规模的网络划分成小的区域，这样可以有效地减少路由选择协议对路由器的 CPU 和内存的占用；划分区域还可以降低路由选择协议的通信量，这使得构建一个层次化的网络拓扑成为可能。

2. OSPF 网络类型

OSPF 协议定义了点到点网络、广播型网络（简称广播网络）、非广播多路访问（NBMA）网络和点到多点网络 4 种网络类型。

（1）点到点网络。

如 T1、DS-3 或 SONET 链路，其单独连接一对路由器。在点对点网络上的有效邻居总是可以形成邻接关系。在这些网络上的 OSPF 数据包的目的地址总是保留 D 类地址 224.0.0.5，这个组播地址称为 ALLSPFRouters。

（2）广播型网络。

如以太网、令牌环网和 FDDI，也可以更准确地定义为广播型多址网络，以便区别于 NBMA 网络。广播型网络是多址的网络，因而它们可以连接多于两台的设备。广播型网络上的 OSPF 路由器会选举指定路由器和备份指定路由器。Hello 数据包像所有始发于 DR 和 BDR 的 OSPF 数据包一样，以组播方式发送到 ALLSPFRouters（224.0.0.5）。其他所有的既不是 DR 又不是 BDR 的路由器都将以组播方式发送链路状态更新数据包和链路状态确认数据包到组播地址 224.0.0.6，这个组播地址称为 ALLDRouters。

（3）非广播多路访问网络。

如 X.25、帧中继和 ATM 等，可以连接两台以上的路由器，但是它们没有广播数据包的能力。一台在 NBMA 网络上的路由器发送的数据包将不能被其他与之相连的路由器收到。因此,在这些网络上的路由器需要通过相应的配置来获得它们的邻居。在 NBMA 网络上的 OSPF 路由器需要选举 DR 和 BDR,并且所有的 OSPF 数据包都是单播的。

（4）点到多点网络。

点到多点网络是 NBMA 网络中的一种拥有特殊配置的网络,其可以被看作是一群点到点链路的集合。这些网络上的 OSPF 路由器不需要选举 DR 和 BDR,OSPF 数据包以单播的方式发送给每一个已知的邻居。

3. 邻居和邻接关系

在发送任何 LSA 之前,OSPF 路由器都必须首先发现它们的邻居路由器并建立邻接关系。邻居之间建立关联关系的最终目的是形成邻居之间的邻接关系,以相互传送路由选择信息。

要成功建立一个邻接关系,通常需要经过邻居发现、双向通信、数据库同步和完全邻接这 4 个阶段。

（1）邻居发现。

OSPF 路由器周期性地向其启动 OSPF 协议的每一个接口发送 Hello 数据包（简称 Hello 包）,以寻找邻居。Hello 数据包携带一些参数,比如始发路由器的 Router ID、始发路由器接口的区域 ID、始发路由器接口的地址掩码、选定的 DR、路由器优先级等信息。Hello 数据包是用来建立和维护邻接关系的。为了形成一种邻接关系,Hello 数据包携带的参数必须和它的邻居保持一致。

如图 7-2 所示,当两台路由器共享一条公共数据链路,并且相互成功协商它们各自 Hello 包中所指定的某些参数时,它们就能成为邻居。

一台路由器可以有很多邻居,其也可以同时成为其他几台路由器的邻居。邻居状态和用于维护邻居路由器的一些必要信息都被记录在一张邻居表内。为了跟踪和识别每台邻居路由器,OSPF 协议定义了 Router ID,Router ID 在 OSPF 区域内唯一标识一台路由器的 IP 地址。路由器通过以下方法得到 Router ID。

① 如果使用 router-id 命令手工配置了 Router ID,就使用手工配置的 Router ID。

② 如果没有手工配置的 Router ID,路由器就选取它所有环回接口上数值最高的 IP 地址作为 Router ID。

③ 如果路由器上没有配置 IP 地址的环回接口,那么路由器将选取它所有物理接口中数值最高的 IP 地址作为 Router ID。用作 Router ID 的接口不一定非要运行 OSPF 协议。

OSPF 路由器周期性地向启动 OSPF 协议的每一个接口发送 Hello 数据包。该周期性的时间段称为 Hello 时间间隔,它的配置是基于路由器的每一个接口的。例如,在路由器上,对于广播型网络,缺省 Hello 时间间隔是 10 秒。这个值可以通过命令 ospf timer hello 来更改。如果一台路由器在一个路由器无效时间间隔内还没有收到来自邻居的 Hello 数据包,那么它将宣告它的邻居路由器无效。在路由器上,路由器无效时间间隔的缺省值是 Hello 时间间隔的 4 倍,并且这个值可以通过命令 ospf timer dead 来更改。在广播型网络和点到点网络中,Hello 数据包以组播方式发送给组播地址 224.0.0.5。在 NBMA 型网络、点到多点网络中,Hello 数据包以单播方式发送给每台单独的邻居路由器。

（2）双向通信。

路由器初次接收到另一台路由器的 Hello 包时,仅将该路由器作为邻居候选人,将其状态记录为初始（Init）状态；只有在相互成功协商 Hello 包中所指定的某些参数后,才将该路由器确定为邻居,将其状态修改为双向通信（2-way）状态。

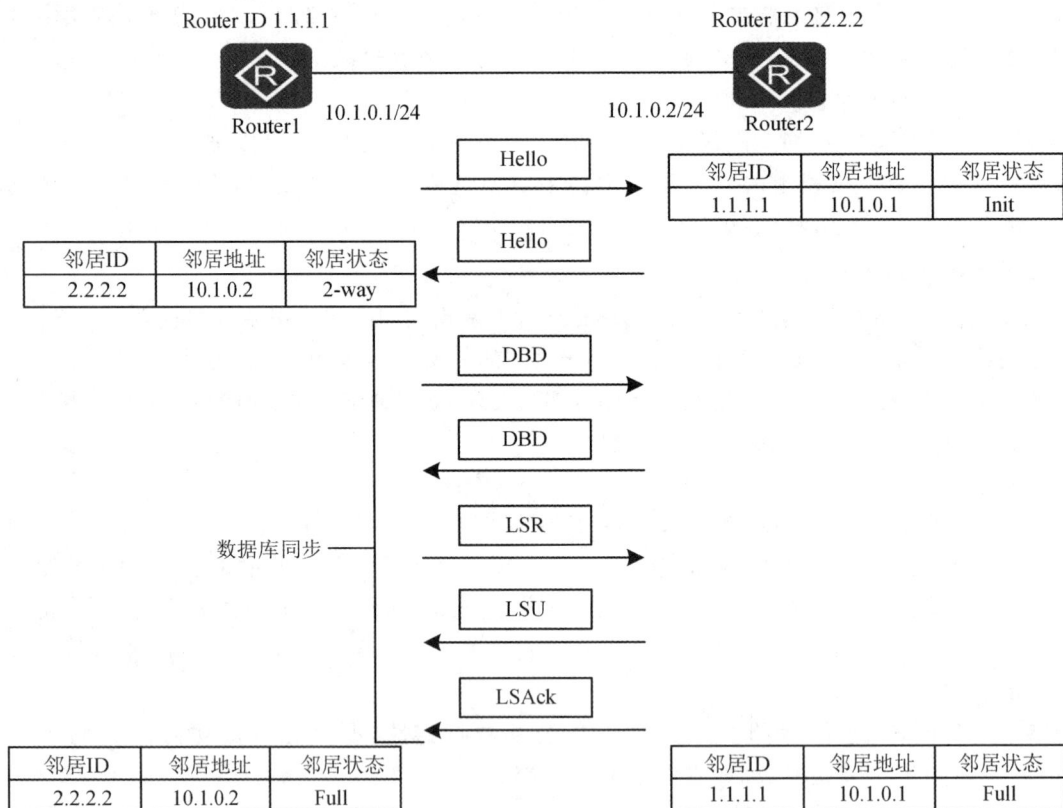

Router ID 1.1.1.1   Router ID 2.2.2.2

Router1   10.1.0.1/24   10.1.0.2/24   Router2

Hello →

邻居ID	邻居地址	邻居状态
1.1.1.1	10.1.0.1	Init

← Hello

邻居ID	邻居地址	邻居状态
2.2.2.2	10.1.0.2	2-way

DBD →

← DBD

数据库同步

LSR →

← LSU

← LSAck

邻居ID	邻居地址	邻居状态
2.2.2.2	10.1.0.2	Full

邻居ID	邻居地址	邻居状态
1.1.1.1	10.1.0.1	Full

图 7-2　OSPF 协议邻居和邻接关系建立过程

　　双向通信成功建立后，邻接关系也就可能建立了。并不是所有的邻居路由器都会成为邻接对象。邻接关系的形成依赖于两台互为邻居的路由器所连接的网络的类型。一般情况下，在点到点网络、点到多点网络中，邻居路由器之间总是可以形成邻接关系。而在广播型网络和 NBMA 型网络中，将需要选取 DR 和 BDR，DR 和 BDR 将和所有的邻居路由器形成邻接关系，但是在 DROthers 之间没有邻接关系存在。

　　（3）数据库同步。

　　在该阶段，路由器之间将交换 DBD（数据库描述）、LSR（链路状态请求）、LSU（链路状态更新）和 LSAck（链路状态确认）数据包信息，以确保在邻居路由器的链路状态数据库中包含相同的数据库信息。

　　数据库描述数据包对于邻接关系的建立过程来说是非常重要的。该数据包携带始发路由器的链路状态数据库中的每一个 LSA 的简要描述，这些描述不是关于 LSA 的完整描述，而仅仅是它们的头部。另外，数据库描述数据包还可以管理邻接关系的建立过程。

　　当两台路由器建立双向通信后，便开始发送空的 DBD 数据包进行主/从关系的协商，并确定 DBD 数据包的序列号。具有较高路由器 ID 的邻居路由器将成为主路由器，而具有较低路由器 ID 的路由器将成为从路由器，主路由器将控制数据库的同步过程。

　　随后，邻居路由器之间开始同步它们的链路状态数据库，同步链路状态数据库的操作是通过发送包含它们各自 LSA 头部列表的 DBD 数据包实现的。本地路由器收到邻居路由器发送过来的 LSA 后，会同自己的链路状态数据库进行比较，如果发现邻居路由器有一个

LSA 不在它自己的链路状态数据库中,那么本地路由器将发出一个链路状态请求数据包去请求关于该 LSA 的完整信息。邻居路由器收到该请求数据包后,会发送包含该 LSA 的完整信息的链路状态更新数据包。

对更新数据包中传送的所有 LSA 必须单独进行确认,本地路由器收到邻居发送来的链路状态更新数据包后,会发送链路状态确认数据包对收到的 LSA 进行确认。

(4)完全邻接。

当双方的链路状态信息交互成功后,邻居状态将变迁为完全邻接(Full)状态,这表明邻居路由器之间的链路状态信息已经同步。

邻居关系的路由器之间只会周期性地传送 OSPF 的 Hello 数据包。

邻接关系的路由器之间不但可周期性地传送 OSPF 的 Hello 数据包,同时还可以进行 LSA 的泛洪扩散。

4. DR 与 BDR 的选举

对于 OSPF 协议来说,在广播网络和 NBMA 网络中,所有的路由器连接在同一个网段,在构建相关路由器之间的邻接关系时,会创建很多不必要的 LSA。如果网络中有 n 台路由器,则需要建立 $n(n-1)/2$ 个邻接关系,如图 7-3 所示。这种邻接关系使得网络上 LSA 的泛洪扩散显得比较混乱,任何一台路由器向与它存在邻接关系的所有邻居发送 LSA,这些邻接的邻居又向与它有邻接关系的邻居发出这个 LSA,这样会在同一个网络上创建很多个相同 LSA 的副本,浪费了带宽资源。另外,在大型广播型网络或 NBMA 网络中,存在着大量的路由器,每台路由器用于维持邻居关系的 Hello 包及邻居间的 LSA 会消耗掉很多带宽资源,若网络中突发大面积故障,同时发出的大量 LSA 可能会使路由器不断地重新计算路由,从而无法正常提供路由服务。

为了解决广播型网络和 NBMA 网络中存在的上述问题,OSPF 协议定义了指定路由器,网络中的每一台路由器都会与 DR 形成邻接关系,如图 7-4 所示。所有路由器都只将信息发送给 DR,由 DR 将网络链路状态广播出去。

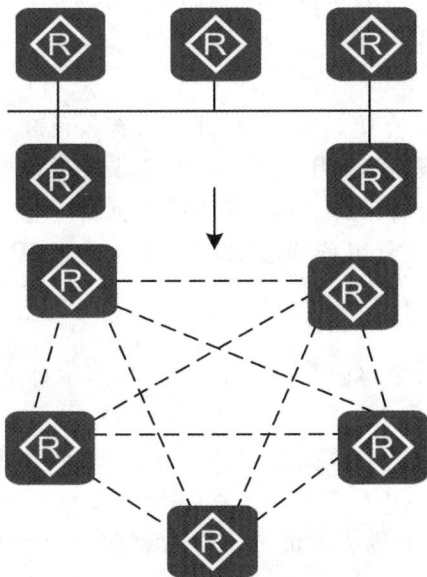

图 7-3　在 OSPF 网络上,路由器之间互相
形成完全网状的邻接关系

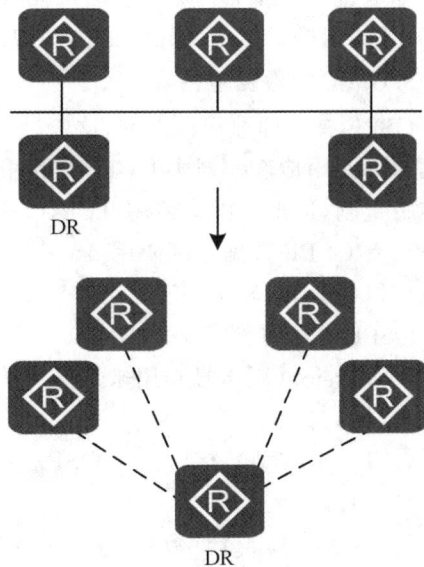

图 7-4　在 OSPF 网络上,网络上的其他
路由器与 DR 形成邻接关系

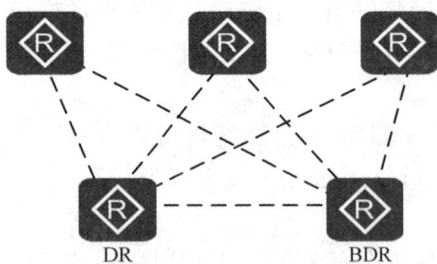

图 7-5 存在 DR 与 BDR 的网络

从图 7-4 可以看出，DR 成了网络中链路信息的汇聚点和发散点，如果 DR 由于某种故障而失效，就必须重新选举 DR。同时，网络上的所有路由器之间也要重新建立邻接关系，并且网络上的所有路由器必须根据新选出的 DR 同步它们的链路状态数据库。当上述过程发生时，网络将无法有效地传送数据包。为了避免这个问题，在网络上除了选取 DR，还要再选取一台备份指定路由器。这样，网络上所有的路由器都将和 DR 与 BDR 同时形成邻接关系，如图 7-5 所示，DR 和 BDR 之间也将互相形成邻接关系，DR 和 BDR 之外的路由器（称为 DROthers）之间将不再建立邻接关系，也不再交换任何路由信息。这时，如果 DR 失效了，BDR 将成为新的 DR。由于网络上其余的路由器已经和 BDR 形成了邻接关系，因此网络可以将无法传送数据的影响降低到最小。

DR 和 BDR 的选择是通过 Hello 协议来完成的。在每个网段上，Hello 数据包是通过 IP 组播来交换的。在广播和非广播的多路访问网络上，网段中带有最高 OSPF 优先级的路由器将会成为本网段中的 DR，优先级次高的路由器成为 BDR。这个优先级默认取值为 1，可以使用 display ospf interface 命令来查看它。如果所有的 OSPF 路由器都使用默认优先级设置，那么带有最高 Router ID 的路由器将会成为 DR，Router ID 次高的路由器为 BDR。

默认情况下，OSPF 路由器的优先级是一样的，这时，路由器通过比较 Router ID 选举 DR 和 BDR。Router ID 最大的路由器为 DR，Router ID 第二大的路由器为 BDR。一旦 DR 出现故障，BDR 会升级为 DR，同时引起新一轮的选举，从其余路由器中选举一台路由器作为新的 BDR。当发生故障的 DR 重新在线时，无论它的优先级多高，或者 Router ID 多大，它都不能得到原来的 DR 地位，只能成为普通的非 DR。只有等到下一次 DR 的选举，它才可能成为 DR。

如果将路由器的一个接口的优先级值设置为 0，则在这个接口上该路由器将不参加 DR 和 BDR 的选举。这个优先级值为 0 的接口的状态将随后变为 DROther。

5. OSPF 的数据包格式

OSPF 有 5 种数据包类型，这 5 种数据包类型直接封装在 IP 分组的有效负载中，OSPF 数据包不使用传输控制协议（TCP）和用户数据报协议（UDP）。OSPF 要求使用可靠的数据包传输机制，但由于没有使用 TCP，OSPF 将使用确认数据包来实现确认机制。

所有 OSPF 数据包都使用 24 字节的固定长度分组首部，如图 7-6 所示。在 IP 报文中，协议字段值为 89 表示 OSPF 分组。

OSPF 分组首部各字段的意义如下。

① Version（版本号）：用来定义所采用的 OSPF 路由协议的版本，当前版本号是 2，对于 IPv6，选择的是 3。

② Type（类型）：指出跟在 OSPF 分组首部后面的数据包类型，可以是 5 种数据包类型中的任一种。

③ Packet Length（数据包长度）：指包括数据包头部的 OSPF 数据包长度，以字节为单位。

④ Router ID（路由器 ID）：用于描述数据包的源地址，用 IP 地址来表示。

⑤ Area ID（区域 ID）：用于区分 OSPF 数据包所属的区域，所有的 OSPF 数据包都属于

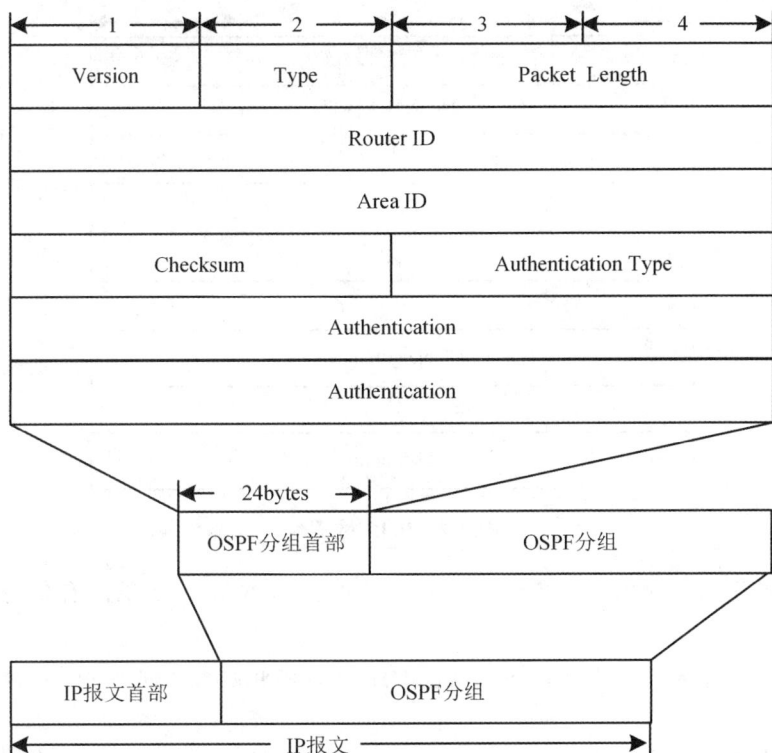

图 7-6　OSPF 分组报头的格式

一个特定的 OSPF 区域。

⑥ Checksum（校验和）：用来检测数据包中的差错。

⑦ Authentication Type（认证类型）：指正在使用的认证类型，0 为没有认证，1 为简单认证，2 为加密校验和（MD5）。

⑧ Authentication（认证）：是数据包认证的必要信息。如果认证类型为 0，将不检查这个字段；如果认证类型为 1，认证字段将包含最长为 64 位的口令；如果认证类型为 2，认证字段将包含一个 Key ID、认证数据长度和一个不减小的加密序列号。

OSPF 的 5 种数据包类型如下。

（1）Hello 数据包。

Hello 数据包是用来建立和维护邻接关系的。为了形成一种邻接关系，Hello 数据包携带的参数必须和它的邻居保持一致。

Hello 数据包的结构如图 7-7 所示，部分字段的含义如下。

① Network Mask（网络掩码）：指发送数据包的接口的网络掩码。

② Hello Interval（Hello 时间间隔）：发送 Hello 数据包的时间间隔。

③ Router Priority（路由器优先级）：发送 Hello 数据包的接口所在路由器的优先级，范围是 0～255。用来做 DR 和 BDR 的选举，如果该字段设置为 0，那么始发路由器将没有资格被选为 DR 或 BDR。

④ Router Dead Interval（路由器失效时间）：在这个时间范围内如果没有收到邻居的 Hello 数据包，则将该邻居从邻居表中删除。

⑤ DR（指定路由器）：指定路由器的路由器 ID。如果没有指定路由器，此字段内容为 0。

← 1 →	← 2 →	← 3 →	← 4 →
OSPF报文首部，类型=1			
Network Mask			
Hello Interval		Option	Router Priority
Router Dead Interval			
DR			
BDR			
Neighbor			
⋮			
Neighbor			

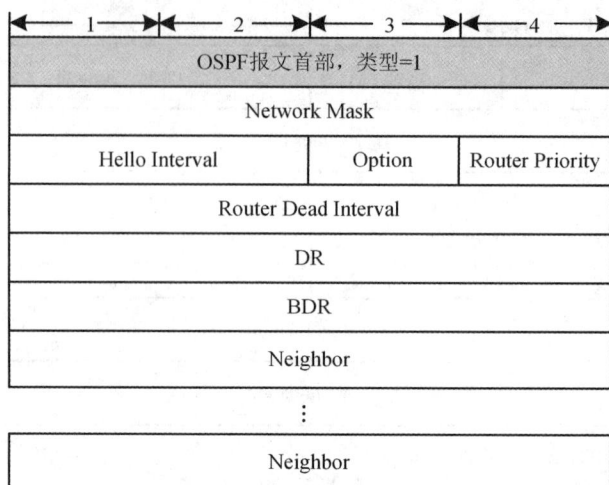

图 7-7　Hello 数据包

⑥ BDR(备份指定路由器)：备份指定路由器的路由器 ID。如果没有备份指定路由器，此字段内容为 0。

⑦ Neighbor(邻居)：发送 Hello 数据包的路由器在此网段上的所有邻居路由器的路由器 ID。

（2）数据库描述数据包。

数据库描述数据包用于正在建立的邻接关系，它的主要作用有以下 3 个。

① 选举数据库同步过程中路由器的主/从关系。

② 确定数据库同步过程中初始的 DBD 序列号。

③ 交换所有的 LSA 头部(LSA 头部实际上是每个 LSA 条目的摘要)，即两台路由器在进行数据库同步时，用数据库描述数据包来描述自己的链路状态数据库。

数据库描述数据包的结构如图 7-8 所示，各字段的含义如下。

① Interface MTU(接口 MTU)：用来指明接口最大可发出的 IP 数据包长度。

② I 位(Initial bit)：当发送的是一系列数据库描述数据包中的第一个数据包时，该位置 1。后续的数据库描述数据包将把该位设置为 0。

③ M 位(More bit)：当发送的数据包不是一系列数据库描述数据包中的最后一个数据包时，该位置 1。最后一个数据库描述数据包将把该位设置为 0。

④ MS 位(Master/Slave bit)：在数据库同步过程中，该位置 1，用来指明始发数据库描述数据包的路由器是一台主路由器。从路由器将该位设置为 0。

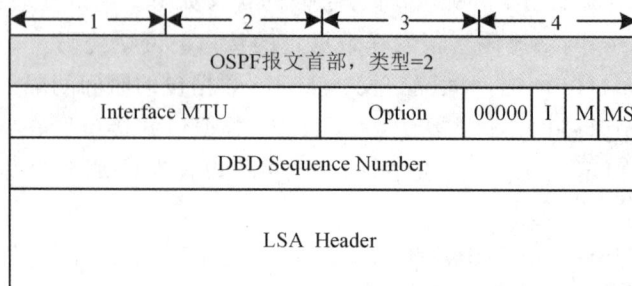

← 1 →	← 2 →	← 3 →	← 4 →
OSPF报文首部，类型=2			
Interface MTU		Option	00000 | I | M | MS
DBD Sequence Number			
LSA Header			

图 7-8　数据库描述数据包

⑤ DBD Sequence Number(数据库描述序列号):用来标识数据库描述数据包交换过程中的每一个数据库描述数据包。该序列号只能由主设备设定、增加。

⑥ LSA Header(LSA 头部):列出了始发路由器的链路状态数据库中的部分或全部 LSA 头部。

(3) 链路状态请求数据包。

在数据库同步过程中,两台路由器互相交换过 DBD 数据包之后,知道对端的路由器有哪些 LSA 是本地的链路状态数据库所缺少的,这时需要发送链路状态请求数据包向对方请求所需的 LSA。

链路状态请求数据包的结构如图 7-9 所示,各字段的含义如下。

① Link State Type(链路状态类型):是一个链路状态类型号,用来指明要请求何种类型的 LSA 条目。

② Link State ID(链路状态 ID):根据 LSA 的类型而定。

③ Advertising Router(通告路由器):指始发 LSA 的路由器 ID。

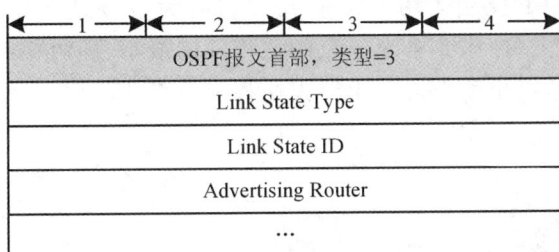

图 7-9   链路状态请求数据包

(4) 链路状态更新数据包。

如图 7-10 所示,链路状态更新数据包用于 LSA 的泛洪扩散和发送 LSA 响应链路状态请求数据包。一个链路状态更新数据包可以携带一个或多个 LSA,但是这些 LSA 只能传送到始发它们的路由器的直连邻居。接收 LSA 的邻居路由器将负责在新的链路状态更新数据包中重新封装相关的 LSA,从而进一步泛洪扩散到它自己的其他邻居。

(5) 链路状态确认数据包。

链路状态确认数据包用于进行 LSA 泛洪扩散。一台路由器从它的邻居路由器收到的每一个 LSA 都必须在链路状态确认数据包中进行明确的确认。被确认的 LSA 是根据链路状态确认数据包里包含它的头部来进行辨别的,并且多个 LSA 可以通过单个数据包来确认。如图 7-11 所示,一个链路状态确认数据包只包含 OSPF 报文首部和一个 LSA 头部。

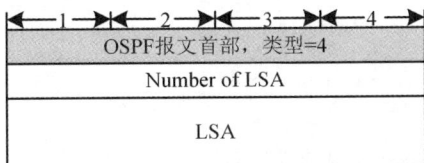

图 7-10   链路状态更新数据包

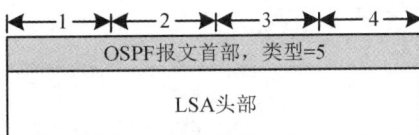

图 7-11   链路状态确认数据包

6. OSPF 路由计算

OSPF 路由计算通过以下步骤完成。

(1) 评估一台路由器到另一台路由器所需要的开销(Cost)。

OSPF 协议是根据路由器的每一个接口指定的开销来计算最短路径的,一条路由的开销是指沿着到达目的网络的路径上所有路由器出接口的开销总和。

OSPF 协议的 Cost 与链路的带宽成反比,带宽越高则 Cost 越小,表示 OSPF 到目的网络的距离越近。路由器接口开销的计算公式为:接口开销＝带宽参考值/接口带宽(bps),取计算结果的整数部分作为接口开销值(当结果小于 1 时取 1)。

(2) 同步 OSPF 区域内每台路由器的 LSDB。

OSPF 路由器会通过泛洪的方式来交换 LSA,即将 LSA 发送给所有与其相邻的 OSPF 路由器,相邻路由器根据其接收到的链路状态信息来更新自己的链路状态数据库,并将该 LSA 发送给与其相邻的其他路由器,直至 OSPF 域内所有的路由器具有相同的链路状态数据库。

链路状态数据库实质上是一个带权的有向图,这个图是对整个网络拓扑结构的真实反映。显然,OSPF 区域内所有路由器得到的是一个完全相同的图。

(3) 使用 SPF 算法计算路由。

如图 7-12 所示,OSPF 路由器用 SPF 算法以自身为根节点计算出一棵最短路径树(即最小生成树),在这棵树上,由根到各个节点的累积开销最小,即由根到各个节点的路径在整个网络中都是最优的,这样也就获得了由根去往各个节点的路由。计算完成后,路由器将路由加入路由表。

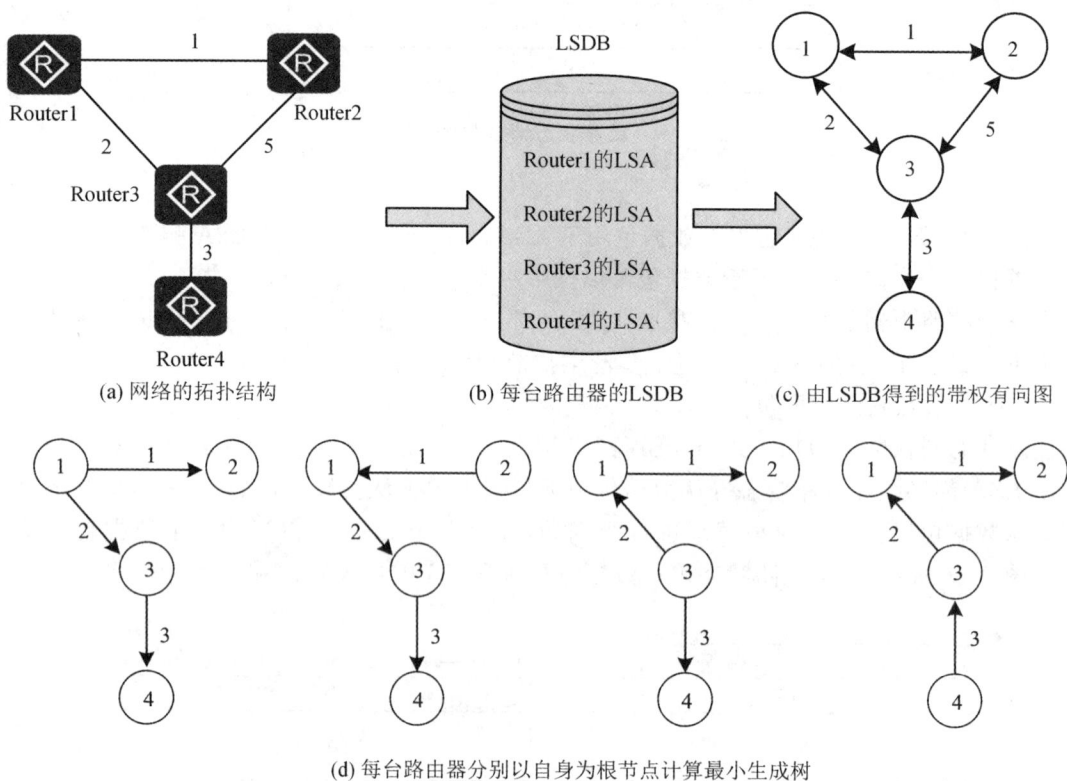

(a) 网络的拓扑结构　　　　(b) 每台路由器的LSDB　　　　(c) 由LSDB得到的带权有向图

(d) 每台路由器分别以自身为根节点计算最小生成树

图 7-12　OSPF 路由计算过程

7. OSPF 区域

由于 OSPF 协议使用了多个数据库和复杂的算法,因而同距离矢量路由协议相比,它将会耗费路由器更多的内存和更多的 CPU 处理能力。当网络的规模不断增大时,对路由器的性能要求就会越高,甚至达到了路由器性能的极限。另一方面,虽然 LSA 的泛洪扩散比 RIP 协议周期性的、全路由表的更新更加有效率,但是对于一个大型网络来说,它依然给大量数据链路带来了无法承受的负担。LSA 的泛洪扩散和数据库的维护等相关处理也会大大加重 CPU 的负担。

OSPF 协议利用区域来缩小这些不利的影响。在 OSPF 协议环境下,区域(Area,简称域)是一组逻辑上的 OSPF 路由器和链路,它可以有效地把一个 OSPF 域分割成几个子域,如图 7-13 所示。同一区域内的路由器将不需要了解它们所在区域外的拓扑细节。

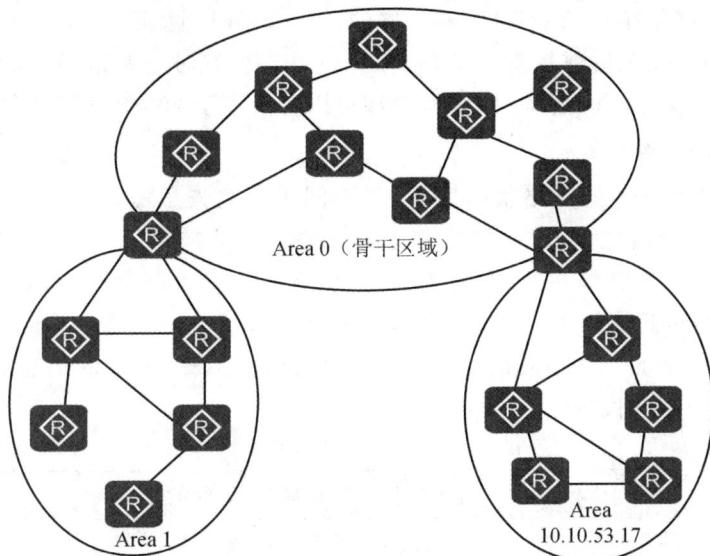

图 7-13　OSPF 域

在划分了区域的环境下,路由器仅仅需要和它所在区域的其他路由器具有相同的链路状态数据库,而没有必要和整个 OSPF 域内的所有路由器共享相同的链路状态数据库。因此,在这种情况下,链路状态数据库的缩减就降低了对路由器内存的消耗。链路状态数据库的减小意味着会处理较少的 LSA,从而也就降低了对路由器 CPU 的消耗。由于链路状态数据库只需要在一个区域内进行维护,因此,大量的 LSA 的泛洪扩散也就被限制在一个区域里面了。

区域是通过一个 32 位的区域 ID(Area ID)来识别的。如图 7-13 所示,区域 ID 可以表示成一个十进制的数字,也可以表示成一个点分十进制的数字。

区域 0(或者区域 0.0.0.0)是为骨干区域保留的区域 ID 号。骨干区域(Backbone Area)的任务是汇总每一个区域的网络拓扑到其他所有的区域。正是由于这个原因,所有的域间通信量都必须通过骨干区域,非骨干区域之间不能直接交换数据包。

至少有一个接口与骨干区域相连的路由器被称为骨干路由器(Backbone Router)。连接一个或多个区域到骨干区域的路由器被称为区域边界路由器(Area Border Router,ABR),这些路由器一般会成为域间通信的路由网关。

OSPF 自治系统要与其他的自治系统通信,必然需要有 OSPF 区域内的路由器与其他自治系统相连,这种路由器被称为自治系统边界路由器(Autonomous System Boundary Router,ASBR)。自治系统边界路由器可以是位于 OSPF 自治系统内的任何一台路由器。

所有接口都属于同一个区域的路由器称为内部路由器(Internal Router,又称区域内路由器),它只负责域内通信或同时承担自治系统边界路由器的任务。

划分区域后,仅在同一个区域的 OSPF 路由器能建立邻居和邻接关系。为保证区域间能正常通信,区域边界路由器要同时加入两个及两个以上的区域,负责向与它连接的区域发布其他区域的 LSA,以实现 OSPF 自治系统内的链路状态同步、路由信息同步。因此,在进行 OSPF 区域划分时,会要求区域边界路由器的性能更强一些。

大多数 OSPF 协议的设计者对于单个区域所能支持的路由器的最大数量都有一个个人认为较适当的经验值。但是,在一个区域内实际加入的路由器数量要比单个区域所能容纳的路由器最大数量小一些,这是因为还有更为重要的一些因素影响着这个数量,诸如一个区域内链路的数量、网络拓扑的稳定性、路由器的内存和 CPU 性能、路由汇总的有效使用和注入这个区域的汇总 LSA 的数量等。正是由于这些因素,有时一些区域包含 25 台路由器可能就已经显得比较多了,而在另一些区域内却可以容纳多于 200 台的路由器。

8. OSPF 的 LSA 类型

OSPF 协议作为典型的链路状态协议,其不同于距离矢量协议的重要特性在于:OSPF 路由器之间交换的并非是路由表,而是链路状态描述信息。这就需要 OSPF 协议可以尽量精确地交流 LSA 以获得最佳的路由选择,因此在 OSPF 协议中定义了不同类型的 LSA,每一种类型的 LSA 都描述了 OSPF 网络的一种不同情况。表 7-1 中列出了 LSA 类型的描述和标识这些 LSA 类型的代码。

OSPF 的 LSA
类型总结

表 7-1 LSA 类型

类型代码	描述
1	路由器 LSA:描述区域内部与路由器直连的链路信息
2	网络 LSA:描述连接到一个特定的广播型网络或 NBMA 网络的一组路由器
3	网络汇总 LSA:将所连接区域内部的链路信息以子网的形式传播到相邻区域
4	ASBR 汇总 LSA:描述的目的网络是一个 ASBR 的 Router ID
5	AS 外部 LSA:描述到 AS 外部的路由信息
6	组成员 LSA:在 MOSPF(组播扩展 OSPF)协议中使用的组播 LSA
7	NSSA 外部 LSA:只在 NSSA 区域内传播,描述到 AS 外部的路由信息
8	外部属性 LSA:在 OSPF 域内传播 BGP 属性时使用的外部属性 LSA
9	Opaque LSA(本地链路范围):本地链路范围的透明 LSA
10	Opaque LSA(本地区域范围):本地区域范围的透明 LSA
11	Opaque LSA(AS 范围):本自治系统范围的透明 LSA

通常情况下,使用较多的 LSA 类型是第 1 类、第 2 类、第 3 类、第 4 类、第 5 类和第 7 类 LSA,下面介绍前 5 类 LSA。

(1)第 1 类 LSA。

第 1 类 LSA,即 Router LSA(路由器 LSA),描述区域内部与路由器直连的链路信息。每一台路由器都会产生这种类型的 LSA,它的内容包括所有与这台路由器直连的链路的类型和链路开销等信息,并且向它的邻居传播。

一台路由器的所有链路信息都放在一个 Router LSA 内,并且只在与此台路由器直连的链路上传播。如图 7-14 所示,Router2 上有两条链路 Link1 和 Link2,因此它将产生一条 Router LSA,里面包含 Link1 和 Link2 这两条链路信息,并将此 LSA 向它的直连邻居 Router1 和 Router3 发送。

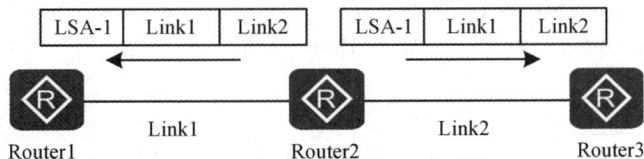

图 7-14　第 1 类 LSA 的传播范围

（2）第 2 类 LSA。

第 2 类 LSA,即 Network LSA（网络 LSA）,是由 DR 产生的,与 Router LSA 不同, Network LSA 的作用是保证对于广播型网络或者 NBMA 网络只产生一条 LSA。这条 LSA 描述了该网络上连接的所有路由器与网络掩码信息,记录了该网络上所有路由器的 Router ID,包括 DR 自己的 Router ID。Network LSA 也是只在区域内部传播。

由于 Network LSA 是由 DR 产生的描述网络信息的 LSA,因此对于 P2P 这种网络类型 的链路,路由器之间是不选举 DR 的,也就意味着,在对应类型的网络上不产生 Network LSA。

如图 7-15 所示,在 10.0.1.0/24 这个网络中,Router3 为这个网络的 DR。所以, Router3 负责产生 Network LSA,内容包括这条链路的网络掩码信息,以及 Router1、 Router2 和 Router3 的 Router ID,并且将这条 LSA 向 Router1 和 Router2 传播。

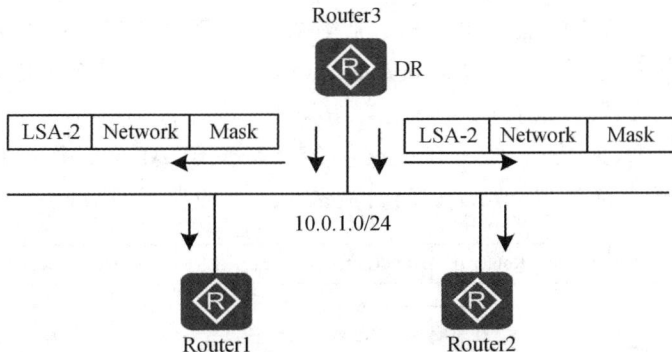

图 7-15　第 2 类 LSA 的传播范围

（3）第 3 类 LSA。

第 3 类 LSA,即 Summary LSA（网络汇总,LSA）,由 ABR 生成,将所连接区域内部的链 路信息以子网的形式传播到相邻区域。Summary LSA 实际上就是将区域内部的第 1 类和 第 2 类 LSA 信息收集起来以路由子网的形式进行传播。

ABR 收到来自同区域其他 ABR 传来的 Summary LSA 后,重新生成新的 Summary LSA（Advertising Router 改为自己的 Router ID）,继续在整个 OSPF 系统内传播。一般情 况下,Summary LSA 的传播范围是除生成这条 LSA 的区域外的其他区域。

第 3 类 LSA 直接传递路由条目,而不是链路状态描述,因此,路由器在处理第 3 类 LSA 的时候,并不运用 SPF 算法进行计算,而是直接将其作为路由条目加入路由表,对于沿途的 路由器,也仅仅是修改链路开销。这就导致在某些设计不合理的情况下,会出现路由环路。

这也是 OSPF 协议要求非骨干区域必须通过骨干区域才能通信的原因。在某些情况下，Summary LSA 也可以用来生成默认路由，或者用来过滤明细路由。

如图 7-16 所示，Router2 作为 ABR，产生一条描述该网段的第 3 类 LSA，使其在骨干区域 Area 0 中传播，这条 LSA 的 Advertising Router 字段设置为 Router2 的 Router ID。这条 LSA 传播到 Router3 时，Router3 同样作为 ABR，会重新产生一条第 3 类 LSA，并将 Advertising Router 字段改为 Router3 的 Router ID，使其在 Area 2 中继续传播。

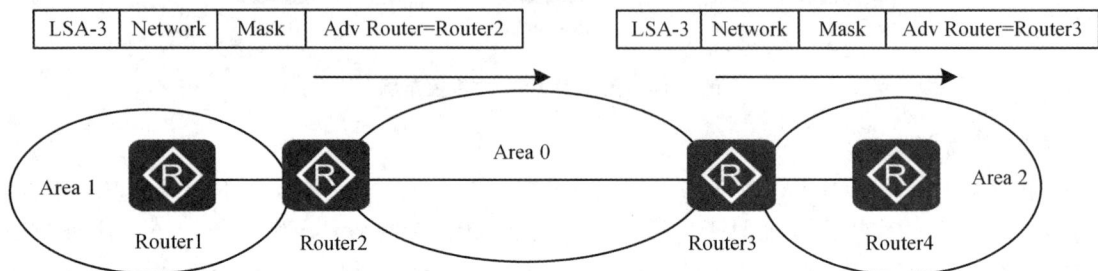

图 7-16　第 3 类 LSA 的传播范围

（4）第 4 类 LSA。

第 4 类 LSA，即 ASBR Summary LSA（ASBR 汇总 LSA），是由 ABR 生成的，格式与第 3 类 LSA 相同，描述的目的网络是一个 ASBR 的 Router ID。它不会主动产生，触发条件为 ABR 收到一个第 5 类 LSA，意义在于让区域内部路由器知道如何到达 ASBR。第 4 类 LSA 网络掩码字段全部设置为 0。

如图 7-17 所示，Router1 作为 ASBR，引入了外部路由。Router2 作为 ABR，产生一条描述 Router1 这个 ASBR 的第 4 类 LSA，使其在骨干区域 Area 0 中传播，这条 LSA 的 Advertising Router 字段设置为 Router2 的 Router ID。这条 LSA 传播到 Router3 时，Router3 同样作为 ABR，会重新产生一条第 4 类 LSA，并将 Advertising Router 字段改为 Router3 的 Router ID，使其在 Area 2 中继续传播。位于 Area 2 中的 Router4 收到这条 LSA 之后，就知道可以通过 Router1 访问自治系统以外的外部网络。

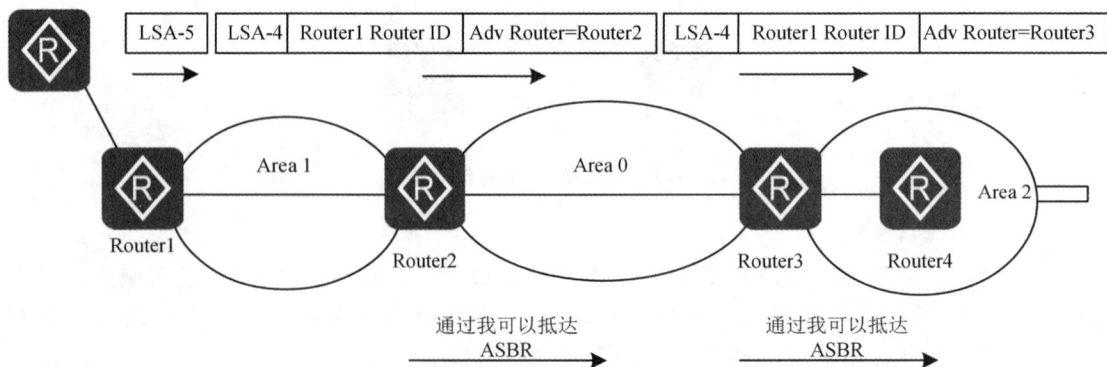

图 7-17　第 4 类 LSA 的传播范围

（5）第 5 类 LSA。

第 5 类 LSA，即 AS External LSA（AS 外部 LSA），是由 ASBR 产生的，描述到 AS 外部的路由信息。它一旦生成，将在整个 OSPF 系统内扩散（除了做了相关配置的特殊区域）。AS 外部的路由信息来源很多，通常是通过引入静态路由或者其他路由协议的路由获得的。

如图 7-18 所示,Router1 作为 ASBR 引入了一条外部路由。由 Router1 产生一条第 5 类 LSA,描述此 AS 外部路由。这条第 5 类 LSA 会传播到 Area 1、Area 0 和 Area 2,沿途的路由器都会收到这条 LSA。

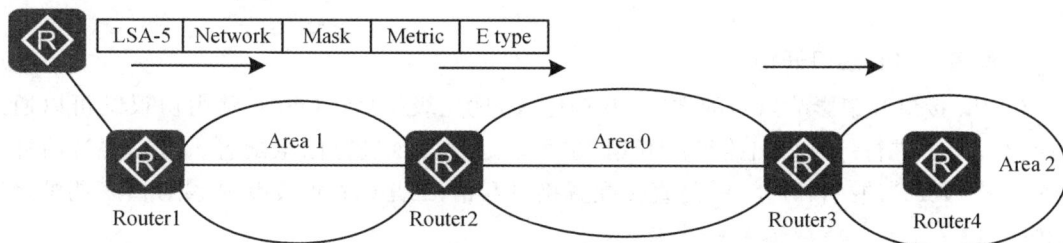

图 7-18   第 5 类 LSA 的传播范围

第 5 类 LSA 携带的外部路由信息可以分为以下两种。

① 第一类外部路由:指来自 IGP 的外部路由(如静态路由和 RIP 路由)。由于这类路由的可信程度较高,并且和 OSPF 自身路由的开销具有可比性,所以第一类外部路由的开销等于本路由器到相应的 ASBR 的开销与 ASBR 到该路由目的地址的开销之和。

② 第二类外部路由:指来自 EGP 的外部路由。OSPF 协议认为从 ASBR 到自治系统之外的开销远远大于自治系统之内到 ASBR 的开销,所以计算路由开销时将主要考虑前者,即第二类外部路由的开销等于 ASBR 到该路由目的地址的开销。

在第 5 类 LSA 中,E type 用于标识引入的是第一类外部路由还是第二类外部路由。默认情况下,引入 OSPF 协议的都是第二类外部路由。

7.3.2   OSPF 协议的配置命令

除了启动 OSPF 协议必须配置的命令之外,还有一些命令是可以选择配置的。

1. 配置 Router ID

OSPF 协议定义了 Router ID,Router ID 用于在 OSPF 区域内唯一标识一台路由器的 IP 地址。如果不配置 Router ID,路由器将自动选择其某一接口的 IP 地址作为 Router ID。由于这种方式下 Router ID 的选择存在一定的不确定性,不利于网络的运行和维护,通常不建议使用。

在系统视图下,配置 Router ID 的命令如下:

router id *ip-address*

该命令可以对该路由器上所有的 OSPF 进程配置 Router ID。

无论是手动配置的还是自动选择的 Router ID,都在 OSPF 进程启动时立即生效,生效后,如果更改了 Router ID 或接口地址,则只有重新启动 OSPF 协议或路由器后,新设置才会生效。

2. 配置 OSPF 接口优先级

对于广播型网络来说,DR/BDR 选举是 OSPF 路由器之间建立邻接关系时很重要的步骤。运行 OSPF 协议的路由器之间会比较各自的优先级,优先级高的路由器将成为 DR,优先级次高的将成为 BDR。优先级值的范围是 0～255,其中,如果优先级值为 0,则该路由器永远不能成为 DR 或者 BDR。路由器默认的优先级值是 1。我们可以通过改变某一台路由

器的优先级值，使得该路由器成为 DR/BDR 或者永远不能成为 DR/BDR。

在接口视图下，配置 OSPF 接口优先级的命令格式如下：

ospf dr-priority *priority*

若要恢复 OSPF 接口默认优先级，则要在接口视图下使用 **undo ospf dr-priority** *priority* 命令。

3. 配置 OSPF 接口开销

OSPF 接口开销影响路由的选择，开销越大，优先级越低。OSPF 路由协议既可以通过对链路的带宽进行计算得出路径的开销，也可以通过命令进行固定配置。可以通过两种方式来调整 OSPF 的接口开销：一是直接配置接口开销；二是通过改变带宽参考值来调整接口开销。

（1）直接配置接口开销。

在接口视图下，使用如下命令直接指定 OSPF 的接口开销值：

ospf cost *value*

该命令中，参数 *value* 是配置的开销值，其范围是 $1\sim65535$。OSPF 路由器计算路由时，只关心路径单方向的开销值，故改变一个接口的开销值，只对从此接口发出数据的路径有影响，不影响从这个接口接收数据的路径。

（2）通过改变带宽参考值来调整接口开销。

在 OSPF 视图下，使用如下命令配置计算接口开销所依据的带宽参考值：

bandwidth-reference *value*

该命令中，参数 *value* 是配置的带宽参考值，其范围是 $1\sim2147483648$（Mbps）。配置成功后，OSPF 进程内所有接口的带宽参考值都会改变，必须保证该进程中所有路由器的带宽参考值一致。

缺省情况下，带宽参考值为 100 Mbps，可用 **undo bandwidth-reference** 命令恢复带宽参考值为缺省值。

4. 配置 hello-interval 和 dead-interval

hello-interval 是路由器发出 Hello 包的时间间隔，dead-interval 是邻居关系失效的时间间隔。对于广播型网络，默认 hello-interval 是 10 秒，dead-interval 是 40 秒。而对于非广播型网络，默认 hello-interval 是 30 秒，dead-interval 是 120 秒。当在 dead-interval 之内没有收到邻居的 Hello 包时，一旦 dead-interval 超时，OSPF 路由器就认为邻居已经失效。

在接口视图下，配置 hello-interval 和 dead-interval 的命令如下：

ospf timer hello *interval*

ospf timer dead *interval*

如果两台路由器的 hello-interval 或 dead-interval 配置不同，则两台路由器不能形成邻居关系，所以更改该参数时一定要小心。

7.4 【任务】配置多区域 OSPF 实现网络互通

◆ 7.4.1　任务描述

A 高校校园网项目中，需要在相应的路由设备上配置静态路由或动态路由协议，以实现全网路由互通。由于静态路由无法适应网络拓扑的变化,因此,A 高校决定在路由设备上运行 OSPF 协议来实现校园网内主机间的通信。

配置多区域
OSPF

◆ **7.4.2 任务分析**

配置多区域 OSPF 实现校园网互连的网络拓扑如图 7-19 所示。

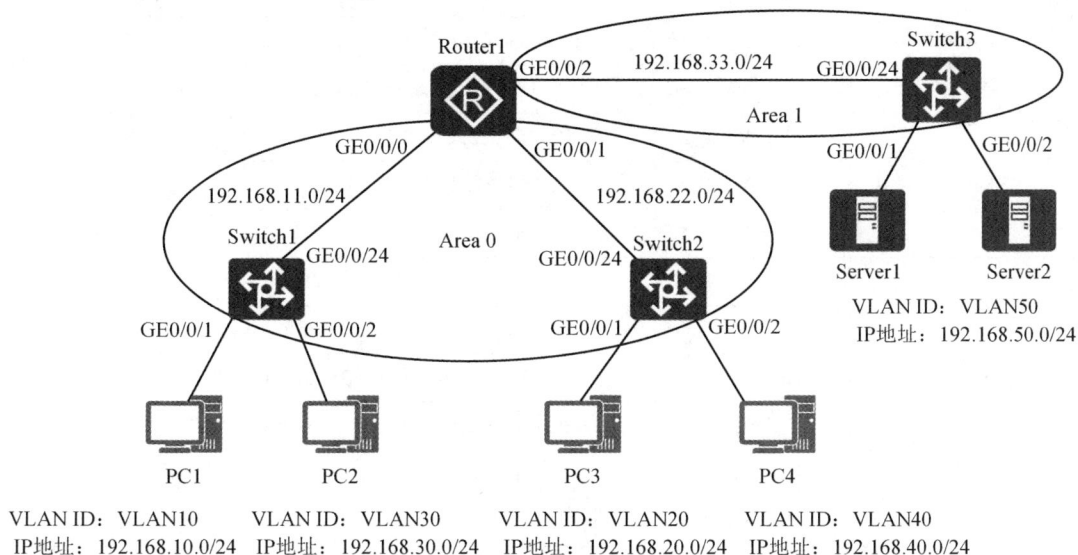

图 7-19 配置多区域 OSPF 拓扑

在交换机 Switch1、Switch2、Switch3 和出口路由器 Router1 上配置 OSPF 协议,校园网核心交换机 Switch1、Switch2 属于 OSPF 区域 0,服务器区 Switch3 属于 OSPF 区域 1。

交换机 VLAN 规划表如表 7-2 所示。

表 7-2 交换机 VLAN 规划表

设备	VLAN ID	端口范围	连接的设备
Switch1	11	GE0/0/24	Router1
	10	GE0/0/1	PC1
	30	GE0/0/2	PC2
Switch2	22	GE0/0/24	Router1
	20	GE0/0/1	PC3
	40	GE0/0/2	PC4
Switch3	33	GE0/0/24	Router1
	50	GE0/0/1～GE0/0/2	Server1、Server2

IP 地址规划表如表 7-3 所示。

表 7-3 IP 地址规划表

设备	接口	IP 地址/子网掩码	默认网关
Router1	GE0/0/0	192.168.11.1　255.255.255.0	N/A
	GE0/0/1	192.168.22.1　255.255.255.0	N/A
	GE0/0/2	192.168.33.1　255.255.255.0	N/A
Switch1	VLANIF 11	192.168.11.2　255.255.255.0	N/A
	VLANIF 10	192.168.10.1　255.255.255.0	N/A
	VLANIF 30	192.168.30.1　255.255.255.0	N/A
Switch2	VLANIF 22	192.168.22.2　255.255.255.0	N/A
	VLANIF 20	192.168.20.1　255.255.255.0	N/A
	VLANIF 40	192.168.40.1　255.255.255.0	N/A
Switch3	VLANIF 33	192.168.33.2　255.255.255.0	N/A
	VLANIF 50	192.168.50.1　255.255.255.0	N/A
PC1	Ethernet0/0/0	192.168.10.10　255.255.255.0	192.168.10.1
PC2	Ethernet0/0/0	192.168.30.10　255.255.255.0	192.168.30.1
PC3	Ethernet0/0/0	192.168.20.10　255.255.255.0	192.168.20.1
PC4	Ethernet0/0/0	192.168.40.10　255.255.255.0	192.168.40.1
Server1	Ethernet0/0/0	192.168.50.10　255.255.255.0	192.168.50.1
Server2	Ethernet0/0/0	192.168.50.20　255.255.255.0	192.168.50.1

7.4.3　任务实施

1. 基本配置

基本配置包括为路由器配置主机名、接口 IP 地址/子网掩码,为每台 PC、服务器配置 IP 地址/子网掩码和默认网关。配置完成后,使用 ping 命令检查直连链路的连通性。

2. 配置 VLAN 和 VLAN 间路由

① Switch1 上的配置

```
[Switch1]vlan batch 10 11 30
[Switch1]interface GigabitEthernet 0/0/1
[Switch1-GigabitEthernet0/0/1]port link-type access
[Switch1-GigabitEthernet0/0/1]port default vlan 10
[Switch1-GigabitEthernet0/0/1]quit
[Switch1]interface GigabitEthernet 0/0/2
[Switch1-GigabitEthernet0/0/2]port link-type access
[Switch1-GigabitEthernet0/0/2]port default vlan 30
[Switch1-GigabitEthernet0/0/2]quit
[Switch1]interface GigabitEthernet 0/0/24
[Switch1-GigabitEthernet0/0/24]port link-type access
[Switch1-GigabitEthernet0/0/24]port default vlan 11
[Switch1-GigabitEthernet0/0/24]quit
```

```
[Switch1]interface Vlanif 11
[Switch1-Vlanif11]ip address 192.168.11.2 24
[Switch1-Vlanif11]quit
[Switch1]interface Vlanif 10
[Switch1-Vlanif10]ip address 192.168.10.1 24
[Switch1-Vlanif10]quit
[Switch1]interface Vlanif 30
[Switch1-Vlanif30]ip address 192.168.30.1 24
[Switch1-Vlanif30]quit
```
② Switch2 上的配置
```
[Switch2]vlan batch 20 22 40
[Switch2]interface GigabitEthernet 0/0/1
[Switch2-GigabitEthernet0/0/1]port link-type access
[Switch2-GigabitEthernet0/0/1]port default vlan 20
[Switch2-GigabitEthernet0/0/1]quit
[Switch2]interface GigabitEthernet 0/0/2
[Switch2-GigabitEthernet0/0/2]port link-type access
[Switch2-GigabitEthernet0/0/2]port default vlan 40
[Switch2-GigabitEthernet0/0/2]quit
[Switch2]interface GigabitEthernet 0/0/24
[Switch2-GigabitEthernet0/0/24]port link-type access
[Switch2-GigabitEthernet0/0/24]port default vlan 22
[Switch2-GigabitEthernet0/0/24]quit
[Switch2]interface Vlanif 22
[Switch2-Vlanif22]ip address 192.168.22.2 24
[Switch2-Vlanif22]quit
[Switch2]interface Vlanif 20
[Switch2-Vlanif20]ip address 192.168.20.1 24
[Switch2-Vlanif20]quit
[Switch2]interface Vlanif 40
[Switch2-Vlanif40]ip address 192.168.40.1 24
[Switch2-Vlanif40]quit
```
③ Switch3 上的配置
```
[Switch3]vlan batch 33 50
[Switch3]interface GigabitEthernet 0/0/1
[Switch3-GigabitEthernet0/0/1]port link-type access
[Switch3-GigabitEthernet0/0/1]port default vlan 50
[Switch3-GigabitEthernet0/0/1]quit
[Switch3]interface GigabitEthernet 0/0/2
[Switch3-GigabitEthernet0/0/2]port link-type access
[Switch3-GigabitEthernet0/0/2]port default vlan 50
[Switch3-GigabitEthernet0/0/2]quit
[Switch3]interface GigabitEthernet 0/0/24
[Switch3-GigabitEthernet0/0/24]port link-type access
[Switch3-GigabitEthernet0/0/24]port default vlan 33
[Switch3-GigabitEthernet0/0/24]quit
[Switch3]interface Vlanif 33
```

```
[Switch3-Vlanif33]ip address 192.168.33.2 24
[Switch3-Vlanif33]quit
[Switch3]interface Vlanif 50
[Switch3-Vlanif50]ip address 192.168.50.1 24[Switch3-Vlanif50]quit
```

3. 配置多区域 OSPF

在 Router1、Switch1、Switch2 和 Switch3 上配置多区域 OSPF，并手工设置 Router ID，其中，Router1 的 Router ID 设置为 1.1.1.1，Switch1 的 Router ID 设置为 11.11.11.11，Switch2 的 Router ID 设置为 22.22.22.22，Switch3 的 Router ID 设置为 33.33.33.33，配置命令如下。

① 在 Router1 上配置 OSPF

```
[Router1]ospf 10 router-id 1.1.1.1
[Router1-ospf-10]area 0
[Router1-ospf-10-area-0.0.0.0]network 192.168.11.0 0.0.0.255
[Router1-ospf-10-area-0.0.0.0]network 192.168.22.0 0.0.0.255
[Router1-ospf-10-area-0.0.0.0]quit
[Router1-ospf-10]area 1
[Router1-ospf-10-area-0.0.0.1]network 192.168.33.0 0.0.0.255
[Router1-ospf-10-area-0.0.0.1]quit
[Router1-ospf-10]quit
```

② 在 Switch1 上配置 OSPF

```
[Switch1]ospf 10 router-id 11.11.11.11
[Switch1-ospf-10]area 0
[Switch1-ospf-10-area-0.0.0.0]network 192.168.11.0 0.0.0.255
[Switch1-ospf-10-area-0.0.0.0]network 192.168.10.0 0.0.0.255
[Switch1-ospf-10-area-0.0.0.0]network 192.168.30.0 0.0.0.255
[Switch1-ospf-10-area-0.0.0.0]quit
[Switch1-ospf-10]quit
```

③ 在 Switch2 上配置 OSPF

```
[Switch2]ospf 10 router-id 22.22.22.22
[Switch2-ospf-10]area 0
[Switch2-ospf-10-area-0.0.0.0]network 192.168.22.0 0.0.0.255
[Switch2-ospf-10-area-0.0.0.0]network 192.168.20.0 0.0.0.255
[Switch2-ospf-10-area-0.0.0.0]network 192.168.40.0 0.0.0.255
[Switch2-ospf-10-area-0.0.0.0]quit
[Switch2-ospf-10]quit
```

④ 在 Switch3 上配置 OSPF

```
[Switch3]ospf 10 router-id 33.33.33.33
[Switch3-ospf-10]area 1
[Switch3-ospf-10-area-0.0.0.1]network 192.168.33.0 0.0.0.255
[Switch3-ospf-10-area-0.0.0.1]network 192.168.50.0 0.0.0.255
[Switch3-ospf-10-area-0.0.0.1]quit
[Switch3-ospf-10]quit
```

4. 查看配置结果

（1）查看邻居关系。

配置完成后，在 OSPF 路由器及三层交换机上的任何视图下通过 display ospf peer brief

命令可以查看邻居关系。其中,在 Router1 上查看邻居关系的输出如下。

```
<Router1>display ospf peer brief

    OSPF Process 10 with Router ID 1.1.1.1
        Peer Statistic Information
------------------------------------------------------------------------
Area Id          Interface                    Neighbor id    State
0.0.0.0          GigabitEthernet0/0/0          11.11.11.11   Full
0.0.0.0          GigabitEthernet0/0/1          22.22.22.22   Full
0.0.0.1          GigabitEthernet0/0/2          33.33.33.33   Full
------------------------------------------------------------------------
```

从 Router1 的输出结果可以看到,邻居之间的状态为 Full,说明该网络中的 OSPF 路由器的链路状态已经同步。Router1 的 GE0/0/0 和 GE0/0/1 接口属于区域 Area 0,GE0/0/2 接口属于区域 Area 1。

(2) 查看链路状态数据库。

在任何视图下通过 display ospf lsdb 命令可以查看 OSPF 路由器的链路状态数据库,OSPF 区域内各路由器的链路状态数据库是一样的。查看链路状态数据库的输出如下。

① 在 Router1 上查看链路状态数据库

```
<Router1>display ospf lsdb

        OSPF Process 10 with Router ID 1.1.1.1
            Link State Database

            Area: 0.0.0.0
Type      LinkState ID      AdvRouter         Age    Len   Sequence    Metric
Router    11.11.11.11       11.11.11.11       145    60    8000000D    1
Router    1.1.1.1           1.1.1.1           358    48    8000000C    1
Router    22.22.22.22       22.22.22.22       394    60    8000000A    1
Network   192.168.22.1      1.1.1.1           385    32    80000003    0
Network   192.168.11.1      1.1.1.1           358    32    80000003    0
Sum-Net   192.168.33.0      1.1.1.1           240    28    80000003    1
Sum-Net   192.168.50.0      1.1.1.1           459    28    80000002    2

            Area: 0.0.0.1
Type      LinkState ID      AdvRouter         Age    Len   Sequence    Metric
Router    1.1.1.1           1.1.1.1           451    36    80000006 1
Router    33.33.33.33       33.33.33.33       462    48    80000009    1
Network   192.168.33.1      1.1.1.1           451    32    80000003    0
Sum-Net   192.168.11.0      1.1.1.1           240    28    80000003    1
Sum-Net   192.168.22.0      1.1.1.1           240    28    80000003    1
Sum-Net   192.168.10.0      1.1.1.1           364    28    80000002    2
Sum-Net   192.168.20.0      1.1.1.1           392    28    800000022
Sum-Net   192.168.30.0      1.1.1.1           185    28    80000003    2
Sum-Net   192.168.40.0      1.1.1.1           392    28    80000002    2
```

② 在 Switch1 上查看链路状态数据库

```
<Switch1>display ospf lsdb
```

```
    OSPF Process 10 with Router ID 11.11.11.11
        Link State Database


        Area: 0.0.0.0
Type       LinkState ID      AdvRouter          Age   Len    Sequence    Metric
Router     11.11.11.11       11.11.11.11        320   60     8000000D    1
Router     1.1.1.1           1.1.1.1            535   48     8000000C    1
Router     22.22.22.22       22.22.22.22        571   60     8000000A    1
Network    192.168.22.1      1.1.1.1            562   32     80000003    0
Network    192.168.11.1      1.1.1.1            535   32     80000003    0
Sum-Net    192.168.33.0      1.1.1.1            417   28     80000003    1
Sum-Net    192.168.50.0      1.1.1.1            636   28     80000002    2
```

③ 在 Switch2 上查看链路状态数据库

```
<Switch2>display ospf lsdb
        OSPF Process 10 with Router ID 22.22.22.22
            Link State Database


            Area: 0.0.0.0
Type       LinkState ID      AdvRouter          Age    Len    Sequence    Metric
Router     11.11.11.11       11.11.11.11        812    60     8000000D    1
Router     1.1.1.1           1.1.1.1            1025   48     8000000C    1
Router     22.22.22.22       22.22.22.22        1059   60     8000000A    1
Network    192.168.22.1      1.1.1.1            1052   32     80000003    0
Network    192.168.11.1      1.1.1.1            1025   32     80000003    0
Sum-Net    192.168.33.0      1.1.1.1            907    28     80000003    1
Sum-Net    192.168.50.0      1.1.1.1            1126   28     80000002    2
```

④ 在 Switch3 上查看链路状态数据库

```
<Switch3>display ospf lsdb


        OSPF Process 10 with Router ID 33.33.33.33
            Link State Database


            Area: 0.0.0.1
Type       LinkState ID      AdvRouter          Age    Len    Sequence    Metric
Router     1.1.1.1           1.1.1.1            1155   36     80000006    1
Router     33.33.33.33       33.33.33.33        1163   48     80000009    1
Network    192.168.33.1      1.1.1.1            1155   32     80000003    0
Sum-Net    192.168.11.0      1.1.1.1            944    28     80000003    1
Sum-Net    192.168.22.0      1.1.1.1            944    28     80000003    1
Sum-Net    192.168.10.0      1.1.1.1            1068   28     80000002    2
Sum-Net    192.168.20.0      1.1.1.1            1096   28     80000002    2
Sum-Net    192.168.30.0      1.1.1.1            889    28     80000003    2
Sum-Net    192.168.40.0      1.1.1.1            1096   28     80000002    2
```

从以上输出结果可以看出：在 Area 0 内，Router1、Switch1 和 Switch2 的 LSDB 信息相同；在 Area 1 内，Router1 和 Switch3 的 LSDB 信息相同。

（3）查看 OSPF 路由信息。

在任何视图下通过 display ospf routing 命令可以查看 OSPF 路由信息。并不是所有的 OSPF 路由都会被路由器和三层交换机使用，还需要权衡其他协议提供的路由及接口连接方式等。在 Router1 和 Switch1 上查看 OSPF 路由信息的输出如下。

```
① 在 Router1 上查看 OSPF 路由信息
<Router1>display ospf routing


        OSPF Process 10 with Router ID 1.1.1.1
            Routing Tables


Routing for Network
Destination        Cost   Type      NextHop         AdvRouter      Area
192.168.11.0/24    1      Transit   192.168.11.1    1.1.1.1        0.0.0.0
192.168.22.0/24    1      Transit   192.168.22.1    1.1.1.1        0.0.0.0
192.168.33.0/24    1      Transit   192.168.33.1    1.1.1.1        0.0.0.1
192.168.10.0/24    2      Stub      192.168.11.2    11.11.11.11    0.0.0.0
192.168.20.0/24    2      Stub      192.168.22.2    22.22.22.22    0.0.0.0
192.168.30.0/24    2      Stub      192.168.11.2    11.11.11.11    0.0.0.0
192.168.40.0/24    2      Stub      192.168.22.2    22.22.22.22    0.0.0.0
192.168.50.0/24    2      Stub      192.168.33.2    33.33.33.33    0.0.0.1


Total Nets: 8
Intra Area: 8   Inter Area: 0   ASE: 0   NSSA: 0
② 在 Switch1 上查看 OSPF 路由信息
<Switch1>display ospf routing


        OSPF Process 10 with Router ID 11.11.11.11
            Routing Tables


Routing for Network
Destination        Cost   Type       NextHop         AdvRouter      Area
192.168.10.0/24    1      Stub       192.168.10.1    11.11.11.11    0.0.0.0
192.168.11.0/24    1      Transit    192.168.11.2    11.11.11.11    0.0.0.0
192.168.30.0/24    1      Stub       192.168.30.1    11.11.11.11    0.0.0.0
192.168.20.0/24    3      Stub       192.168.11.1    22.22.22.22    0.0.0.0
192.168.22.0/24    2      Transit    192.168.11.1    1.1.1.1        0.0.0.0
192.168.33.0/24    2      Inter-area 192.168.11.1    1.1.1.1        0.0.0.0
192.168.40.0/24    3      Stub       192.168.11.1    22.22.22.22    0.0.0.0
192.168.50.0/24    3      Inter-area 192.168.11.1    1.1.1.1        0.0.0.0


Total Nets: 8
Intra Area: 6   Inter Area: 2   ASE: 0   NSSA: 0
```

其中，Type 表示目的网络的类型。Stub 和 Transit 是区域内路由，Stub 是 router-lsa 发布的路由，Transit 是 network-lsa 发布的路由。Inter-area 是区域间路由，即从其他区域学到的路由。

5. 检查网络连通性

使用 ping 命令检查所有 PC、服务器之间的连通性。其中,在 PC1 上的测试结果如下。

```
PC1>ping 192.168.30.10

Ping 192.168.30.10: 32 data bytes, Press Ctrl_C to break
From 192.168.30.10: bytes=32 seq=1 ttl=127 time=62 ms
From 192.168.30.10: bytes=32 seq=2 ttl=127 time=47 ms
From 192.168.30.10: bytes=32 seq=3 ttl=127 time=47 ms
From 192.168.30.10: bytes=32 seq=4 ttl=127 time=31 ms
From 192.168.30.10: bytes=32 seq=5 ttl=127 time=47 ms

---192.168.30.10 ping statistics---
  5 packet(s) transmitted
  5 packet(s) received
  0.00%  packet loss
  round-trip min/avg/max=31/46/62 ms

PC1>ping 192.168.20.10

Ping 192.168.20.10: 32 data bytes, Press Ctrl_C to break
From 192.168.20.10: bytes=32 seq=2 ttl=125 time=78 ms
From 192.168.20.10: bytes=32 seq=2 ttl=125 time=78 ms
From 192.168.20.10: bytes=32 seq=3 ttl=125 time=78 ms
From 192.168.20.10: bytes=32 seq=4 ttl=125 time=63 ms
From 192.168.20.10: bytes=32 seq=5 ttl=125 time=62 ms

---192.168.20.10 ping statistics---
  5 packet(s) transmitted
  4 packet(s) received
  20.00%  packet loss
  round-trip min/avg/max=0/70/78 ms

PC1>ping 192.168.40.10

Ping 192.168.40.10: 32 data bytes, Press Ctrl_C to break
From 192.168.40.10: bytes=32 seq=2 ttl=125 time=47 ms
From 192.168.40.10: bytes=32 seq=2 ttl=125 time=47 ms
From 192.168.40.10: bytes=32 seq=3 ttl=125 time=63 ms
From 192.168.40.10: bytes=32 seq=4 ttl=125 time=78 ms
From 192.168.40.10: bytes=32 seq=5 ttl=125 time=47 ms

---192.168.40.10 ping statistics---
  5 packet(s) transmitted
  4 packet(s) received
  20.00%  packet loss
  round-trip min/avg/max=0/58/78 ms
```

```
PC1>ping 192.168.50.10

Ping 192.168.50.10: 32 data bytes, Press Ctrl_C to break
From 192.168.50.10: bytes=32 seq=1 ttl=125 time=32 ms
From 192.168.50.10: bytes=32 seq=2 ttl=125 time=46 ms
From 192.168.50.10: bytes=32 seq=3 ttl=125 time=63 ms
From 192.168.50.10: bytes=32 seq=4 ttl=125 time=62 ms
From 192.168.50.10: bytes=32 seq=5 ttl=125 time=32 ms

---192.168.50.10 ping statistics---
  5 packet(s) transmitted
  5 packet(s) received
  0.00%  packet loss
  round-trip min/avg/max=32/47/63 ms
```

7.5 项目总结与拓展

本项目介绍了与路由协议相关的基础知识,包括 OSPF 路由协议的术语、邻居和邻接关系等,重点介绍了多区域 OSPF 协议的配置和应用。

HCIE 主题曲
——点亮荣光

7.6 习题

1. 选择题

(1) 对于 OSPF 路由计算过程,下列排列顺序正确的是?

a. 每台路由器都根据自己周围的拓扑结构生成一条 LSA

b. 根据收集的所有的 LSA 计算路由,生成最小生成树

c. 将 LSA 发送给网络中其他的所有路由器,同时收集所有的其他路由器生成的 LSA

d. 生成链路状态数据库 LSDB

A. a-b-c-d   B. a-c-b-d   C. a-c-d-b   D. d-a-c-b

(2) 要查找一台路由器的邻居状态,应使用下列哪个命令?

A. display ospf peer   B. display ospf neighbor

C. display ospf interface   D. display ospf adjacency

(3) 以下有关 OSPF 网络中 BDR 的说法中,正确的是?

A. 一个 OSPF 区域中只能有一个 BDR

B. 某一网段中的 BDR 必须是经过手工配置产生的

C. 只有网络中 priority 第二大的路由器才能成为 DR

D. 只有 NBMA 或广播型网络中才会选举 BDR

(4) 默认情况下,OSPF 在广播多路访问链路上每隔多长时间发送一个 Hello 数据包?

A. 30 秒   B. 40 秒   C. 3.3 秒   D. 10 秒

(5) 接口处于初始(Init)状态意味着什么?

A. 该接口已连接到网络，正确定其 IP 地址和 OSPF 参数

B. 路由器接收到了邻居的 Hello 数据包，但该数据包中没有包含其路由器 ID

C. 这是一个点到点接口

D. 仅在广播链路上会出现这种情况，它表明正在选举 DR

（6）获悉新路由时，如果收到了数据库中没有的 LSA，内部 OSPF 路由器将如何做？

A. 立即将该 LSA 从所有 OSPF 接口（收到该 LSA 的接口除外）发送出去

B. 将该 LSA 丢弃，并给始发路由器发送一条信息

C. 将该 LSA 加到拓扑数据库中，并给始发路由器发送一条确认信息

D. 检查序列号，如果该 LSA 有效，则将其加入到拓扑数据库中

（7）路由器的 OSPF 优先级值为 0 意味着什么？

A. 该路由器可参与 DR 选举，其优先级最高

B. 该路由器执行其他操作之前转发 OSPF 分组

C. 该路由器不能参与 DR 选举，它不能成为 DR，也不能成为 BDR

D. 该路由器不能参与 DR 选举，但可以成为 BDR

（8）命令 network 10.1.32.0 0.0.31.255 指定了下面哪些地址？

A. 10.1.32.255　　　B. 10.1.34.0　　　C. 10.1.64.0　　　D. 10.1.64.255

（9）对于划分区域的必要性，下列描述中，不正确的是？

A. 减小 LSDB 的规模　　　　　　　　B. 减轻运行 SPF 算法的复杂度

C. 有利于路由进行聚合　　　　　　　D. 缩短路由器间 LSDB 的同步时间

（10）下列关于骨干区域的描述中，不正确的是？

A. 骨干区域的 Area ID 是 0.0.0.0

B. 所有区域必须与骨干区域相连

C. 骨干区域之间可以是不连通的

D. 每个区域边界路由器连接的区域中至少有一个是骨干区域

2. 问答题

（1）简述 OSPF 与 RIP 的主要差别。

（2）在 OSPF 协议中，需要选举 DR/BDR 的网络类型有哪些？

（3）OSPF 的数据包类型有哪几种？

（4）OSPF 协议如何自动计算接口开销？

（5）OSPF 协议如何选举 DR/DBR？

项目 8 虚拟路由器冗余协议的应用与配置

8.1 项目介绍

通常,同一网段内的所有主机都会设置一条以某一台路由器(或三层交换机)为下一跳的默认路由,即以此路由器作为其默认网关。如果子网或 VLAN 的网关路由器出现故障,就不能将分组转发到子网外,因此网关的可用性非常重要。这里介绍提供路由器冗余的协议:虚拟路由器冗余协议(Virtual Router Redundancy Protocol,VRRP),该协议可以让多台路由设备共享同一个网关地址,这样,如果一台设备出现故障,另一台设备可自动承担网关的角色。

8.2 学习目标

(1) 掌握 VRRP 的功能。
(2) 掌握 VRRP 的转发和选举机制。
(3) 掌握 VRRP 的基本配置。
(4) 熟悉 VRRP 优先级配置。
(5) 熟悉 VRRP 定时器配置。
(6) 培养责任担当意识,树立团队协作精神。

8.3 相关知识

◆ 8.3.1 VRRP 概述

通常,同一网段内的所有主机都会设置一条以某一台路由器(或三层交换机)为下一跳的默认路由,即以此路由器作为其默认网关。主机发往其他网段的报文将通过默认路由发往默认网关,再由默认网关进行转发,从而实现主机同外网的通信。当默认网关发生故障时,所有主机都无法与外部网络通信。

如图 8-1 所示,一个局域网内的所有主机都设置了

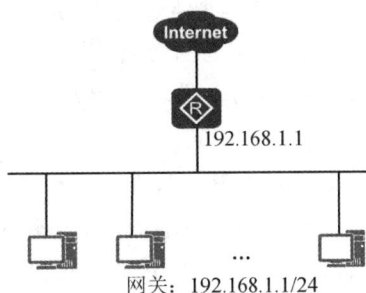

图 8-1 使用一个网关的局域网

默认网关 192.168.1.1,即以路由器作为默认网关。此时,主机通过路由器与外部网络通信。而当路由器出现故障时,本网段内所有的主机将中断与外部的通信。

1. VRRP 的功能

VRRP 能够在不改变组网的情况下,将多台路由设备组成一个虚拟路由器,通过配置虚拟路由器的 IP 地址作为缺省网关,实现对缺省网关的备份。当现有网关设备发生故障时,VRRP 机制能够选举新的网关设备承担数据流量,从而保障网络的可靠通信。

如图 8-2 所示,主机通过双线连接到 Router1 和 Router2。在 Router1 和 Router2 上配置 VRRP 备份组,对外体现为一台虚拟路由器,实现到达 Internet 的链路冗余备份。

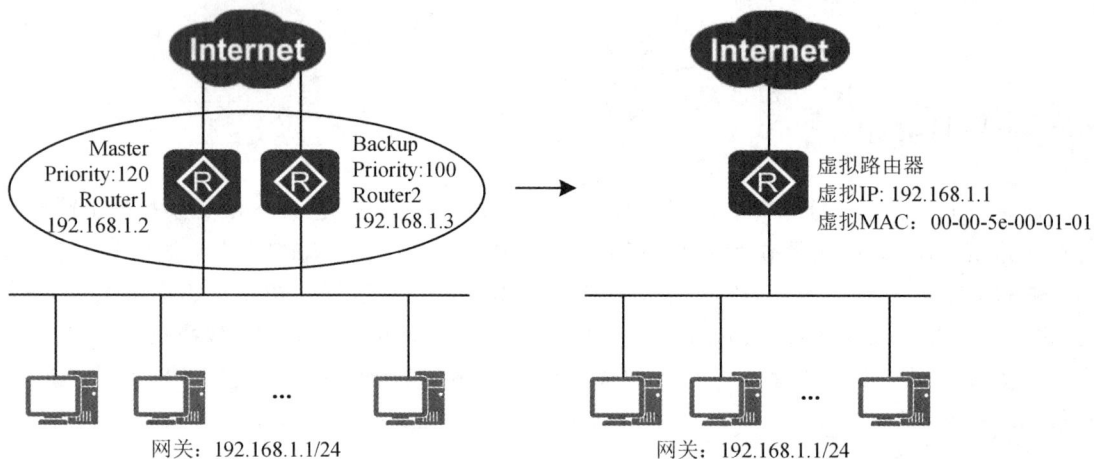

图 8-2   VRRP 备份组形成示意图

在图 8-2 中,Router1 和 Router2 在局域网中的地址分别为 192.168.1.2 和 192.168.1.3。Router1 和 Router2 运行 VRRP,构成一个备份组,生成一个虚拟网关 192.168.1.1。局域网内的主机并不需要了解 Router1 和 Router2 的存在,而仅仅将虚拟网关 192.168.1.1 设置为其默认网关。假定正常情况下,VRRP 选举备份组内的 Router1 为 Master,而 Router2 为 Backup,则 Router1 负责执行虚拟网关的功能,所有主机与外部网络的通信名义上通过虚拟网关 192.168.1.1 进行,实际上的数据转发却是通过 Router1 进行。

一台路由器可以属于多个备份组,各个备份组独立进行选举,互不干扰。假定在图 8-2 所示的网络中,在 Router1 和 Router2 上配置了另外一个备份组,在这个备份组中 Router2 为 Master,Router1 为 Backup,虚拟 IP 地址为 192.168.1.254。这样网络中就有两个备份组,每台路由器既是一个备份组的 Master,又是另一个备份组的 Backup,局域网中的一半主机以 192.168.1.1 为默认网关,另一半主机以 192.168.1.254 为默认网关,从而既实现了两台路由器互为备份,又实现了局域网流量的负载均衡。这也是目前最常用的 VRRP 解决方案。

2. VRRP 基本概念

在后面讲解 VRRP 的工作原理和配置命令时会遇到许多与 VRRP 相关的基本概念,在此先介绍这些 VRRP 基本概念。

(1) VRRP 路由器(VRRP Router):运行 VRRP 的设备(可以是路由器,也可以是三层交换机,下同),可加入到一个或多个虚拟路由器备份组中。

(2) 虚拟路由器(Virtual Router):又称 VRRP 备份组,由一个主用设备和多个备用设备组成,被当作一个共享局域网内主机的缺省网关。

（3）Master 路由器（主用路由器,简称 Master）：VRRP 备份组中当前承担转发报文任务的 VRRP 设备。

（4）Backup 路由器（备用路由器,简称 Backup）：VRRP 备份组中一组没有承担转发任务的 VRRP 设备,但当 Master 出现故障时,它们将可通过选举成为新的 Master。

（5）VRID：虚拟路由器标识,用来唯一标识一个 VRRP 备份组。

（6）虚拟 IP 地址（Virtual IP address）：分配给虚拟路由器的 IP 地址。一个虚拟路由器可以有一个或多个 IP 地址（有多个 IP 地址时,只有一个是主 IP 地址,其他为从 IP 地址）,由用户配置。

（7）IP 地址拥有者（IP Address Owner）：如果一个 VRRP 设备将虚拟路由器的 IP 地址作为真实的接口地址,则该设备被称为 IP 地址拥有者。如果该 IP 地址拥有者是可用的,其将直接成为 Master,不用选举,也不可抢占,除非该设备不可用。

（8）虚拟 MAC 地址（Virtual MAC Address）：虚拟路由器根据虚拟路由器 ID（RID）生成的 MAC 地址。一个虚拟路由器拥有一个虚拟 MAC 地址,格式为 0000-5e00-01{VRID}。当虚拟路由器回应 ARP 请求时,使用的是虚拟 MAC 地址,而不是接口的真实 MAC 地址。

（9）抢占模式：在抢占模式下,如果 Backup 的优先级比当前 Master 的优先级高,则主动将自己切换成 Master。

（10）非抢占模式：在非抢占模式下,只要 Master 没有出现故障,Backup 即使随后被配置了更高的优先级也不会成为 Master。

3. VRRP 的优点

在网络中配置 VRRP 功能,具有以下优点。

（1）可简化网络管理。VRRP 能在当前网关设备出现故障时仍然提供高可靠的缺省链路,且无须修改动态路由协议、路由发现协议等配置信息,可有效避免单一链路发生故障后的网络中断问题。

（2）适应性强。VRRP 报文封装在 IP 报文中,支持各种上层协议。

（3）网络开销小。VRRP 只定义了一种报文,即 VRRP 协议报文,可有效减轻网络设备的额外负担。

8.3.2 VRRP 的工作原理

1. VRRP 报文格式

VRRP 中只定义了一种报文——VRRP 报文,用来将 Master 的优先级和状态通告给同一备份组的所有 Backup,即仅 Master 会发送 VRRP 报文。

VRRP 协议原理

这是一种 IP 组播报文,报文头部中源地址为发送报文接口的主 IP 地址（不是虚拟路由器的 IP 地址）,目的地址为 VRRP 组播 IP 地址 224.0.0.18,TTL 是 255,协议号是 112。VRRP 报文发布范围只限于同一局域网内,这保证了 VRID 在不同网络中可以重复使用。

VRRP 报文目前有 VRRPv2 和 VRRPv3 两个版本,其中,VRRPv2 基于 IPv4,VRRPv3 基于 IPv6。VRRPv2 报文格式如图 8-3 所示。

各字段的含义如下。

（1）Version：协议版本号。

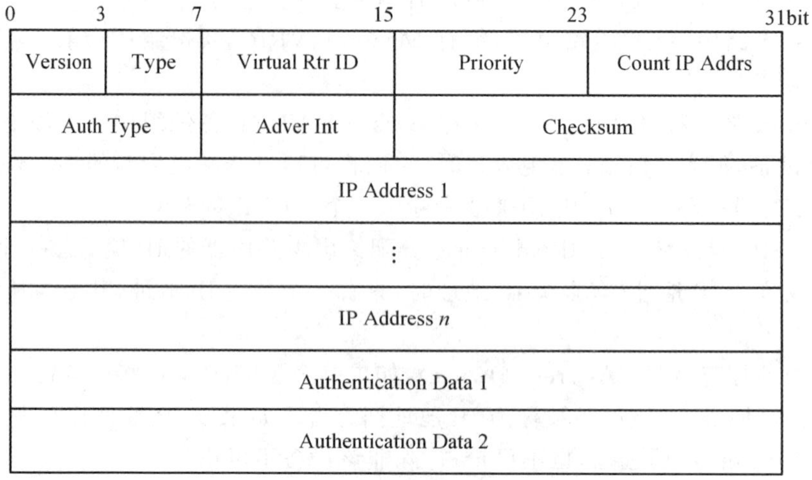

Version	Type	Virtual Rtr ID	Priority	Count IP Addrs
Auth Type		Adver Int	Checksum	
IP Address 1				
⋮				
IP Address n				
Authentication Data 1				
Authentication Data 2				

0　　3　　7　　　　15　　　　23　　　31bit

图 8-3　VRRPv2 报文格式

（2）Type：VRRP 报文的类型。VRRPv2 报文只有一种类型，即 VRRP 通告报文（Advertisement），该字段取值为 1。

（3）Virtual Rtr ID(VRID)：虚拟路由器号（即备份组号），取值范围为 1～255。一个虚拟路由器有唯一的 VRID，该路由器对外表现为唯一的虚拟 MAC 地址，地址的格式为 0000-5e00-01XX，其中，XX 是用于表示 VRID 的十六进制位。

（4）Priority：路由器在备份组中的优先级，取值范围为 0～255，数值越大表明优先级越高，其中，可用的范围是 1～254，0 表示设备停止参与 VRRP，255 则保留给 IP 地址拥有者。

（5）Count IP Addrs：备份组中虚拟 IP 地址的个数。1 个备份组可对应多个虚拟 IP 地址。

（6）Auth Type：认证类型。该值为 0 表示无认证，为 1 表示简单字符认证，为 2 表示 MD5 认证。

（7）Adver Int：发送通告报文的时间间隔（简称通告间隔）。在 VRRPv2 中，单位为秒，缺省值为 1。

（8）Checksum：16 位校验和，用于检测 VRRP 报文中的数据破坏情况。

（9）IP Address：备份组虚拟 IP 地址表项。所包含的地址数定义在 Count IP Addrs 字段。

（10）Authentication Data：验证字，目前只用于简单字符认证，对于其他认证方式，一律填 0。

使用 VRRP 报文可以传递备份组中的参数，还可以选举 Master。为了减少网络带宽消耗，令只有 Master 才可以周期性地发送 VRRP 通告报文。备份路由器在连续 3 个通告间隔内收不到 VRRP 或收到优先级为 0 的通告后启动新一轮的 VRRP 选举。

2. VRRP 状态机

VRRP 的工作原理主要体现在设备的协议状态改变上。VRRP 中定义了 3 种状态：初始（Initialize）状态、活动（Master）状态和备份（Backup）状态，其中，只有处于活动状态的设备可以为到虚拟 IP 地址的转发请求提供服务。这三种协议状态之间的转换关系如图 8-4 所示。

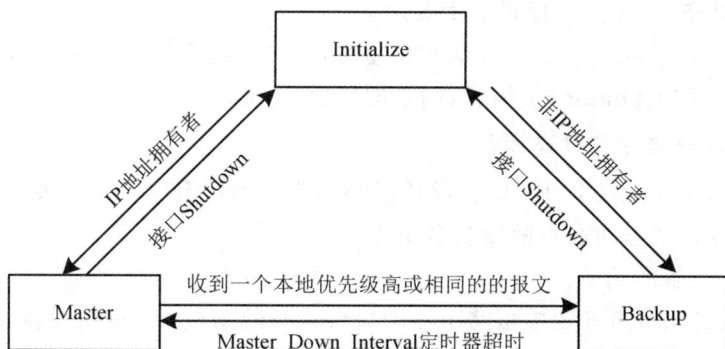

图 8-4　VRRP 状态机

（1）Initialize 状态。

初始状态，为 VRRP 不可用状态，在此状态下，设备不会对 VRRP 报文做任何处理。通常刚配置 VRRP 时或设备检测到故障时会进入该状态。

收到接口 Startup（启动）的消息后，如果设备的优先级为 255（表示该设备为虚拟路由器 IP 地址拥有者），则其直接成为 Master 设备，如果设备的优先级小于 255，则会先切换至 Backup 状态。

（2）Master 状态。

活动状态，表示当前设备为 Master 设备。当 VRRP 设备处于 Master 状态时，该设备会做下列工作。

① 定时发送 VRRP 通告报文。

② 以虚拟 MAC 地址响应对虚拟 IP 地址的 ARP 请求。

③ 转发目的 MAC 地址为虚拟 MAC 地址的 IP 报文。

④ 如果它是这个虚拟 IP 地址的拥有者，则接收目的 IP 地址为这个虚拟 IP 地址的 IP 报文；否则，丢弃这个 IP 报文。

⑤ 如果收到比自己优先级高的 VRRP 报文，或者收到与自己优先级相同的 VRRP 报文，且本地接口 IP 地址小于源端接口 IP 地址，则立即转变为 Backup 状态（仅在抢占模式下生效）。

⑥ 如果收到接口 Shutdown（关闭）消息，则立即转变为 Initialize 状态。

（3）Backup 状态。

备份状态，表示当前设备为 Backup 设备。当 VRRP 设备处于 Backup 状态时，该设备会做下列工作。

① 接收 Master 设备发送的 VRRP 通告报文，判断 Master 设备的状态是否正常。

② 对虚拟路由器 IP 地址的 ARP 请求不做响应。

③ 丢弃目的 MAC 地址为虚拟路由器 MAC 地址的 IP 报文。

④ 丢弃目的 IP 地址为虚拟路由器 IP 地址的 IP 报文。

⑤如果收到优先级和自己相同，或者比自己高的 VRRP 报文，则重置 Master_Down_Interval 定时器（不进一步比较 IP 地址）。

⑥ 如果收到比自己优先级小的 VRRP 报文，且该报文优先级是 0（表示发送 VRRP 报文的原 Master 设备声明不再参与 VRRP 组了），则定时器时间设置为 Skew_time（偏移时间）。

⑦ 如果收到比自己优先级小的 VRRP 报文，且该报文优先级不是 0，则丢弃报文，立刻

转变为 Master 状态(仅在抢占模式下生效)。

⑧ 如果 Master_Down_Interval 定时器超时,则立即转变为 Master 状态。

⑨ 如果收到接口 Shutdown 消息,则立即转变为 Initialize 状态。

3. VRRPMaster 选举和状态通告

为了保证 Master 设备和 Backup 设备能够协调工作,VRRP 需要实现 Master 设备的选举和 Master 设备状态的通告两项基本功能。

（1）Master 设备的选举。

VRRP 根据优先级来确定虚拟路由器中每台设备的角色(Master 设备或 Backup 设备,对应上节介绍的 Master 状态或 Backup 状态)。优先级越高,则越有可能成为 Master 设备。Master 设备的整个选举过程如下。

① 初始创建的 VRRP 设备都工作在 Initialize 状态,当 VRRP 设备收到 VRRP 接口的 Startup 的消息后,如果此设备的优先级等于 255(也就是所配置的虚拟路由器 IP 地址是本设备 VRRP 接口的真实 IP 地址),将会直接切换至 Master 状态,并且无须进行下面的 Master 选举。否则,会先切换至 Backup 状态,待 Maste_Down_Interval 定时器超时再切换至 Master 状态,因为一开始没有选举 Master 设备,这个 Master_Down_Interval 定时器最终会超时。

② 切换至 Master 状态的 VRRP 设备通过与 VRRP 通告报文的交互获知虚拟设备中其他成员的优先级,然后根据以下规则进行 Master 设备的选举。

a. 如果收到的 VRRP 报文中显示的 Master 设备的优先级高于或等于自己的优先级,则当前 Backup 设备保持 Backup 状态。

b. 如果 VRRP 报文中 Master 设备的优先级低于自己的优先级,采用抢占方式时(缺省为抢占方式),当前 Backup 设备将切换至 Master 状态;采用非抢占方式时,当前 Backup 设备仍保持 Backup 状态。

注意,如果有多台 VRRP 设备同时切换到 Master 状态,通过与 VRRP 通告报文的交互进行协商后,优先级较低的 VRRP 设备将切换至 Backup 状态,优先级最高的 VRRP 设备成为最终的 Master 设备;优先级相同时,再根据 VRRP 设备上 VRRP 备份组所在接口主 IP 地址大小进行选举,IP 地址较大的成为 Master 设备。

（2）VRRP 设备状态的通告。

Master 设备会周期性地发送 VRRP 通告报文,在 VRRP 备份组中公布其配置信息(优先级等)和工作状况。Backup 设备通过接收到的 Master 设备发来的 VRRP 报文的情况来判断 Master 设备是否工作正常。

① 当 Master 设备主动放弃 Master 地位(如 Master 设备退出备份组)时,会发送优先级为 0 的 VRRP 通告报文,使 Backup 设备快速切换成 Master 设备(当有多台 Backup 设备时也要进行以上介绍的 Master 选举),而不用等到 Master_Down_Interval 定时器超时。这个切换的时间称为 Skew_time,计算方式为:(256－Backup 设备的优先级)/256,单位为秒。

② 当 Master 设备发生网络故障而不能发送 VRRP 通告报文的时候,Backup 设备并不能立即知道其工作状况,要等到 Master_Down_Interval 定时器超时后,才会认为 Master 设备无法正常工作,从而将状态切换为 Master(同样,当有多台 Backup 设备时也要进行以上介绍的 Master 选举)。其中,Master_Down_Interval 定时器取值为:$3 \times$ Advertisement_Interval＋Skew_time,单位为秒。

4. VRRP 的两种主备模式

VRRP 的主备应用根据不同的需求可以配置为主备备份和负载分担两种模式。

（1）主备备份模式。

主备备份模式是 VRRP 提供备份功能的基本模式，就是同一时间内仅由 Master 设备负责业务数据的处理，所有 Backup 设备均仅处于待命备份状态，不进行业务数据的处理。仅在当前 Master 设备出现故障时，再从 Backup 设备中选举一台设备成为新的 Master 设备，接替原来 Master 设备的业务处理工作。

图 8-5 所示的为一个 VRRP 主备备份模式的示例。在所建立的虚拟路由器中包含一台 Master 设备和一台 Backup 设备。

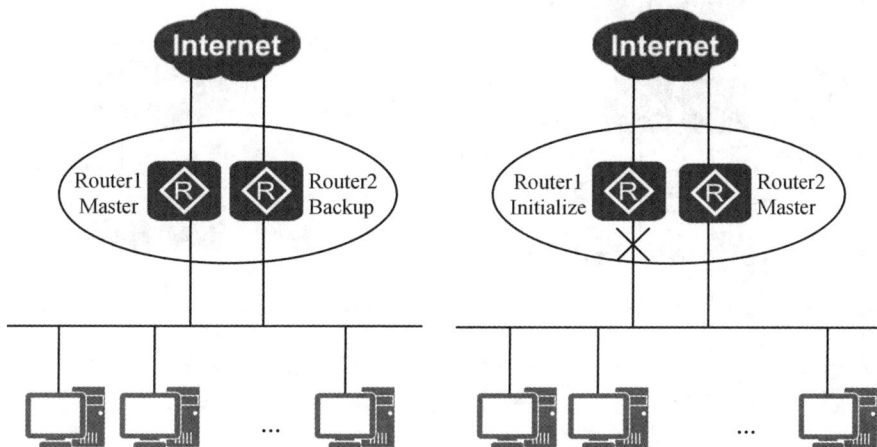

图 8-5　VRRP 主备备份模式示例

正常情况下，Router1 为 Master 设备并承担业务转发任务（数据转发服务），Router2 为 Backup 设备且不承担业务转发任务。Router1 定期发送 VRRP 通告报文通知 Router2 自己工作正常。如果 Router1 发生故障，Router2 会成为新的 Master 设备，继续为主机提供数据转发服务，实现网关备份的功能。

当 Router1 故障恢复后，在抢占方式下，其将重新抢占为 Master 设备，因为它的优先级比 Router2 高；在非抢占方式下，Router1 将继续保持为 Backup 状态，直到新 Master 设备出现故障时才有可能通过重新选举成为 Master 设备。

（2）负载分担模式。

主备备份模式显然有些浪费资源，因为大多数时间下 Backup 设备都没有发挥作用，由此提出了负载分担模式。负载分担模式可以充分发挥每台 VRRP 设备的业务处理能力。但要注意的是，负载分担模式需要建立多个指派不同设备为 Master 设备的 VRRP 备份组，同一台 VRRP 设备可以加入多个备份组，其在不同的备份组中具有不同的优先级。每个 VRRP 备份组包含一个 Master 设备和若干 Backup 设备。

负载分担模式通过创建多个带虚拟 IP 地址的 VRRP 备份组为不同的用户指定不同的 VRRP 备份组作为网关，实现负载分担，如图 8-6 所示。

在图 8-6 所示的网络中配置了两个 VRRP 备份组，在 VRRP 备份组 1 中，Router1 为 Master 设备，Router2 为 Backup 设备；在 VRRP 备份组 2 中，Router2 为 Master 设备，Router1 为 Backup 设备。这样就可以使一部分用户将 VRRP 备份组 1 作为网关，另一部分用户将 VRRP 备份组 2 作为网关。这样既可以实现对基于不同用户的业务流量的负载分担，也起到了相互备份的作用。

5. VRRP 的监视接口功能

VRRP 只是解决了设备的冗余问题，却无法感知上行链路的故障。当路由器连接上行链路的接口出现故障时，如果该路由器此时处于 Master 状态，将会导致局域网内的主机无法访问外部网络，或通过非最优路径访问外部网络。

如图 8-7 所示，Master 路由器连接到网络骨干或 Internet 的线路出现故障时，Master 路由器还能够通过"心跳线"向 Backup 路由器发送 VRRP 报文，Backup 路由器就无法切换为活动状态，网络通信就会中断。

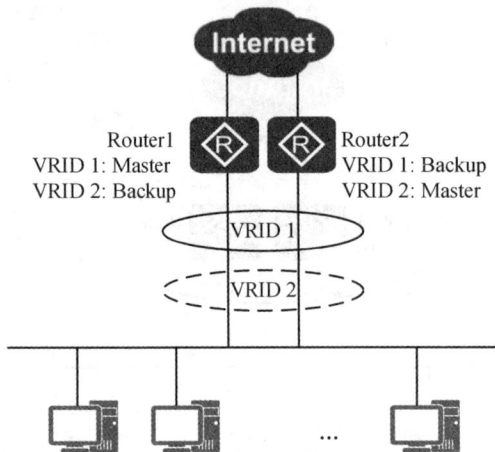

图 8-6　多网关负载分担示意图　　　　图 8-7　VRRP 监视接口功能的使用

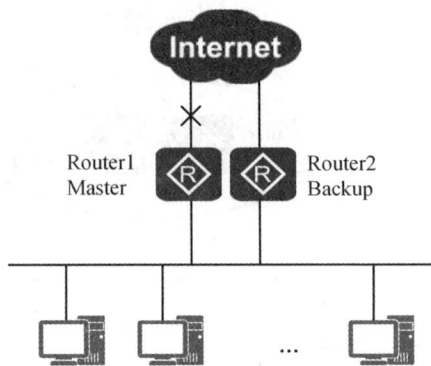

VRRP 的监视接口功能可解决 VRRP 备份组只能感知其所在接口状态的变化而无法感知 VRRP 设备上行接口故障导致的业务流量中断问题。在 Master 设备上部署了 VRRP 监视接口功能后，当 Master 设备的上行链路发生故障时，可通过调整自身优先级触发主备切换，确保流量正常转发。

在图 8-7 所示的网络中，如果在 Router1 上配置了监视接口功能，当连接上行链路的接口处于 Down 或 Removed 状态时，该路由器就会主动降低自己的优先级，应降到低于 Backup 路由器的优先级。这样，通过 VRRP 报文的传递，Backup 路由器看到 Master 路由器的优先级变得低于自己，它就会升级为 Master 路由器，而原来的 Master 路由器则降为 Backup 路由器。

我们通常把监视接口功能和 VRRP 技术结合在一起使用，以通过监视接口功能提供网络线路的冗余能力。

◆ 8.3.3　VRRP 的配置命令

VRRP 基本功能的配置很简单，最基本的配置包括两个方面：一是配置 VRRP 备份组（如果要实现负载分担，则要创建多个以不同设备担当 Master 设备的 VRRP 备份组），二是配置 VRRP 优先级（配置用于 Master 设备选举的各 VRRP 备份组成员设备的优先级）。另外，还可以配置一些可选功能（如抢占功能、VRRP 认证功能等）或时间参数（如 VRRP 定时器等）等。

配置 VRRP

1. 配置 VRRP 备份组

在接口视图下,配置 VRRP 备份组并设置虚拟 IP 地址的命令如下:

vrrp vrid *virtual-router-id* **virtual-ip** *virtual-address*

在该命令中,参数 *virtual-router-id* 为 VRRP 备份组的组号,取值范围为 0～255; *virtual-address* 为所创建的 VRRP 备份组的虚拟 IP 地址,该地址可以是其中一台路由器接口的地址,也可以是第三方地址。虚拟路由器的 IP 地址必须和对应接口的真实 IP 地址在同一网段,如果配置了不在同网段的虚拟路由器的 IP 地址,该备份组会处于 VRRP 尚未设置的初始状态,此状态下,VRRP 不起作用。

2. 配置 VRRP 优先级

VRRP 根据优先级决定设备在备份组的地位,通过配置优先级,可以指定 Master 设备,以承担流量转发业务。在接口视图下,配置 VRRP 优先级的命令如下:

vrrp vrid *virtual-router-id* **priority** *priority-value*

在该命令中,参数 *priority-value* 表示 VRRP 的优先级,取值范围为 1～254,该值越大表示优先级越高,缺省值为 100。

注意,优先级 0 是系统保留作为特殊用途的,优先级 255 保留给 IP 地址拥有者。IP 地址拥有者的优先级不可配置,也不需要配置,直接为最高值 255。

3. 配置 VRRP 定时器

VRRP 定时器分为两种:VRRP 抢占延迟时间定时器和 VRRP 通告报文时间间隔定时器。

VRRP 备份组中的 Master 设备会以 Advertisement_Interval 为定时器向备份组内的 Backup 设备发送 VRRP 通告报文,通知备份组内的路由器自己工作正常。如果 Backup 设备在 Master_Down_Interval 定时器超时后仍未收到 VRRP 通告报文,则重新选举 Master 设备。在接口视图下,可以通过如下命令配置 VRRP 定时器来调整 Master 设备发送 VRRP 通告报文的时间间隔:

vrrp vrid *virtual-router-id* **timers advertise** *advertise-interval*

其中,参数 *advertise-interval* 的取值范围为 1～255,单位为秒,缺省值是 1。

在设置抢占的同时,还可以设置延迟时间,这样可以使得 Backup 设备延迟一段时间成为 Master 设备。如果没有延迟时间,在性能不够稳定的网络中,如果 Backup 设备没有按时收到来自 Master 设备的报文,就会立即成为 Master 设备。导致 Backup 设备收不到报文的原因很可能是存在网络堵塞、丢包,而非是 Master 设备无法正常工作,这可能会导致频繁的 VRRP 状态转换。

为了避免备份组内的成员频繁进行主备状态转换,让 Backup 设备有足够的时间搜集必要的信息,可以设置一定的延迟时间,Backup 设备在延迟时间内可以继续等待来自 Master 设备的报文,从而避免了频繁的状态切换。在接口视图下,配置 VRRP 抢占延迟时间的命令如下:

vrrp vrid *virtual-router-id* **preempt-mode timer delay** *delay-value*

其中,参数 *delay-value* 为抢占延迟时间(简称抢占延迟),单位为秒,取值范围为 0～3600。缺省情况下,抢占延迟时间为 0,即为立即抢占。

4. 配置 VRRP 认证功能

为了防止非法用户构造报文攻击备份组,VRRP 通过在 VRRP 报文中增加认证字段的方式，验证接收到的 VRRP 报文。VRRP 提供了以下两种认证方式。

（1）simple：简单字符认证。发送 VRRP 报文的路由器将认证字填入 VRRP 报文，而收到 VRRP 报文的路由器会将收到的 VRRP 报文中的认证字和本地配置的认证字进行比较。如果认证字相同，则认为接收到的报文是真实的、合法的；否则认为接收到的报文是一个非法报文。

（2）md5：MD5 认证。发送 VRRP 报文的路由器利用认证字和 MD5 算法对 VRRP 报文进行摘要运算，运算结果保存在 Authentication Header（认证头）中。收到 VRRP 报文的路由器会利用认证字和 MD5 算法进行同样的运算，并将运算结果与认证头的内容进行比较。如果相同，则认为接收到的报文是真实的、合法的；否则认为接收到的报文是一个非法报文。

在接口视图下，配置 VRRP 认证功能的命令如下：

vrrp vrid *virtual-router-id* **authentication-mode** 〈**simple** 〈*key*｜**plain** *key*｜**cipher** *cipher-key*〉｜**md5** *md5-key*〉

命令中的参数和选项说明如下。

① **simple**：二选一选项，指定采用 Simple 认证方式。

② *key*：多选一参数，指定 Simple 认证方式的认证字符，长度为 1～8 个字符，不支持空格，区分大小写。

③ **plain** *key*：多选一参数，指定明文认证方式的认证字符，长度为 1～8 个字符，不支持空格，区分大小写。

④ **cipher** *cipher-key*：多选一参数，指定密文认证方式的认证字符，可以是明文字符，也可以是密文字符，明文长度为 1～8 个字符，密文长度为 32 个字符，不支持空格，区分大小写。

⑤ **md5** *md5-key*：二选一参数，指定 MD5 认证方式的认证字符，可以是明文字符，也可以是密文字符，明文长度为 1～8 个字符，密文长度为 24 个或 32 个字符，不支持空格，区分大小写。

同一 VRRP 备份组的认证方式和认证字符必须相同，否则 Master 设备和 Backup 设备无法协商成功。缺省情况下，VRRP 备份组采用无认证方式。

5. 配置监视接口功能

在接口视图下，配置监视接口功能的命令如下：

vrrp vrid *virtual-router-id* **track interface** *interface-type interface-number* ［**reduced** *value-reduced*］

其中，参数 *interface-type interface-number* 用于指定要监视状态的上行接口；*value-reduced* 表示降低的优先级，范围是 1～255，默认为 10。另外，监视接口降低优先级后，Backup 设备仅在下面两个条件满足时才能接管活动角色：

（1）Backup 设备的优先级更高；

（2）Backup 设备在其 VRRP 配置中使用了抢占功能。

6. VRRP 的监控与维护

配置 VRRP 后，可使用如下命令查看 VRRP 备份组的状态信息。

display vrrp ［**verbose**］［**interface** *interface-type interface-number* ［**vrid** *virtual-router-id*］］

8.4 【任务1】配置 RSTP＋VRRP

◆ 8.4.1 任务描述

A 高校校园网内网使用三层交换机作为默认网关实现与外网的通信,但如果默认网关发生故障,所有主机都将无法与外部网络通信。为了提高网络的可靠性,A 高校为默认网关提供设备备份,增加冗余性。

◆ 8.4.2 任务分析

网络拓扑如图 8-8 所示,要避免网络环路,并实现对默认网关的备份,需要在网络中部署 RSTP 和 VRRP。

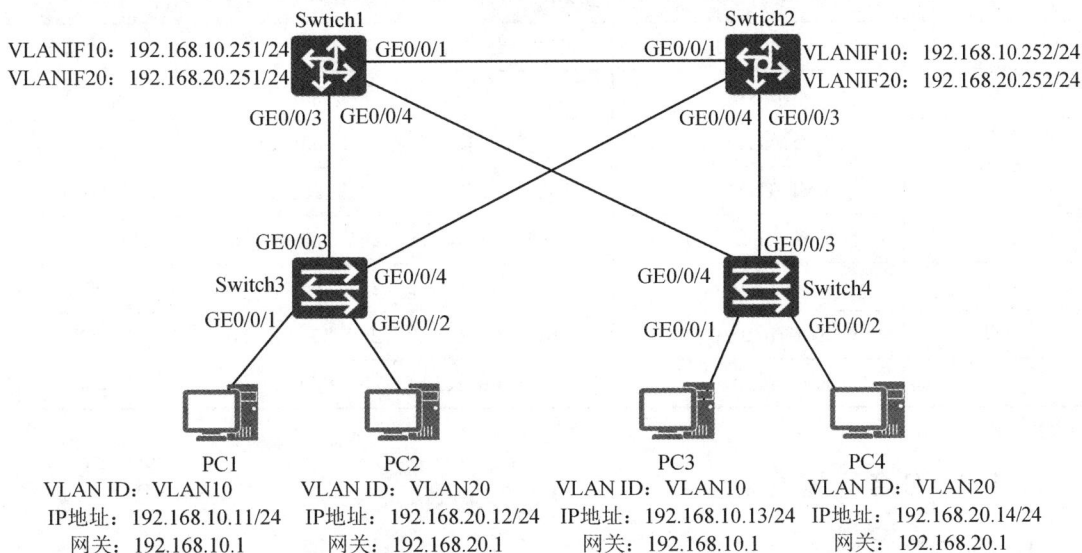

图 8-8 VRRP 主备配置拓扑图

为了避免环路,Switch1、Switch2、Switch3 和 Switch4 之间运行 RSTP,设置 Switch1 为根桥、Switch2 为备份根桥。

Switch1 和 Switch2 作为网关设备,它们之间运行 VRRP,为校园网用户(这里以财务处和人事处用户为例)提供网关冗余。Switch1 为 Master 设备,Switch2 为 Backup 设备,财务处被划分到 VLAN10,对应的 VRID 为 1,虚拟 IP 地址为 192.168.10.1,人事处被划分到 VLAN20,对应的 VRID 为 2,虚拟 IP 地址为 192.168.20.1。当 Switch1 故障时,Switch2 作为网关继续进行工作,实现网关的冗余备份。

VLAN 规划表如表 8-1 所示。

表 8-1 VLAN 规划表

设备	VLAN ID	VLAN 名称	端口范围	连接的计算机
Switch1	Trunk		GE0/0/1、GE0/0/3、GE0/0/4	
Switch2	Trunk		GE0/0/1、GE0/0/3、GE0/0/4	

续表

设备	VLAN ID	VLAN 名称	端口范围	连接的计算机
Switch3	10	Finance	GE0/0/1	PC1
	20	Personnel	GE0/0/2	PC2
	Trunk		GE0/0/3～GE0/0/4	
Switch4	10	Finance	GE0/0/1	PC3
	20	Personnel	GE0/0/2	PC4
	Trunk		GE0/0/3～GE0/0/4	

IP 地址规划表如表 8-2 所示。

表 8-2　IP 地址规划表

设备	接口	IP 地址/子网掩码	默认网关
Switch1	VLANIF10	192.168.10.251　255.255.255.0	N/A
	VLANIF20	192.168.20.251　255.255.255.0	N/A
Switch2	VLANIF10	192.168.10.252　255.255.255.0	N/A
	VLANIF20	192.168.20.252　255.255.255.0	N/A
PC1	Ethernet0/0/0	192.168.10.11　255.255.255.0	192.168.10.1
PC2	Ethernet0/0/0	192.168.20.12　255.255.255.0	192.168.20.1
PC3	Ethernet0/0/0	192.168.10.13　255.255.255.0	192.168.10.1
PC4	Ethernet0/0/0	192.168.20.14　255.255.255.0	192.168.20.1

◆ ## 8.4.3　任务实施

1. 基本配置

基本配置包括为每台交换机配置主机名，为每台 PC 配置 IP 地址/子网掩码和默认网关。完成基本配置后，使用 ping 命令检测各直连链路的连通性。

2. 配置 VLAN 和 VLAN 间路由

在交换机 Switch1、Switch2、Switch3 和 Switch4 上划分 VLAN 并配置 VLAN 间路由，配置命令如下。

```
① Switch1 上的配置
[Switch1]vlan batch 10 20
[Switch1]interface GigabitEthernet 0/0/1
[Switch1-GigabitEthernet0/0/1]port link-type trunk
[Switch1-GigabitEthernet0/0/1]port trunk allow-pass vlan all
[Switch1-GigabitEthernet0/0/1]quit
[Switch1]interface GigabitEthernet 0/0/3
[Switch1-GigabitEthernet0/0/3]port link-type trunk
[Switch1-GigabitEthernet0/0/3]port trunk allow-pass vlan all
[Switch1-GigabitEthernet0/0/3]quit
```

```
[Switch1]interface GigabitEthernet 0/0/4
[Switch1-GigabitEthernet0/0/4]port link-type trunk
[Switch1-GigabitEthernet0/0/4]port trunk allow-pass vlan all
[Switch1-GigabitEthernet0/0/4]quit
[Switch1]interface Vlanif 10
[Switch1-Vlanif10]ip address 192.168.10.251 24
[Switch1-Vlanif10]quit
[Switch1]interface Vlanif 20
[Switch1-Vlanif20]ip address 192.168.20.251 24
[Switch1-Vlanif20]quit
```
② Switch2 上的配置
```
[Switch2]vlan batch 10 20
[Switch2]interface GigabitEthernet 0/0/1
[Switch2-GigabitEthernet0/0/1]port link-type trunk
[Switch2-GigabitEthernet0/0/1]port trunk allow-pass vlan all
[Switch2-GigabitEthernet0/0/1]quit
[Switch2]interface GigabitEthernet 0/0/3
[Switch2-GigabitEthernet0/0/3]port link-type trunk
[Switch2-GigabitEthernet0/0/3]port trunk allow-pass vlan all
[Switch2-GigabitEthernet0/0/3]quit
[Switch2]interface GigabitEthernet 0/0/4
[Switch2-GigabitEthernet0/0/4]port link-type trunk
[Switch2-GigabitEthernet0/0/4]port trunk allow-pass vlan all
[Switch2-GigabitEthernet0/0/4]quit
[Switch2]interface Vlanif 10
[Switch2-Vlanif10]ip address 192.168.10.252 24
[Switch2-Vlanif10]quit
[Switch2]interface Vlanif 20
[Switch2-Vlanif20]ip address 192.168.20.252 24
[Switch2-Vlanif20]quit
```
③ Switch3 上的配置
```
[Switch3]vlan batch 10 20
[Switch3-GigabitEthernet0/0/1]interface GigabitEthernet 0/0/1
[Switch3-GigabitEthernet0/0/1]port link-type access
[Switch3-GigabitEthernet0/0/1]port default vlan 10
[Switch3-GigabitEthernet0/0/1]quit
[Switch3]interface GigabitEthernet 0/0/2
[Switch3-GigabitEthernet0/0/2]port link-type access
[Switch3-GigabitEthernet0/0/2]port default vlan 20
[Switch3-GigabitEthernet0/0/2]quit
[Switch3]interface GigabitEthernet 0/0/3
[Switch3-GigabitEthernet0/0/3]port link-type trunk
[Switch3-GigabitEthernet0/0/3]port trunk allow-pass vlan all
[Switch3-GigabitEthernet0/0/3]quit
[Switch3]interface GigabitEthernet 0/0/4
[Switch3-GigabitEthernet0/0/4]port link-type trunk
[Switch3-GigabitEthernet0/0/4]port trunk allow-pass vlan all
```

```
[Switch3-GigabitEthernet0/0/4]quit
```
④ Switch4 上的配置与 Switch3 相同,请参考 Switch3 上的配置

3. 配置 RSTP

在 Switch1、Switch2、Switch3 和 Switch4 上配置生成树工作在 RSTP 模式,并将 Switch1 和 Switch2 分别配置为根桥和备份根桥,配置命令如下。

```
[Switch1]stp mode rstp
[Switch1]stp root primary
[Switch2]stp mode rstp
[Switch2]stp root secondary
[Switch3]stp mode rstp
[Switch4]stp mode rstp
```

4. 配置 VRRP

在 Switch1 上创建两个 VRRP 备份组,配置虚拟路由器 IP 地址,并设置 Switch1 在两个备份组中的优先级为 120、抢占延迟为 20 秒,具体配置命令如下。

```
① 配置 VRRP 备份组
[Switch1]interface Vlanif 10
[Switch1-Vlanif10]vrrp vrid 1 virtual-ip 192.168.10.1
[Switch1-Vlanif10]quit
[Switch1]interface Vlanif 20
[Switch1-Vlanif20]vrrp vrid 2 virtual-ip 192.168.20.1
[Switch1-Vlanif20]quit
② 配置 Switch1 在备份组 1 和备份组 2 中的优先级为 120
[Switch1]interface Vlanif 10
[Switch1-Vlanif10]vrrp vrid 1 priority 120
[Switch1-Vlanif10]quit
[Switch1]interface Vlanif 20
[Switch1-Vlanif20]vrrp vrid 2 priority 120
[Switch1-Vlanif20]quit
③ 配置 Switch1 在备份组 1 中的抢占延迟
[Switch1]interface Vlanif 10
[Switch1-Vlanif10]vrrp vrid 1 preempt-mode timer delay 20
[Switch1-Vlanif10]quit
[Switch1]interface Vlanif 20
[Switch1-Vlanif20]vrrp vrid 2 preempt-mode timer delay 20
[Switch1-Vlanif20]quit
```

在 Switch2 上配置与 Switch1 相同的备份组和虚拟路由器 IP 地址,其在两个备份组中的优先级为缺省值 100,使它成为 Backup 设备,配置命令如下。

```
[Switch2]interface Vlanif 10
[Switch2-Vlanif10]vrrp vrid 1 virtual-ip 192.168.10.1
[Switch2-Vlanif10]quit
[Switch2]interface Vlanif 20
[Switch2-Vlanif20]vrrp vrid 2 virtual-ip 192.168.20.1
[Switch2-Vlanif20]quit
```

完成以上配置后,在 Switch1 和 Switch2 上查看 VRRP 的运行结果,结果如下。

① 在 Switch1 上执行 display vrrp 命令

```
[Switch1]display vrrp
  Vlanif10|Virtual Router 1
State : Master
    Virtual IP :192.168.10.1
    Master IP :192.168.10.251
    PriorityRun : 120
    PriorityConfig : 120
    MasterPriority : 120
    Preempt : YES    Delay Time : 20 s
    TimerRun : 1 s
    TimerConfig : 1 s
    Auth type : NONE
    Virtual MAC : 0000-5e00-0101
    Check TTL : YES
    Config type : normal-vrrp
    Create time : 2024-02-05 14:54:46 UTC-08:00
    Last change time : 2024-02-05 14:54:49 UTC-08:00

  Vlanif20|Virtual Router 2
    State : Master
    Virtual IP :192.168.20.1
    Master IP :192.168.20.251
    PriorityRun : 120
    PriorityConfig : 120
    MasterPriority : 120
    Preempt : YES    Delay Time : 20 s
    TimerRun : 1 s
    TimerConfig : 1 s
    Auth type : NONE
    Virtual MAC : 0000-5e00-0102
    Check TTL : YES
    Config type : normal-vrrp
    Create time : 2024-02-05 15:08:12 UTC-08:00
    Last change time : 2024-02-05 15:08:16 UTC-08:00
```

② 在 Switch2 上执行 display vrrp brief 命令

```
[Switch2]display vrrp brief
VRID  State    Interface              Type     Virtual IP
--------------------------------------------------------------------------------
1    Backup    Vlanif10               Normal192.168.10.1
2    Backup    Vlanif20               Normal192.168.20.1
--------------------------------------------------------------------------------
Total:2    Master:0    Backup:2    Non-active:0
```

由以上输出结果可以看出：Switch1 为备份组 1 和备份组 2 的 Master 设备，Switch2 为备份组 1 和备份组 2 的 Backup 设备。

此时，财务处主机（PC1、PC3）和人事处主机（PC2、PC4）通过 Switch1 进行通信，如下所示。

```
PC1> tracert 192.168.20.14

traceroute to 192.168.20.14, 8 hops max
(ICMP), press Ctrl+ C to stop
1   192.168.10.251   47 ms   31 ms   47 ms
2   192.168.20.14    78 ms   110 ms  109 ms
```

5. 模拟 Master 故障，查看 Master 和 Backup 之间的切换

关闭 Switch1 的电源，模拟 Switch1 出现故障。然后再在 Switch2 上执行 display vrrp 命令查看 VRRP 状态信息，可以看到 Switch2 的状态已是 Master。

```
[Switch2]display vrrp
  Vlanif10|Virtual Router 1
    State : Master
    Virtual IP :192.168.10.1
    Master IP :192.168.10.252
    PriorityRun : 100
    PriorityConfig : 100
    MasterPriority : 100
    Preempt : YES    Delay Time : 0 s
    TimerRun : 1 s
    TimerConfig : 1 s
    Auth type : NONE
    Virtual MAC : 0000-5e00-0101
    Check TTL : YES
    Config type : normal-vrrp
    Create time : 2024-02-05 15:09:20 UTC-08:00
    Last change time : 2024-02-05 15:18:05 UTC-08:00

  Vlanif20|Virtual Router 2
    State : Master
    Virtual IP :192.168.20.1
    Master IP :192.168.20.252
    PriorityRun : 100
    PriorityConfig : 100
    MasterPriority : 100
    Preempt : YES    Delay Time : 0 s
    TimerRun : 1 s
    TimerConfig : 1 s
    Auth type : NONE
    Virtual MAC : 0000-5e00-0102
    Check TTL : YES
    Config type : normal-vrrp
    Create time : 2024-02-05 15:10:21 UTC-08:00
    Last change time : 2024-02-05 15:18:05 UTC-08:00
```

由于配置了网关冗余，Switch1 出现故障后，财务处主机（PC1、PC3）和人事处主机（PC2、PC4）之间的通信不会中断，不同部门之间通过 Switch2 进行通信，如下所示。

```
PC1>tracert 192.168.20.14

traceroute to 192.168.20.14, 8 hops max
(ICMP), press Ctrl+C to stop
1  192.168.10.252   47 ms   32 ms   46 ms
2  192.168.20.14    94 ms   63 ms   62 ms
```

8.5 【任务2】配置 MSTP＋VRRP

◆ 8.5.1 任务描述

A 高校校园网内网使用三层交换机作为默认网关实现与外网的通信,为了提高网络的可靠性,要求为默认网关提供设备备份;同时,要求充分利用网络带宽并提高网关设备利用率。

◆ 8.5.2 任务分析

本项目任务 1 中的 RSTP＋VRRP 部署方案虽然可以提供网关冗余,但不能充分利用网络带宽,也不能提高网关设备利用率。为了有效利用网络链路和网络设备资源,需要在网络中部署 MSTP 和 VRRP。

为了充分利用网络带宽,Switch1、Switch2、Switch3 和 Switch4 之间运行 MSTP。VLAN10(财务处用户)被映射到实例 MSTI1 中,VLAN20(人事处用户)被映射到实例 MSTI2 中,Switch1 为 MSTI1 的根桥、MSTI2 的备份根桥;Switch2 为 MSTI2 的根桥、MSTI1 的备份根桥。

为了提高网关设备的利用率,对于 VLAN10 内的主机,Switch1 为 Master 设备,Switch2 为 Backup 设备,对应的 VRID 为 1、虚拟 IP 地址为 192.168.10.1;对于 VLAN20 内的主机,Switch1 为 Backup 设备,Switch2 为 Master 设备,对应的 VRID 为 2、虚拟 IP 地址为 192.168.20.1。

本任务的拓扑图、VLAN 规划表和 IP 地址规划表均与任务 1 相同。

◆ 8.5.3 任务实施

1. 基本配置

基本配置包括为每台交换机配置主机名,为每台 PC 配置 IP 地址/子网掩码和默认网关。完成基本配置后,使用 ping 命令检测各直连链路的连通性。

2. 配置 VLAN 和 VLAN 间路由

在交换机 Switch1、Switch2、Switch3 和 Switch4 上划分 VLAN 并配置 VLAN 间路由,配置命令与任务 1 相同,请参看任务 1 中该步骤的配置命令。

3. 配置 MSTP

在 Switch1、Switch2、Switch3 和 Switch4 上配置 MSTP,配置命令如下。

```
① Switch1 上的配置
[Switch1]stp mode mstp
[Switch1]stp region-configuration
[Switch1-mst-region]region-name RG1
```

```
[Switch1-mst-region]instance 1 vlan 10
[Switch1-mst-region]instance 2 vlan 20
[Switch1-mst-region]active region-configuration
[Switch1-mst-region]quit
[Switch1]stp instance 1 root primary
[Switch1]stp instance 2 root secondary
```
②Switch2 上的配置
```
[Switch2]stp mode mstp
[Switch2]stp region-configuration
[Switch2-mst-region]region-name RG1
[Switch2-mst-region]instance 1 vlan 10
[Switch2-mst-region]instance 2 vlan 20
[Switch2-mst-region]active region-configuration
[Switch2-mst-region]quit
[Switch2]stp instance 1 root secondary
[Switch2]stp instance 2 root primary
```
③Switch3 上的配置
```
[Switch3]stp mode mstp
[Switch3]stp region-configuration
[Switch3-mst-region]region-name RG1
[Switch3-mst-region]instance 1 vlan 10
[Switch3-mst-region]instance 2 vlan 20
[Switch3-mst-region]active region-configuration
[Switch3-mst-region]quit
```
④ Switch4 上的配置与 Switch3 相同，请参考 Switch3 上的配置

4. 配置 VRRP

在 Switch1 和 Switch2 上分别创建两个 VRRP 备份组，并配置备份组对应的虚拟路由器 IP 地址。设置 Switch1 在备份组 1 中的优先级为 120、抢占延迟为 20 秒；设置 Switch2 在备份组 2 中的优先级为 120、抢占延迟为 20 秒，配置命令如下。

① Switch1 上的 VRRP 配置
```
[Switch1]interface Vlanif 10
[Switch1-Vlanif10]vrrp vrid 1 virtual-ip 192.168.10.1
[Switch1-Vlanif10]vrrp vrid 1 priority 120
[Switch1-Vlanif10]vrrp vrid 1 preempt-mode timer delay 20
[Switch1-Vlanif10]quit
[Switch1]interface Vlanif 20
[Switch1-Vlanif20]vrrp vrid 2 virtual-ip 192.168.20.1
[Switch1-Vlanif20]quit
```
②Switch2 上的 VRRP 配置
```
[Switch2]interface Vlanif 10
[Switch2-Vlanif10]vrrp vrid 1 virtual-ip 192.168.10.1
[Switch2-Vlanif10]quit
[Switch2]interface Vlanif 20
[Switch2-Vlanif20]vrrp vrid 2 virtual-ip 192.168.20.1
[Switch2-Vlanif20]vrrp vrid 2 priority 120
[Switch2-Vlanif20]vrrp vrid 2 preempt-mode timer delay 20
```

```
[Switch2-Vlanif20]quit
```

完成以上配置后,在 Switch1 和 Switch2 上查看 VRRP 的运行结果,结果如下。

① 在 Switch1 上执行 display vrrp 命令

```
[Switch1]display vrrp
  Vlanif10|Virtual Router 1
  State : Master
    Virtual IP :192.168.10.1
    Master IP :192.168.10.251
    PriorityRun : 120
    PriorityConfig : 120
    MasterPriority : 120
    Preempt : YES   Delay Time : 20 s
    TimerRun : 1 s
    TimerConfig : 1 s
    Auth type : NONE
    Virtual MAC : 0000-5e00-0101
    Check TTL : YES
    Config type : normal-vrrp
    Create time : 2024-02-05 16:39:23 UTC-08:00
    Last change time : 2024-02-05 16:39:55 UTC-08:00

  Vlanif20|Virtual Router 2
  State : Backup
    Virtual IP :192.168.20.1
    Master IP :192.168.20.252
    PriorityRun : 100
    PriorityConfig : 100
    MasterPriority : 120
    Preempt : YES   Delay Time : 0 s
    TimerRun : 1 s
    TimerConfig : 1 s
    Auth type : NONE
    Virtual MAC : 0000-5e00-0102
    Check TTL : YES
    Config type : normal-vrrp
    Create time : 2024-02-05 16:39:23 UTC-08:00
    Last change time : 2024-02-05 16:55:23 UTC-08:00
```

② 在 Switch2 上执行 display vrrp brief 命令

```
[Router2]display vrrp
[Switch2]display vrrp brief
VRID   State        Interface          Type      Virtual IP
--------------------------------------------------------------------------------
1      Backup       Vlanif10           Normal    192.168.10.1
2      Master       Vlanif20           Normal    192.168.20.1
--------------------------------------------------------------------------------
Total:2   Master:1   Backup:1   Non-active:0
```

由以上输出结果可以看出：Switch1 为备份组 1 的 Master 设备和备份组 2 的 Backup 设备；Switch2 为备份组 2 的 Master 设备和备份组 1 的 Backup 设备。

此时，财务处主机（PC1、PC3）通过网关设备 Switch1 访问外网，而人事处主机（PC2、PC4）通过网关设备 Switch2 访问外网，如下所示。

```
PC3>tracert 192.168.20.14
traceroute to 192.168.20.14, 8 hops max
(ICMP), press Ctrl+C to stop
1  192.168.10.251   47 ms   31 ms   47 ms
2  192.168.20.14    78 ms   110 ms  109 ms

PC2>tracert 192.168.10.13
traceroute to 192.168.10.13, 8 hops max
(ICMP), press Ctrl+C to stop
1  192.168.20.252   110 ms  31 ms   47 ms
2  192.168.10.13    218 ms  94 ms   110 ms
```

5. 模拟网关设备故障，查看 Master 和 Backup 之间的切换

关闭 Switch1 的电源，模拟 Switch1 出现故障。然后再在 Switch2 上执行 display vrrp 命令查看 VRRP 状态信息，可以看到 Switch2 在备份组 1 和备份组 2 中的状态都是 Master。

```
[Switch2]display vrrp
  Vlanif10|Virtual Router 1
    State : Master
    Virtual IP :192.168.10.1
    Master IP :192.168.10.252
    PriorityRun : 100
    PriorityConfig : 100
    MasterPriority : 100
    Preempt : YES   Delay Time : 0 s
    TimerRun : 1 s
    TimerConfig : 1 s
    Auth type : NONE
    Virtual MAC : 0000-5e00-0101
    Check TTL : YES
    Config type : normal-vrrp
    Create time : 2024-02-05 15:09:20 UTC-08:00
    Last change time : 2024-02-05 17:06:51 UTC-08:00

  Vlanif20|Virtual Router 2
    State : Master
    Virtual IP :192.168.20.1
    Master IP :192.168.20.252
    PriorityRun : 120
    PriorityConfig : 120
    MasterPriority : 120
    Preempt : YES   Delay Time : 20 s
    TimerRun : 1 s
```

```
TimerConfig : 1 s
Auth type : NONE
Virtual MAC : 0000-5e00-0102
Check TTL : YES
Config type : normal-vrrp
Create time : 2024-02-05 15:10:21 UTC-08:00
Last change time : 2024-02-05 16:55:23 UTC-08:00
```

8.6 项目总结与拓展

本项目主要介绍了 VRRP 的功能、原理和配置。

VRRP 可以让多台路由设备共享同一个网关地址,这样,如果一台设备出现故障,另一台设备可自动承担网关的角色。

VRRP 将局域网内的一组路由器划分在一起,组成一个备份组。备份组内的路由器根据优先级选举出 Master 设备,承担网关功能,如果路由器优先级相同,则比较接口的主 IP 地址,主 IP 地址大的就成为 Master 路由器。其他路由器作为 Backup 路由器,当 Master 设备发生故障时,取代 Master 继续履行网关职责,从而保证网络内的主机不间断地与外部网络进行通信。

走进华为
ICT 大赛

8.7 习题

1. 选择题

(1) 以下关于 VRRP 的说法中,不正确的是(　　)。

A. VRRP 是一种虚拟冗余网关协议

B. VRRP 可以实现 HSRP 的功能

C. VRRP 组不能支持认证

D. VRRP 组的虚拟 IP 地址可以作为 PC 的网关

(2) 在 VRRP 的状态转换过程中,如果路由器收到一个比自己本地优先级高的 VRRP 报文,则会转换状态为(　　)。

A. Initialize   B. Backup

C. Master   D. 以上都不是

(3) VRRP 配置中,如果 VRRP 组中的虚拟地址配置为某路由器的接口地址,那么此路由器的优先级为(　　)。

A. 255   B. 100

C. 1   D. 244

(4) VRRP 使用的组播地址是(　　)。

A. 224.0.0.5   B. 224.0.0.9

C. 224.0.0.18   D. 224.0.0.28

(5) 观察图 8-9,以下描述正确的是(　　)。

```
[Router]display vrrp
    GigabitEthernet0/0/0 | Virtual Router 1
        State : Master
        Virtual IP : 192.168.1.1
        Master IP : 192.168.1.2
        PriorityRun : 120
        PriorityConfig : 120
        MasterPriority : 120
        Preempt : YES    Delay Time : 20 s
        TimerRun : 1 s
        TimerConfig : 1 s
        Auth type : NONE
        Virtual MAC : 0000-5e00-0101
        Check TTL : YES
        Config type : normal-vrrp
        Backup-forward : disabled
        Track IF : GigabitEthernet0/0/1    Priority reduced : 50
        IF state : UP
        Create time : 2018-02-10 18:15:05 UTC-08:00
        Last change time : 2018-02-10 20:18:20 UTC-08:00
```

图 8-9　题图

A. 此路由器为 Master 设备，VRRP 通告间隔为 1 秒，抢占模式已关闭

B. 虚拟 IP 地址为 192.168.1.2，抢占延迟为 1 秒，优先级为 120

C. Master 设备的 IP 地址是 192.168.1.2，即本地路由器，优先级为 120，验证已启用

D. Master 设备通告间隔为 1 秒，监视接口状态为 UP，优先级降低值为 50

（6）下列关于 VRRP 的描述中，错误的是哪一项？

A. 在使用协议时，需要在路由器上配置虚拟路由器号和虚拟 IP 地址，直接使用主用路由器的真实 MAC 地址，这样在这个网络中就加入了一个虚拟路由器

B. VRRP 是一种冗余备份协议，为具有组播或广播能力的局域网（如以太网）设计，保证当局域网内主机的下一跳路由器设备出现故时，可以及时地由另一台路由器来代替，从而保持网络通信的连续性和可靠性

C. 一个虚拟路由器由一个主路由器和若干个备份路由器组成，主路由器实现真正的转发功能，当主路由器出现故障时，一个备份路由器将成为新的主路由器并接替它的工作

D. 对于网络上的主机与虚拟路由器的通信，不需要了解这个网络上物理路由器的所有信息

（7）在华为路由器上，以下哪一项命令用来配置 VRRP 抢占延迟？

A. vrrp vrid 1 timer delay 20

B. vrrp vrid 1 preempt-timer 20

C. vrrp vrid 1 preempt-delay 20

D. vrrp vrid 1 preempt-mode timer delay 20

（8）在配置 VRRP 时，VRID 为 3，虚拟 IP 地址为 1.1.1.1，那么虚拟 MAC 地址是下面哪一项？

A. 0100-5e00-0164

B. 0000-5e00-0103

C. 0000-5e00-0164

D. 0100-5e00-0103

（9）下面关于 VRRP 负载分担的描述中,错误的是哪一项?

A. 同一台 VRRP 设备在加入多个备份组时的优先级应保持一致

B. VRRP 负载与 VRRP 主备备份的报文协商过程一致

C. 为保证业务正常,每个 VRRP 备份组中有且只有一个 Master 设备

D. 一台 VRRP 设备可担任多个备份组的 Master 设备

（10）下列关于 VRRP 的描述中,错误的是(   )。

A. VRRP 根据优先级来确定虚拟路由器中每台路由器的地位

B. 如果 Backup 路由器工作在非抢占方式下,则只要 Master 路由器没有出现故障,Backup 路由器即使随后被配置了更高的优先级也不会成为 Master 路由器

C. 如果已经存在 Master,Backup 也会进行抢占

D. 当两台优先级相同的路由器同时竞争 Master 时,应比较接口 IP 地址大小,接口 IP 地址大者当选为 Master

2. 问答题

（1）VRRP 的主要功能是什么?

（2）VRRP 负载均衡是如何实现的?

（3）VRRP 支持哪些认证方式?

（4）VRRP 路由器有哪三种状态?

（5）VRRP 是如何进行选举的?

项目 9 访问控制列表的应用与配置

9.1 项目介绍

要增强网络安全性，就要令网络设备具备控制某些访问或某些数据的能力。访问控制列表（Access Control List，ACL）就是一种被广泛使用的网络安全技术。

ACL 实际上是一组有序的关于数据包过滤的规则，通过一系列的匹配条件对数据报文进行过滤。另外，由 ACL 定义的报文匹配规则，可以被其他需要对数据报文进行区分的场合引用，如 QoS 的数据分类、网络地址转换等。

9.2 学习目标

（1）了解 ACL 的定义及应用。
（2）掌握 ACL 包过滤的工作原理。
（3）掌握 ACL 的分类及应用。
（4）能够配置基本 ACL 和高级 ACL。
（5）培养网络安全意识，树立责任担当意识。

9.3 相关知识

◆ 9.3.1 ACL 概述

ACL 是用来实现数据识别功能的。为了实现数据识别，网络设备需要配置一系列的匹配条件对报文进行分类。

它的应用非常广泛且非常灵活，在许多领域都可以见到它的身影，比较典型的应用场景如下。

（1）包过滤防火墙（Packet Filter Firewall）功能：网络设备的包过滤防火墙功能用于实现包过滤。配置基于访问控制列表的包过滤防火墙，可以在保证合法用户的报文通过的同时，拒绝非法用户的访问。

（2）NAT（Network Address Translation，网络地址转换）：公网地址的短缺使 NAT 的应用需求旺盛，而通过设置访问控制列表可以规定哪些数据包需要进行地址转换。

（3）QoS（Quality of Service，服务质量）的数据分类：QoS 是指网络转发数据报文的服务品质,新业务的不断涌现对 IP 网络的服务品质提出了更高的要求,用户已不再满足于简单地将报文送达目的地,而是希望得到更好的服务,诸如为用户提供专用带宽、减少报文的丢失率等。QoS 可以通过 ACL 实现数据分类,并进一步对不同类别的数据提供有差别的服务。

(4)路由策略和过滤:路由器在发布与接收路由信息时,可能需要实施一些策略,以便对路由信息进行过滤,比如,路由器可以通过引用 ACL 来对匹配路由信息的目的网段地址实施路由过滤,过滤掉不需要的路由而只保留必需的路由。

(5)按需拨号:配置路由器建立 PSTN/ISDN 等按需拨号连接时,需要配置触发拨号行为的数据,即只有需要发送某类数据时路由器才会发起拨号连接。这种对数据的匹配也通过配置和引用 ACL 来实现。

本项目主要讲解路由器基于 ACL 的包过滤防火墙的工作原理。

◆ 9.3.2 基于 ACL 的包过滤

默认情况下,一旦配置好路由选择协议,路由器允许任何分组从一个接口传送到另一个接口。但在实际应用中,出于对安全或流量策略的考虑,需要实施一些策略来限制流量的传送。通过在路由器上使用 ACL 可以影响流量从一个接口传送到另一接口。

1. ACL 实现包过滤功能的基本原理

ACL 是在路由器上实现包过滤防火墙功能的核心,它实际上是在路由器上定义的应用在网络接口上的一组有序的关于数据包过滤的规则。利用 ACL 可以在路由器接口上对进入、离开网络的数据包进行过滤,从而实现允许或禁止具有某一类特征的数据包进入网络或离开网络。

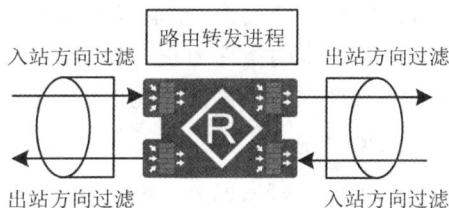

图 9-1　ACL 包过滤基本工作原理

如图 9-1 所示,ACL 配置在路由器的接口上,并且具有方向性。每个接口的出站方向和入站方向均可配置独立的 ACL 进行包过滤。

当数据包被路由器接收时,就会受到入接口上入站方向的 ACL 过滤;反之,当数据包即将从一个接口发出时,就会受到出接口上出站方向的 ACL 过滤。当然,如果该接口的该方向上没有应用 ACL,数据包会直接通过,而不会被过滤。

一个 ACL 可以包含多条过滤规则,每条过滤规则都定义了一个匹配条件及相应动作。ACL 规则的匹配条件主要包括数据包的源 IP 地址、目的 IP 地址、协议类型、源端口号、目的端口号等,另外还可以有 IP 优先级、分片数据包位、MAC 地址、VLAN 优先级等。不同分类的 ACL 所包含的匹配条件不同。ACL 过滤规则的动作有两个:允许(permit)和拒绝(deny)。

ACL 的一个局限是,它不能过滤路由器自己产生的流量。例如,当从路由器上执行 ping 或 traceroute 命令,或者从路由器上 telnet 到其他设备时,应用到此路由器接口的 ACL 无法对这些流量进行过滤。然而,如果外部设备要 ping、traceroute 或 telnet 到此路由器,或者通过此路由器到达远程接收站,路由器可以过滤这些数据流。

2. 入站 ACL

当路由器收到一个数据包时,如果入接口的入站方向没有应用 ACL,则数据包直接被提交给路由转发进程去处理;如果入接口的入站方向应用了 ACL,则将数据包交给入站

ACL 进行过滤。

入站 ACL 过滤数据包的过程如下。

（1）系统用 ACL 中的第一条过滤规则来匹配数据包中的信息。如果数据包中的信息符合此规则的条件，则执行规则所设定的动作。若动作为允许，则允许此数据包进入路由器，并将其提交给路由转发进程去处理；若动作为拒绝，则丢弃此数据包。

（2）如果数据包中的信息不符合此过滤规则的条件，则会继续尝试匹配下一条 ACL 过滤规则。

（3）如果数据包中的信息不符合任何一条过滤规则的条件，则执行隐式允许动作。华为的 ACL 在最后都有一条 permit any，即允许所有报文通过的规则，当前面所有规则都匹配不上时将直接采用最后这条规则，允许通过。

3. 出站 ACL

当路由器准备从某个接口上发出一个数据包时，如果出接口的出站方向上没有应用 ACL，则数据包直接由该接口发出；如果出接口的出站方向上应用了 ACL，则将该数据包交给出站 ACL 进行过滤。

路由器采取自顶向下的方法处理 ACL。当我们把一个 ACL 应用在路由器接口上时，到达该接口的数据包首先和 ACL 中的第一条过滤规则中的条件进行匹配，如果匹配成功则执行规则中包含的动作；如果匹配失败，数据包将向下与下一条规则中的条件匹配，直到它符合某一条规则的条件为止。在访问控制列表的最后，有一条隐含的过滤规则，如果一个数据包与所有规则的条件都不能匹配，它将会强制性地允许这个数据包通过。

4. ACL 的分类

根据所过滤数据包类型的不同，路由器上的 ACL 包含 IPv4 ACL 和 IPv6 ACL，这里我们主要讲述 IPv4 ACL。

ACL 根据不同的划分规则可以有不同的分类。按照创建 ACL 时的命名方式可分为数字型 ACL 和命名型 ACL；创建 ACL 时如果仅指定了个编号，则所创建的是数字型 ACL；创建 ACL 时如果指定了一个名称，则所创建的是命名型 ACL。按照 ACL 功能的不同，又可把 ACL 分为基本 ACL、高级 ACL、二层 ACL 和用户自定义 ACL 这几类，它们的主要区别就是所支持的过滤条件不同，具体说明如表 9-1 所示。

表 9-1　ACL 类型及编号范围

ACL 的类型	编号范围	过滤条件
基本 ACL	2000～2999	只根据报文的源 IP 地址信息制定规则
高级 ACL	3000～3999	既可以根据报文的源 IP 地址，也可以根据目的 IP 地址、IP 优先级、ToS、DSCP、IP 承载的协议类型、ICMP 类型、TCP 源端口/目的端口、UDP 源端口/目的端口号等来制定规则
二层 ACL	4000～4999	根据报文的源 MAC 地址、目的 MAC 地址、VLAN 优先级、二层协议类型等二层信息制定规则
用户自定义 ACL	5000～5999	可根据偏移位置和偏移量从 IP 报文中提取出一段内容进行匹配过滤，应用于一些特定的环境和需求下，如过滤网络中传输的包含某段内容信息的数据报文

5. ACL 中的通配符掩码

当在 ACL 语句中处理 IP 地址时，可以使用通配符掩码（wildcard）来匹配地址范围，而不必手动输入每一个想要匹配的地址。

通配符掩码不是子网掩码。和 IP 地址或子网掩码一样,一个通配符掩码也是由 0 和 1 组成的 32 位比特数,也以点分十进制形式表示。通配符掩码的作用同子网掩码的作用相似,即通过与 IP 地址执行比较操作来标识网络。不同的是,通配符掩码化为二进制后,其中的 1 表示"在比较中可以忽略相应的地址位,不用检查",0 表示"相应的地址位必须被检查"。例如,如果表示网段 192.168.1.0,使用子网掩码来表示是 192.168.1.0 255.255.255.0;但是在 ACL 中,表示相同的网段则是使用通配符掩码 192.168.1.0 0.0.0.255。

在进行 ACL 包过滤时,具体的比较算法如下。

(1) 用 ACL 规则中配置的 IP 地址与通配符掩码做异或(XOR)运算,得到一个地址 X;

(2) 用数据包的 IP 地址与通配符掩码做异或运算,得到一个地址 Y;

(3) 如果 X=Y,则此数据包命中此条规则,反之则未命中此规则。

表 9-2 所示的为一些通配符掩码的应用示例。

表 9-2　通配符掩码应用示例

IP 地址	通配符掩码	表示的地址范围
192.168.1.1	0.0.0.255	192.168.1.0/24
192.168.1.1	0.255.255.255	192.0.0.0/8
192.168.1.1	255.255.255.255	0.0.0.0/0
192.168.1.1	0.0.0.0	192.168.1.1
192.168.1.1	0.0.3.255	192.168.0.0/22
192.168.1.1	0.0.2.255	192.168.1.0/24 和 192.168.3.0/24

在 ACL 中,通配符掩码 0.0.0.0 告诉路由器,ACL 语句中 IP 地址的所有 32 位比特都必须和数据包中的 IP 地址匹配,路由器才能执行该语句的动作。通配符掩码 0.0.0.0 称为主机掩码。通配符掩码 255.255.255.255 表示对 IP 地址没有任何限制,ACL 语句中 IP 地址的所有 32 位比特都不必和数据包中的 IP 地址匹配。

6. ACL 规则的匹配顺序

一个 ACL 可以由多条语句组成,每一条语句描述一条规则。由于每条规则中的报文匹配选项不同,这些规则之间可能存在动作冲突,因此,在将一个报文与 ACL 的各条规则进行匹配时,需要有明确的匹配顺序来确定规则执行的优先级。

华为设备的 ACL 规则匹配顺序有"配置顺序"和"自动排序"两种。当将一个数据包与访问控制列表的规则进行匹配的时候,由规则的匹配顺序设置决定规则的优先级。

(1) 配置顺序:用户指定了规则编号时,按照规则编号的大小顺序进行匹配。我们可利用这一特点在原来规则前、后或者中间插入新的规则,以修改原来的规则匹配结果。因此,后插的规则如果编号较小也有可能先被匹配。缺省采用配置顺序进行匹配。

(2) 自动排序:按照"深度优先"原则由深到浅进行匹配。"深度优先"即根据规则的精确度排序,匹配条件(如协议类型、源和目的 IP 地址范围等)限制越严格,越精确,优先级越高。若"深度优先"的顺序相同,则匹配该规则时按规则编号从小到大排列。

9.3.3　ACL 的配置命令

ACL 包过滤配置任务包括如下内容。

（1）根据需要选择合适的 ACL 分类：不同的 ACL 分类所能配置的报文匹配条件是不同的，应该根据实际情况的需要来选择合适的 ACL 分类，比如，如果防火墙只需要过滤来自特定网络的 IP 报文，那么选择基本 ACL 就可以了；如果需要过滤上层协议应用，那么就需要用到高级 ACL。

（2）配置 ACL 生效的时间段（可选）：时间段用于描述一个 ACL 发生作用的特殊时间范围。用户可能有这样的需求，即一些 ACL 规则需要在某个或某些特定时间段生效，而在其他时间段不生效。例如某单位严禁员工在上班时间浏览非工作网站，而下班后则允许通过指定设备浏览娱乐网站，此时就可以对 ACL 规则约定生效时间段。这时用户就可以先配置一个或多个时间段，然后通过配置规则引用对应时间段，从而实现基于时间段的 ACL 过滤。但如果规则中引用的时间段未配置，则整个规则不能立即生效，直到用户配置了引用的时间段，并且系统时间在指定时间段范围内，ACL 规则才能生效。

（3）创建规则，设置匹配条件及相应的动作（permit/deny）：要注意定义正确的通配符掩码以命中需要匹配的 IP 地址范围；选择正确的协议类型、端口号来命中需要匹配的上层协议应用并给每条规则选择合适的动作，如果一条规则不能满足需求，那么还需要配置多条规则并注意规则之间的排列顺序。

（4）在路由器的接口应用 ACL，并指明是对入接口还是出接口的报文进行过滤：只有在路由器的接口上应用了 ACL 后，包过滤防火墙才会生效，另外，对于接口来说，可分为入接口的报文和出接口的报文，所以还需要指明是对哪个方向的报文进行过滤。

**基本 ACL 原理
及配置**

1. 基本 ACL 的配置命令

基本 ACL 所依据的判断条件是数据包的源 IP 地址，它只能过滤来自某个网络或主机的数据包，功能有限，但方便易用，如图 9-2 所示。

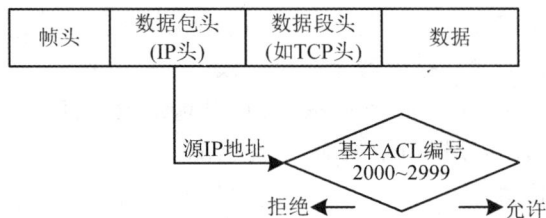

图 9-2　基本 ACL

（1）创建基本 ACL。

可以创建数字型或者命名型基本 ACL。在系统视图下使用如下命令可创建一个数字型基本 ACL 并进入基本 ACL 视图。

acl［**number**］*acl-number*［**match-order**〈**auto**｜**config**〉］

命令中的参数和选项说明如下。

① **number**：可选项，缺省是数字型的，所以可以不选择此可选项。

② *acl-number*：用来指定基本 ACL 编号，取值范围是 2000～2999。

③ **match-order**〈**auto**｜**config**〉：可选项，用来指定规则的匹配顺序。二选一选项 **auto** 表示按照自动排序的顺序（即按"深度优先"原则）进行规则匹配，若"深度优先"的顺序相同，则按规则号由小到大的顺序进行规则匹配；二选一选项 **config** 表示按照配置顺序进行规则匹配，即在用户没有指定规则编号时按用户的配置顺序进行匹配；如果用户指定了规则编号，则按规则编号由小到大的顺序进行匹配。缺省情况下，规则的匹配顺序为配置顺序。

在系统视图下使用如下命令创建一个命名型的基本 ACL 并进入基本 ACL 视图。

acl name *acl-name* 〈**basic**│*acl-number* 〉［**match-order** 〈**auto**│**config**〉］

在该命令中，参数 *acl-name* 为创建的 ACL 的名称；**basic** 为二选一选项，指定 ACL 的类型为基本 ACL。此时设备为其分配的 ACL 编号是该类型 ACL 可用编号中的最大值。设备不会为命名型 ACL 重复分配编号。*acl-number* 为二选一参数，其取值范围也是 2000～2999。

（2）配置基本 ACL 规则。

在 ACL 视图下，使用如下命令配置基本 ACL 规则。如果需要配置多个规则，可以反复执行本命令。

rule［*rule-id*］〈**deny**│**permit**〉［**source** 〈*source-address source-wildcard*│**any**〉│**fragment**│
logging│**time-range** *time-range-name*］

该命令中的参数和选项说明如下。

① *rule-id*：可选参数，用来指定基本 ACL 规则号，取值范围为 0～4294967294。如果指定的规则号的规则已经存在，则会在旧规则的基础上叠加新定义的规则，相当于编辑一个已经存在的规则；如果指定的规则号的规则不存在，则使用指定的规则号创建一个新规则，并且按照规则号的大小决定规则插入的位置。如果不指定本参数，则增加一个新规则时设备会自动为这个规则分配一个规则号。系统自动分配规则号时会留有一定的空间，相邻规则号的范围由 **step** *step* 命令指定。

② **deny**：二选一选项，设置拒绝型操作，表示拒绝符合条件的报文通过。

③ **permit**：二选一选项，设置允许型操作，表示允许符合条件的报文通过。

④ **source** 〈 *source-address source-wildcard*│**any**〉：可多选项，指定规则的源地址信息。二选一参数 *source-address source-wildcard* 表示报文的源 IP 地址和通配符掩码；二选一选项 **any** 表示任意源 IP 地址。

⑤ **fragment**：可多选项，表示该规则仅对非首片分片报文有效，而对非分片报文和首片分片报文无效。如果没有指定本参数，则表示该规则对非分片报文和分片报文均有效。

⑥ **logging**：可多选项，指定将该规则匹配的报文的 IP 信息进行日志记录。

⑦ **time-range** *time-range-name*：可多选项，指定该规则生效的时间段。

（3）配置 ACL 生效时间段。

时间段的配置方式包括周期时间段和绝对时间段两种。其中，周期时间段采用每个星期固定时间段的形式，例如从星期一到星期五的 8：00 至 18：00；绝对时间段采用从某年某月某日某时某分起至某年某月某日某时某分结束的形式，例如从 2017 年 12 月 28 日 10：00 起至 2018 年 4 月 28 日 10：00 结束。

在系统视图下，配置 ACL 生效时间段的命令如下。

time-range *time-range-name* 〈*start-time* **to** *end-time days*│**from** *time*1 *data*1［**to** *time*2 *date*2］〉

该命令中的参数和选项说明如下。

① *time-range-name*：定义时间段的名称，作为一个引用时间段的标识。同一名称时间段下面可以配置多个不同的时间段。

② *start-time* **to** *end-time*：二选一参数，指定周期时间段的时间范围，参数 *start-time* 和 *end-time* 分别表示起始时间（开始时间）和结束时间，格式均为 hh：mm（小时：分钟）。hh 的取值范围为 0～23，mm 的取值范围为 0～59，且结束时间必须大于起始时间。

③ *days*：与上面的"*start-time* **to** *end-time*"参数一起构成一个二选一参数，指定周期时间段在每周的周几生效。

④ *time1 data1*：二选一参数，指定绝对时间段的开始日期，表示到某一天某一时间开始。它的表示形式为 hh:mm YYYY/MM/DD（小时:分钟 年/月/日）或 hh:mm MM/DD/YYYY（小时:分钟 月/日/年）。

⑤ *time2 data2*：可选参数，指定绝对时间段的结束日期，表示到某一天某一时间结束。它的表示形式为 hh:mm YYYY/MM/DD（小时:分钟 年/月/日）或 hh:mm MM/DD/YYYY（小时:分钟 月/日/年）。

2. 高级 ACL 的配置命令

高级 ACL 原理及配置

高级 ACL 语句所依据的判断条件是数据包的源 IP 地址、目的 IP 地址、协议类型、源端口、目的端口，以及在特定报文字段中允许进行特殊位比较的各种选项。在判断条件上，高级 ACL 具有比基本 ACL 更加灵活的优势，能够完成很多基本 ACL 不能够完成的工作，如图 9-3 所示。

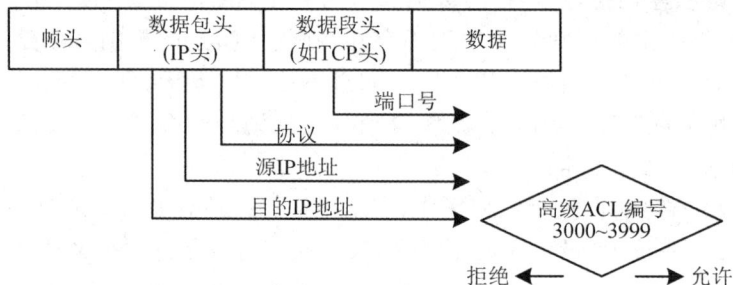

图 9-3　高级 ACL

（1）创建高级 ACL。

在高级 ACL 的创建中，同样可以创建数字型的或者命名型的 ACL。在系统视图下使用如下命令可创建一个数字型的高级 ACL。

acl〔**number**〕*acl-number*〔**match-order**〈**auto**|**config**〉〕

在该命令中，参数 *acl-number* 用来指定高级 ACL 编号，取值范围是 3000～3999。

如果要创建一个命名型的高级 ACL，则需要在系统视图下使用如下命令。

acl name *acl-name*〈**advance**|**acl-number**〉〔**match-order**〈**auto**|**config**〉〕

在该命令中，**advance** 为二选一选项，指定 ACL 的类型为高级 ACL，*acl-number* 为二选一参数，其取值范围也是 3000～3999。

（2）配置高级 ACL 规则。

高级 ACL 规则的配置比基本 ACL 规则的配置复杂很多，因为可以用来匹配的过滤条件参数非常多，而且基本上是可同时配置的。在 ACL 视图下，使用如下命令配置高级 ACL 规则。如果需要配置多个规则，可以反复执行本命令。

rule〔*rule-id*〕〈**deny**|**permit**〉〈*protocol-number*|*protocol*〉〔**destination**〈*destination-address destination-wildcard*|**any**〉|**destination-port** *operator port1*〔*port2*〕**fragment**|**logging**|**source**〈*source-address source-wildcard*|**any**〉|**destination-port** *operator port1*〔*port2*〕|**time-range** *time-range-name*〕

该命令中的参数和选项说明如下。

① *rule-id*：可选参数，用来指定规则号，取值范围为 0～4294967294。

② **deny**｜**permit**：二选一选项，设置拒绝型或允许型操作，表示拒绝或允许符合条件的报文通过。

③ *protocol-number*｜*protocol*：IP 承载的协议号（取值范围为 0～255）与 IP 承载的协议类型（如 ICMP、TCP、UDP、GRE、OSPF 等）。

④ **destination**{*destination-address destination-wildcard*｜**any**}：可多选项，指定规则的目的地址信息。二选一参数 *destination-address destination-wildcard* 表示报文的目的 IP 地址和通配符掩码；二选一选项 **any** 表示任意目的 IP 地址。

⑤ *operator*：端口操作符，取值可以为 **eq**(等于)、**lt**(小于)、**gt**(大于)、**range**(在范围内，包括边界值)。只有操作符 **range** 需要两个端口号作为操作数，其他的只需要一个端口号作为操作数。

⑥ *port*1［*port*2］：TCP 或 UDP 的端口号，用数字表示时，取值范围为 0～65535，也可以用名字表示。

⑦ **fragment**：可多选项，表示该规则仅对非首片分片报文有效，而对非分片报文和首片分片报文无效。如果没有指定本参数，则表示该规则对非分片报文和分片报文均有效。

⑧ **logging**：可多选项，指定将该规则匹配的报文的 IP 信息进行日志记录。

⑨ **source**{ *source-address source-wildcard*｜**any**}：可多选项，指定规则的源地址信息。二选一参数 *source-address source-wildcard* 表示报文的源 IP 地址和通配符掩码；二选一选项 **any** 表示任意源 IP 地址。

⑩ **time-range** *time-range-name*：可多选项，指定该规则生效的时间段。

3. 应用 ACL 的配置命令

在建立了访问控制列表之后，如果不将其应用在接口上，访问控制列表是不进行任何处理的。将 ACL 应用在接口上的命令如下：

traffic-filter｛ **inbound**｜**outbound** ｝ **acl**｛ *acl-number*｜**name** *acl-name*｝

在接口视图下配置这条命令可以建立安全过滤器或流量过滤器，并且可以应用于进出流量。其中，关键字 **inbound** 表示过滤接口接收的数据包，**outbound** 表示过滤接口转发的数据包。可使用 **traffic-filter** 命令在路由器接口上应用 ACL，如图 9-4 所示。

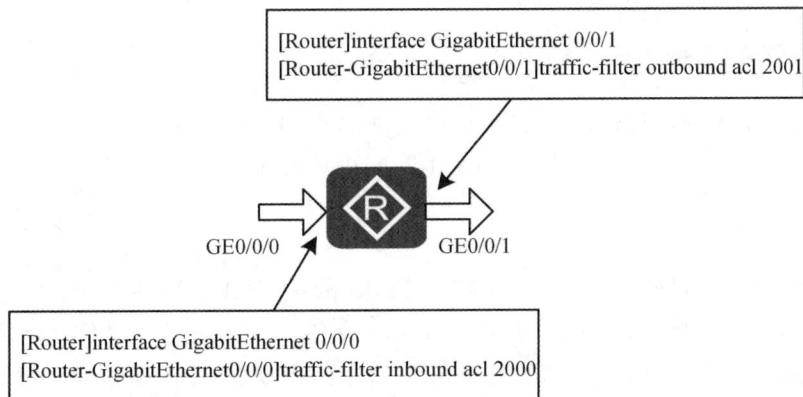

```
[Router]interface GigabitEthernet 0/0/1
[Router-GigabitEthernet0/0/1]traffic-filter outbound acl 2001
```

GE0/0/0   ⟨R⟩   GE0/0/1

```
[Router]interface GigabitEthernet 0/0/0
[Router-GigabitEthernet0/0/0]traffic-filter inbound acl 2000
```

图 9-4　使用 traffic-filter 命令在路由器接口上应用 ACL

图 9-4 中的 ACL 2000 过滤进入接口 GE0/0/0 的 IP 数据包，它对于出站数据包和其他协议(如 IPX)产生的数据包不起作用。ACL 2001 过滤离开接口 GE0/0/1 的 IP 数

据包,它对于入站数据包和其他协议产生的数据包不起作用。注意,多个接口可以调用相同的访问控制列表,但是在任意一个接口上,对每一种协议仅能有一个进入和离开的访问控制列表。

在将 ACL 应用到设备接口时,要注意设备接口的位置和 ACL 要过滤的数据包的流向。应尽可能地把 ACL 放置在离要被拒绝的通信流量来源最近的地方。即按照将 ACL 应用到最靠近数据包流向的接口的原则来布置 ACL,以减少不必要的网络流量,如图 9-5 所示。

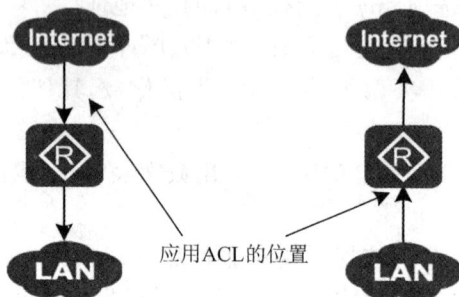

图 9-5　ACL 应用位置示意图

例如,在路由器上应用 ACL,如果要对流入局域网的数据包进行过滤,则应将 ACL 应用在靠近数据包流向的接口,即路由器的广域网接口;如果要对流出局域网的数据包进行过滤,则应将 ACL 应用在路由器的局域网接口。这样做可减少路由器的负担,提高网络的性能,因为如果将过滤流入局域网的数据包的 ACL 应用到路由器局域网接口的出站方向,尽管也可以起到同样的作用,但路由器不得不对那些将被过滤掉的数据包进行拆包、重新打包、确定路由路径,然后转发。这种转发是没有意义的,因为即使转发过去,这些数据包也注定要被抛弃,白白浪费了路由器宝贵的资源。对于流出局域网的数据包的过滤,也会存在同样的问题。

9.4　【任务1】配置基本 ACL

9.4.1　任务描述

A 高校的安全管理员通过安全监控系统发现恶意 IP 地址 103.107.198.238 经常会尝试攻击学校的服务器。现在需要在出口路由器上阻止该 IP 地址进入校园网。

9.4.2　任务分析

A 高校的校园出口网络拓扑如图 9-6 所示。Router1 是出口网关,向运营商申请的宽带接在 S1/0/0 接口上。Router2 模拟的是 Internet 设备。PC3（模拟恶意终端）接在 Router2 的 GE 0/0/1 接口上。在 Router1 的 S1/0/0 接口上使用 ACL 阻止该恶意 IP 地址的访问即可解决此需求。

交换机 VLAN 规划表如表 9-3 所示。

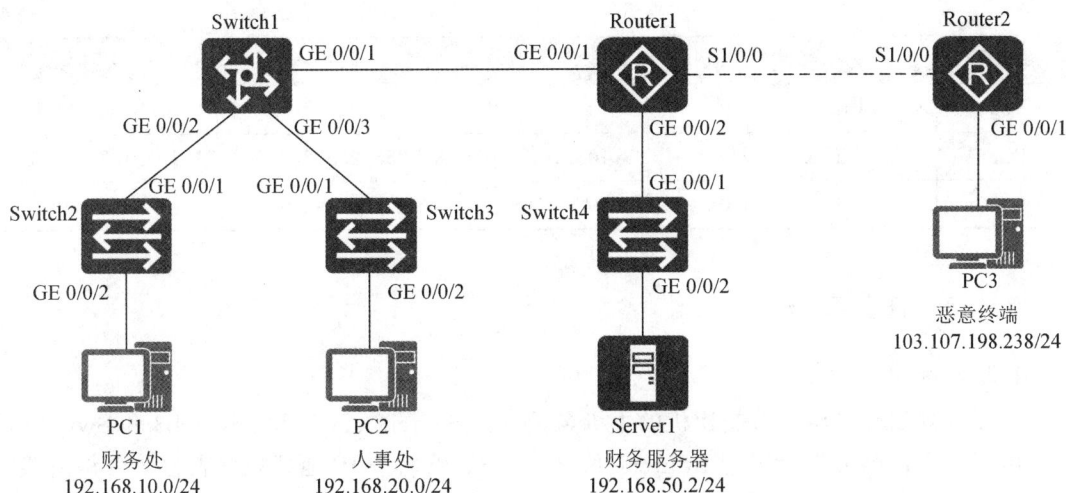

图 9-6　ACL 配置的网络拓扑

表 9-3　交换机 VLAN 规划表

设备	VLAN ID	端口范围	连接的设备
Switch1	11	GE0/0/1	Router1
	Trunk	GE0/0/2	Switch2
	Trunk	GE0/0/3	Switch3
Switch2	Trunk	GE0/0/1	Switch1
	10	GE0/0/2	PC1
Switch3	Trunk	GE0/0/1	Switch1
	20	GE0/0/2	PC2
Switch4	50	GE0/0/1	Router1
	50	GE0/0/2	Server1

IP 地址规划表如表 9-4 所示。

表 9-4　IP 地址规划表

设备	接口	IP 地址/子网掩码		默认网关
Switch1	VLANIF　10	192.168.10.1	255.255.255.0	N/A
	VLANIF　11	192.168.11.1	255.255.255.0	N/A
	VLANIF　20	192.168.20.1	255.255.255.0	N/A
Router1	GE 0/0/1	192.168.11.2	255.255.255.0	N/A
	GE 0/0/2	192.168.50.1	255.255.255.0	N/A
	S1/0/0	202.100.10.1	255.255.255.0	202.100.10.10
Router2	S1/0/0	202.100.10.10	255.255.255.0	N/A
	GE 0/0/1	103.107.198.1	255.255.255.0	N/A
PC1	Ethernet0/0/0	192.168.10.2	255.255.255.0	192.168.10.1

路由交换技术
(第 2 版)

设备	接口	IP 地址/子网掩码	默认网关
PC2	Ethernet0/0/0	192.168.20.2　255.255.255.0	192.168.20.1
PC3	Ethernet0/0/0	103.107.198.238　255.255.255.0	103.107.198.1
Server1	Ethernet0/0/0	192.168.50.2　255.255.255.0	192.168.50.1

◆ **9.4.3　任务实施**

1. 基本配置

首先按规划分别将 4 台交换机的主机名设置为 Switch1、Switch2、Switch3 和 Switch4,2 台路由器的主机名分别设置为 Router1 和 Router2。然后按 IP 地址规划表为 2 台路由器的接口配置 IP 地址和子网掩码,为 PC1、PC2、PC3 和 Server1 配置 IP 地址、子网掩码和网关。

2. 配置 VLAN 和 VLAN 间路由

在交换机 Switch1、Switch2、Switch3 和 Switch4 上划分 VLAN 并配置 VLAN 间路由,配置命令如下。

```
① Switch1 上的配置
[Switch1]vlan batch 10 11 20
[Switch1]interface GigabitEthernet 0/0/1
[Switch1-GigabitEthernet0/0/1]port link-type access
[Switch1-GigabitEthernet0/0/1]port default vlan 11
[Switch1-GigabitEthernet0/0/1]quit
[Switch1]interface GigabitEthernet 0/0/2
[Switch1-GigabitEthernet0/0/2]port link-type trunk
[Switch1-GigabitEthernet0/0/2]port trunk allow-pass vlan 10
[Switch1-GigabitEthernet0/0/2]quit
[Switch1]interface GigabitEthernet 0/0/3
[Switch1-GigabitEthernet0/0/3]port link-type trunk
[Switch1-GigabitEthernet0/0/3]port trunk allow-pass vlan 20
[Switch1-GigabitEthernet0/0/3]quit
[Switch1]interface Vlanif 10
[Switch1-Vlanif10]ip address 192.168.10.1 255.255.255.0
[Switch1-Vlanif10]quit
[Switch1]interface Vlanif 11
[Switch1-Vlanif11]ip address 192.168.11.1 255.255.255.0
[Switch1-Vlanif11]quit
[Switch1]interface Vlanif 20
[Switch1-Vlanif20]ip address 192.168.20.1 255.255.255.0
[Switch1-Vlanif20]quit
② Switch2 上的配置
[Switch2]vlan 10
[Switch2]interface GigabitEthernet 0/0/1
[Switch2-GigabitEthernet0/0/1]port link-type trunk
[Switch2-GigabitEthernet0/0/1]port trunk allow-pass vlan 10
[Switch2-GigabitEthernet0/0/1]quit
```

```
[Switch2]interface GigabitEthernet 0/0/2
[Switch2-GigabitEthernet0/0/2]port link-type access
[Switch2-GigabitEthernet0/0/2]port default vlan 10
[Switch2-GigabitEthernet0/0/2]quit
③ Switch3 上的配置
[Switch3]vlan 20
[Switch3]interface GigabitEthernet 0/0/1
[Switch3-GigabitEthernet0/0/1]port link-type trunk
[Switch3-GigabitEthernet0/0/1]port trunk allow-pass vlan 20
[Switch3-GigabitEthernet0/0/1]quit
[Switch3]interface GigabitEthernet 0/0/2
[Switch3-GigabitEthernet0/0/2]port link-type access
[Switch3-GigabitEthernet0/0/2]port default vlan 20
[Switch3-GigabitEthernet0/0/2]quit
④ Switch4 上的配置
[Switch4]vlan 50
[Switch4]interface GigabitEthernet 0/0/1
[Switch4-GigabitEthernet0/0/1]port link-type access
[Switch4-GigabitEthernet0/0/1]port default vlan 50
[Switch4-GigabitEthernet0/0/1]quit
[Switch4]interface GigabitEthernet 0/0/2
[Switch4-GigabitEthernet0/0/2]port link-type access
[Switch4-GigabitEthernet0/0/2]port default vlan 50
[Switch4-GigabitEthernet0/0/2]quit
```

3. 路由协议配置

在 Switch1 和 Router1 上运行 OSPF 路由协议来互相学习对方的路由。另外,Router1 是 A 高校的出口网关,需要有到达 Internet 所有网段的路由,通过配置静态默认路由即可达到此目的,配置命令如下。

```
① Switch1 上的配置
[Switch1]ospf 1 router-id 2.2.2.2
[Switch1-ospf-1]area 0
[Switch1-ospf-1-area-0.0.0.0]network 192.168.11.0 0.0.0.255
[Switch1-ospf-1-area-0.0.0.0]network 192.168.10.0 0.0.0.255
[Switch1-ospf-1-area-0.0.0.0]network 192.168.20.0 0.0.0.255
[Switch1-ospf-1-area-0.0.0.0]quit
[Switch1-ospf-1]quit
② Router1 上的配置
[Router1]ip route-static 0.0.0.0 0.0.0.0 202.100.10.10
[Router1]ospf 1 router-id 1.1.1.1
[Router1-ospf-1]area 0
[Router1-ospf-1-area-0.0.0.0]network 192.168.11.0 0.0.0.255
[Router1-ospf-1-area-0.0.0.0]network 192.168.50.0 0.0.0.255
[Router1-ospf-1-area-0.0.0.0]quit
[Router1-ospf-1]quit
```

完成以上配置后,使用 PC1 和 PC2 去访问 Server1(192.168.50.2),都可以正常通信;使用 PC3 去访问 202.100.10.1,可以正常通信。使用 ping 命令进行测试的结果如下。

```
PC1>ping 192.168.50.2

Ping 192.168.50.2: 32 data bytes, Press Ctrl_C to break
From 192.168.50.2: bytes=32 seq=1 ttl=126 time=78 ms
From 192.168.50.2: bytes=32 seq=2 ttl=126 time=109 ms
From 192.168.50.2: bytes=32 seq=3 ttl=126 time=79 ms
From 192.168.50.2: bytes=32 seq=4 ttl=126 time=93 ms
From 192.168.50.2: bytes=32 seq=5 ttl=126 time=110 ms

---192.168.50.2 ping statistics---
  5 packet(s) transmitted
  5 packet(s) received
  0.00%  packet loss
  round-trip min/avg/max=78/93/110 ms

PC2>ping 192.168.50.2

Ping 192.168.50.2: 32 data bytes, Press Ctrl_C to break
From 192.168.50.2: bytes=32 seq=1 ttl=126 time=78 ms
From 192.168.50.2: bytes=32 seq=2 ttl=126 time=109 ms
From 192.168.50.2: bytes=32 seq=3 ttl=126 time=79 ms
From 192.168.50.2: bytes=32 seq=4 ttl=126 time=93 ms
From 192.168.50.2: bytes=32 seq=5 ttl=126 time=110 ms

---192.168.50.2 ping statistics---
  5 packet(s) transmitted
  5 packet(s) received
  0.00%  packet loss
  round-trip min/avg/max=78/93/110 ms
PC3>ping 202.100.10.1

Ping 202.100.10.1: 32 data bytes, Press Ctrl_C to break
From 202.100.10.1: bytes=32 seq=1 ttl=254 time=16 ms
From 202.100.10.1: bytes=32 seq=2 ttl=254 time=16 ms
From 202.100.10.1: bytes=32 seq=3 ttl=254 time=31 ms
From 202.100.10.1: bytes=32 seq=4 ttl=254 time=15 ms
From 202.100.10.1: bytes=32 seq=5 ttl=254 time=16 ms
---202.100.10.1 ping statistics---
  5 packet(s) transmitted
  5 packet(s) received
  0.00%  packet loss
  round-trip min/avg/max=15/18/31 ms
```

4. 在 Router1 上配置基本 ACL

在 Router1 上配置基本 ACL，防止外网的恶意 IP 地址访问内网，配置命令如下。

① 配置基本 ACL

```
[Router1]acl number 2000
[Router1-acl-basic-2000]rule 10 deny source 103.107.198.238 0.0.0.0
[Router1-acl-basic-2000]rule 100 permit source any
[Router1-acl-basic-2000]quit
```

② 在接口 S1/0/0 的入方向上应用 ACL

```
[Router1]int Serial 1/0/0
[Router1-Serial1/0/0]traffic-filter inbound acl 2000
[Router1-Serial1/0/0]quit
```

5. 配置验证

完成基本 ACL 的配置后,在 Router2 上直接 ping 202.100.10.1,网络是通的,而使用 PC3 去 ping 202.100.10.1,结果不通,如下所示。

```
[Router2]ping 202.100.10.1
  PING 202.100.10.1: 56   data bytes, press CTRL_C to break
    Reply from 202.100.10.1: bytes=56 Sequence=1 ttl=255 time=20 ms
    Reply from 202.100.10.1: bytes=56 Sequence=2 ttl=255 time=20 ms
    Reply from 202.100.10.1: bytes=56 Sequence=3 ttl=255 time=40 ms
    Reply from 202.100.10.1: bytes=56 Sequence=4 ttl=255 time=30 ms
    Reply from 202.100.10.1: bytes=56 Sequence=5 ttl=255 time=20 ms

  ---202.100.10.1 ping statistics---
    5 packet(s) transmitted
    5 packet(s) received
    0.00%  packet loss
    round-trip min/avg/max=20/26/40 ms

PC3>ping 202.100.10.1

Ping 202.100.10.1: 32 data bytes, Press Ctrl_C to break
Request timeout!
Request timeout!
Request timeout!
Request timeout!
Request timeout!

---202.100.10.1 ping statistics---
  5 packet(s) transmitted
  0 packet(s) received
  100.00%  packet loss
```

9.5 【任务2】配置高级 ACL

◆ 9.5.1 任务描述

A 高校的财务数据存储在财务服务器上,为了保障财务服务器的安全,需要配置 ACL 来控制对该服务器的访问,除了财务处的工作人员外,不允许其他人员访问该服务器。

◆ **9.5.2 任务分析**

ACL 配置的网络拓扑如图 9-6 所示。财务服务器为 Server1，IP 地址为 192.168.50.2/24。财务处 PC 使用的 IP 地址网段是 192.168.10.0/24。人事处 PC 使用的 IP 地址网段是 192.168.20.0/24。在 Router1 接口 GE 0/0/2 的出方向上应用 ACL 即可实现需求。

◆ **9.5.3 任务实施**

1. 在 Router1 上配置高级 ACL

为了阻止除财务处以外的 PC 访问 Server1，需要在 Router1 上配置高级 ACL 并且应用在接口 GE 0/0/2 的出方向上，配置命令如下。

```
① 配置高级 ACL
[Router1]acl number 3000
[Router1-acl-adv-3000]rule 10 permit ip source 192.168.10.0 0.0.0.255 destination 192.
168.50.2 0.0.0.0
[Router1-acl-adv-3000]rule 20 deny ip source any destination 192.168.50.2 0.0.0.0
[Router1-acl-adv-3000]quit
② 在接口 GE0/0/2 的出方向上应用 ACL
[Router1]interface GigabitEthernet 0/0/2
[Router1-GigabitEthernet0/0/2]traffic-filter outbound acl 3000
[Router1-GigabitEthernet0/0/2]quit
```

2. 验证配置

配置 ACL 之后，使用 PC1 去访问 Server1，可以正常通信，使用 PC2 去访问 Server1，则网络不通，如下所示。

```
PC1>ping 192.168.50.2

Ping 192.168.50.2: 32 data bytes, Press Ctrl_C to break
From 192.168.50.2: bytes= 32 seq= 1 ttl= 126 time= 109 ms
From 192.168.50.2: bytes= 32 seq= 2 ttl= 126 time= 94 ms
From 192.168.50.2: bytes= 32 seq= 3 ttl= 126 time= 93 ms
From 192.168.50.2: bytes= 32 seq= 4 ttl= 126 time= 79 ms
From 192.168.50.2: bytes= 32 seq= 5 ttl= 126 time= 93 ms

---192.168.50.2 ping statistics---
  5 packet(s) transmitted
  5 packet(s) received
  0.00%  packet loss
  round-trip min/avg/max= 79/93/109 ms

PC2>ping 192.168.50.2

Ping 192.168.50.2: 32 data bytes, Press Ctrl_C to break
Request timeout!
Request timeout!
Request timeout!
Request timeout!
```

```
Request timeout!

---192.168.50.2 ping statistics---
  5 packet(s) transmitted
  0 packet(s) received
  100.00%  packet loss
```

9.6 项目总结与拓展

本项目介绍了访问控制列表的功能和应用,基于 ACL 的包过滤原理,讲解了 ACL 的配置命令,以及使用访问控制列表所应遵循的规范和应当注意的问题。

为什么说没有网络
安全就没有国家安全

9.7 习题

1. 选择题

(1) 基本 ACL 以下列哪一项作为判别条件?

A. 数据包的大小

B. 数据包的源 IP 地址

C. 数据包的目的 IP 地址

D. 数据包的端口号

(2) 基本 ACL 的编号范围是?

A. 2000～2999　　　B. 3000～3999　　　C. 4000～4999　　　D. 5000～5999

(3) 访问控制列表是路由器的一种安全策略,以下哪一项为基本 ACL 的例子?

A. rule deny source 192.168.10.23 255.255.255.0

B. rule deny source 192.168.10.0 0.0.0.255

C. rule deny ip source 192.168.10.0 0.0.0.255

D. rule deny tcp source 192.168.10.0 0.0.0.255

(4) 在访问控制列表中,有一条规则如下:

rule permit tcp source 0.0.0.0 255.255.255.255 destination 192.168.10.0 0.0.0.255 destination-port eq ftp

在该规则中,255.255.255.255 表示的是以下哪一项?

A. 检查源 IP 地址的所有位

B. 检查目的 IP 地址的所有位

C. 允许所有的源 IP 地址

D. 允许 255.255.255.255 0.0.0.0

(5) 通过以下哪条命令可以把一个高级 ACL 应用到接口上?

A. traffic-filter outbound acl 3001

B. traffic-filter outbound acl 2001

C. traffic-policy outbound acl 3001

D. traffic-policy inbound acl 3001

（6）在路由器上配置一个基本 ACL，只允许所有源自 B 类地址 172.16.0.0 的 IP 数据包通过，那么以下哪一个通配符掩码是正确的？

A. 255.255.0.0   B. 255.255.255.0

C. 0.0.255.255   D. 0.255.255.255

（7）配置如下两条访问控制列表：

rule permit source 10.110.10.10 0.0.255.255

rule permit source 10.110.100.100 0.0.255.255

访问控制列表 1 和 2 所控制的地址范围关系是以下哪一项？

A. 1 和 2 的范围相同   B. 1 的范围包含 2 的范围

C. 2 的范围包含 1 的范围   D. 1 和 2 的范围没有包含关系

（8）访问控制列表 rule 100 deny tcp source 10.1.10.10 0.0.255.255 destination-port eq 80 的含义是以下哪一项？

A. 规则号是 100，禁止到 10.1.10.10 主机的 telnet 访问

B. 规则号是 100，禁止到 10.1.0.0/16 网段的 www 访问

C. 规则号是 100，禁止从 10.1.0.0/16 网段来的 www 访问

D. 规则号是 100，禁止从 10.1.10.10 主机来的 rlogin 访问

（9）关于高级 ACL 的规则，下列说法中，不正确的是哪一项？

A. 高级 ACL 的规则可用于识别报文的 TCP 目的端口号

B. 高级 ACL 的规则可用于识别报文的源 IP 地址和目的 IP 地址

C. 高级 ACL 的规则可用于识别报文的 UDP 目的端口号

D. 高级 ACL 的规则可用于识别报文的源 MAC 地址和目的 MAC 地址

（10）实现"禁止 172.16.10.0/24 网段内的主机与 202.38.160.0/24 网段内的主机建立 www 端口（80）的连接"功能所需的 ACL 配置命令是以下哪一项？

A. rule deny tcp source 172.16.10.0 0.0.0.255 destination 202.38.160.0 0.0.0.255 destination-port eq 80

B. rule deny source 172.16.10.0 0.0.0.255 destination 202.38.160.0 0.0.0.255 destination-port eq 80

C. rule deny tcp 172.16.10.0 0.0.0.255 202.38.160.0 0.0.0.255 destination-port eq 80

D. rule deny tcp source 172.16.10.0 0.0.255.255 destination 202.38.160.0 0.0.0.255 destination-port eq 80

2. 问答题

（1）访问控制列表具有哪些应用场景？

（2）简述基本 ACL 和高级 ACL 的特点。

（3）如下访问控制列表的含义是什么？

rule deny udp source 102.12.8.0 0.0.0.255 destination 202.38.160.0 0.0.0.255 destination-port gt 128

（4）若计费服务器的 IP 地址在 192.168.1.0/24 子网内，为了保证计费服务器的安全，请配置访问控制列表，不允许任何用户 telnet 到该服务器。

项目 10 网络地址转换的应用与配置

10.1 **项目介绍**

使用私有地址的企业或机构的内部网络在和互联网连接时,必须要把内部的私有地址转换成互联网上使用的公有地址才能通信。这个地址的转换是由网络地址转换(Network Address Translation,NAT)技术来实现的。

NAT 是一个 IETF 标准,NAT 技术不仅能够提供地址的转换功能,还能提供一定的网络安全性,但是应用 NAT 技术后,路由器的性能可能有所下降。

10.2 **学习目标**

(1) 了解 NAT 技术产生的原因。

(2) 理解 NAT 技术的功能与作用。

(3) 掌握 NAT 技术的类型及其工作原理。

(4) 能够根据应用配置不同类型的 NAT。

(5) 提高网络安全意识,树立正确的网络安全观。

10.3 **相关知识**

10.3.1 NAT 概述

全世界网络上使用的 IP 地址,被分为公有地址和私有地址两部分。其中,公有地址是在互联网上可用的 IP 地址,而私有地址只能在某个企业或机构内部网络中使用,私有地址是不能在互联网上使用的地址。如果在一个连接互联网的网络节点上使用一个私有的 IP 地址,则该节点不能和互联网的任何其他节点通信,因为互联网上的其他节点认为该节点的地址是非法的。

IPv4 的地址标准中定义的私有地址有如下网段。

(1) 10.0.0.0~10.255.255.255。

(2) 172.16.0.0~172.31.255.255。

(3) 192.168.0.0~192.168.255.255。

将 IP 地址划分为公有地址和私有地址是有原因的,因为互联网的爆炸式增长使得 IP

地址资源极度紧缺,如果世界上每一个企业或者机构内部的每一台主机都被分配一个全球唯一的 IP 地址,虽然这些主机能够和互联网连接,但是 IPv4 标准中所定义的地址将会被耗尽。所以,互联网管理者把 IP 地址分为公有地址和私有地址,公有地址只负责连接互联网上的节点,这些地址是全球唯一的地址,而私有地址只负责连接企业或者机构内部的网络,这些地址不能在互联网上使用,但是它们却可以在不同的企业或者机构内部重复使用。这些地址不能在互联网上使用,因此不同的企业内部网络使用相同的地址时自然也不会产生地址冲突,如此就可以很好地缓解互联网上的 IP 地址紧缺问题。

但是,由于内部网络的主机使用的是私有地址,则产生了另一个问题,就是内部网络如何和外界的网络通信。为了解决内部私有地址的主机和互联网上的公有地址的主机之间的通信问题,我们必须进行网络地址的转换,即在通信时把私有地址转换成互联网上合法的公有地址。

可以说,NAT 技术的产生,主要是为了解决互联网上地址资源耗尽的问题。NAT 技术保证了企业或机构内部网络使用私有地址的同时还能够和互联网上的主机通信。

1. NAT 技术的功能与作用

使用 NAT 技术的最初目的是允许把私有 IP 地址映射到外部网络的合法 IP 地址,以减缓可用 IP 地址空间的消耗。从那时开始发现,在移植和合并网络、服务器负载共享,以及创建“虚拟服务器”中,NAT 也是一个很有用的工具。当对两个具有相同内网地址配置的公司网络进行合并时,NAT 也是必不可少的。当一个组织更换它的互联网服务提供商(Internet Service Provider,ISP),而网络管理员不希望更改内网配置方案时,NAT 同样很有用处。

以下是适于使用 NAT 的各种情况。

(1) 内部网络需要连接到因特网,但是没有足够多的公有 IP 地址供内网主机使用。

(2) 更换了一个新的 ISP,需要重新组织网络。

(3) 需要合并两个具有相同网络地址的内网。

NAT 一般应用在边界路由器中,图 10-1 说明了 NAT 的应用位置。

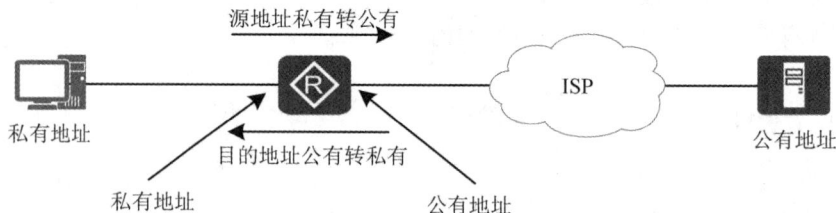

图 10-1　在边界路由器上应用 NAT

如图 10-1 所示,当内部网络上的一台主机访问互联网上的一台主机时,内部网络主机所发出的数据包的源 IP 地址是私有地址,这个数据包到达路由器后,路由器使用事先设置好的公有地址替换掉私有地址,这样这个数据包的源 IP 地址就变成了互联网上唯一的公有地址了,然后此数据包被发送到互联网上的目的主机处。互联网上的主机并不认为是内部网络中的主机在访问它,而认为是路由器在访问它,因为数据包的源 IP 地址是路由器的地址,换句话说,我们可以认为在使用了 NAT 技术之后,互联网上的主机无法“看到”内部网络的地址,这提高了内部网络的安全性。互联网上的主机会把内部网络主机所请求的数据以数据包的形式以路由器的公有地址为目的 IP 地址进行发送,当数据包到达路由器时,路由器再用内部网络主机的私有地址替换掉数据包中的目的 IP 地址,然后把这个数据包发送给内部网络主机。

从以上过程可以看出,NAT 技术正是通过改变经过路由器的数据包中的 IP 地址,来实现内部网络使用私有地址的主机和互联网上使用公有地址的主机之间的通信的。在内部网络和互联网的接口处使用 NAT 技术,为节省互联网的可用地址提供了可能。通过使用 NAT 技术,我们将企业或机构的内网和互联网连接了起来。

2. NAT 技术的类型

我们通常使用的 NAT 技术根据环境的具体使用情况可以分为三种:动态 NAT、静态 NAT 和 NAT Server(NAT 服务器)。

(1) 动态 NAT。

指私网 IP 地址与公网 IP 地址之间的转换不是固定的,具有动态性,通过把需要访问公网的私网 IP 地址动态地与公网 IP 地址建立临时映射关系,并将报文中的私网 IP 地址进行对应的临时替换,待返回报文到达设备时再根据映射表"反向"把公网 IP 地址临时替换回对应的私网 IP 地址,然后转发给主机,实现内网(私网)和外网(公网)的通信。

动态 NAT 的实现方式有基本 NAT(Basic NAT)和网络地址端口转换(Network Address Port Translation,NAPT)两种方式。Basic NAT 是一种"一对一"的动态地址转换方式,即一个私网 IP 地址与一个公网 IP 地址进行映射;而 NAPT 则引入了"端口"变量,是一种"多对一"的动态地址转换方式,即多个私网 IP 地址可以与同一个公网 IP 地址进行映射(但所映射的公网端口必须不同)。目前使用最多的是 NAPT 方式,因为它能提供一对多的映射功能。Easy IP 是 NAPT 的一种特例,主要应用于中小型企业 Internet 接入时的 NAT 地址转换。有关 Basic NAT、NAPT 和 Easy IP 这三种 NAT 的详细实现原理将在后面具体介绍。

(2) 静态 NAT。

动态 NAT 在转换地址时做不到在不同时间固定地使用同一个公网 IP 地址、端口号替换同一个私网 IP 地址、端口号,因为在动态 NAT 中,具体用哪个公网 IP 地址、端口号来与私网 IP 地址、端口号进行映射,纯粹是从地址池和端口表中随机进行选取的。这虽然可以提高公网 IP 地址的利用率(因为所建立的映射是临时的,当用户断开 NAT 应用时将释放所建立的映射),但同时无法让一些内网重要主机固定使用同一个公网 IP 地址访问外网。

静态 NAT 可以建立固定的一对一的公网 IP 地址和私网 IP 地址的映射,特定的私网 IP 地址只会被特定的公网 IP 地址替换,相反亦然。这样就保证了重要主机使用固定的公网 IP 地址访问外网。但在实际应用中,这种情形并不多见,因为采用固定公网 IP 地址的通常是内部网络服务器,而这时通常是采用下面将要介绍的 NAT Server。

(3) NAT Server。

前面说到的静态 NAT 和动态 NAT 讲的都是由内网向外网发起访问的情形,这时通过 NAT 一方面可以实现多个内网用户共用一个或者多个公网 IP 地址访问外网,同时又因为私网 IP 地址都经过了转换,所以具有"屏蔽"内部主机 IP 地址的作用。

有时内网需要向外网提供服务,架设于内网的各种服务器(如 Web 服务器、FTP 服务器、邮件服务器等)要向外网用户提供服务。这种情况下需要内网的服务器不能被"屏蔽",外网用户需要可以随时访问内网服务器。这是一种由外网向内网发起访问的 NAT 转换情形。

NAT Server 可以很好地解决这个问题。当外网用户访问内网服务器时,它通过事先配置好的服务器的"公网 IP 地址:端口号"与服务器的"私网 IP 地址:端口号"间的固定映射关系,将服务器的"公网 IP 地址:端口号"替换成对应的"私网 IP 地址:端口号",以实现外网用户对位于内网的服务器的访问。从私网 IP 地址与公网 IP 地址的映射关系看,它也是一种静态映射关系。

3. NAT 技术的优缺点

NAT 技术具有如下优点。

(1)为节省公有地址提供了技术支持。

(2)在外部用户面前隐藏内部网络地址。

(3)可解决地址重复问题。

NAT 技术的缺点如下。

(1)NAT 的操作比较耗费设备资源,可能增加网络延时。① 由于 NAT 转换映射表需要大量的缓存空间,对于那些没有专门 NAT 缓存的设备,就需要额外消耗大量的内存空间来存储 NAT 映射信息,从而消耗了设备的内存资源,使得设备能够缓存的数据包变少;② NAT的操作主要是在 NAT 转换映射表中查找信息,这种检索比较消耗设备的 CPU 资源;③ 路由器的 NAT 操作需要更改每一个数据包的包头,以转换地址,这种操作也十分消耗设备的 CPU 资源。

(2)不能 ping 或 tracert 应用了 NAT 技术的路由器里面的网段。由于经过了地址转换之后,外部网络的用户或者主机将无法知道内部网络的地址,所以外部网络中的用户也无法使用 ping 或 tracert 等命令来验证网络的连通性。

(3)某些应用可能无法穿越 NAT。比如在一些使用 L2TP 协议建立 VPN 的方式中,在某些特定情况下可能 VPN 无法穿透 NAT 建立连接。

◆ **10.3.2 NAT 技术的工作原理**

1. Basic NAT 工作原理

NAT 技术原理

Basic NAT 方式属于一对一的地址转换方式,要注意它不是静态的,而是动态的。

在这种转换方式下,当内网用户向公网发起连接请求时,请求报文中的私网 IP 地址就会通过事先配置好的公网 IP 地址池动态地建立私网 IP 地址与公网 IP 地址的 NAT 映射表项,并利用所映射的公网 IP 地址对报文中的源 IP 地址(也就是内网用户主机的私网 IP 地址)进行替换,然后送达给外网的目的主机。而当外网主机收到请求报文后进行响应时,响应报文到达 NAT 设备后,又将依据前面请求报文所建立的私网 IP 地址与公网 IP 地址的映射关系反向将报文中的目的 IP 地址(即内部主机私网 IP 地址映射后的公网 IP 地址)替换成对应的私网 IP 地址,然后送达给内部源主机。Basic NAT 只转换 IP 地址,而不处理 TCP/UDP 协议的端口号,且一个公网 IP 地址不能同时被多个私网 IP 地址映射。

图 10-2 所示的 Basic NAT 实现过程如下。

(1)当内网侧 PC1 要访问公网侧 Server 时,向 Router 发送请求报文(即 Outbound 方向),此时报文中的源 IP 地址为 PC1 自己的 10.1.1.10,目的 IP 地址为 Server 的 IP 地址 211.1.1.3。

(2)Router 在收到来自 PC1 的请求报文后,会从事先配置好的公网地址池中选取一个空闲的公网 IP 地址,建立与内网侧报文源 IP 地址间的 NAT 转换映射表项,包括正 (Outbound)、反(Inbound)两个方向,然后依据查找正向 NAT 表项的结果将报文中的源 IP 地址转换成对应的公网 IP 地址后向公网侧发送。此时发送的报文的源 IP 地址已是转换后

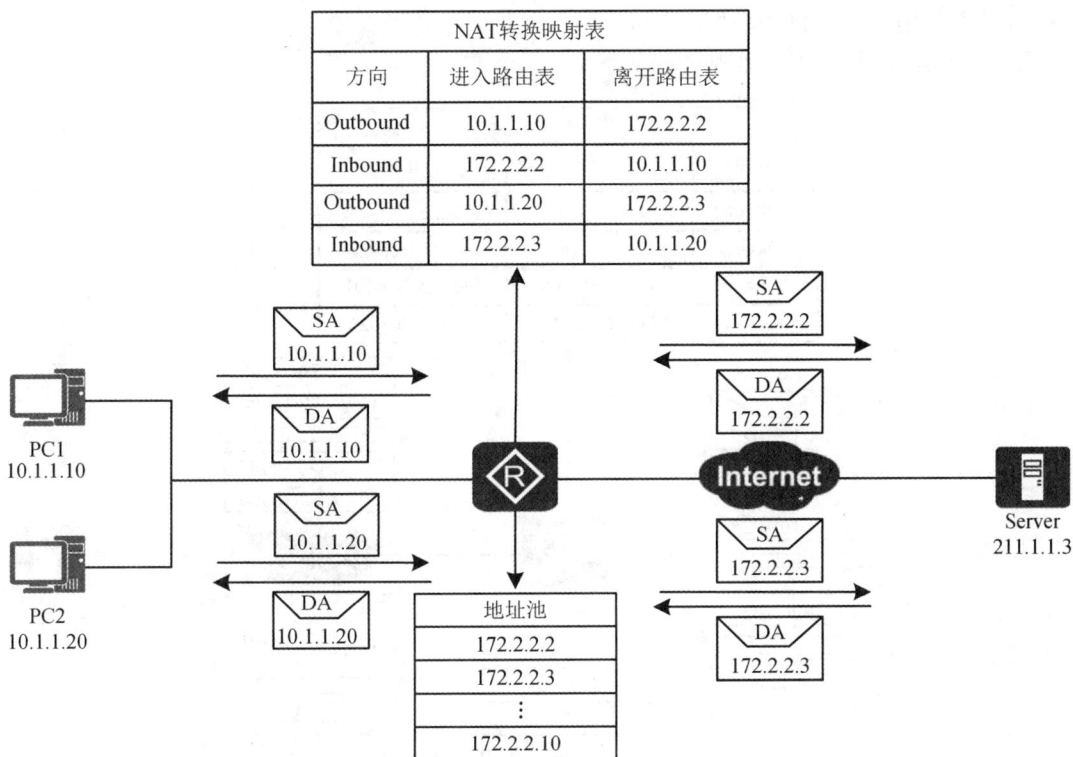

图 10-2　Basic NAT 实现过程示意图

的公网 IP 地址 172.2.2.2,目的 IP 地址不变,仍为 Server 的 IP 地址 211.1.1.3。

(3) 当 Server 收到请求报文后,需要向 Router 发送响应报文(即 Inbound 方向),此时只需要将收到的请求报文中的源 IP 地址和目的 IP 地址对调即可,即报文的源 IP 地址就是 Server 自己的 IP 地址 211.1.1.3,目的 IP 地址是 PC1 私网 IP 地址转换后的公网 IP 地址 172.2.2.2。

(4) 当 Router 收到来自公网侧 Server 发送的响应报文后,会根据报文中的目的 IP 地址查找反向 NAT 转换映射表项,并根据查找结果将报文中的目的 IP 地址转换成 PC1 对应的私网 IP 地址(源 IP 地址不变)向私网侧发送,即此时报文中的源 IP 地址仍是 Server 的 IP 地址 211.1.1.3,目的 IP 地址已转换成了 PC1 的私网 IP 地址 10.1.1.10。

此时,如果 PC2 也要访问公网中的 Server,当请求报文到达 Router 时,报文中的源 IP 地址需要使用地址池中未使用的地址进行转换。

从以上 Basic NAT 实现原理可以看出,Basic NAT 中的请求报文转换的仅是其中的源 IP 地址(目的 IP 地址不变),即仅需要关心源 IP 地址;而响应报文转换的仅是其中的目的 IP 地址(源 IP 地址不变),即仅需要关心目的 IP 地址。两个方向所转换的 IP 地址是相反的。

2. NAPT 工作原理

由于 Basic NAT 这种一对一的转换方式并未实现公网地址的复用,不能有效解决 IP 地址短缺的问题,因此在实际应用中并不常见。而这里要介绍的 NAPT 可以实现多个内部地址映射到同一个公有地址上,因此也可以称为"多对一地址转换"或地址复用。

NAPT 使用"IP 地址:端口号"的形式进行转换,相当于增加了一个变量,最终可以使多个私网用户共用一个公网 IP 地址访问外网。

图 10-3 所示的 NAPT 实现过程如下。

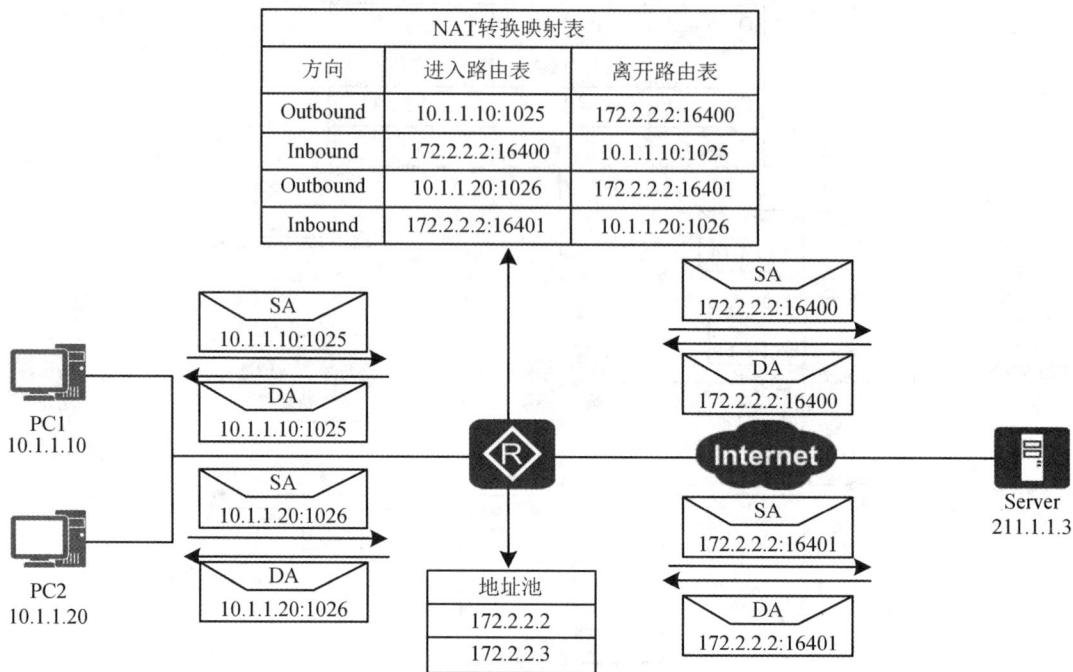

NAT转换映射表		
方向	进入路由表	离开路由表
Outbound	10.1.1.10:1025	172.2.2.2:16400
Inbound	172.2.2.2:16400	10.1.1.10:1025
Outbound	10.1.1.20:1026	172.2.2.2:16401
Inbound	172.2.2.2:16401	10.1.1.20:1026

图 10-3　NAPT 实现过程示意图

（1）假设先是私网侧 PC1 要访问公网侧 Server，向 Router 发送请求报文（即 Outbound 方向），此时报文中的源地址是 PC1 的 IP 地址 10.1.1.10，源端口号是 1025。

（2）Router 在收到来自 PC1 发来的请求报文后，从事先配置好的公网地址池中选取一对空闲的"公网 IP 地址：端口号"，建立与内网侧 PC1 发送的请求报文中的"源 IP 地址：源端口号"间的 NAPT 转换映射表项（同样包括正、反两个方向），然后依据正向 NAPT 表项查找结果将请求报文中的"源 IP 地址：源端口号"（10.1.1.10：1025）转换成对应的"公网 IP 地址：端口号"（172.2.2.2：16400）后向公网侧发送。即此时经过 Router 的 NAPT 转换后，发送的请求报文中的源 IP 地址为 172.2.2.2，源端口号为 16400，目的 IP 地址和目的端口号不变。

（3）公网侧 Server 在收到由 Router 转发的请求报文后，需要向 Router 发送响应报文（即 Inbound 方向），此时只需要将收到的请求报文中的源 IP 地址、源端口号和目的 IP 地址、目的端口号对调即可，即此时报文中的目的 IP 地址和目的端口号就是收到的请求报文中的源 IP 地址和源端口号（172.2.2.2：16400）。

（4）当 Router 收到来自 Server 的响应报文后，根据其中的"目的 IP 地址：目的端口号"查找反向 NAPT 表项，并依据查找结果将报文转换后向私网侧发送。此时，报文中的目的 IP 地址和目的端口号又将转换成请求报文在到达 Router 前的源 IP 地址和源端口号，即 10.1.1.10：1025。此时，如果 PC2 也要访问公网中的 Server，当请求报文到达 Router 时，报文中的源 IP 地址和源端口号也将进行转换，且它仍然可以使用 PC1 原来使用过的公网 IP 地址，但所用的端口号应不同，假设由原来的 10.1.1.20：1026 转换为 172.2.2.2：16401。Server 发给 PC2 的响应报文在 Router 上的目的 IP 地址和目的端口号也要经过转换，利用前面形成的

NATP 转换映射表进行逆向转换,即由原来的 172.2.2.2:16401 转换为 10.1.1.20:1026。

从以上 NAPT 实现原理可以看出,请求报文中转换的仅是源 IP 地址和源端口号,即仅需要关心源 IP 地址和源端口号,而目的 IP 地址和目的端口号不变;而响应报文中转换的是目的 IP 地址和目的端口号,即仅需要关心目的 IP 地址和目的端口号,而源 IP 地址和源端口号不变。不同私网主机可以转换成同一个公网 IP 地址,但转换后的端口号必须不一样。

3. Easy IP 工作原理

Easy IP 的工作原理与前面介绍的地址池 NAPT 转换原理类似,可以算是 NAPT 的一种特例,不同的是 Easy IP 方式无须创建公网地址池,就可以实现自动根据路由器上 WAN 接口的公网 IP 地址实现与私网 IP 地址之间的映射。

Easy IP 主要应用于将路由器 WAN 接口 IP 地址作为要被映射的公网 IP 地址的情形,特别适合小型局域网接入 Internet 的情况。这里的小型局域网主要指中小型网吧、小型办公室等环境。

图 10-4 所示的 Easy IP 实现过程如下。

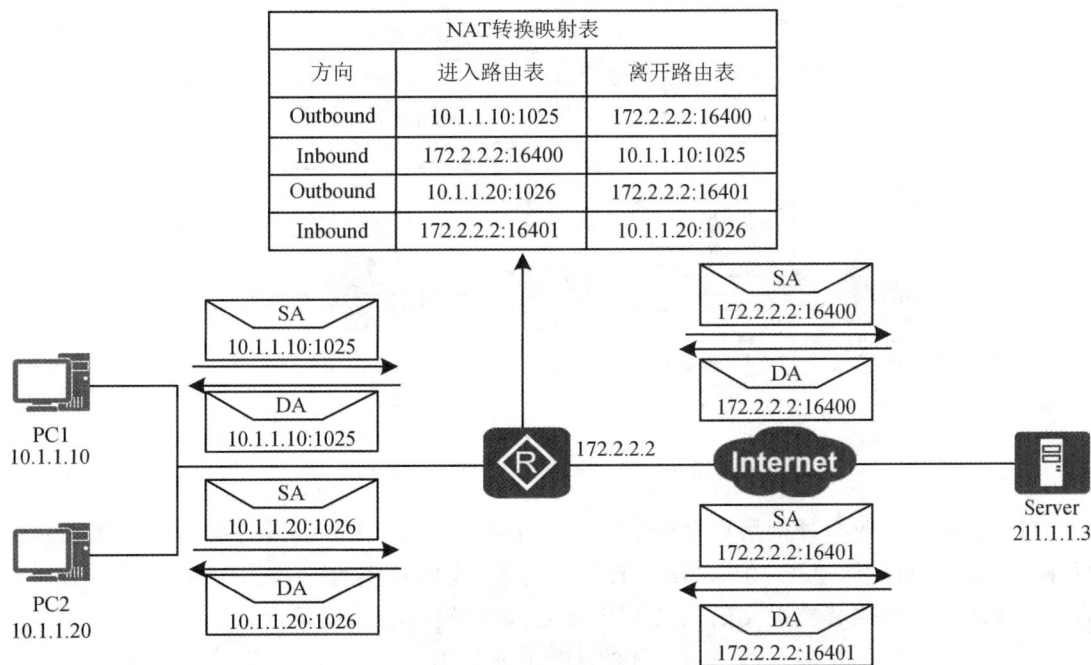

方向	进入路由表	离开路由表
Outbound	10.1.1.10:1025	172.2.2.2:16400
Inbound	172.2.2.2:16400	10.1.1.10:1025
Outbound	10.1.1.20:1026	172.2.2.2:16401
Inbound	172.2.2.2:16401	10.1.1.20:1026

图 10-4　Easy IP 实现过程示意图

(1) 假设私网中的 PC1 要访问公网的 Server,首先要向 Router 发送一个请求报文(即 Outbound 方向),此时报文中的源 IP 地址是 10.1.1.10,源端口号是 1025。

(2) Router 在收到请求报文后自动利用公网侧 WAN 接口临时或者固定的"公网 IP 地址:端口号"(172.2.2.2:16400),建立与内网侧报文"源 IP 地址:源端口号"间的 NAT 转换映射表项(也包括正、反两个方向),并依据正向 NAT 表项的查找结果将报文转换后向公网侧发送。此时,转换后的报文源 IP 地址和源端口号由原来的 10.1.1.10:1025 转换成了 172.2.2.2:16400。

(3) Server 在收到请求报文后需要向 Router 发送响应报文(即 Inbound 方向),此时只需要将收到的请求报文中的源 IP 地址、源端口号和目的 IP 地址、目的端口号对调即可,即此时的响应报文中的目的 IP 地址、目的端口号为 172.2.2.2:16400。

（4）Router 在收到公网侧 Server 的响应报文后，根据其"目的 IP 地址:目的端口号"查找反向 NAT 表项，并依据查找结果将报文转换后向内网侧发送。即转换后的报文中的目的 IP 地址为 10.1.1.10，目的端口号为 1025，与 PC1 发送请求报文中的源 IP 地址和源端口号完全一样。

如果私网中的 PC2 也要访问公网，则它所利用的公网 IP 地址与 PC1 的一样，都是路由器 WAN 接口的公网 IP 地址，但转换时所用的端口号一定要与 PC1 转换时所用的端口号不同。

4. NAT Server 工作原理

NAT Server 用于外网用户需要使用固定公网 IP 地址访问内部服务器的情形。它通过事先配置好的服务器的"公网 IP 地址:端口号"与"私网 IP 地址:端口号"间的静态映射关系来实现。

图 10-5 所示的 NAT Server 实现过程如下。

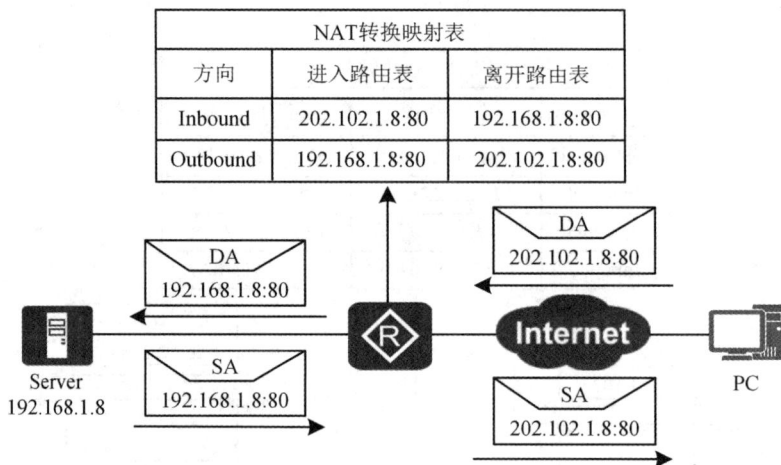

方向	进入路由表	离开路由表
Inbound	202.102.1.8:80	192.168.1.8:80
Outbound	192.168.1.8:80	202.102.1.8:80

图 10-5　NAT Server 实现过程示意图

（1）Router 在收到外网用户发起的访问请求报文后（即 Inbound 方向），根据该请求的"目的 IP 地址:目的端口号"查找 NAT 转换映射表，找出对应的"私网 IP 地址:端口号"，然后用查找的结果直接替换报文的"目的 IP 地址:目的端口号"，最后向内网侧发送。如本示例中，外网主机发送的请求报文中，目的 IP 地址是 202.102.1.8，目的端口号为 80，经 Router 转换后的目的 IP 地址和端口号为 192.168.1.8:80。

（2）内网服务器在收到由 Router 转发的请求报文后，向 Router 发送响应报文（即 Outbound 方向），此时报文中的源 IP 地址、源端口号与目的 IP 地址、目的端口号和所收到的请求报文中的完全对调，即响应报文中的源 IP 地址和源端口号为 192.168.1.8:80。

（3）Router 在收到内网服务器的响应报文后，又会根据该响应报文中的"源 IP 地址:源端口号"查找 NAT Server 转换映射表项，找出对应的"公网 IP 地址:端口号"，然后用查找到的结果替换报文中的"源 IP 地址:源端口号"。如本示例中内网服务器响应外网主机的报文的源 IP 地址和源端口号是 192.168.1.8:80，经 Router 转换后的源 IP 地址和源端口号为 202.102.1.8:80。

从以上 NAT Server 实现原理可以看出，在外网向内网服务器发送的请求报文中，转换的仅是其目的 IP 地址和目的端口号，源 IP 地址和源端口号不变，即仅需要关心目的 IP 地址和目的端口号;而从内网向外网发送的响应报文中转换的仅是其源 IP 地址和源端口号,目的 IP 地址和目的端口号不变,即仅需要关心源 IP 地址和源端口号。两个方向所转换的 IP 地址和端口号是相反的。

NAT 中,凡是由内网向外网发送的报文,不管是请求报文还是响应报文,在 NAT 路由器上转换的都是源 IP 地址(或者同时包括源端口号),而凡是由外网向内网发送的报文,不管是请求报文还是响应报文,在 NAT 路由器上转换的都是目的 IP 地址(或者同时包括目的端口号)。

5. 静态 NAT 工作原理

静态 NAT 是指在进行 NAT 转换时,内部网络主机的 IP 地址与公网 IP 地址是一对一静态绑定的,且每个公网 IP 只会分配给固定的内网主机转换使用。这和前面介绍的 Basic NAT 实现原理基本一样,不同的只是这里先要在 NAT 路由器上配置好静态 NAT 转换映射表,而不是地址池。

静态 NAT 还支持将指定的一个范围内的私网主机 IP 地址转换为指定范围内的公网主机 IP 地址。当内部主机访问外部网络时,如果该主机地址在指定的内部主机地址范围内,则会被转换为对应的公网地址;同样,当公网主机对内部主机进行访问时,如果该公网主机 IP 经过 NAT 转换后对应的私网 IP 地址在指定的内部主机地址范围内,则也可以直接访问到内部主机。

◆ 10.3.3 NAT 的配置命令

1. 动态 NAT 的配置命令

通过配置动态 NAT 可以动态地建立私网 IP 地址和公网 IP 地址的映射表项,实现私网用户访问公网,同时节省了所需拥有的公网 IP 地址数量。但在这里要特别说明的是,动态 NAT 包括前面介绍的一对一转换的 Basic NAT 和多对一转换的 NAPT、Easy IP 这三种 NAT 实现方式。

配置 NAT

动态 NAT 的基本配置主要包括三个方面:首先通过 ACL 指定允许使用 NAT 进行 IP 地址转换的用户范围,然后创建用于动态 NAT 地址转换的公网地址池,最后在 NAT 路由器的出接口上把前面配置的 ACL 和公网地址池进行关联,相当于在 NAT 路由器出接口上应用所配置的 ACL 和公网地址池。如果采用的是 Easy IP 方式,则此时的公网地址池就是 NAT 路由器出接口的 IP 地址。

(1)配置地址转换的 ACL。

可根据实际情况选择配置基本 ACL 或者高级 ACL,用于指定允许使用 NAT 进行地址转换的用户私网 IP 地址范围。可使用高级 ACL 同时限制使用 NAT 的通信协议类型,但在 ACL 规则中的地址范围方面仅可指定源 IP 地址,不能指定目的 IP 地址。

动态 NAT 地址转换 ACL 的配置方法很简单,只需要先在系统视图下使用如下命令配置一个基本 ACL 或高级 ACL。

acl [number] *acl-number* [match-order {auto|config}]

仅在动态 NAT 中调用 ACL 来控制允许使用地址池进行地址转换的内部网络用户,因为在静态 NAT 和 NAT Server 中都相当于静态配置了一对一的地址映射表,所以不需要通过 ACL 来进行控制。

(2)配置 NAT 地址池。

地址池是一些连续的公网 IP 地址集合,用于为私网用户动态分配公网 IP 地址。在系统视图下，使用如下命令配置 NAT 地址池。

nat address-group *group-index start-address end-address*

该命令中的参数说明如下。

① *group-index*：指定 NAT 地址池索引号。

② *start-address*：指定地址池中的起始 IP 地址。

③ *end-address*：指定地址池中的结束 IP 地址。

地址池的起始地址必须小于等于结束地址，且起始地址到结束地址之间的地址个数不能大于 255。

（3）配置出接口的地址关联。

为使符合 ACL 中规定的私网 IP 地址可以使用公网地址池进行地址转换，在接口视图下，使用如下命令将前面配置的 ACL 和地址池在出接口上进行关联。

nat outbound *acl-number*{**address-group** *group-index* [**no-pat**]|**interface** *interface-type interface-number*}

命令中的参数和选项说明如下。

① *acl-number*：指定前面配置的用于控制 NAT 应用的 ACL。

② **address-group** *group-index*：二选一参数，表示使用地址池的方式配置地址转换，指定要与 ACL 关联的地址池索引号。

③ **no-pat**：可选项，表示这是一个 Basic NAT，即只使用一对一的地址转换，且只转换数据报文的地址而不转换端口信息。如果不使用该选项，则表示是一个 NAPT。

④ **interface** *interface-type interface-number*：二选一参数，指定使用某个接口（一般就是 NAT 路由器的出接口）的 IP 地址作为转换后的公网 IP 地址。可以在同一个接口上配置不同的地址转换关联。

如果用户在配置了 NAT 设备出接口的 IP 地址和其他应用之后，已没有其他可用公网 IP 地址，则可以选择 Easy IP 方式，因为 Easy IP 可以借用 NAT 设备出接口的 IP 地址完成动态 NAT。在接口视图下，使用如下命令配置 Easy IP。

nat outbound *acl-number*

配置 Easy IP 地址转换，直接使用出接口 IP 地址进行转换。参数 *acl-number* 用来指定前面已创建，要应用于控制 NAT 地址转换的 ACL 编号。

2. 静态 NAT 的配置命令

静态 NAT 可以实现私网 IP 地址和公网 IP 地址的固定一对一映射，其基本配置就是配置用户私网 IP 地址与用于 NAT 地址转换的公网 IP 地址之间的一对一静态映射表项，可以在系统视图下为所有 NAT 出口全局配置，也可以在 NAT 出接口视图下仅为该接口配置。

在系统视图下配置 NAT 静态映射的命令如下。

nat static protocol{**tcp**|**udp**} **global** *global-address* [*global-port*] **inside** *host-address* [*host-port*]

该命令中的参数说明如下。

① *global-address*：指定 NAT 地址映射表项中的公网 IP 地址。

② *host-address*：指定 NAT 地址映射表项中的私网 IP 地址。

③ *global-port*：指定 NAT 地址映射表项中提供给外部访问的服务的端口号，取值范围为 0～65535。如果不配置此参数，则表示端口号为零，即任何类型的服务都提供。

④ *host-port*：可选参数，指定 NAT 地址映射表项中内部主机提供的服务端口号，取值

范围为 0~65535。如果不配置此参数,则与 *global-port* 参数所指定的端口号一致。

在系统视图下配置完 NAT 静态映射后,还要在接口视图下使用 **nat static enable** 命令使能 NAT 静态地址映射功能。

在接口视图下配置 NAT 静态映射的命令如下。

nat static protocol｛**tcp**｜**udp**｝**global** ｛*global-address*｜**current-interface**｝［*global-port*］**inside** *host-address*［*host-port*］

在该命令中,选项 **current-interface** 为二选一选项,表示以当前接口 IP 地址作为公网 IP 地址。

3. NAT Server 的配置命令

动态 NAT 和静态 NAT 都是针对内网访问外网的情形的,而 NAT Server 是为了解决外网用户访问采用私网 IP 地址的内网服务器的一种 NAT 方案,所以又称为"内部服务器" NAT 方案。

NAT Server 的基本配置就是为内部服务器创建全局公网 IP 地址到内部私网 IP 地址之间的一对一静态映射表项。在系统视图下,NAT Server 的配置命令如下。

nat server protocol｛**tcp**｜**udp**｝**global** ｛*global-address*｜**current-interface**｝［*global-port*］**inside** *host-address*［*host-port*］

10.4 【任务 1】配置 NAPT

◆ 10.4.1 任务描述

A 高校私网用户希望使用公网地址池中的地址访问 Internet,目前地址池内只有一个公网 IP 地址 202.100.10.2,这需要在路由器上配置 NAPT 实现多个私网内的用户复用一个公网 IP 地址。

◆ 10.4.2 任务分析

NAPT 配置网络拓扑图如图 10-6 所示,其中,Router2 用来模拟 Internet 路由器。

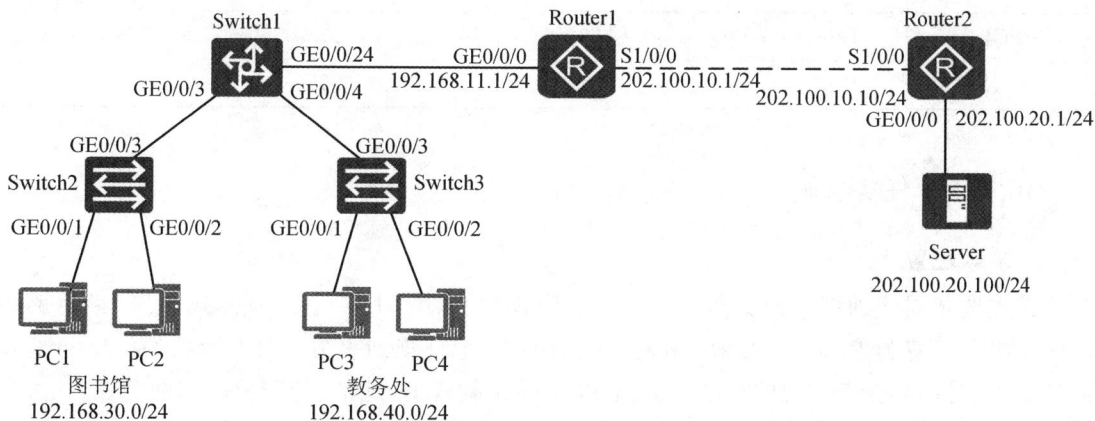

图 10-6　NAPT 配置网络拓扑图

校园网内私网用户通过路由器 Router1 和 Internet 相连,路由器 Router1 的出接口 S1/0/0 的 IP 地址为 202.100.10.1/24,内网侧地址为 192.168.11.1/24,对端运营商侧地址为 202.100.10.10/24。图书馆和教务处的私网用户希望使用公网地址池中的地址 202.100.10.2 采用 NAPT 方式访问 Internet。

交换机 VLAN 规划表如表 10-1 所示。

表 10-1 交换机 VLAN 规划表

设备	VLAN ID	端口范围	连接的设备
Switch1	11	GE0/0/24	Router1
	Trunk	GE0/0/3～GE0/0/4	
Switch2	30	GE0/0/1～GE0/0/2	PC1、PC2
	Trunk	GE0/0/3	
Switch3	40	GE0/0/1～GE0/0/2	PC3、PC4
	Trunk	GE0/0/3	

IP 地址规划表如表 10-2 所示。

表 10-2 IP 地址规划表

设备	接口	IP 地址/子网掩码	默认网关
Router1	GE0/0/0	192.168.11.1 255.255.255.0	N/A
	S1/0/0	202.100.10.1 255.255.255.0	N/A
Router2	GE0/0/0	202.100.20.1 255.255.255.0	N/A
	S1/0/0	202.100.10.10 255.255.255.0	N/A
Switch1	VLANIF 30	192.168.30.1 255.255.255.0	N/A
	VLANIF 40	192.168.40.1 255.255.255.0	N/A
	VLANIF 11	192.168.11.254 255.255.255.0	N/A
PC1	Ethernet0/0/0	192.168.30.11 255.255.255.0	192.168.30.1
PC2	Ethernet0/0/0	192.168.30.12 255.255.255.0	192.168.30.1
PC3	Ethernet0/0/0	192.168.40.13 255.255.255.0	192.168.40.1
PC4	Ethernet0/0/0	192.168.40.14 255.255.255.0	192.168.40.1
Server	Ethernet0/0/0	202.100.20.100 255.255.255.0	202.100.20.1

◆ 10.4.3 任务实施

1. 基本配置

首先按规划分别将 3 台交换机的主机名设置为 Switch1、Switch2 和 Switch3,两台路由器的主机名设置为 Router1 和 Router2。然后按 IP 地址规划表为两台路由器的接口配置 IP 地址和子网掩码,为 PC1、PC2、PC3、PC4 和 Server 配置 IP 地址、子网掩码和网关。

2. 配置 VLAN 和 VLAN 间路由

在交换机 Switch1、Switch2 和 Switch3 上划分 VLAN 并配置 VLAN 间路由,配置命令如下。

① Switch1 上的配置

[Switch1]vlan batch 11 30 40

[Switch1]interface GigabitEthernet 0/0/24

[Switch1-GigabitEthernet0/0/24]port link-type access

[Switch1-GigabitEthernet0/0/24]port default vlan 11

[Switch1-GigabitEthernet0/0/24]quit

[Switch1]interface GigabitEthernet 0/0/3

[Switch1-GigabitEthernet0/0/3]port link-type trunk

[Switch1-GigabitEthernet0/0/3]port trunk allow-pass vlan all

[Switch1-GigabitEthernet0/0/3]quit

[Switch1]interface GigabitEthernet 0/0/4

[Switch1-GigabitEthernet0/0/4]port link-type trunk

[Switch1-GigabitEthernet0/0/4]port trunk allow-pass vlan all

[Switch1-GigabitEthernet0/0/4]quit

[Switch1]interface VLANIF 11

[Switch1-Vlanif11]ip address 192.168.11.254 24

[Switch1-Vlanif11]quit

[Switch1]interface VLANIF 30

[Switch1-Vlanif30]ip address 192.168.30.1 24

[Switch1-Vlanif30]quit

[Switch1]interface Vlanif 40

[Switch1-Vlanif40]ip add 192.168.40.1 24

[Switch1-Vlanif40]quit

② Switch2 上的配置

[Switch2]vlan 30

[Switch2-vlan30]quit

[Switch2]interface GigabitEthernet 0/0/1

[Switch2-GigabitEthernet0/0/1]port link-type access

[Switch2-GigabitEthernet0/0/1]port default vlan 30

[Switch2-GigabitEthernet0/0/1]quit

[Switch2]interface GigabitEthernet 0/0/2

[Switch2-GigabitEthernet0/0/2]port link-type access

[Switch2-GigabitEthernet0/0/2]port default vlan 30

[Switch2-GigabitEthernet0/0/2]quit

[Switch2]interface GigabitEthernet 0/0/3

[Switch2-GigabitEthernet0/0/3]port link-type trunk

[Switch2-GigabitEthernet0/0/3]port trunk allow-pass vlan all

[Switch2-GigabitEthernet0/0/3]quit

③Switch3 上的配置

[Switch3]vlan 40

[Switch3-vlan40]quit

[Switch3]interface GigabitEthernet 0/0/1

[Switch3-GigabitEthernet0/0/1]port link-type access

[Switch3-GigabitEthernet0/0/1]port default vlan 40

[Switch3-GigabitEthernet0/0/1]quit

[Switch3]interface GigabitEthernet 0/0/2

[Switch3-GigabitEthernet0/0/2]port link-type access

```
[Switch3-GigabitEthernet0/0/2]port default vlan 40
[Switch3-GigabitEthernet0/0/2]quit
[Switch3]interface GigabitEthernet 0/0/3
[Switch3-GigabitEthernet0/0/3]port link-type trunk
[Switch3-GigabitEthernet0/0/3]port trunk allow-pass vlan all
[Switch3-GigabitEthernet0/0/3]quit
```

3. 在 Switch1 和 Router1 上配置 OSPF 实现内网通信

在 Switch1 和 Router1 上配置 OSPF 协议的命令如下。

```
① Switch1 上的配置
[Switch1]ospf 1 router-id 11.11.11.11
[Switch1-ospf-1]area 0
[Switch1-ospf-1-area-0.0.0.0]network 192.168.11.0 0.0.0.255
[Switch1-ospf-1-area-0.0.0.0]network 192.168.30.0 0.0.0.255
[Switch1-ospf-1-area-0.0.0.0]network 192.168.40.0 0.0.0.255
[Switch1-ospf-1-area-0.0.0.0]quit
[Switch1-ospf-1]quit
② Router1 上的配置
[Router1]ospf 1 router-id 1.1.1.1
[Router1-ospf-1]area 0
[Router1-ospf-1-area-0.0.0.0]network 192.168.11.0 0.0.0.255
[Router1-ospf-1-area-0.0.0.0]quit
[Router1-ospf-1]quit
```

4. 在 Router1 上配置访问 Internet 的默认路由

在 Router1 上配置访问 Internet 的默认路由,并通过 OSPF 向内网发布一条默认路由,配置命令如下。

```
[Router1]ip route-static 0.0.0.0 0 Serial 1/0/0
[Router1]ospf 1
[Router1-ospf-1] default-route-advertise
[Router1-ospf-1]quit
```

配置完成后,在 Swtich1 上查看路由表,会看到一条默认路由,如下所示。

```
[Switch1]display ip routing-table
Route Flags: R-relay, D-download to fib
------------------------------------------------------------------------------
Routing Tables: Public
        Destinations : 9        Routes : 9
Destination/Mask    Proto   Pre  Cost     Flags NextHop         Interface
        0.0.0.0/0   O_ASE   150  1        D     192.168.11.1    Vlanif11
      127.0.0.0/8   Direct  0    0        D     127.0.0.1       InLoopBack0
      127.0.0.1/32  Direct  0    0        D     127.0.0.1       InLoopBack0
    192.168.30.0/24 Direct  0    0        D     192.168.11.1    Vlanif30
    192.168.30.1/32 Direct  0    0        D     127.0.0.1       Vlanif30
    192.168.40.0/24 Direct  0    0        D     192.168.12.1    Vlanif40
    192.168.40.1/32 Direct  0    0        D     127.0.0.1       Vlanif40
   192.168.11.0/24  Direct  0    0        D     192.168.11.254  Vlanif11
 192.168.11.254/32  Direct  0    0        D     127.0.0.1       Vlanif11
```

5. 在 Router1 上配置 NAPT

为了使校园网用户使用私有 IP 地址访问 Internet,需要在出口路由器 Router1 上配置 NAPT,配置命令如下。

```
① 配置地址转换的 ACL
[Router1]acl 2000
[Router1-acl-basic-2000]rule permit source 192.168.30.0 0.0.0.255
[Router1-acl-basic-2000]rule permit source 192.168.40.0 0.0.0.255
[Router1-acl-basic-2000]quit
② 配置 NAT 地址池
[Router1]nat address-group 1 202.100.10.2 202.100.10.2
③ 配置出接口的地址关联
[Router1]interface Serial 1/0/0
[Router1-Serial1/0/0] nat outbound 2000 address-group 1
[Router1-Serial1/0/0]quit
```

配置完成后,在路由器上执行 display nat outbound 命令可查看地址转换配置,查看结果如下。

```
[Router1]display nat outbound
 NAT Outbound Information:
 --------------------------------------------------------------------------
 Interface            Acl    Address-group/IP/Interface    Type
 --------------------------------------------------------------------------
 Serial1/0/0          2000                         1      pat
 --------------------------------------------------------------------------
 Total : 1
```

6. 验证配置

配置完成后,使用 PC1、PC3 访问 Server(202.100.20.100),都可以正常通信,如下所示。

```
PC1>ping 202.100.20.100

Ping 202.100.20.100: 32 data bytes, Press Ctrl_C to break
From 202.100.20.100: bytes=32 seq=1 ttl=252 time=78 ms
From 202.100.20.100: bytes=32 seq=2 ttl=252 time=62 ms
From 202.100.20.100: bytes=32 seq=3 ttl=252 time=63 ms
From 202.100.20.100: bytes=32 seq=4 ttl=252 time=78 ms
From 202.100.20.100: bytes=32 seq=5 ttl=252 time=93 ms
---202.100.20.100 ping statistics ---
  5 packet(s) transmitted
  5 packet(s) received
  0.00%  packet loss
  round-trip min/avg/max =62/74/93 ms

PC3>ping 202.100.20.100
Ping 202.100.20.100: 32 data bytes, Press Ctrl_C to break
From 202.100.20.100: bytes=32 seq=1 ttl=252 time=78 ms
From 202.100.20.100: bytes=32 seq=2 ttl=252 time=62 ms
From 202.100.20.100: bytes=32 seq=3 ttl=252 time=63 ms
```

```
From 202.100.20.100: bytes=32 seq=4 ttl=252 time=78 ms
From 202.100.20.100: bytes=32 seq=5 ttl=252 time=93 ms


---202.100.20.100 ping statistics ---
  5 packet(s) transmitted
  5 packet(s) received
  0.00%  packet loss
  round-trip min/avg/max =62/74/93 ms
```

10.5 【任务2】配置 NAT Server

10.5.1 任务描述

A 高校搭建了网站服务器和 FTP 服务器，分别用于对外发布官方网站和文件下载链接，现在只预留了一个公网 IP 地址用于互联网用户的访问。为了解决公网 IP 地址不足的问题并保障内部服务器的安全，需要在出口路由器上配置 NAT Server，用于将内部服务器地址映射到公网 IP 地址上。

10.5.2 任务分析

NAT Server 配置网络拓扑图如图 10-7 所示，其中，Router2 用来模拟 Internet 路由器。

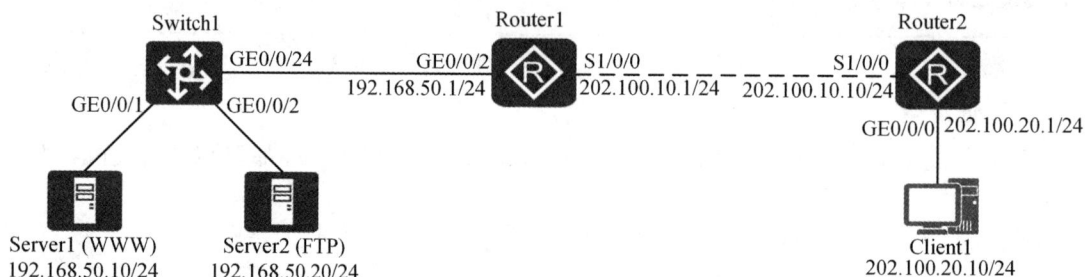

图 10-7   NAT Server 配置网络拓扑图

Server1 的内部 IP 地址为 192.168.50.10/24，提供服务的端口为 80，对外公布的地址为 202.100.10.3/24。Server2 的内部 IP 地址为 192.168.50.20/24，提供服务的端口为 20/21，对外公布的地址同样为 202.100.10.3/24。因此，要在路由器 Router1 上配置 NAT Server 把内部 WWW 服务器和 FTP 服务器发布到 Internet 上。

IP 地址规划表如表 10-3 所示。

表 10-3   IP 地址规划表

设备	接口	IP 地址/子网掩码		默认网关
Router1	GE0/0/2	192.168.50.1	255.255.255.0	N/A
	S1/0/0	202.100.10.1	255.255.255.0	N/A
Router2	GE0/0/0	202.100.20.1	255.255.255.0	N/A
	S1/0/0	202.100.10.10	255.255.255.0	N/A

续表

设备	接口	IP 地址/子网掩码		默认网关
Server1（WWW）	Ethernet0/0/0	192.168.50.10	255.255.255.0	192.168.50.1
Server2（FTP）	Ethernet0/0/0	192.168.50.20	255.255.255.0	192.168.50.1
Client1	Ethernet0/0/0	202.100.20.10	255.255.255.0	202.100.20.1

◆ **10.5.3 任务实施**

1. 基本配置

首先按规划将交换机的主机名设置为 Switch1，两台路由器的主机名设置为 Router1 和 Router2。然后按 IP 地址规划表为两台路由器的接口配置 IP 地址和子网掩码，为 Client1、Server1 和 Server2 配置 IP 地址、子网掩码和网关。

2. 配置 WWW 服务器和 FTP 服务器

在两台服务器 Server1 和 Server2 上分别开启 WWW 服务和 FTP 服务。本任务采用 eNSP 完成，在 eNSP 中，WWW 服务器的配置方法为：在 Server1 上单击鼠标右键，在弹出的菜单中选择"服务器信息"选项，打开设置对话框，单击"HttpServer"按钮，在"配置"选区中进行文件根目录的添加，最后单击"启动"按钮，如图 10-8 所示。

在 Server2 上开启 FTP 服务的方法与在 Server1 上开启 WWW 服务的方法类似，如图 10-9 所示。

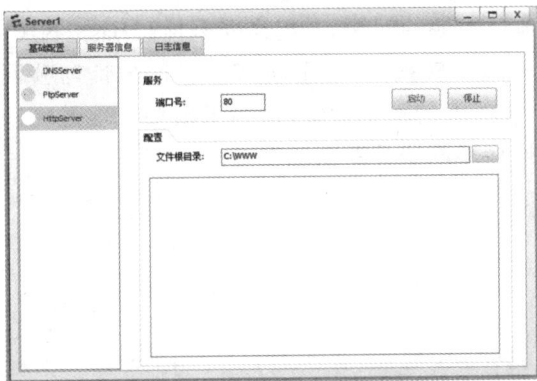

图 10-8　配置 WWW 服务器　　　　图 10-9　配置 FTP 服务器

3. 在 Router1 上配置访问 Internet 的默认路由

在校园网出口路由器 Router1 上需要配置访问 Internet 的模拟路由，配置命令如下所示。

```
[Router1]ip route-static 0.0.0.0 0 Serial 1/0/0
```

4. 在 Router1 上配置 NAT Server

在路由器 Router1 上配置 NAT Server，使公网主机可以访问内部服务器，配置命令如下。

```
[Router1]interface Serial 1/0/0
[Router1-Serial1/0/0]nat server protocol tcp global 202.100.10.3 80 inside 192.168.50.10 80
[Router1-Serial1/0/0]nat server protocol tcp global 202.100.10.3 20 inside 192.168.50.20 20
```

```
[Router1-Serial1/0/0]nat server protocol tcp global 202.100.10.3 21 inside 192.168.50.
20 21
[Router1-Serial1/0/0]quit
```

5. 验证配置

以上配置完成后，在外网 Client1 上，可以使用 HTTP 和 FTP 协议访问 202.100.10.3，从而访问内网的 WWW 服务器和 FTP 服务器，如图 10-10 和图 10-11 所示。

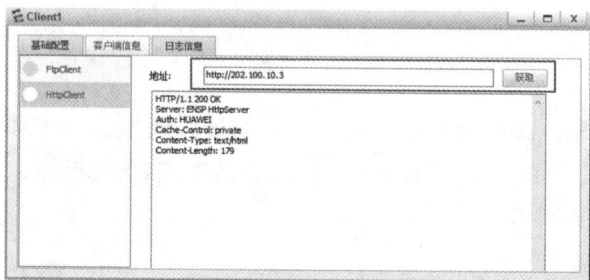

图 10-10　Client1 访问 WWW 服务器（Server1）

图 10-11　Client1 访问 FTP 服务器（Server2）

10.6　项目总结与拓展

树立正确的
网络安全观

本项目讲述了 NAT 技术的功能与作用、类型，以及 NAT 技术的优缺点，重点介绍了 NAT 的工作原理及配置。

NAT 可以有效缓解 IPv4 地址短缺的问题，并提高安全性。Basic NAT 可实现私网地址与公网地址的一对一转换；NAPT 可实现私网地址与公网地址的多对一转换；Easy IP 是 NAPT 的一个特例，适用于出接口地址无法预知的场合；NAT Server 使公网主机可以主动连接私网服务器获取服务。

10.7　习题

1. 选择题

（1）下列关于地址转换的描述中，不正确的是？

A. 地址转换有效地解决了因特网地址短缺所面临的问题

B. 地址转换实现了对用户透明的网络外部地址的分配

C. 使用地址转换后，对 IP 包加密、快速转发不会造成什么影响

D. 地址转换为内部主机提供了一定的"隐私"保护

（2）以下哪项不是 NAT 的缺点？

A. 地址转换对于报文内容中含有有用的地址信息的情况很难处理

B. 地址转换不能处理 IP 报头加密的情况

C. 地址转换可以缓解地址短缺的问题

D. 地址转换由于隐藏了内部主机地址，有时会使网络调试变得复杂

（3）在配置 NAT 时，以下哪项决定了内网主机的地址将被转换？

A. 地址池　　　　　　　　　　　　B. NAT 转换映射表

C. ACL　　　　　　　　　　　　　D. 配置 NAT 的接口

（4）某公司维护它自己的公共 Web 服务器，并打算实现 NAT，应该为该 Web 服务器使用以下哪种类型的 NAT？

A. Basic NAT　　　　B. Easy IP　　　　C. NAT Server　　　D. NAPT

（5）以下 NAT 技术中，不可以使多个内网主机共用一个 IP 地址的是哪项？

A. Basic NAT　　　　B. Easy IP　　　　C. NAT Server　　　D. NAPT

（6）以下 NAT 技术中，允许外网主机主动对内网主机发起连接的是哪项？

A. Basic NAT　　　　B. Easy IP　　　　C. NAT Server　　　D. NAPT

（7）NAPT 主要对数据包的以下哪些信息进行转换？

A. 数据链路层　　　B. 网络层　　　　C. 传输层　　　　D. 应用层

（8）若 NAT 设备的公网地址是通过 ADSL 由运营商动态分配的，在这种情况下，可以使用如下哪种类型的 NAT？

A. 静态 NAT　　　　　　　　　B. 使用地址池的 NAPT

C. Basic NAT　　　　　　　　　D. Easy IP

（9）在配置完 NAPT 后，发现有些内网地址始终可以 ping 通外网，有些则始终不能，可能的原因是以下哪项？

A. ACL 设置不正确　　　　　　B. NAT 的地址池只有一个地址

C. NAT 设备性能不足　　　　　D. NAT 配置没有生效

（10）某私有网络内有主机需要访问 Internet，为实现此需求，管理员应该在该网络的边缘路由器上做如下哪些配置？

A. DHCP　　　　　B. NAPT　　　　C. 默认路由　　　D. STP

2. 问答题

（1）NAT 技术根据环境的具体使用情况可以分为哪几种？

（2）最常用的网络地址转换类型有哪几种？

（3）NAPT 与 Easy IP 的主要区别是什么？

（4）查看 NAT 表项的命令是什么？

（5）配置 NAT 地址池的命令是什么？

项目 11　局域网交换机安全防护

11.1　项目介绍

在大多数情况下,人们在实施网络安全的时候都把注意力过多地集中在了保护第三层安全,以及防火墙、入侵防御系统、加密技术上,而忽略了对第二层进行保护。事实上,很多第二层攻击可以对 OSI 分层模型中的其他层(第三层及以上各层)形成威胁。因此,针对交换机的安全要求,需要根据第二层攻击的类型和特点来部署相应的防范策略。

11.2　学习目标

(1) 了解第二层攻击的类型。
(2) 理解 MAC 地址表溢出攻击和 MAC 地址欺骗攻击。
(3) 理解 STP 操纵攻击。
(4) 理解 ARP 攻击和 DHCP 攻击。
(5) 能够配置 BPDU 防护和根防护。
(6) 能够配置交换机端口安全。
(7) 遵守网络道德及法律法规,营造安全网络空间。

11.3　相关知识

11.3.1　第二层安全概述

通常人们在实施网络安全的时候把注意力过多地集中在了保护第三层安全,以及防火墙、入侵防御系统、加密技术上,而忽略了对第二层(数据链路层)进行保护。事实上,第二层也会造成对安全的挑战,因为一旦该层受到威胁,黑客就可以顺藤摸瓜入侵上层,从而对网络造成破坏。

以太网交换机及多数第二层协议都存在安全隐患,利用这些隐患黑客可以将任何流量转向他的个人计算机,从而破坏这些流量的保密性和完整性。一旦第二层被攻陷,黑客就可以使用诸如"中间人"攻击之类的技术在更高层协议上构建攻击手段。由于能够截取任意流量,黑客可以在明文通信(例如 HTTP 和 Telnet)和加密通信(例如 SSL 或 SSH)里做手脚。

第二层攻击很难从网络外部发起,也就是说攻击者首先要位于网络内部,才能够利用网络第二层的弱点对第二层发起攻击。外部黑客可以运用社交工程出入公司场所,从而连接到一个公司的局域网。另外,很多攻击来自公司内部员工,比如由一个在现场工作的雇员发起的攻击。

为了保护第二层安全,网络安全专业人士必须要在第二层体系架构中采用相应的防范措施。

◆ 11.3.2 第二层安全问题

在局域网中,发生在 OSI 参考模型第二层的攻击主要有 MAC 地址表溢出攻击、MAC 地址欺骗攻击、STP 操纵攻击、DHCP 攻击、ARP 攻击等。

1. MAC 地址表溢出攻击

交换机内的 MAC 地址表包含了交换机的给定物理端口能够到达的 MAC 地址,并且关联到各自的 VLAN 参数。当接收到数据帧,交换机提取目的 MAC 地址到 MAC 地址表中进行查找。如果根据这个帧的目的 MAC 地址找到了相应的条目,交换机会将这个帧转发至目的端口。如果这个帧的目的 MAC 地址没有在 MAC 地址表中找到,那么交换机就会像集线器一样将这个帧转发至所有的端口。

MAC 地址攻击
原理与防范

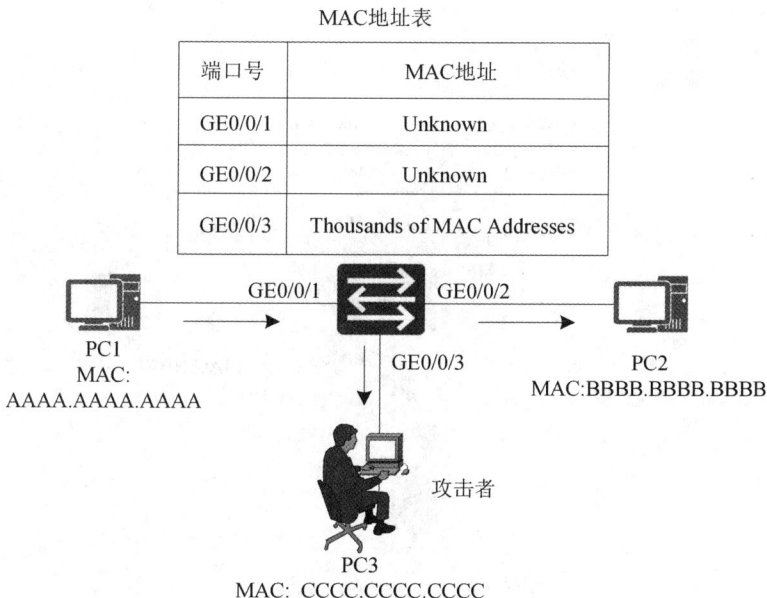

理解 MAC 地址表溢出攻击的关键是要知道 MAC 地址表的空间是有限制的。MAC 泛洪利用这个限制使用大量随机生成的无效的源、目的 MAC 地址攻击交换机,直到交换机的 MAC 地址表被填满,而无法再接收新的条目。当这种情况发生时,交换机开始泛洪进入的流量到所有端口,因为在 MAC 地址表中没有空间来学习任何合法的 MAC 地址。此时的交换机,从本质上讲就成了一台集线器。最终导致的结果是,攻击者可以看到所有从一台主机发送到另外一台主机的数据帧,如图 11-1 所示。

MAC地址表

端口号	MAC地址
GE0/0/1	Unknown
GE0/0/2	Unknown
GE0/0/3	Thousands of MAC Addresses

图 11-1　MAC 地址表溢出攻击

在图 11-1 中,在 MAC 地址表正常的情况下,PC1 和 PC2 之间的通信是单播的,中间的攻击者无法收到任何数据。当攻击者向交换机的端口 GE0/0/3 泛洪 MAC 地址,将交换机的 MAC 地址表填满并覆盖了原有的合法条目后,交换机的运行就像集线器一样了。此时若 PC1 向 PC2 发送数据,交换机会发现在 MAC 地址表中无法找到 PC2 的 MAC 地址,于是它会在广播域中将此数据帧泛洪,攻击者自然就可以收到相应的数据。

由于数据流只能在本地 VLAN 内进行泛洪,所以攻击者只能看到他所连接的本地 VLAN 内的数据流。

最常见的执行 MAC 地址表溢出攻击的方法是使用 macof 工具。这个工具会向交换机泛洪数据帧,帧中包含的源 MAC 地址、目的 MAC 地址和 IP 地址都是随机产生的。在很短的时间内,MAC 地址表就会被填满。当 MAC 地址表被无效的 MAC 地址填满后,交换机开始泛洪它接收到的所有数据帧。只要 macof 仍在运行,交换机的 MAC 地址表就会保持充满状态,并且交换机会不断地泛洪所有接收到的数据帧到每个端口。

2. MAC 地址欺骗攻击

MAC 地址欺骗攻击是将 MAC 地址伪装成网络中的其他主机或设备的技术。攻击者通过网络发送源 MAC 地址为其他目标主机的帧,当交换机接收到该帧时,会检查源 MAC 地址,从而修改 MAC 地址表中的条目使得应转发给目标主机的数据包发送给攻击者。目标主机在它再次发送数据之前不会收到任何数据。直到目标主机发送数据包时,MAC 地址表才能被再次重写使得该主机的 MAC 地址重新与端口关联。

图 11-2 显示了 MAC 地址欺骗是如何进行的。开始,交换机已经学到了 PC1 在 GE0/0/1 端口上,PC2 在 GE0/0/2 端口上,PC3 在 GE0/0/3 端口上。攻击者 PC3 发送数据包,数据包中包含 PC3 的 IP 地址、PC2 的 MAC 地址。这使得交换机修改 MAC 地址表,将 PC2 从 GE0/0/2 端口移到 GE0/0/3 端口。此时从 PC1 来的、目的为 PC2 的数据流量对 PC3 就是可见的了。

MAC地址表

端口号	MAC地址
GE0/0/1	Unknown
GE0/0/2	Unknown
GE0/0/3	Thousands of MAC Addresses

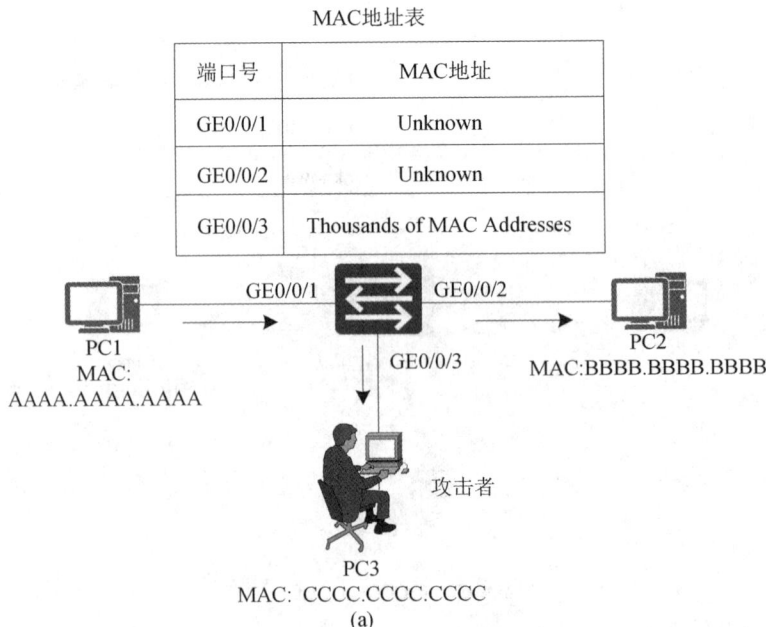

PC1
MAC: AAAA.AAAA.AAAA

GE0/0/1   GE0/0/2

GE0/0/3

PC2
MAC:BBBB.BBBB.BBBB

攻击者

PC3
MAC: CCCC.CCCC.CCCC

(a)

图 11-2　MAC 地址欺骗攻击

当目标主机 PC2 向交换机发送数据流量时,交换机会再次修改 MAC 地址表,将原来的

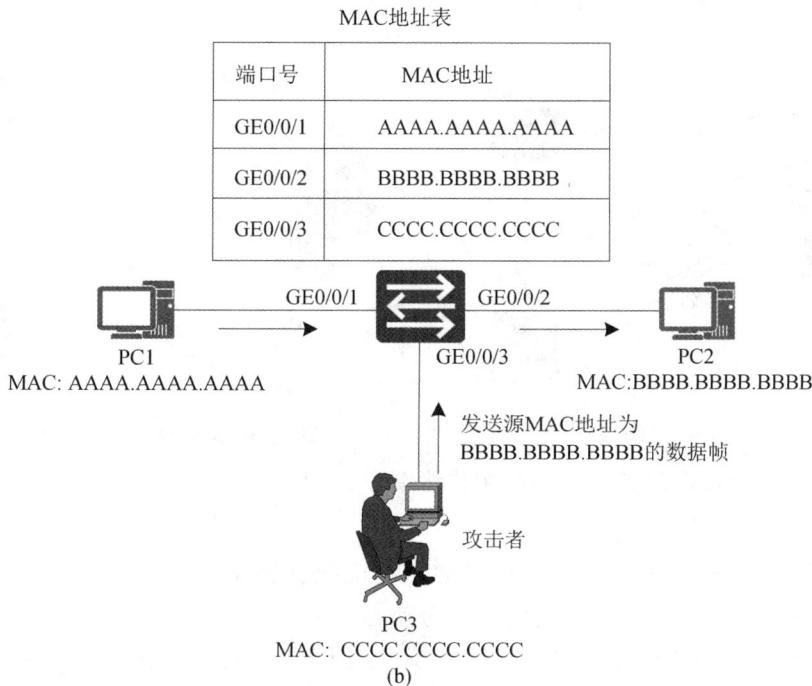

MAC地址表

端口号	MAC地址
GE0/0/1	AAAA.AAAA.AAAA
GE0/0/2	BBBB.BBBB.BBBB
GE0/0/3	CCCC.CCCC.CCCC

PC1
MAC: AAAA.AAAA.AAAA

GE0/0/1   GE0/0/2

GE0/0/3

PC2
MAC:BBBB.BBBB.BBBB

发送源MAC地址为
BBBB.BBBB.BBBB的数据帧

攻击者

PC3
MAC: CCCC.CCCC.CCCC

(b)

续图 11-2

端口即 GE0/0/2 端口重新映射给真实主机。这种拉锯战会持续在拥有相同 MAC 地址的攻击者和真实主机之间展开,因此会给交换机的 MAC 地址表造成混乱,并使它不断地修改 MAC 地址的条目。这不仅会造成真实主机拒绝服务,同样也会对交换机的性能造成影响,因为攻击者会发送大量伪造的 MAC 地址。

MAC 地址表溢出和 MAC 地址欺骗这两种攻击都可以通过在交换机上配置端口安全来消除。端口安全可以让管理员为每个端口指定 MAC 地址或 MAC 地址数量的限制。当一个安全端口收到数据包时,会将数据包中源 MAC 地址与此端口手工配置的或学习的地址列表进行比较,如果与此端口连接的设备的 MAC 地址与安全列表中的地址不同,端口会永久关闭或关闭一段时间,将从不安全主机来的数据包丢弃。

3. STP 操纵攻击

生成树协议(Spanning Tree Protocol,STP)是确保无环路拓扑的第二层协议。STP 通过选择根桥并且从根桥构建树形拓扑来运行。STP 允许冗余,但是同时保证每一时刻只有一条链路是运行的,并且没有环路出现。若根桥出现故障,STP 拓扑会重新收敛并选出一个新的根桥。

要完成 STP 操纵攻击,攻击主机会广播 STP 配置和拓扑变更 BPDU 来强制进行生成树计算。攻击主机发送的 BPDU 通告较低的网桥优先级,试图被选为根桥。如果成功,攻击主机即成为根桥,从而可以看到本来不能访问到的其他数据帧。

通过攻击 STP,攻击者希望将自己的系统假冒为拓扑中的根桥,这需要攻击者连接两台不同的交换机。

如图 11-3 和图 11-4 所示,攻击者分别与两台不同的交换机建立了两条链路。通过发送假冒的 BPDU,导致交换机重新计算生成树。当攻击系统变为根桥后,两台交换机之间的流量要流向攻击者的个人电脑,这就给攻击者提供了无数种选择,最明显的是嗅探流量、充当中间人或在网络上为拒绝服务(DoS)攻击创造条件。

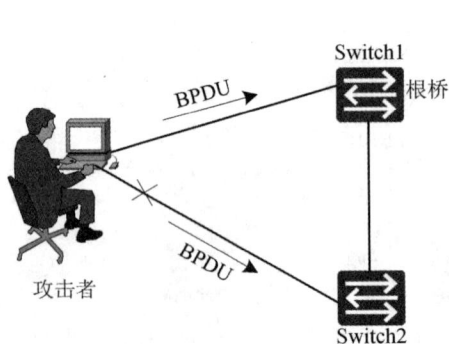

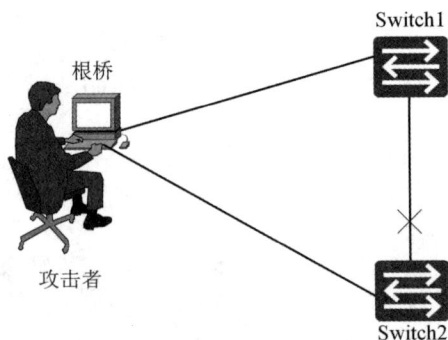

图 11-3　起始拓扑　　　　图 11-4　STP 操纵攻击结果拓扑

消除 STP 操纵攻击的技术包括启用边缘端口、BPDU 防护和根防护等。

4. DHCP 攻击

在今天的网络中,大部分客户端使用动态主机配置协议(Dynamic Host Configuration Protocol,DHCP)动态获取 IP 地址信息。为动态获取 IP 地址信息,客户端发送 DHCP 请求,DHCP 服务器看到该请求后向请求客户端发送 DHCP 响应(包括 IP 地址、子网掩码和默认网关等信息)。

DHCP 攻击有 DHCP 服务器欺骗和 DHCP 地址耗尽两种方法。

(1) DHCP 服务器欺骗。

攻击者将一个冒充 DHCP 服务器连接到网络中,冒充 DHCP 服务器可响应客户端的 DHCP 请求。冒充 DHCP 服务器和实际 DHCP 服务器均响应请求,若冒充 DHCP 服务器响应比实际 DHCP 服务器响应提前到达客户端,客户端会采用冒充 DHCP 服务器响应,如图 11-5 所示。

来自攻击者 DHCP 服务器的 DHCP 响应可能将攻击者的 IP 地址指定为客户端的默认网关或 DNS 服务器。因此,客户端会受到影响,可能会向攻击者的主机发送流量。然后攻击者便可截取流量并将其转发给一个适当的默认网关。从客户端的角度来看,一切都运行正常,因此这种类型的攻击可在很长的时间内不会被检测到。

交换机的 DHCP snooping 特性可用于抵御 DHCP 服务器欺骗攻击。在此解决方案中,将交换机的端口设置为可信(trusted)或不可信(untrusted)状态。若端口可信,则可接收 DHCP 响应(如 DHCPOFFER、DHCPACK 或 DHCPNAK)。反之,若端口不可信,则不能接收 DHCP 响应。DHCP snooping 特性过滤非信任 DHCP 消息并建立 DHCP snooping 绑定表,这是一个安全特性。绑定表包含 MAC 地址、IP 地址、租期、绑定类型等信息。

(2) DHCP 地址耗尽。

如图 11-6 所示,DHCP 地址耗尽攻击通过用假冒的 MAC 地址广播 DHCP 请求来实现,用 gobbler 这样的工具很容易完成。在一段时间内,如果发送了足够多的请求,攻击者就可以耗尽 DHCP 服务器所提供的地址空间。这是一种简单的资源耗尽型攻击,类似于 SYN 泛洪攻击。

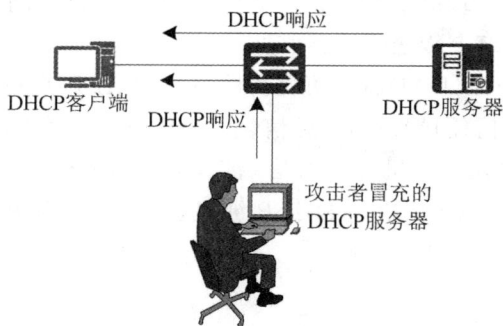

图 11-5　DHCP 服务器欺骗　　　　　**图 11-6　DHCP 地址耗尽**

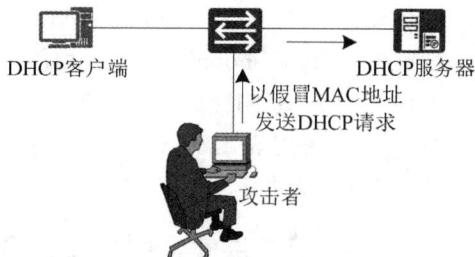

DHCP 地址耗尽攻击更像是对 DHCP 服务器的 DoS 攻击,为缓解这种攻击,可运用前面提到的 DHCP 侦听特性来限制每个接口每秒钟允许的 DHCP 消息数目,从而防止欺骗DHCP 请求泛洪。

5. ARP 攻击

地址解析协议(Address Resolution Protocol,ARP)用来在一个局域网段上将 IP 地址映射为 MAC 地址。通常主机发送 ARP 广播来请求某个 IP 地址的 MAC 地址,地址匹配的主机将会发送 ARP 响应,然后发送请求的主机会缓存这一响应。

ARP 主动提供 ARP 响应。一个主动提供的 ARP 响应称为无故 ARP(Gratuitous ARP,GARP)。GARP 可以被攻击者利用从而在 LAN 网段上假冒一个 IP 地址。这通常用于中间人攻击中的两台主机之间或默认网关之间的地址欺骗。

图 11-7 所示的即为一个 ARP 攻击的实例。在图 11-7 中,PC1 配置默认网关为192.168.1.1。然而,攻击者向 PC1 发送 GARP 消息,告诉 PC1 与 192.168.1.1 对应的MAC 地址是攻击者的 MAC 地址 CCCC. CCCC. CCCC。同样,攻击者给默认网关发送GARP 消息,声称与 PC1 的 IP 地址 192.168.1.2 对应的 MAC 地址是 CCCC. CCCC.CCCC。这就导致 PC1 和路由器通过攻击者的主机交换流量。因此,这种 ARP 欺骗攻击(简称 ARP 攻击)类型被视为中间人攻击。

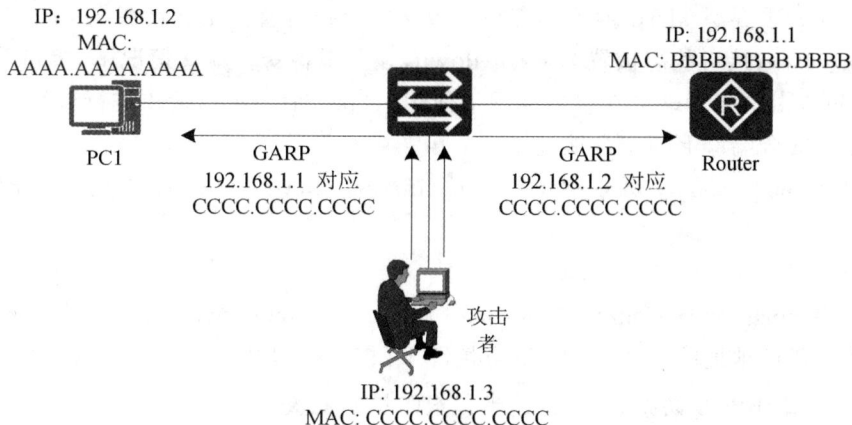

图 11-7　ARP 欺骗攻击

dsniff 是由 Dug Song 开发的一组工具,用于发起并利用该攻击。比如,在发起 ARP 欺骗攻击后,dsniff 会有一个专门的 sniffer 来查找各种常见协议的用户名和密码并将其输出到一个文件中。它甚至可以通过向用户提供假证书，根据安全套接字层和 SSH 进行中间人攻击。利用这种攻击，攻击者可以获得在加密信道上传送的敏感信息。

利用动态 ARP 检测（Dynamic ARP Inspection，DAI）特性可保护网络免受 ARP 欺骗攻击。DAI 与 DHCP snooping 相似，均使用可信（信任）端口和不可信（非信任）端口。交换机可信端口允许 ARP 响应。但是，若 ARP 响应进入交换机的不可信端口，可将 ARP 相应的内容与 DHCP 绑定表比较以验证其准确性。若 ARP 响应与 DHCP 绑定表不一致，则丢弃该 ARP 响应且禁用该端口。

◆ 11.3.3　第二层安全的配置命令

在明白了第二层设备的安全隐患后，就要执行相应的安全技术来预防和利用这些隐患的攻击。比如对于 MAC 地址表溢出攻击和 MAC 地址欺骗攻击的防护，可以启用端口安全；对于 STP 操纵攻击，可以启用 BPDU 防护和根防护；为了抵御 DHCP 攻击和 ARP 攻击，可以启用 DHCP 侦听和动态 ARP 检测。

配置交换机
端口安全

1. 交换机端口安全的配置命令

在交换机的端口上配置端口安全的步骤如下。

（1）使能端口安全功能。

执行命令 **port-security enable**，使能端口安全功能。缺省情况下，未使能端口安全功能。

（2）配置 MAC 学习限制数量。

执行命令 **port-security max-mac-num** *max-number*，配置端口安全动态 MAC 学习限制数量。缺省情况下，接口学习的安全 MAC 地址限制数量为 1。

（3）配置端口安全保护动作。

执行命令 **port-security protect-action** ｛ **protect**｜**restrict**｜**shutdown** ｝，配置端口安全保护动作。端口安全保护动作有 protect、restrict 和 shutdown，缺省情况下，端口安全保护动作为 restrict。各参数的具体含义如下。

① protect：只丢弃源 MAC 地址不存在的报文，不上报告警。

② restrict：丢弃源 MAC 地址不存在的报文并上报告警。推荐使用 restrict 动作。

③ shutdown：接口状态被置为 error-down，并上报告警。默认情况下，接口关闭后不会自动恢复，只能由网络管理员在接口视图下使用 restart 命令重启接口进行恢复。

（4）配置安全端口上的安全地址。

执行命令 **port-security mac-address** *mac-address* **vlan** *vlan-id*，手工配置安全静态 MAC 地址表项。

（5）配置安全地址的老化时间。

执行命令 **port-security aging-time** *time* ［type ｛ **absolute**｜**inactivity** ｝］，配置接口学习到的安全动态 MAC 地址的老化时间。缺省情况下，接口学习的安全动态 MAC 地址不老化。

2. 边缘端口、BPDU 防护、BPDU 过滤和根防护的配置命令

为了缓解 STP 操纵攻击，可以启用边缘端口、BPDU 防护（又称 BPDU 保护）、BPDU 过滤和根防护（又称根保护）等 STP 增强命令。

（1）配置边缘端口。

对于运行生成树协议的二层网络，与终端相连的端口不用参与生成树计算，这些端口参与计算会影响网络拓扑的收敛速度,而且这些端口的状态改变也可能会引起网络震荡,导致用户流量中断。此时,可将这些与终端相连的端口配置成边缘端口,使其不再参与生成树计算,从而帮助加快网络拓扑的收敛时间及加强网络的稳定性。

在接口视图下执行命令 **stp edged-port enable**,将端口配置成边缘端口。缺省情况下,设备的所有端口为非边缘端口。

(2) 配置 BPDU 防护。

边缘端口不参与生成树计算,但是,边缘端口收到 BPDU 报文会失去其边缘端口属性。为防止攻击者仿造 BPDU 报文导致边缘端口变成非边缘端口,可配置交换机的 BPDU 保护功能。配置 BPDU 保护功能后,如果边缘端口收到 BPDU 报文,边缘端口将会被 shutdown,边缘端口属性不变。

在系统视图下通过执行命令 **stp bpdu-protection** 来配置 BPDU 保护功能。

在配置了 BPDU 保护功能后关闭端口的情况下,被关闭的端口默认不会自动恢复,只能由网管先执行 shutdown 命令再执行 undo shutdown 命令进行手动恢复,也可以在接口视图下执行 restart 命令重启端口。

如果用户希望被关闭的端口可以自动恢复,则可以通过在系统视图下执行 **error-down auto-recovery cause bpdu-protection interval** *interval-value* 命令使能端口状态自动恢复为 up 的功能并设置端口自动恢复为 up 的延时时间,使被关闭的端口经过延时时间后能够自动恢复。

(3) 配置 BPDU 过滤。

当交换机的端口被配置为边缘端口后,端口仍然会发送 BPDU 报文,这可能导致 BPDU 报文发送到其他网络,引起其他网络产生震荡。因此可以配置边缘端口的 BPDU(报文)过滤功能,使边缘端口不处理、不发送 BPDU 报文。

在接口视图下执行命令 **stp bpdu-filter enable**,配置当前端口为 BPDU filter 端口。缺省情况下,设备的所有端口为非 BPDU filter 端口。

如果当前设备上需要配置较多 BPDU filter 端口,可以在系统视图下执行命令 **stp bpdu-filter default** 将当前所有端口配置成 BPDU filter 端口。然后在接口视图下使用命令 **stp bpdu-filter disable** 将不需要配置成 BPDU filter 端口的端口恢复为非 BPDU filter 端口。

(4) 配置根防护。

由于维护人员的错误配置或网络中的恶意攻击,根桥收到优先级更高的 BPDU,会失去根桥的地位,重新进行生成树的计算。由于拓扑结构的变化,可能造成高速流量迁移到低速链路上,引起网络拥塞。

对于使能根保护功能的指定端口,其端口角色只能保持为指定端口。一旦使能根保护功能的指定端口收到优先级更高的 BPDU,端口状态将进入 Discarding 状态,不再转发报文。再经过一段时间(通常为两倍的 Forward Delay),如果端口一直没有再收到优先级较高的 BPDU,端口会自动恢复到正常的 Forwarding 状态。

在接口视图下执行命令 **stp root-protection** 来使能当前端口的根保护功能。

3. DHCP snooping 的配置命令

DHCP snooping 就像位于不可信的主机和 DHCP 服务器之间的防火墙。它使得管理员可以区分连接最终用户的不可信端口和连接 DHCP 服务器或其他交换机的可信端口。信任端口可以响应 DHCP 请求;而非信任端口则不允许进行响应。交换机会跟踪非信任端口的 DHCP 绑定,并将 DHCP 消息限制在一定的速度内。

配置 DHCP snooping 的步骤如下。

（1）使能 DHCP Snooping 功能。

使能 DHCP Snooping 功能,可在系统视图、VLAN 视图或接口视图下进行配置。

进入系统视图,执行命令 **dhcp snooping enable**,全局使能 DHCP Snooping 功能。缺省情况下,设备全局未使能 DHCP Snooping 功能。

注意:使能 DHCP Snooping 功能之前,必须已使用命令 **dhcp enable** 使能了设备的 DHCP 功能。

（2）配置信任或非信任端口。

为使 DHCP 客户端能通过合法的 DHCP 服务器获取 IP 地址,应将与管理员信任的 DHCP 服务器直接或间接连接的设备端口设置为信任端口,其他端口设置为非信任端口。

在接口视图下执行命令 **dhcp snooping trusted**,或在 VLAN 视图下执行命令 **dhcp snooping trusted** *interface interface-type interface-number*,配置端口为信任端口。缺省情况下,端口的状态为非信任状态。

（3）配置防止 DHCP Server 服务拒绝攻击。

若在网络中存在 DHCP 用户恶意申请 IP 地址,将会导致 IP 地址池中的 IP 地址快速耗尽以致 DHCP Server 无法为其他合法用户分配 IP 地址。另一方面,DHCP Server 通常仅根据 CHADDR(client hardware address)字段来确认客户端的 MAC 地址。如果攻击者通过不断改变 DHCP Request 报文中的 CHADDR 字段向 DHCP Server 申请 IP 地址,将会导致 DHCP Server 上的地址池被耗尽,从而无法为其他正常用户提供 IP 地址。

为了防止某些端口的 DHCP 用户恶意申请 IP 地址,可配置接口允许学习的 DHCP Snooping 绑定表项的最大个数来控制上线用户的个数,当用户数达到该值时,则任何用户将无法通过此接口成功申请到 IP 地址。为了防止攻击者不断改变 DHCP Request 报文中的 CHADDR 字段进行攻击,可使能检测 DHCP Request 报文帧头 MAC 地址与 DHCP 数据区中的 CHADDR 字段是否功能相同,相同则转发报文,否则丢弃。

配置接口允许学习的 DHCP Snooping 绑定表项的最大个数,可在系统视图、VLAN 视图或接口视图下进行配置。

在系统视图下执行命令 **dhcp snooping max-user-number** *max-number* **vlan** { *vlan-id*1 [**to** *vlan-id*2] },配置设备允许学习的 DHCP Snooping 绑定表项的最大个数。执行该命令后,设备所有的接口允许学习的 DHCP Snooping 绑定表项之和为该命令所配置的值。

使能对报文的 CHADDR 字段进行检查功能,可在系统视图、VLAN 视图或接口视图下进行配置。

在系统视图下执行命令 **dhcp snooping check dhcp-chaddr enable vlan** { *vlan-id*1 [**to** *vlan-id*2] },使能检测 DHCP Request 报文帧头 MAC 地址与 DHCP 数据区中的 CHADDR 字段是否功能相同。缺省情况下,未使能检测 DHCP Request 报文帧头 MAC 地址与 DHCP 数据区中的 CHADDR 字段是否功能相同。

4. 动态 ARP 检测的配置命令

为了防御中间人攻击,避免合法用户的数据被中间人窃取,可以在接入设备上使能动态 ARP 检测功能。设备会将 ARP 报文对应的源 IP 地址、源 MAC 地址、接口、VLAN 信息和绑定表中的信息进行比较,如果信息匹配,说明发送该 ARP 报文的用户是合法用户,允许此用户的 ARP 报文通过,否则就认为是攻击,丢弃该 ARP 报文。

可在接口视图或 VLAN 视图下使能动态 ARP 检测功能。在接口视图下使能时,则对该接口收到的所有 ARP 报文进行绑定表匹配检查;在 VLAN 视图下使能时,则对加入该 VLAN 的接口收到的属于该 VLAN 的 ARP 报文进行绑定表匹配检查。

在接口视图或 VLAN 视图下执行命令 **arp anti-attack check user-bind enable**,使能动态 ARP 检测功能(即对 ARP 报文进行绑定表匹配检查)。缺省情况下,未使能动态 ARP 检测功能。

在接口视图下执行命令 **arp anti-attack check user-bind check-item** ﹛ ip-address ︱ mac-address ︱ vlan ﹜,或者在 VLAN 视图下执行命令 **arp anti-attack check user-bind check-item** ﹛ip-address ︱ mac-address ︱ interface ﹜,配置对 ARP 报文进行绑定表匹配检查的检查项。缺省情况下,对 ARP 报文的 IP 地址、MAC 地址、接口和 VLAN 信息都进行检查。

动态 ARP 检测功能仅适用于 DHCP Snooping 场景。设备使能 DHCP Snooping 功能后,当 DHCP 用户上线时,设备会自动生成 DHCP Snooping 绑定表;对于静态配置 IP 地址的用户,设备不会生成 DHCP Snooping 绑定表,所以需要手动添加静态绑定表。

11.4 【任务】配置 BPDU 防护和根防护

◆ 11.4.1 任务描述

为了满足网络的可靠性要求,A 高校校园网部署了 MSTP 协议。针对 STP 面临的操纵攻击,需要配置边缘端口、BPDU 防护和根防护等安全特性。同时,为了抵御 MAC 地址表溢出攻击和 MAC 地址欺骗攻击,还需要配置交换机端口安全。

◆ 11.4.2 任务分析

VRRP 主备配置拓扑图如图 11-8 所示。在图 11-8 所示的网络中,Switch1、Switch2、Switch3 和 Switch4 之间运行 MSTP。VLAN10 被映射到实例 MSTI1 中,VLAN20 被映射到实例 MSTI 2 中,Switch1 为 MSTI1 的根桥、MSTI2 的备份根桥;Switch2 为 MSTI2 的根桥、MSTI1 的备份根桥。

同时,为了提供网关冗余和提高网关设备的利用率,在 Switch1 和 Switch2 上配置 VRRP,对于 VLAN10 内的主机,Switch1 为 Master 设备,Switch2 为 Backup 设备,对应的 VRID 为 1、虚拟 IP 地址为 192.168.10.1;对于 VLAN20 内的主机,Switch1 为 Backup 设备,Switch2 为 Master 设备,对应的 VRID 为 2、虚拟 IP 地址为 192.168.20.1。

为了避免 STP 操纵攻击,需要在 Switch1 和 Switch2 的指定端口上配置根防护;在 Switch3 和 Switch4 上将同终端相连的端口配置为边缘端口并使能 BPDU 过滤,同时使能 BPDU 防护。

为了避免 MAC 地址表溢出攻击和 MAC 地址欺骗攻击,需要在 Switch3 和 Switch4 上配置交换机端口安全。

交换机 VLAN 规划表如表 11-1 所示。

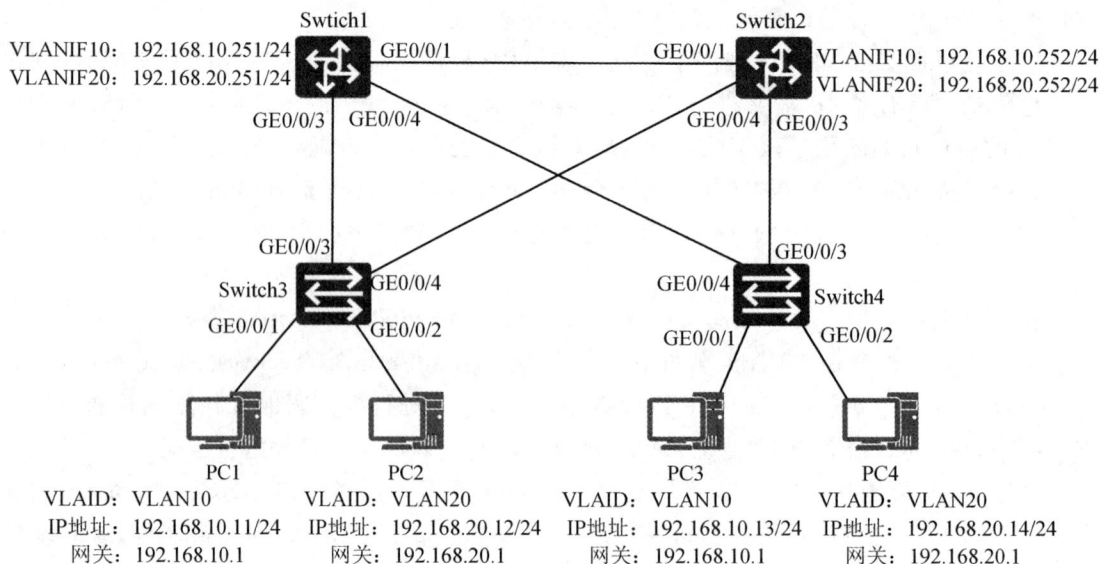

图 11-8　VRRP 主备配置拓扑图

表 11-1　交换机 VLAN 规划表

设备	VLAN ID	VLAN 名称	端口范围	连接的计算机
Switch3	10	Finance	GE0/0/1	PC1
	20	Personnel	GE0/0/2	PC2
	Trunk		GE0/0/3～GE0/0/4	
Switch4	10	Finance	GE0/0/1	PC3
	20	Personnel	GE0/0/2	PC4
	Trunk		GE0/0/3～GE0/0/4	
Switch1	Trunk		GE0/0/1、GE0/0/3、GE0/0/4	
Switch2	Trunk		GE0/0/1、GE0/0/3、GE0/0/4	

IP 地址规划表如表 11-2 所示。

表 11-2　IP 地址规划表

设备	接口	IP 地址/子网掩码		默认网关
Switch1	VLANIF10	192.168.10.251	255.255.255.0	N/A
	VLANIF20	192.168.20.251	255.255.255.0	N/A
Switch2	VLANIF10	192.168.10.252	255.255.255.0	N/A
	VLANIF20	192.168.20.252	255.255.255.0	N/A
PC1	Ethernet0/0/0	192.168.10.11	255.255.255.0	192.168.10.1
PC2	Ethernet0/0/0	192.168.20.12	255.255.255.0	192.168.20.1
PC3	Ethernet0/0/0	192.168.10.13	255.255.255.0	192.168.10.1
PC4	Ethernet0/0/0	192.168.20.14	255.255.255.0	192.168.20.1

◆ 11.4.3 任务实施

1. 基本配置

基本配置包括为每台交换机配置主机名、接口 IP 地址/子网掩码，为每台 PC 配置 IP 地址/子网掩码和默认网关。完成基本配置后，使用 ping 命令检测各直连链路的连通性。

2. 配置 VLAN 和 VLAN 间路由

在交换机 Switch1、Switch2、Switch3 和 Switch4 上划分 VLAN 并配置 VLAN 间路由，配置命令如下。

```
① Switch1 上的配置
[Switch1]vlan batch 10 20
[Switch1]interface GigabitEthernet 0/0/1
[Switch1-GigabitEthernet0/0/1]port link-type trunk
[Switch1-GigabitEthernet0/0/1]port trunk allow-pass vlan all
[Switch1-GigabitEthernet0/0/1]quit
[Switch1]interface GigabitEthernet 0/0/3
[Switch1-GigabitEthernet0/0/3]port link-type trunk
[Switch1-GigabitEthernet0/0/3]port trunk allow-pass vlan all
[Switch1-GigabitEthernet0/0/3]quit
[Switch1]interface GigabitEthernet 0/0/4
[Switch1-GigabitEthernet0/0/4]port link-type trunk
[Switch1-GigabitEthernet0/0/4]port trunk allow-pass vlan all
[Switch1-GigabitEthernet0/0/4]quit
[Switch1]interface Vlanif 10
[Switch1-Vlanif10]ip address 192.168.10.251 24
[Switch1-Vlanif10]quit
[Switch1]interface Vlanif 20
[Switch1-Vlanif20]ip add 192.168.20.251 24
[Switch1-Vlanif20]quit
② Switch2 上的配置
[Switch2]vlan batch 10 20
[Switch2]interface GigabitEthernet 0/0/1
[Switch2-GigabitEthernet0/0/1]port link-type trunk
[Switch2-GigabitEthernet0/0/1]port trunk allow-pass vlan all
[Switch2-GigabitEthernet0/0/1]quit
[Switch2]interface GigabitEthernet 0/0/3
[Switch2-GigabitEthernet0/0/3]port link-type trunk
[Switch2-GigabitEthernet0/0/3]port trunk allow-pass vlan all
[Switch2-GigabitEthernet0/0/3]quit
[Switch2]interface GigabitEthernet 0/0/4
[Switch2-GigabitEthernet0/0/4]port link-type trunk
[Switch2-GigabitEthernet0/0/4]port trunk allow-pass vlan all
[Switch2-GigabitEthernet0/0/4]quit
[Switch2]interface Vlanif 10
[Switch2-Vlanif10]ip address 192.168.10.252 24
[Switch2-Vlanif10]quit
[Switch2]interface Vlanif 20
```

```
[Switch2-Vlanif20]ip add 192.168.20.252 24
[Switch2-Vlanif20]quit
```
③Switch3 上的配置
```
[Switch3]vlan batch 10 20
[Switch3]interface GigabitEthernet 0/0/1
[Switch3-GigabitEthernet0/0/1]port link-type access
[Switch3-GigabitEthernet0/0/1]port default vlan 10
[Switch3-GigabitEthernet0/0/1]quit
[Switch3]interface GigabitEthernet 0/0/2
[Switch3-GigabitEthernet0/0/2]port link-type access
[Switch3-GigabitEthernet0/0/2]port default vlan 20
[Switch3-GigabitEthernet0/0/2]quit
[Switch3]interface GigabitEthernet 0/0/3
[Switch3-GigabitEthernet0/0/3]port link-type trunk
[Switch3-GigabitEthernet0/0/3]port trunk allow-pass vlan all
[Switch3-GigabitEthernet0/0/3]quit
[Switch3]interface GigabitEthernet 0/0/4
[Switch3-GigabitEthernet0/0/4]port link-type trunk
[Switch3-GigabitEthernet0/0/4]port trunk allow-pass vlan all
[Switch3-GigabitEthernet0/0/4]quit
```
④ Switch4 上的配置

与 Switch3 相同，请参考 Switch3 上的配置

3. 配置 MSTP

在 Switch1、Switch2、Switch3 和 Switch4 上配置 MSTP，配置命令如下。

① Switch1 上的配置
```
[Switch1]stp mode mstp
[Switch1]stp region-configuration
[Switch1-mst-region]region-name RG1
[Switch1-mst-region]instance 1 vlan 10
[Switch1-mst-region]instance 2 vlan20
[Switch1-mst-region]active region-configuration
[Switch1-mst-region]quit
[Switch1]stp instance 1 root primary
[Switch1]stp instance 2 root secondary
```
② Switch2 上的配置
```
[Switch2]stp mode mstp
[Switch2]stp region-configuration
[Switch2-mst-region]region-name RG1
[Switch2-mst-region]instance 1 vlan 10
[Switch2-mst-region]instance 2 vlan 20
[Switch2-mst-region]active region-configuration
[Switch2-mst-region]quit
[Switch2]stp instance 1 root secondary
[Switch2]stp instance 2 root primary
```
③ Switch3 上的配置
```
[Switch3]stp mode mstp
[Switch3]stp region-configuration
[Switch3-mst-region]region-name RG1
```

```
[Switch3-mst-region]instance 1 vlan 10
[Switch3-mst-region]instance 2 vlan 20
[Switch3-mst-region]active region-configuration
[Switch3-mst-region]quit
```

④ Switch4 上的配置

与 Switch3 相同,请参考 Switch3 上的配置

4. 配置 VRRP

在 Switch1 和 Switch2 上分别创建两个 VRRP 备份组,并配置备份组对应的虚拟路由器 IP 地址,配置命令如下。

① Switch1 上的 VRRP 配置

```
[Switch1]interface Vlanif 10
[Switch1-Vlanif10]vrrp vrid 1 virtual-ip 192.168.10.1
[Switch1-Vlanif10]vrrp vrid 1 priority 120
[Switch1-Vlanif10]vrrp vrid 1 preempt-mode timer delay 20
[Switch1-Vlanif10]quit
[Switch1]interface Vlanif 20
[Switch1-Vlanif20]vrrp vrid 2 virtual-ip 192.168.20.1
[Switch1-Vlanif20]quit
```

② Switch2 上的 VRRP 配置

```
[Switch2]interface Vlanif 10
[Switch2-Vlanif10]vrrp vrid 1 virtual-ip 192.168.10.1
[Switch2-Vlanif10]quit
[Switch2]interface Vlanif 20
[Switch2-Vlanif20]vrrp vrid 2 virtual-ip 192.168.20.1
[Switch2-Vlanif20]vrrp vrid 2 priority 120
[Switch2-Vlanif20]vrrp vrid 2 preempt-mode timer delay 20
[Switch2-Vlanif20]quit
```

5. 配置边缘端口、BPDU 过滤和 BPDU 防护

在 Switch3 和 Switch4 上将同 PC1、PC2、PC3 和 PC4 相连的端口配置为边缘端口,并开启 BPDU 过滤功能,同时开启 BPDU 防护功能,配置命令如下。

① Switch3 上的配置

```
[Switch3]stp bpdu-protection
[Switch3]interface GigabitEthernet 0/0/1
[Switch3-GigabitEthernet0/0/1]stp edged-port enable
[Switch3-GigabitEthernet0/0/1]stp bpdu-filter enable
[Switch3-GigabitEthernet0/0/1]quit
[Switch3]interface GigabitEthernet 0/0/2
[Switch3-GigabitEthernet0/0/2]stp edged-port enable
[Switch3-GigabitEthernet0/0/2]stp bpdu-filter enable
[Switch3-GigabitEthernet0/0/2]quit
```

② Switch4 上的配置

与 Switch3 相同,请参考 Switch3 上的配置

6. 配置根防护

在 Switch1 和 Switch2 的指定端口 GE0/0/3 和 GE0/0/4 上配置根防护,配置命令如下。

① Switch1 上的配置
```
[Switch1]interface GigabitEthernet 0/0/3
[Switch1-GigabitEthernet0/0/3]stp root-protection
[Switch1-GigabitEthernet0/0/3]quit
[Switch1]interface GigabitEthernet 0/0/4
[Switch1-GigabitEthernet0/0/4]stp root-protection
[Switch1-GigabitEthernet0/0/4]quit
```
② Switch2 上的配置
与 Switch1 相同，请参考 Switch1 上的配置

7. 配置交换机端口安全

在 Switch3 和 Switch4 上配置交换机端口安全，配置命令如下。

① Switch3 上的配置
```
[Switch3]interface GigabitEthernet 0/0/1
[Switch3-GigabitEthernet0/0/1]port-security enable
[Switch3-GigabitEthernet0/0/1]port-security mac-address sticky
[Switch3-GigabitEthernet0/0/1]port-security max-mac-num 1
[Switch3-GigabitEthernet0/0/1]quit
[Switch3]interface GigabitEthernet 0/0/2
[Switch3-GigabitEthernet0/0/2]port-security enable
[Switch3-GigabitEthernet0/0/2]port-security mac-address sticky
[Switch3-GigabitEthernet0/0/2]port-security max-mac-num 3
[Switch3-GigabitEthernet0/0/2]port-security protect-action shutdown
[Switch3-GigabitEthernet0/0/2]quit
```
② Switch4 上的配置
```
[Switch4]interface GigabitEthernet0/0/1
[Switch4-GigabitEthernet0/0/1]port-security enable
[Switch4-GigabitEthernet0/0/1]port-security aging-time 10
[Switch4]interface GigabitEthernet0/0/2
[Switch4-GigabitEthernet0/0/2]port-security enable
[Switch4-GigabitEthernet0/0/2]port-security mac-address sticky
[Switch4-GigabitEthernet0/0/2]quit
```

命令 port-security mac-address sticky 用来使能端口 Sticky MAC 功能，该功能一般使用在终端用户变更较少的网络中。端口使能 Sticky MAC 功能后，安全动态 MAC 地址表项将转化为 Sticky MAC 地址，Sticky MAC 地址不会被老化。

11.5 项目总结与拓展

2023 年中国网络
安全十件大事

本项目讨论了针对 OSI 参考模型第二层的攻击及防护，介绍了几种常见的第二层攻击类型及原理，包括 MAC 地址表溢出攻击、MAC 地址欺骗攻击、STP 操纵攻击、DHCP 攻击和 ARP 攻击，并提出了相应的缓解这些攻击的策略，最后介绍了在交换机上配置这些策略的方法与步骤。

11.6 习题

1. 选择题

(1) 1999 年 5 月发布的 macof 工具用于哪种类型的第二层攻击?

A. MAC 地址表溢出　　　　　　　　B. MAC 地址欺骗

C. DHCP 地址耗尽　　　　　　　　D. VLAN 跳跃

(2) 可以通过以下哪种方法减少 MAC 地址表溢出攻击?

A. 启动端口安全　　B. 启动 ARP 代理　　C. 关闭 STP　　　D. 关闭端口安全

(3) 为了让主机相信攻击者的 MAC 地址是主机的下一跳的 MAC 地址,攻击者可能会给主机发送什么类型的消息?

A. GARP　　　　　B. DAI　　　　　　C. BPDU　　　　D. DHCPACK

(4) 若交换机端口接收到一个 BPDU,下列哪种生成树协议保护机制会禁用该端口?

A. 根防护　　　　　B. BPDU 防护　　　C. PortFast　　　D. BPDU 过滤

(5) 下列哪种交换机特性可以帮助抵御 DHCP 服务器欺骗攻击?

A. DAI　　　　　　　　　　　　　B. GARP

C. DHCP 侦听　　　　　　　　　　D. VLAN 访问控制列表

(6) 攻击者可以利用 GARP 做什么?

A. 在 LAN 网段上假冒生成树 BPDU 标识

B. 在 LAN 网段上假冒 SNMP 对象标识

C. 在 LAN 网段上假冒 IP 地址

D. 在 LAN 网段上假冒 MAC 地址

(7) 以下哪项不是交换机端口对端口安全发生违规的可能响应?

A. 保护　　　　　　B. 隔离　　　　　　C. 限制　　　　　D. 关闭

(8) 以下哪项不属于端口安全中的安全 MAC 地址?

A. 安全动态 MAC 地址　　　　　　B. 安全静态 MAC 地址

C. 动态 MAC 地址　　　　　　　　D. Sticky MAC 地址

(9) 以下关于 DHCP Snooping 的描述中,不正确的是哪项?

A. DHCP Snooping 是 DHCP 的一种安全特性,用于防止网络上针对 DHCP 的攻击

B. DHCP Snooping 信任功能能够保证客户端从合法的服务器获取 IP 地址

C. DHCP Snooping 信任功能将端口分为信任端口和非信任端口

D. 应将与合法 DHCP 服务器相接的端口设置为非信任端口,其他端口设置为信任端口

(10) 以下哪项不是在局域网中发生在 OSI 参考模型第二层的攻击?

A. XSS 攻击　　　　　　　　　　　B. ARP 攻击

C. STP 操纵攻击　　　　　　　　　D. MAC 地址表溢出攻击

2. 问答题

(1) 局域网交换机面临的主要攻击有哪些?

(2) 简述交换机端口安全的功能。

(3) 什么安全技术可以用来缓解 STP 操纵攻击?

项目 **12** 构建无线园区网络

12.1 项目介绍

无线园区网络是通过无线局域网(Wireless Local Area Network,WLAN)技术,在工业园区、物流园区等企业区域建立的无缝无线通信网络。云时代来袭,数字化正在从园区办公延伸到生产和运营的方方面面,如智慧校园、柔性制造、掌上金融和电子政务等。面对各种各样的新兴业态的涌现,企业需要构建一张全无线网络,让办公更快、更稳、更自由。

12.2 学习目标

(1) 了解 WLAN 设备和组成结构。
(2) 掌握 WLAN 有线侧组网概念。
(3) 掌握 WLAN 无线侧组网概念。
(4) 能实现 AC+瘦 AP 直连式二层组网配置。
(5) 能实现 AC+瘦 AP 旁挂式三层组网配置。
(6) 弘扬自主创新、开放融合、追求卓越的精神。

12.3 相关知识

WLAN 指应用无线通信技术将计算机设备互连起来,以无线信道作为传输媒介的计算机局域网。WLAN 是有线连网方式的重要补充和延伸,并逐渐成为计算机网络中一个至关重要的组成部分,广泛应用于需要可移动数据处理或无法进行物理传输介质布线的领域。

无线局域网的本质是不再使用通信电缆将计算机与网络连接起来,而是通过无线的方式进行连接,从而使网络的构建和终端的移动更加灵活。随着 IEEE 802.11 无线网络标准(简称 802.11 标准/协议)的制定与发展,无线网络技术已经逐渐成熟与完善,并广泛应用于众多行业与场合,如金融、教育、工厂、政府机关、酒店、商场、港口等。常见的无线局域网产品主要包括无线接入点、无线路由器、无线网关、无线网桥、无线网卡等。

12.3.1 WLAN 设备和组网

1. WLAN 设备介绍

无线局域网产品形态丰富,覆盖室内、室外、家庭、企业等各种应用场景,能提供高速、安全和可靠的无线网络连接,如图 12-1 所示。

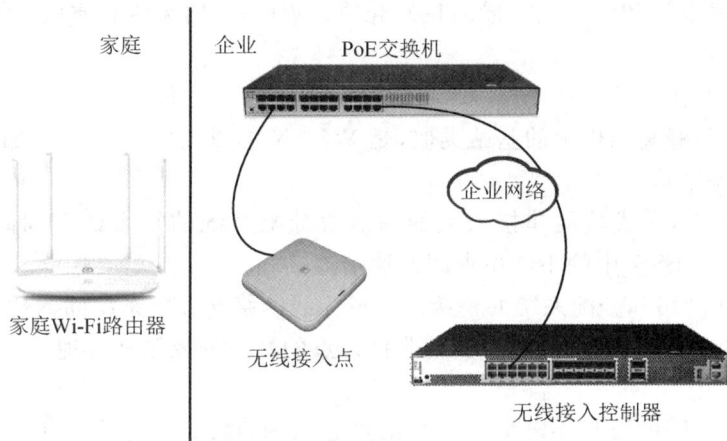

图 12-1 华为无线局域网产品

家庭 WLAN 产品有家庭 Wi-Fi 路由器,家庭 Wi-Fi 路由器通过把有线网络信号转换成无线信号,供家庭计算机、手机等设备接收,实现无线上网功能。

企业 WLAN 产品包括无线接入点(Access Point,AP)、无线接入控制器(Access Controller,AC)、以太网供电(Power over Ethernet,PoE)交换机、工作站(Station,STA)等。

无线接入点的工作机制类似有线网络中的集线器(HUB)。无线终端可以通过 AP 进行终端之间的数据传输,也可以通过 AP 的 WAN 口与有线网络互通。

无线接入控制器是无线局域网接入点控制设备,负责把来自不同 AP 的数据进行汇聚并接入 Internet,同时完成 AP 设备的配置管理、无线用户的认证、管理及宽带访问、安全控制等功能。

PoE 是指通过以太网网络进行供电,也称为基于局域网的供电系统或有源以太网。PoE 允许电功率通过传输数据的线路或空闲线路传输到终端设备。在 WLAN 中,可以通过 PoE 交换机对 AP 设备进行供电。

工作站指支持 802.11 标准的终端设备,如带无线网卡的计算机、支持 WLAN 的手机等。

2. WLAN 的组成结构

WLAN 的组成结构如图 12-2 所示,包括站点(Station,STA,即工作站)、无线介质(Wireless Medium,WM)、无线接入点和分配系统(Distribution System,DS)。

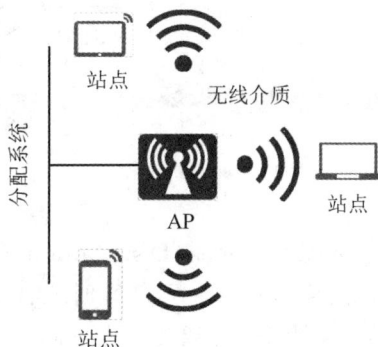

图 12-2 WLAN 的组成结构

(1)站点。

站点通常是指 WLAN 中的终端设备,例如带无线网卡的笔记本电脑、支持 WLAN 的手机等。STA 可以是移动的,也可以是固定的。每个 STA 都支持鉴权、取消鉴权、加密和数据传输等功能,其是 WLAN 的最基本组成单元。

STA 通常是可以移动的,其常常改变自己所处的空间位置,所以,一般情况下,一个 STA 不代表某个固定的空间物理位置,因此,STA 的目的地址和物理位置是两个不同的概念。

（2）无线介质。

无线介质是 WLAN 中站点与站点之间、站点与接入点之间通信的传输介质,此处指的是大气,它是无线电波和红外线传播的良好介质。WLAN 的无线介质由无线局域网物理层标准定义。

（3）无线接入点。

无线接入点与蜂窝结构中的基站类似,是 WLAN 的重要组成单元。AP 可看作是一种特殊的站点,其基本功能如下。

① 作为接入点,完成其他非接入点的站点对分配系统的接入访问和同一基本服务集 (Basic Service Set,BSS) 中的不同站点间的通信连接。

② 作为无线网络和分配系统的桥接点完成无线网络与分配系统间的桥接功能。

③ 作为 BSS 的控制中心完成对其他非接入点的站点的控制和管理。

（4）分配系统。

物理层覆盖范围的限制决定了站点与站点之间的直接通信距离。为扩大覆盖范围,可将多个接入点连接以实现相互通信。连接多个接入点的逻辑组件称为分配系统,也称为骨干网络。如图 12-3 所示,如果 STA1 想要向 STA3 传输数据,STA1 需要先将无线帧传给 AP1,AP1 连接的分配系统负责将无线帧传送给与 STA3 关联的 AP2,再由 AP2 将帧传送给 STA3。

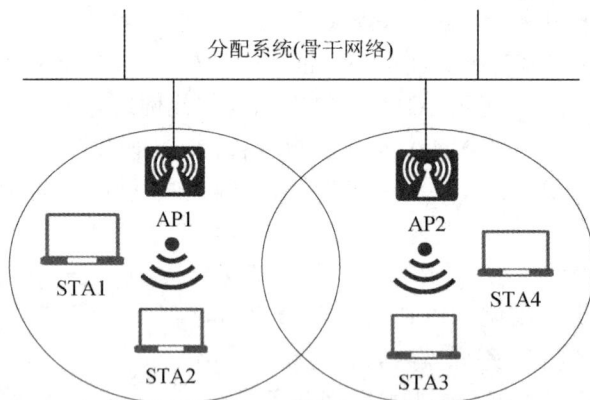

图 12-3　分配系统

分配系统介质（Distribution System Medium,DSM）可以是有线介质,也可以是无线介质。这样,在组织 WLAN 时就有了足够的灵活性。在多数情况下,有线 DS 采用有线局域网,而无线 DS 可通过接入点间的无线通信（通常利用无线网桥）取代有线电缆来实现不同 BSS 的连接。

3. WLAN 基本拓扑

与以太网一样,WLAN 的网络拓扑也是由各种基本元素构成的。IEEE 802.11 协议定义了两种结构模式。一种是 Infrastructure（基础设施）模式,它由基本服务集（BSS）、扩展服务集（ESS）、服务集识别码（SSID）和分配系统构成,图 12-4 所示的为这种模式中最典型的几个 WLAN 基本元素。

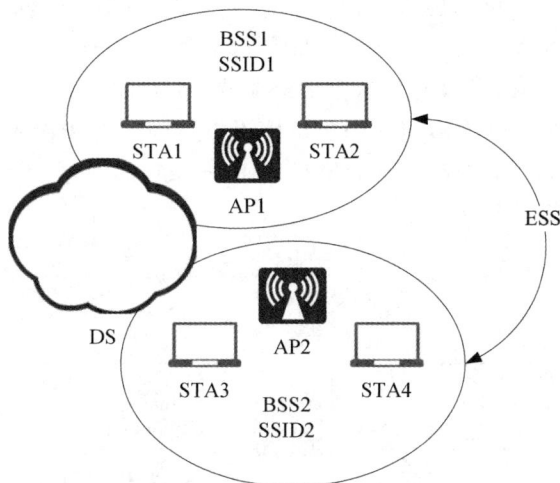

图 12-4　WLAN 基本元素

下面对图 12-4 中出现的部分术语进行说明。

（1）BSS（Basic Service Set，基本服务集）。

基本服务集是 802.11 无线局域网的基本构成单元，是一个 AP 覆盖的范围，是无线网络的基本服务单元，通常由一个 AP 和若干 STA 组成。

BSS 实际覆盖的区域称为基本服务区（Basic Service Area，BSA），在该覆盖区域内的成员站点之间可以保持相互通信。只要无线接口接收到的信号强度在接收信号强度指示（Received Signal Strength Indication，RSSI）阈值之上，就能确保站点在 BSA 内移动而不会失去与 BSS 的连接。由于周围环境经常会发生变化，BSA 的尺寸和形状并非总是固定的。

每个 BSS 都有一个基本服务集标识（Basic Service Set Identifier，BSSID），其是每个 BSS 的二层标识符。为了区分 BSS，要求每个 BSS 都有唯一的 BSSID。BSSID 实际上就是 AP 无线射频卡的 MAC 地址（48 位），用来标识 AP 所管理的 BSS。BSSID 位于大多数 802.11 无线帧的帧头，用于 BSS 中的 802.11 无线帧转发。同时，BSSID 还在漫游过程中起着重要作用。

（2）SSID（Service Set Identifier，服务集标识，又称服务集识别码）。

服务集标识是标识 802.11 无线网络的逻辑名，可供用户进行配置。SSID 由最多 32 个字符组成，且区分大小写，配置在所有 AP 与 STA 的无线射频卡中。

大部分 AP 具备隐藏 SSID 的能力，隐藏后的 SSID 只对合法终端用户可见。802.11-2007 标准并没有定义 SSID 隐藏，不过，许多管理员仍然将 SSID 隐藏作为一种简单的安全手段使用。

早期的 802.11 芯片只能够创建单一 BSS，即为用户提供一个逻辑网络。随着 WLAN 用户数目的增加，单一逻辑网络无法满足不同种类用户的需求。多 SSID 技术可以将一个无线局域网分为几个子网络，每一个子网络都需要独立的身份验证，只有通过身份验证的用户才可以进入相应的子网络，防止未被授权的用户进入本网络。

（3）AP（Access Point，无线接入点）。

早期的 AP 只支持 1 个 BSS，如果要在同一个空间部署多个 BSS，则需要安放多个 AP，这不但增加了成本，还占用了信道资源。为了改善这种情况，现在的 AP 通常支持创建多个虚拟 AP（Virtual Access Point，VAP）。

在一个物理实体 AP 上可以虚拟出多个 AP,每个被虚拟出来的 AP 就是一个 VAP,每个 VAP 提供和物理实体 AP 一样的功能。如图 12-5 所示,每个 VAP 对应一个 BSS,这样 1 个 AP 就可以提供多个 BSS,可以再为这些 BSS 设置不同的 SSID 和不同的接入密码,指定不同的业务 VLAN,这样可以为不同的用户群体提供不同的无线接入服务,比如通过 VAP1 接入无线网络的计算机在 VLAN10,不允许访问 Internet,而通过 VAP2 接入无线网络的计算机在 VLAN20,允许访问 Internet。

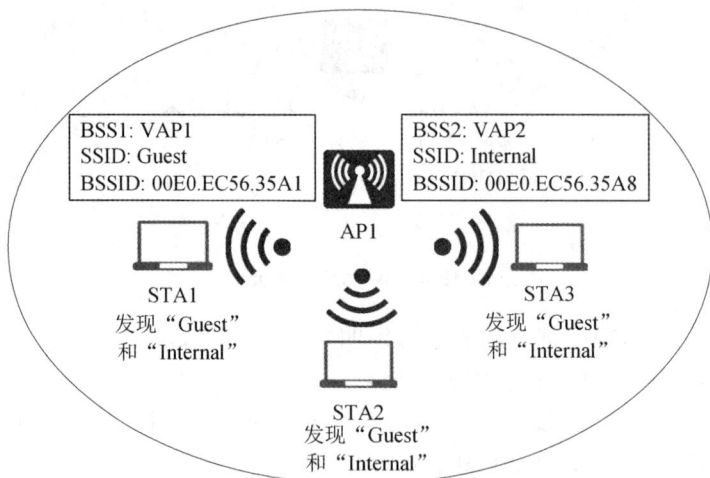

图 12-5　VAP

VAP 简化了 WLAN 的部署,但并不意味着 VAP 越多越好,要根据实际需求进行规划。一味增加 VAP 的数量,不仅要让用户花费更多的时间找到 SSID,还会增加 AP 配置的复杂度。VAP 并不等同于真正的 AP,所有的 VAP 都共享这个 AP 的软件和硬件资源,所有 VAP 的用户都共享相同的信道资源,所以 AP 的容量是不变的,并不会随着 VAP 数目的增加而成倍增加。

(4) ESS(Extended Service Set,扩展服务集)。

扩展服务集由多个 BSS 构成,BSS 之间通过分配系统连接在一起。一般而言,ESS 是若干接入点和与之建立关联的站点的集合,各接入点之间通过单一的分配系统相连。

最常见的 ESS 由多个接入点构成,接入点的覆盖小区之间部分重叠,以实现客户端的无缝漫游,如图 12-6 所示。华为建议,信号覆盖重叠区域应保持在 15%～25%。

尽管无缝漫游是无线局域网设计中需要重点考虑的因素之一,然而保证不间断通信并不是 ESS 必须满足的条件。当 ESS 中接入点的覆盖小区存在不连续区域时,站点在移动过程中会暂时失去连接,并在进入下一个接入点的覆盖范围后重新建立连接。这种站点在非重叠小区之间移动的方式有时称为游动漫游。还有另一种情形是多个接入点的覆盖范围大部分重合或完全重合,其目的是增加覆盖区域的容量,但不同接入点必须配置在不同信道上。

ESS 内的每个 AP 都组成一个独立的 BSS,在大部分情况下,所有 AP 共享同一个扩展服务集标识(Extended SSID,ESSID),ESSID 本质就是 SSID。同一 ESS 中的多个 AP 可具有不同的 SSID,但如果要求 ESS 支持漫游,则 ESS 中的所有 AP 必须共享同一个逻辑名 ESSID。

另外,IEEE 802.11 协议还定义了一种 Ad-Hoc 模式,也称对等模式,如图 12-7 所示。

Ad-Hoc 网络的前身是分组无线网(Packet Radio Network)。在 Ad-Hoc 网络中,节点具有报文转发能力,节点间的通信可能要经过多个中间节点的转发,即经过多跳(MultiHop),这是 Ad-Hoc 网络与其他 WLAN 的最根本区别。

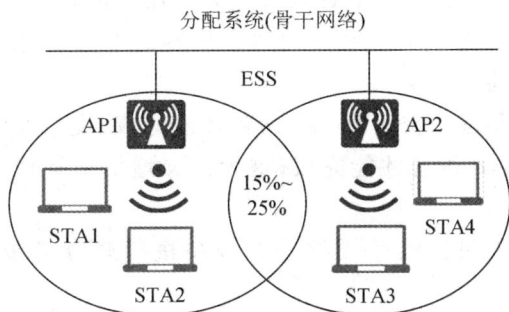

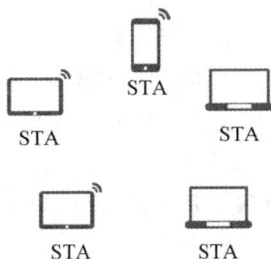

图 12-6　扩展服务集　　　　　　　图 12-7　WLAN 的 Ad-Hoc 模式

4. 胖 AP 和瘦 AP

WLAN 组网架构通常分为胖(Fat)AP 架构和瘦(Fit)AP 架构。胖 AP 架构适用于 WLAN 覆盖范围小的网络,例如家庭网络。瘦 AP 架构则多应用于 WLAN 覆盖范围大,AP 数量比较多的场景,例如企业网。此外,WLAN 组网架构也分为有线侧和无线侧两部分。有线侧是指 AP 上行到 Internet 的网络,一般使用以太网协议。无线侧是指 STA 到 AP 之间的网络,使用 802.11 标准。

AP 技术

(1) 胖 AP 介绍。

当传统的企业或是家庭需要使用 WLAN 来组建网络,需要的部署 AP 数量很少,服务的也是少量的移动接入用户时,使用的 AP 承担了所有的网络配置和转发作用,功能丰富,这种无线路由器称为胖 AP,例如现在家用的无线路由器就是胖 AP。胖 AP 将 WLAN 的物理层、用户数据加密、用户认证、QoS、网络管理、漫游技术,以及其他应用层功能集于一身,功能全,结构复杂。图 12-8 所示的家庭 WLAN 架构就是胖 AP 设备的典型组网。

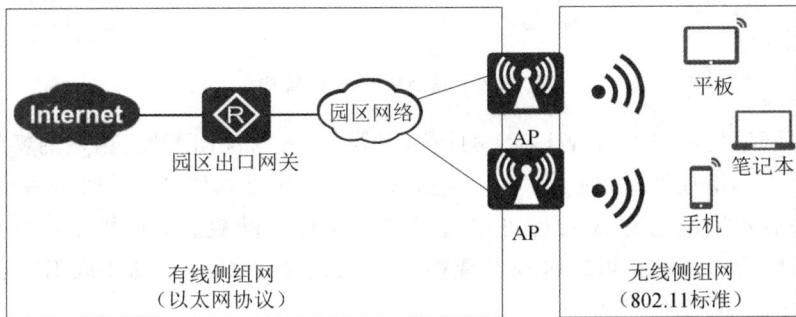

图 12-8　胖 AP 设备的典型组网

随着 WLAN 日新月异的发展,WLAN 的部署环境也越来越复杂,所需要布置的 AP 设备也越来越多,此时胖 AP 逐渐显现出如下缺点。

① 建立 WLAN 时需要对数量繁多的 AP 设备逐一进行配置,如网管 IP 地址、SSID 和加密认证方式等无线业务参数、信道和发射功率等射频参数、ACL 和 QoS 等服务策略。由于配置的数量过于复杂,很容易因误配置而造成配置不一致,致使 WLAN 出现

问题。

② 为了管理 AP，需要维护大量 AP 的地址和设备的映射关系，每新增加一批 AP 设备都需要进行地址关系维护，使得管理人员工作量增加。

③ 接入 AP 的边缘网络需要更改 VLAN、ACL 等配置以适应无线用户的接入，为了能够支持用户的无缝漫游，需要在边缘网络上配置所有无线用户可能使用的 VLAN 和 ACL，这样不仅增加了配置量，也给边缘网络设备带来压力。

④ 查看网络运行状况和用户统计时需要逐一登录到 AP 设备才能完成，设定在线更改服务策略和安全策略时也需要逐一登录到 AP 设备才能完成，这无疑又增加了管理人员的压力。

⑤ 升级 AP 软件无法自动完成，维护人员需要手动逐一对设备进行软件升级，费时耗力。

⑥ AP 设备的丢失意味着网络配置的丢失，在发现设备丢失前，网络存在入侵隐患，在发现设备丢失后又需要全网重配置。

（2）瘦 AP 介绍。

针对胖 AP 在 WLAN 部署中存在的问题，为了适应企业等应用在部署时出现的新趋势，出现了瘦 AP+AC 的架构，如图 12-9 所示。在这种架构中，AC 设备负责 WLAN 的接入控制、转发和统计、AP 的配置监控、漫游管理、AP 的网管代理、安全控制；而瘦 AP 负责802.11 报文的加解密、802.11 的 PHY 功能、接收无线控制器的管理、RF 空口的统计等简单功能。

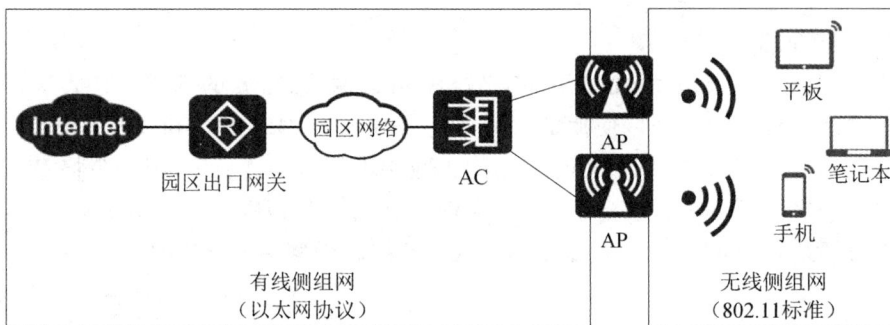

图 12-9　瘦 AP+AC 的架构

这样的组网架构可以实现 WLAN 的快速部署、业务的快速下发、用户的精细化管理、网络的实时监控等。不仅如此，瘦 AP 可以通过控制器实现自动从 AC 下载合适的设备配置信息。更新设备版本和配置更改时也可以通过 AC 进行自动更新，无须人工手动进行配置。如需要更新 IP 地址，瘦 AP 可以自动发现接入 WLAN 的 AC 并自动获取 IP 地址。

（3）胖 AP 与瘦 AP 的对比。

胖 AP 多用于家庭和小型网络，功能比较全，一般一台设备就能实现接入、认证、路由、VPN、地址翻译，甚至防火墙功能；瘦 AP 多用于要求较高的环境，需要专用无线控制器，通过无线控制器下发配置才能用，本身不能进行相关配置，适合大规模无线部署，两者对比如表 12-1 所示。

表 12-1 胖 AP 与瘦 AP 对比

		胖 AP	瘦 AP
管理	AP 的管理	AP 独立管理	AC 集中管理
	AP 零配置	不支持	支持
安全	无线入侵检测系统 WIDS	监控范围小,一个 AP 覆盖范围	监控范围大,AC 管理的所有 AP 覆盖范围
	认证	独立认证	集中认证
	加密	不能同时支持 802.11i 和 WAPI	同时支持 802.11i 和 WAPI
	策略控制	独立控制,控制策略容量小	集中控制,控制策略容量大
	配置信息防盗	不防盗	防盗
WLAN 组网	组网	不适合大规模组网	网管可以实现海量 AP 统一集中管理和维护
	兼容性	不存在兼容性问题	存在多厂商兼容性问题
高级功能	漫游	效果差,漫游隧道复杂	效果好,漫游隧道简单
	负载均衡	不支持	支持
	无线定位	必须借助定位服务器,效果较差	结合定位服务器后效果更好
	QoS	与有线 QoS 结合的能力较弱	与有线 QoS 结合的能力较强

◆ 12.3.2 有线侧组网概念

WLAN 架构的有线侧是指 AP 上行到 Internet 的网络,一般使用以太网协议。有线侧组网涉及的概念有 CAPWAP 协议、AP＋AC 组网方式、AC 连接方式和 WLAN 转发模式。

1. CAPWAP

为满足大规模组网的要求,需要对网络中的多个 AP 进行统一管理,IETF 成立了无线接入点控制和配置协议(Control and Provisioning of Wireless Access Points Protocol Specification,CAPWAP)工作组,最终制定 CAPWAP。该协议定义了 AC 对 AP 进行管理、业务配置的具体方法:

CAPWAP
基本原理

AC 与 AP 间首先会建立 CAPWAP 隧道,然后 AC 通过 CAPWAP 隧道来实现对 AP 的集中管理和控制,如图 12-10 所示。

下面列出了 CAPWAP 隧道的功能。

① 进行 AP 与 AC 间的状态维护。

② AC 通过 CAPWAP 隧道对 AP 进行管理、业务配置下发。

③ 当采用隧道模式转发时,AP 将 STA 发出的数据通过 CAPWAP 隧道实现与 AC 之间的交互。CAPWAP 是基于 UDP 进行传输的应用层协议。CAPWAP 用于在传输层传输

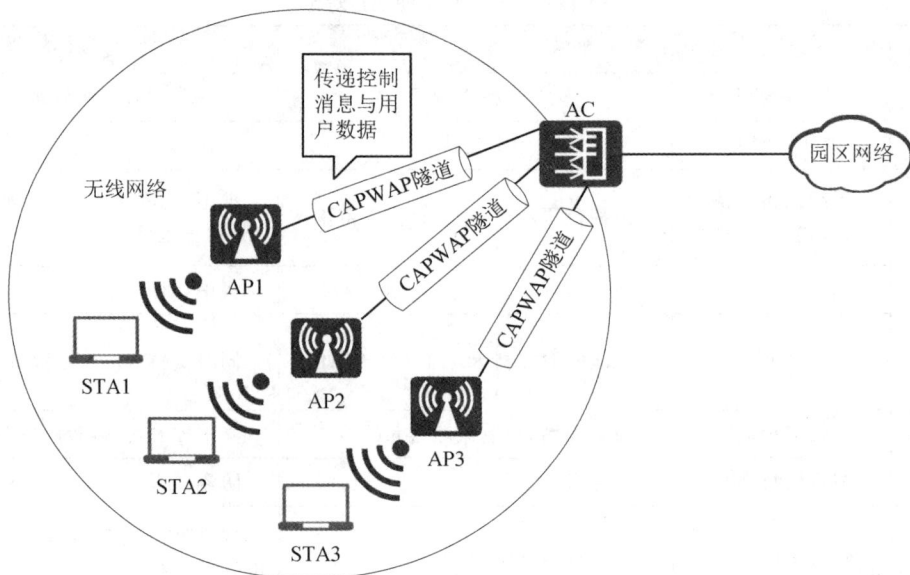

图 12-10　CAPWAP 隧道

两种类型的消息。

④ 封装、转发无线数据帧。

⑤ 管理流量,管理 AP 和 AC 之间交换的管理消息。

CAPWAP 数据和控制报文基于不同的 UDP 端口发送。管理流量端口为 UDP 端口 5246,业务数据流量端口为 UDP 端口 5247。

2. AP＋AC 组网方式

AP 和 AC 间的组网分为二层组网和三层组网,如图 12-11 所示。

WLAN 组网方式

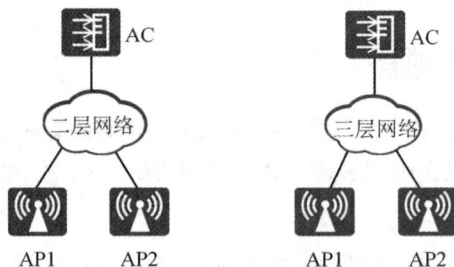

图 12-11　AP＋AC 组网方式

二层组网是指 AP 和 AC 之间的网络为二层网络,或 AP 与 AC 直连。二层组网 AP 可以通过二层广播或者 DHCP 过程,实现 AP 即插即用上线。二层组网比较简单,适用于简单临时的组网,能够进行比较快速的组网配置,但不适用于大型组网架构。

三层组网是指 AP 与 AC 之间的网络为三层网络。AP 无法直接发现 AC,需要通过 DHCP 或 DNS 方式动态发现,或者配置静态 IP。在实际组网中,一台 AC 可以连接几十甚至几百台 AP,组网一般比较复杂。比如在企业网络中,AP 可以布放在办公室、会议室、会客间等场所,而 AC 可以安放在公司机房。这样,AP 和 AC 之间的网络就是比较复杂的三层网络。因此,在大型组网中一般采用三层组网。

3. AC 连接方式

AC 连接方式分为直连式和旁挂式,如图 12-12 所示。

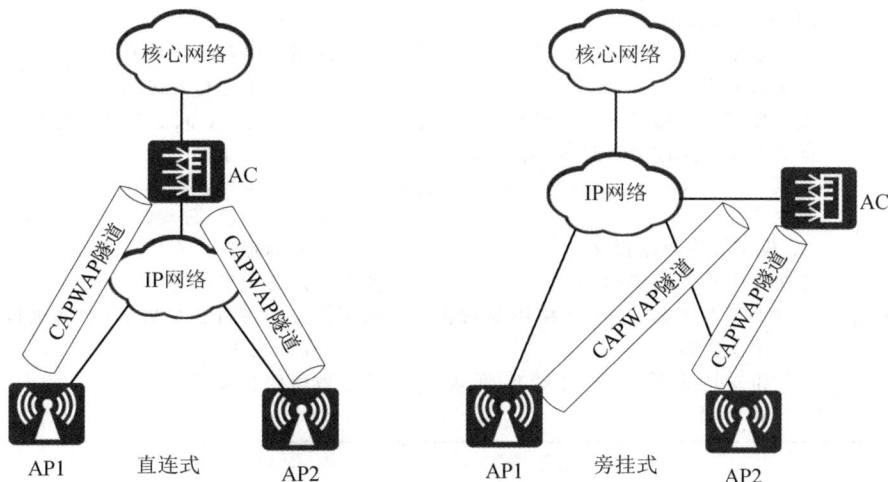

图 12-12 AC 连接方式

直连式组网 AC 部署在用户的转发路径上,一般直接部署在 AP 和汇聚/核心层交换机之间。对于直连式组网,用户流量要经过 AC,会消耗 AC 的转发能力,对 AC 的吞吐量及处理数据能力要求比较高,如果 AC 性能差,有可能使整个无线网络带宽不满足要求。但此种组网架构清晰,实施简单。

旁挂式组网 AC 旁挂在 AP 与上行网络的直连网络中,不再直接连接 AP。旁挂式组网 AC 一般旁挂在汇聚/核心层交换机旁侧。AP 的业务数据可以不经过 AC 而直接到达上行网络。

对于实际组网,大部分不是在早期就规划好无线网络,无线网络的覆盖架设大部分是后期从现有网络中扩展而来的,而采用旁挂式组网比较容易进行扩展,只需要将 AC 旁挂在现有网络中,比如旁挂在汇聚层交换机上,就可以对终端 AP 进行管理,因此,此种组网方式使用率比较高。

在旁挂式组网中,AC 可以只承载对 AP 的管理功能,管理流量封装在 CAPWAP 隧道中传输。数据业务流量可以通过 CAPWAP 隧道经 AC 转发,也可以不经过 AC 转发而直接转发,对于后者,无线用户业务流量经过汇聚层交换机,由汇聚层交换机传输至上层网络。

4. WLAN 转发模式

在 AC+Fit AP 组网方式中,数据流(移动终端产生的数据)有两种转发模式:直接转发模式和隧道转发模式。

在直接转发模式中,数据流从移动终端到达 AP 后,由 AP 直接发送到有线网络中的交换设备进行转发。

WLAN 数据的
转发方式

在隧道转发模式中,数据流从移动终端到达 AP 后,由 AP 使用 CAPWAP 进行封装,发送到 AC,再由 AC 发送到有线网络中的交换设备进行转发。

WLAN 转发模式对比如表 12-2 所示。

表 12-2　WLAN 转发模式对比

转发模式	优点	缺点
直接转发	AC 所受压力小 转发效率高 方便故障定位 业务数据不需要经过 AC 转发 报文不需要经过多次封装、解封装	安全性不够 中间网络可以解析出用户报文 中间网络需要透传业务 VLAN 增加了 AC 与 AP 间二层网络的维护工作量 业务数据不便于集中管理和控制
隧道转发	安全性高 AC 集中转发数据报文 方便集中管理和控制 经过 DTLS 加密,中间网络不易解析出用户报文内容 　AC 和 AP 之间只需要透传管理,VLAN 配置简单	不利于故障定位 业务数据必须经过 AC 转发 数据报文需要封装 CAPWAP 隧道报头 AC 所受压力大 转发效率较直接转发低

◆　**12.3.3　无线侧组网概念**

　　WLAN 架构的无线侧是指 STA 与 AP 间的网络,使用 802.11 标准。无线通信是利用电磁波而不是利用线缆的通信方式,这种通信方式需要借助一定的频段才能实现,正如汽车需要在道路上行驶一样。不同频率的电磁波用于多种不同用途和领域的无线通信。为更高效和安全地利用通信频率,将这些频率划分为不同频段,根据用途分配给不同的领域使用。

　　1. ISM 频段

　　ISM(Industrial,Scientific and Medical)频段主要开放给工业、科学、医疗三个主要领域使用,该频段由美国联邦通信委员会(FCC)定义,属于无需牌照的频段,各频段可以使用的设备不限。只要遵循一定的发射功率(一般低于 1W),并且不会对其他频段造成干扰即可使用。

　　ISM 频段的位置如图 12-13 所示。

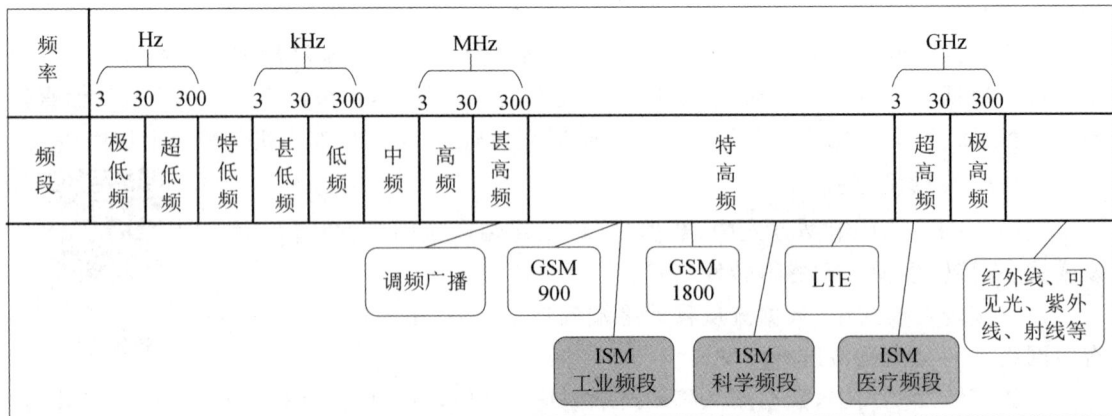

图 12-13　ISM 频段的位置

　　ISM 频段在各国的规定并不统一。

　　① 工业频段:美国频段为 902~928 MHz,欧洲 900 MHz 的频段则有部分用于 GSM 通

信。工业频段的引入避免了 2.4 GHz 附近各种无线通信设备的相互干扰。

② 科学频段：2.4 GHz 为各国共同的 ISM 频段，无线局域网、蓝牙、ZigBee 等无线网络均可以工作在 2.4 GHz 频段上，2.4 GHz 频段范围为 2.4～2.4835 GHz。

③ 医疗频段：频段范围为 5.725～5.875 GHz，与 5.15～5.35 GHz 一起工作在 IEEE 802.11 的 5 GHz 工作频段上。

2. WLAN 频段与信道

WLAN 可工作于 2.4 GHz 及 5 GHz 频段。例如，IEEE 802.11b/g 工作于 2.4 GHz 频段，该频段被划分为 14 个交叠的、错列的 22 MHz 无线载波信道，相邻信道中心频率间隔为 5 MHz（信道 13 与 14 除外），如图 12-14 所示。IEEE 802.11a/ac 则工作于有更多信道的 5 GHz 频段。可用信道在不同国家的使用会根据该国法规不同而有所不同，如 2.4 GHz 频段使用如下。

① 在美国，FCC 仅允许信道 1～11 被使用。

② 在欧洲，允许信道 1～13 被使用。

③ 在日本，信道 1～14 被允许使用（信道 14 只能用于 IEEE 802.11b 标准）。

④ 在中国大陆，信道 1～13 被允许使用。

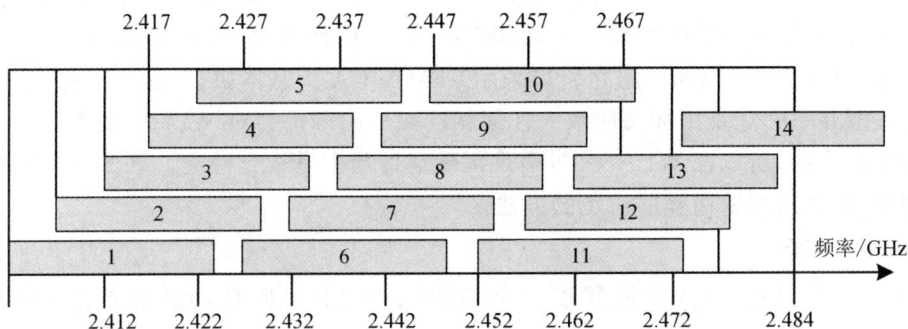

图 12-14　IEEE 802.11b/g 工作信道划分

从图 12-14 所示的工作信道划分中也可以看到，信道 1 在频谱上和信道 2、3、4、5 都有交叠，这就意味着，如果某处有两个无线设备在同时工作，且两个信道分别为 1～5 中的任意两个，那么这两个无线设备发出来的信号会互相干扰。

为了最大限度地利用频段资源，可以使用[1、6、11]、[2、7、12]、[3、8、13]、[4、9、14]这 4 组互不干扰的信道来进行无线覆盖。由于只有部分国家开放了信道 12～14 频段，所以一般情况下都使用[1、6、11]这 3 个信道。

3. WLAN 报文发送机制

IEEE 802.11 和 IEEE 802.3 协议的介质访问控制非常相似，都是在一个共享介质之上支持多个用户共享资源，由发送者在发送数据前先进行网络的可用性判断。但在无线系统中无法做到冲突检测，于是采用了冲突避免的报文发送机制，即 CSMA/CA（Carrier Sense Multiple Access with Collision Avoidance，载波侦听多点接入/避免冲撞）。

有线网络 MAC 层标准协议为 CSMA/CD，而 WLAN 采用的则是 CSMA/CA，两者工作原理相差不大，但仍有所区别，前者具有冲突检测功能，后者没有冲突检测功能。当网络中存在信号冲突时，CSMA/CD 可以及时检测出来并进行退避，而 CSMA/CA 则是在数据发送前，通过避让机制杜绝冲突的发生。

（1）侦听线路：STA 在发送数据前，都会侦听线路（空口）是否空闲，当检测到线路（空口）忙时，则继续侦听。

（2）固定帧间隔时长：当 STA 检测到线路（空口）空闲时，会继续侦听一个帧间隔时长（Distributed Inter-frame Spacing，DIFS），以保证基本的空闲时间。

（3）启动定时器：当 STA 检测到空闲时间达到了 DIFS 后，会启动一个 BACK OFF 定时器，进行倒计时。该定时器的大小由竞争窗口（Contention Window，CW）决定。CW 是一个尺寸有限的随机数。

（4）发送与重传：STA 完成倒计时后就会发送报文。如果发送失败需要重传，STA 仍会重复上述过程，且 CW 的尺寸会随着重传次数递增。如果发送成功或达到重传次数上限，STA 会重置 CW，将 CW 的尺寸恢复到初始值。这种机制的目的是保证各个 STA 的转发机会平衡。

（5）其他终端状态：在 BACK OFF 定时器减到零之前，如果信道上有其他 STA 在发送数据，即本端检测到线路（即空中接口，指通过无线信号连接移动终端与接入点）忙，则定时器暂停。这时如果 STA 要发送数据，仍会等待 DIFS 和 CW 时间，不过 CW 时间不是再随机分配的，而是继续上次的计数，直至零为止。

通过 CSMA/CA 的工作过程可以看出，CSMA/CA 与 CSMA/CD 都采用载波侦听多点接入的方式，但在处理网络中的冲突时，CSMA/CD 采用冲突检测，而 CSMA/CA 采用提前避免的机制。WLAN 的 MAC 层之所以采用 CSMA/CA 为基本协议，是由于在 WLAN 中，报文发送失败并不一定是由冲突所致。任何相同频率的源都会对 WLAN 的信号产生干扰，导致报文发送失败，所以在 WLAN 中，很难判断空口当中是否有冲突。既然在 WLAN 中检测不了冲突，那么只好采用提前避免的方法。

4. WLAN 漫游

WLAN 漫游是指 STA 在同属于一个 ESS 内的 AP 之间移动且保持用户业务不中断。如图 12-15 所示，STA 从 AP1 的覆盖范围移动到 AP2 的覆盖范围的行为就称为漫游。

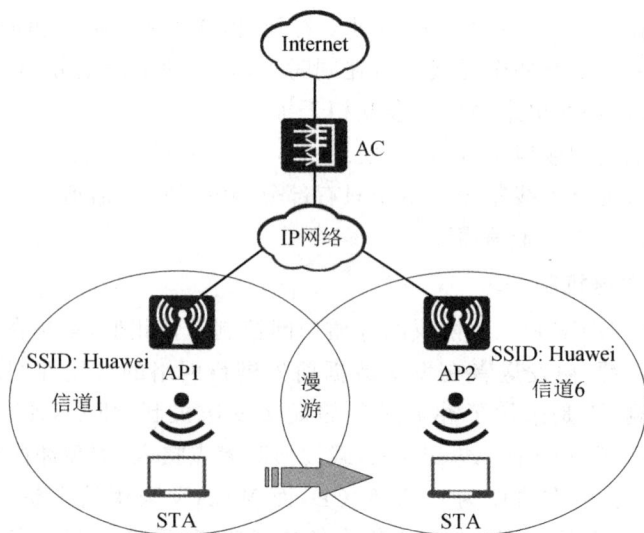

图 12-15　WLAN 漫游

WLAN 的最大优势就是 STA 不受物理介质的影响,可以在 WLAN 覆盖范围内四处移动并且能够保持业务不中断。同一个 ESS 内包含多个 AP 设备,当 STA 从一个 AP 覆盖区域移动到另外一个 AP 覆盖区域时,利用 WLAN 漫游技术可以实现 STA 用户业务的平滑切换。

根据 STA 是否在同一个 AC 内漫游,可以将 WLAN 漫游分为 AC 内漫游和 AC 间漫游。同一 AC 内漫游不需要额外配置。根据 STA 是否在同一个子网内漫游,可以将 WLAN 漫游分为二层漫游和三层漫游。

WLAN 漫游解决了以下问题。

(1) 保证用户 IP 地址不变,漫游后仍能访问初次上线时关联的网络,且所能执行的业务保持不变。

(2) 避免漫游过程中用户的认证时间过长而导致数据丢包甚至业务中断。

5. STA 黑白名单

在 WLAN 环境中,可以通过在 AC 上配置 STA 黑白名单功能设定一定的规则过滤无线客户端,实现对无线客户端的接入控制,以保证合法客户端能够正常接入 WLAN,避免非法客户端强行接入 WLAN。

(1) 白名单列表。

允许接入 WLAN 的 STA 的 MAC 地址列表。使能白名单功能后,只有匹配白名单列表的用户可以接入无线网络,其他用户都无法接入无线网络。

(2) 黑名单列表。

拒绝接入 WLAN 的 STA 的 MAC 地址列表。使能黑名单功能后,匹配黑名单列表的用户无法接入无线网络,其他用户都可以接入无线网络。

黑白名单可以基于全局或者 VAP(服务集)配置。基于全局配置,名单会影响所有 AP;基于 VAP 配置,只对某些 SSID 启用。如果两种都启用了的话,则会检查两个列表。如果两个列表里面没有包含该客户端的信息,则通过或者不通过。

注意:如果使能了 STA 白名单或黑名单,但其名单列表为空,则所有用户都可以接入无线网络;对于同一个 VAP 或者同一个 AP,STA 白名单和 STA 黑名单不能同时配置,即同一个 VAP 模板或同一个 AP 系统模板内,STA 白名单或 STA 黑名单仅一种生效。

12.4 【任务 1】组建直连式二层 WLAN

12.4.1 任务描述

A 高校构建了互联互通的办公网,现需要在网络中部署 WLAN 以满足员工的移动办公需求。高校准备采用 AC+Fit AP 的方案,同时,为了不大幅度增加部署的难度,选择了直连式二层组网。

12.4.2 任务分析

组建直连式二层 WLAN,其网络拓扑如图 12-16 所示。

AC 数据规划表如表 12-3 所示。

AP管理VLAN: VLAN100
STA业务VLAN:VLAN10
SSID: wlan-net
PWD: a1234567

STA1　AP1　GE0/0/0
GE0/0/1
Switch1　GE0/0/3
GE0/0/1　AC　GE0/0/2
GE0/0/0　LoopBack0
GE0/0/0.10　Router1
10.1.10.2/24

STA2　AP2　GE0/0/0
GE0/0/2

DHCP服务器
VLANIF10: 10.1.10.1/24
VLANIF100: 10.1.100.1/24

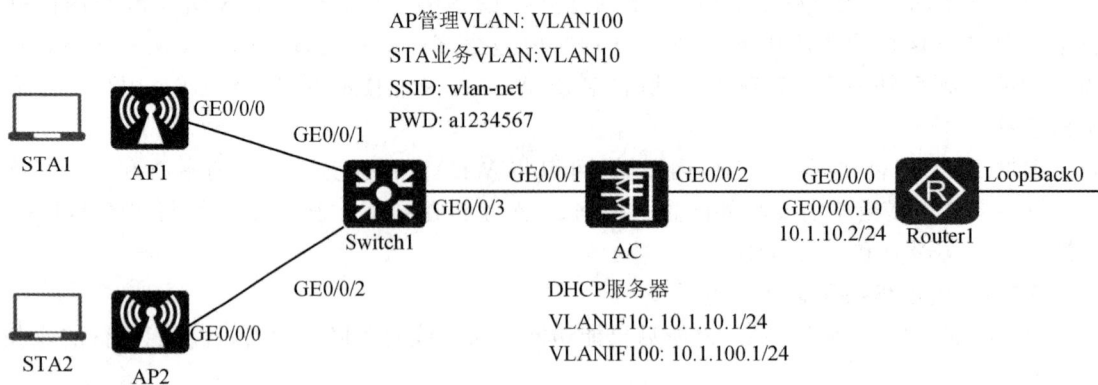

图 12-16　直连式二层 WLAN 的网络拓扑

表 12-3　AC 数据规划表

配置项	数据
AP 管理 VLAN	VLAN100
STA 业务 VLAN	VLAN10
DHCP 服务器	AC 作为 DHCP 服务器为 AP 和 STA 分配 IP 地址
AP 的 IP 地址池	10.1.100.2~10.1.100.254/24
STA 的 IP 地址池	10.1.10.3~10.1.10.254/24
AC 的源端口 IP 地址	VLANIF100:10.1.100.1/24
AP 组	名称:ap-group1;引用模板:VAP 模板 wlan-net、域管理模板 default
域管理模板	名称:default;国家码:中国
SSID 模板	名称:wlan-net;SSID 名称:wlan-net
安全模板	名称:wlan-net;安全策略:WPA-WPA2＋PSK＋AES;密码:a1234567
VAP 模板	名称:wlan-net;转发模式:直接转发;业务 VLAN:VLAN10;引用模板:SSID 模板 wlan-net、安全模板 wlan-net

路由器、交换机和 AC 等网络设备端口 IP 地址规划表如表 12-4 所示。

表 12-4　路由器、交换机和 AC 等网络设备端口 IP 地址规划表

设备名称	端口	IP 地址/子网掩码	备注
Router1	GE0/0/0.10	10.1.10.2/24	无
	LoopBack0	10.10.10.10/24	无
AC	GE0/0/2(VLANIF10)	10.1.10.1/24	STA 业务 VLAN
	GE0/0/1(VLANIF100)	10.1.100.1/24	无
Switch1	GE0/0/1(VLANIF100)	无	AP 管理 VLAN
	GE0/0/2(VLANIF100)	无	
AP1	GE0/0/0	自动获取	无
AP2	GE0/0/0	自动获取	无

使用 AC＋Fit AP 进行 WLAN 组网时，AP 通常是零配置的。配置主要在有线网络和 AC 上进行。WLAN 基本业务配置步骤如下。

① 创建 AP 组。

② 配置网络互通。

③ 配置 AC 系统参数。

④ 配置 AC 为瘦 AP 下发 WLAN 业务。

◆ 12.4.3 任务实施

1. 网络设备的基本配置

在交换机、路由器和无线控制器上完成主机名、VLAN 和接口 IP 地址的配置，配置命令如下。

```
① Switch1 上的基本配置
<Huawei>system-view
[Huawei] sysname Switch1
[Switch1] vlan batch 10 100
[Switch1] interface GigabitEthernet 0/0/1
[Switch1-GigabitEthernet0/0/1] port link-type trunk
//剥离 VLAN100 数据标签转发
[Switch1-GigabitEthernet0/0/1] port trunk pvid vlan 100
//允许 VLAN10 和 VLAN100 通过
[Switch1-GigabitEthernet0/0/1] port trunk allow-pass vlan 10 100
[Switch1-GigabitEthernet0/0/1] port-isolate enable        //配置端口隔离
[Switch1-GigabitEthernet0/0/1] quit
[Switch1] interface GigabitEthernet 0/0/2
[Switch1-GigabitEthernet0/0/2] port link-type trunk
//剥离 VLAN100 数据标签转发
[Switch1-GigabitEthernet0/0/2] port trunk pvid vlan 100
//允许 VLAN10 和 VLAN100 通过
[Switch1-GigabitEthernet0/0/2] port trunk allow-pass vlan 10 100
[Switch1-GigabitEthernet0/0/2] port-isolate enable              //配置端口隔离
[Switch1-GigabitEthernet0/0/2] quit
[Switch1] interface GigabitEthernet 0/0/3
[Switch1-GigabitEthernet0/0/3] port link-type trunk
[Switch1-GigabitEthernet0/0/3] port trunk allow-pass vlan 10 100
② Router1 上的基本配置
<Huawei>system-view
[Huawei] sysname Router1
[Router1] interface GigabitEthernet 0/0/0.10
[Router1-GigabitEthernet0/0/0.10] dot1q termination vid 10
[Router1-GigabitEthernet0/0/0.10] ip address 10.1.10.2 24
[Router1-GigabitEthernet0/0/0.10] arp broadcast enable
[Router1-GigabitEthernet0/0/0.10] quit
[Router1] interface LoopBack 0                              //环回端口,用于测试
[Router1-LoopBack0] ip address 10.10.10.10 24         //该地址模拟 DNS 服务器地址
[Router1-LoopBack0] quit
```

```
[Router1] ip route-static 10.1.100.0 255.255.255.0 10.1.10.1    //通往 VLAN100 的静态路由
```

③ AC 上的基本配置

```
<AC6605>system-view
[AC6605] sysname AC
[AC] vlan batch 10 100
[AC] interface GigabitEthernet 0/0/1
[AC-GigabitEthernet0/0/1] port link-type trunk
```

// 允许 VLAN10 和 VLAN100 通过

```
[AC-GigabitEthernet0/0/1] port trunk allow-pass vlan 10 100
[AC-GigabitEthernet0/0/1] quit
[AC] interface GigabitEthernet 0/0/2
[AC-GigabitEthernet0/0/2] port link-type trunk
[AC-GigabitEthernet0/0/2] port trunk allow-pass vlan 10      // 允许 VLAN10 通过
[AC-GigabitEthernet0/0/2] quit
[AC] interface Vlanif 10
[AC-Vlanif10] ip address 10.1.10.1 24                        //VLAN10 的端口地址
[AC-Vlanif10] interface Vlanif 100
[AC-Vlanif100] ip address 10.1.100.1 24                      //VLAN100 的端口地址
[AC-Vlanif100] quit
```

注意：建议在与 AP 直连的交换机 Switch1 设备接口上配置端口隔离，如果不配置端口隔离，尤其是业务数据转发方式采用直接转发时，可能会在 VLAN 内形成大量不必要的广播报文，导致网络阻塞，影响用户体验。

2. 在 AC 上配置 DHCP 和默认路由

在 AC 上配置 DHCP 服务器，为 STA 和 AP 动态分配 IP 地址，并配置默认路由，配置命令如下。

```
[AC] dhcp enable
[AC] interface Vlanif 10
[AC-Vlanif10] dhcp select interface
[AC-Vlanif10] dhcp server excluded-ip-address 10.1.10.2
[AC-Vlanif10] dhcp server dns-list 10.10.10.10
[AC-Vlanif10] quit
[AC] interface Vlanif 100
[AC-Vlanif100] dhcp select interface
[AC-Vlanif100] quit
[AC] ip route-static 0.0.0.0 0.0.0.0 10.1.10.2
```

3. 查询 AP1 和 AP2 的 MAC 地址

```
<AP1>display system-information
    System Information
==============================================
Serial Number         : 2102354483104218EA2E
System Time           : 2024-01-21 18:24:46
System Up time        : 1hour 0min 14sec
System Name           : Huawei
Country Code          : US
MAC Address           : 00:e0:fc:50:45:10
Radio 0 MAC Address   : 00:00:00:00:00:00
```

```
// 此处省略部分内容
<AP2>display system-information
System Information
================================================
Serial Number          : 210235448310A76DED60
System Time            : 2024-01-21 18:26:38
System Up time         : 1hour 2min 4sec
System Name            : Huawei
Country Code           : US
MAC Address            : 00:e0:fc:4e:19:70
Radio 0 MAC Address     : 00:00:00:00:00:00
// 此处省略部分内容
```

由以上显示结果可知：AP1 的 Hardware address(MAC 地址)为 00:e0:fc:50:45:10，AP2 的 Hardware address(MAC 地址)为 00:e0:fc:4e:19:70。

4. 配置 AP 上线

在 AC 上配置 AP 上线，配置步骤和配置命令如下。

① 创建 AP 组，用于将相同配置的 AP 加入同一 AP 组

[AC] wlan   // 进入 WLAN 视图
[AC-wlan-view] ap-group name ap-group1   // 创建名为 ap-group1 的 AP 组

② 创建域管理模板。在域管理模板下配置 AC 的国家码，并引用域管理模板

// 创建并进入名为"default"的域管理模板
[AC-wlan-ap-group-ap-group1] regulatory-domain-profile name default
// 在域管理模板下配置 AC 的国家码为 cn
[AC-wlan-regulate-domain-default] country-code cn
[AC-wlan-regulate-domain-default] quit
[AC-wlan-view] ap-group name ap-group1   // 进入 ap-group1 AP 组
// 在 AP 组下引用刚建的 default 域管理模块
[AC-wlan-ap-group-ap-group1] regulatory-domain-profile default
Warning : Modifying the country code will clear channel , power and antenna gain
configurations of the radio and reset the AP .Continue ? [Y / N]: y
[AC-wlan-ap-group-ap-group1] quit
[AC-wlan-view] quit

③ 配置 AC 的源端口

[AC] capwap source interface Vlanif 100   // 配置 AC 的源端口

④ 部署 AP 并配置 AC 对 AP 的认证模式

// 配置 AC 对 AP 的认证模式为 MAC 认证，并在 AC 上离线导入 AP1、AP2，AP 的 ID 分别为 0 和 1，并将
AP 加入 ap-group1 AP 组中，部署 AP1、AP2 的名称分为 office_1、office_2，方便用户从名称上了解
AP 的部署位置

[AC] wlan   // 进入 WLAN 视图
[AC-wlan-view] ap auth-mode mac-auth   // 配置 AC 对 AP 的认证模式为 MAC 认证
// 离线添加索引为 0、MAC 地址为 00e0-fc50-4510 的 AP1
[AC-wlan-view] ap-id 0 ap-mac 00e0-fc50-4510
[AC-wlan-ap-0] ap-name office_ 1   // 部署 AP1 的名称为 office_1
[AC-wlan-ap-0] ap-group ap-group1   // 将 AP1 加入 ap-group1 AP 组
Warning : This operation may cause AP reset .If the country code changes , it will clearchannel
, power and antenna gain configurations of the radio , Whether to continue ? [Y / N]: y
```
```

```
[AC-wlan-ap-0] quit
//离线添加索引为1、MAC地址为00e0-fc4e-1970的AP2
[AC-wlan-view] ap-id 1 ap-mac 00e0-fc4e-1970
[AC-wlan-ap-1] ap-name office_2
[AC-wlan-ap-1] ap-group ap-group1
Warning : This operation may cause AP reset .If the country code changes , it will clear
channel ,power and antenna gain configurations of the radio , Whether to c ontinue ? IY /
N]: y
```

完成以上配置后,在 AC 上使用 display ap all 命令,结果显示 AP 的"State"字段为"nor"时,表示 AP 正常上线,显示结果如下。

```
<AC>display ap all        //查看所有 AP 状态
Info: This operation may take a few seconds.Please wait for a moment.done.
Total AP information:
nor  : normal          [2]
--------------------------------------------------------------------------
ID  MAC       Name    Group    IP        Type        State STA Up time
--------------------------------------------------------------------------
0   00e0-fc50-4510 office_1 ap-group1 10.1.100.188 AP4030TN    nor  0   35S
1   00e0-fc4e-1970 office_2 ap-group1 10.1.100.197 AP2050DN    nor  0   12S
--------------------------------------------------------------------------
Total: 2              //显示总共有 2 个 AP
```

5. 配置 WLAN 业务

在 AC 上配置 WLAN 业务的配置步骤和配置命令如下。

① 创建安全模板并配置安全策略,用于 STA 连接 WLAN 时使用的认证方式
//创建名为"wlan-net"的安全模板
```
[AC-wlan-view] security-profile name wlan-net
```
//配置安全策略
```
[AC-wlan-sec-prof-wlan-net] security wpa-wpa2 psk pass-phrase a1234567 aes
[AC-wlan-sec-prof-wlan-net] quit
```
② 创建 SSID 模板并配置 SSID 的名称
```
[AC-wlan-view] ssid-profile name wlan-net     //创建名为"wlan-net"的 SSID 模板
[AC-wlan-ssid-prof-wlan-net] ssid wlan-net   //配置 SSID 的名称为 wlan-net
```
③ 创建 VAP 模板
//创建名为"wlan-net"的 VAP 模板,配置业务数据转发模式为直接转发,配置业务 VLAN 为 VLAN10,并且引用安全模板和 SSID 模板
```
[AC-wlan-view] vap-profile name wlan-net            //创建 VAP 模板
[AC-wlan-vap-prof-wlan-net] forward-mode direct-forward
```
//配置业务数据转发模式为直接转发
//配置业务 VLAN 为 VLAN10
```
[AC-wlan-vap-prof-wlan-net] service-vlan vlan-id 10
[AC-wlan-vap-prof-wlan-net] security-profile wlan-net   //引用安全模板 wlan-net
[AC-wlan-vap-prof-wlan-net] ssid-profile wlan-net     //引用 SSID 模板 wlan-net
[AC-wlan-vap-prof-wlan-net] quit
```
④ AP 组引用 VAP 模板
```
[AC-wlan-view] ap-group name ap-group1            //进入 ap-group1 AP 组
```
//射频 0 引用 VAP 模板

```
[AC-wlan-ap-group-ap-group1] vap-profile wlan-net wlan 1 radio 0
//射频 1 引用 VAP 模板
[AC-wlan-ap-group-ap-group1] vap-profile wlan-net wlan 1 radio 1
```

⑤ 配置 AP 射频信道和功率

//以 AP1 射频 0 为例,配置 AP1 射频 0 的信道为 6,带宽为 20MHz,功率为 EIRP 有效全向辐射功率 127mW

```
[AC] wlan                                //进入 WLAN 视图
[AC-wlan-view] ap-id 0                    //进入 AP1 视图
[AC-wlan-ap-0] radio 0                    //进入 AP1 射频 0 视图
[AC-wlan-radio-0/0] channel 20mhz 6       //配置射频 0 带宽为 20MHz,信道为 6
Warning : This action may cause service interruption .Continue ? [Y / N] y
//配置功率为 EIRP 有效全向辐射功率 127mW
[AC-wlan-radio-0/0] eirp 127
[AC-wlan-radio-0/0] quit
[AC-wlan-ap-0] radio 1                    //进入 AP1 射频 1 视图
[AC-wlan-radio-0/1] channel 20mhz 149     //配置射频 1 带宽为 20MHz,信道为 149
Warning : This action may cause service interruption .Continue ? [Y / N] y
//配置功率为 EIRP 有效全向辐射功率 127mW
[AC-wlan-radio-0/1] eirp 127
[AC-wlan-radio-0/1] quit
[AC-wlan-ap-0] quit
[AC-wlan-view] ap-id 1
[AC-wlan-ap-1]radio 0
[AC-wlan-radio-1/0] channel 20mhz 11
Warning : This action may cause service interruption .Continue ? [Y / N] y
[AC-wlan-radio-1/0] eirp 127
[AC-wlan-radio-1/0] quit
[AC-wlan-ap-1] radio 1
[AC-wlan-radio-1/1] channel 20mhz 153
Warning : This action may cause service interruption .Continue ? [Y / N] y
[AC-wlan-radio-1/1] eirp 127
[AC-wlan-radio-1/1] quit
[AC-wlan-ap-1] quit
```

6. 验证配置

完成以上配置步骤后,需要进行如下测试,以验证配置是否成功。

(1) 在 AC 上查看 AP 对应射频上的 VAP 创建信息。

在 AC 上使用 display vap ssid wlan-net 命令查看 AP 对应射频上的 VAP 创建信息,查看结果如下。当"Status"字段为"ON"时,表示 AP 对应射频上的 VAP 已创建成功。

```
<AC>display vap ssid wlan-net          // 查看 AP 对应射频上的 VAP 创建信息
Info: This operation may take a few seconds, please wait.
WID : WLAN ID
-----------------------------------------------------------------------------
AP ID AP name   RfID WID  BSSID           Status Auth type       STA   SSID
-----------------------------------------------------------------------------
0     office_1  0    1    00E0-FC50-4510 ON    WPA/WPA2-PSK     0     wlan-net
0     office_1  1    1    00E0-FC50-4520 ON    WPA/WPA2-PSK     0     wlan-net
1     office_2  0    1    00E0-FC4E-1970 ON    WPA/WPA2-PSK     0     wlan-net
```

```
1    office_2 1   1    00E0-FC4E-1980ON  WPA/WPA2-PSK  0    wlan-net
---------------------------------------------------------------------------
Total: 4
```

（2）查看已接入无线网络中的用户。

在 STA 上搜索到名为"wlan-net"的无线网络，输入密码"a1234567"并正常关联后，在 AC 上使用 display station ssid wlan-net 命令，查看已接入 wlan-net 无线网络中的用户，查看结果如下。

```
<AC>display station ssid wlan-net      //查看已接入 wlan-net 无线网络中的用户
Rf/WLAN: Radio ID/WLAN ID
Rx/Tx: link receive rate/link transmit rate(Mbps)
---------------------------------------------------------------------------
STA MAC AP ID Ap name   Rf/WLAN   Band   Type Rx/Tx   RSSI VLAN IP address
---------------------------------------------------------------------------
5489-98a4-3187  0      office_1 0/1    2.4G   -    -/-    -    10    10.1.10.239
5489-98bf-351b  1      office_2 0/1 2.4G   -    -/-    -    10    10.1.10.188
---------------------------------------------------------------------------
Total: 2 2.4G: 2 5G: 0              //结果显示已接入用户数为 2
```

（3）测试 STA 之间的连通性。

STA 正常关联 wlan-net 无线网络后，在 STA1 和 STA2 中使用 ipconfig 命令，可以查看 STA 通过无线网络自动获取的 IP 地址。STA1 获取到的动态 IP 地址如下。

```
STA>ipconfig
Link local IPv6 address...........: ::
IPv6 address.....................: :: / 128
IPv6 gateway.....................: ::
IPv4 address.....................: 10.1.10.234
Subnet mask......................: 255.255.255.0
Gateway..........................: 10.1.10.1
Physical address.................: 54-89-98-A4-31-87
DNS server.......................: 10.10.10.10
```

测试 STA1 与网关、DNS Server 及 VLAN100 的网络连通性，可看到显示全网互通。

```
STA>ping 10.10.10.10
Ping 10.10.10.10: 32 data bytes, Press Ctrl_C to break
From 10.10.10.10: bytes=32 seq=1 ttl=255 time=484 ms
From 10.10.10.10: bytes=32 seq=2 ttl=255 time=234 ms
From 10.10.10.10: bytes=32 seq=3 ttl=255 time=218 ms
From 10.10.10.10: bytes=32 seq=4 ttl=255 time=234 ms
From 10.10.10.10: bytes=32 seq=5 ttl=255 time=235 ms
---10.10.10.10 ping statistics---
  5 packet(s) transmitted
  5 packet(s) received
  0.00%  packet loss
  round-trip min/avg/max=218/281/484 ms
STA>ping 10.1.100.1
Ping 10.1.100.1: 32 data bytes, Press Ctrl_C to break
From 10.1.100.1: bytes=32 seq=1 ttl=255 time=219 ms
From 10.1.100.1: bytes=32 seq=2 ttl=255 time=218 ms
```

```
From 10.1.100.1: bytes=32 seq=3 ttl=255 time=234 ms
From 10.1.100.1: bytes=32 seq=4 ttl=255 time=235 ms
From 10.1.100.1: bytes=32 seq=5 ttl=255 time=234 ms
---10.1.100.1 ping statistics---
  5 packet(s) transmitted
  5 packet(s) received
  0.00%  packet loss
  round-trip min/avg/max=218/228/235 ms
```

12.5 【任务 2】组建旁挂式三层 WLAN

12.5.1 任务描述

A 高校需要在原有网络中部署 WLAN,以满足员工的移动办公需求。由于原来的有线网络较为复杂,为满足 WLAN 组网的灵活性,管理员准备采用 AC＋Fit AP 旁挂式三层组网方案,AP1 部署在教务处办公室,AP2 部署在财务处办公室。由于个别移动终端(Phone1 和 STA3)非法接入,将对无线网络构成威胁,管理员拟配置黑名单,限制个别移动终端被完全拒绝接入或部分拒绝接入无线网络。

12.5.2 任务分析

组建旁挂式三层 WLAN,其网络拓扑如图 12-17 所示。

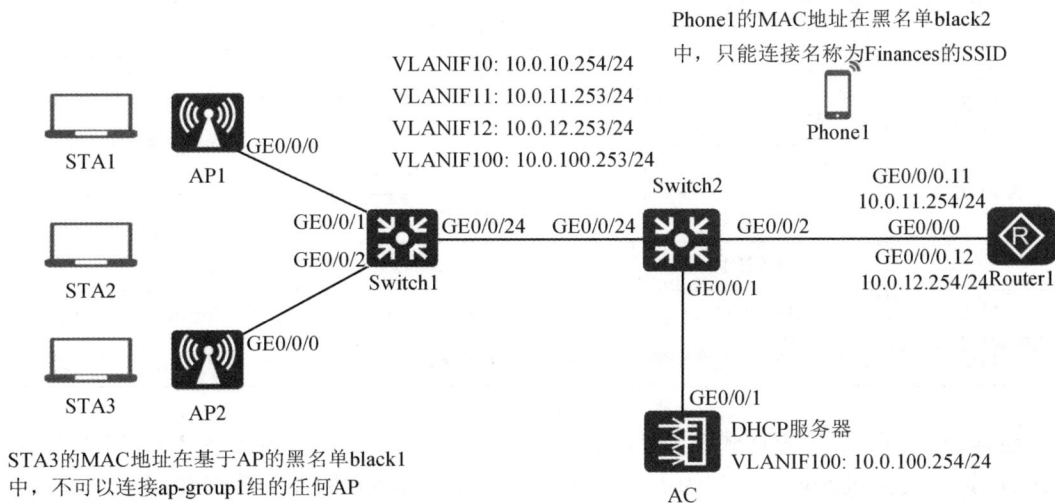

图 12-17 旁挂式三层 WLAN 的网络拓扑

AC 数据规划表如表 12-5 所示。

表 12-5 AC 数据规划表

配置项	数据
DHCP 服务器	AC 作为 AP 和 STA 的 DHCP 服务器 汇聚层交换机实现三层路由,STA 默认网关分别为 10.0.11.1、10.0.12.1

续表

配置项	数据
AP 的 IP 地址池	10.0.100.2～10.0.100.254/24
STA 的 IP 地址池	10.0.11.3～10.0.11.254/24、10.0.12.3～10.0.12.254/24
AP 组	名称：ap-group1；引用模板：VAP 模板 wlan-net、域管理模板 default
域管理模板	名称：default；国家码：中国
SSID 模板	名称：wlan-net1、wlan-net2；SSID 名称：Academic、Finances
安全模板	名称：wlan-net1、wlan-net2；安全策略：WPA-WPA2 + PSK + AES；密码：a1234567
VAP 模板	名称：wlan-net；转发模式：隧道转发；业务 VLAN：VLAN pool；引用模板：SSID 模板 wlan-net、安全模板 wlan-net
STA 黑名单（基于 AP）	名称：black1；加入 STA 黑名单的 STA：STA3(5489-98C3-532F)
STA 黑名单（基于 VAP）	名称：black2；加入 STA 黑名单的 STA：Phone1(5489-983F-37F8)；引用该黑名单的 VAP 模板：wlan-net1

路由器、交换机和 AC 等网络设备端口 IP 地址规划表如表 12-6 所示。

表 12-6 路由器、交换机和 AC 等网络设备端口 IP 地址规划表

设备名称	端口	IP 地址/子网掩码	备注
Router1	GE0/0/0.11	10.0.11.254/24	无
	GE0/0/0.12	10.0.12.254/24	无
AC	GE0/0/1	10.0.100.254/24	无
Switch2	VLANIF10	10.0.10.254/24	管理 VLAN
	VLANIF100	10.0.100.253/24	
	VLANIF11	10.0.11.253/24	业务 VLAN
	VLANIF12	10.0.12.253/24	
AP1	GE0/0/0	自动获取	Academic(教务处)
AP2	GE0/0/0	自动获取	Finances(财务处)

组建 AC＋Fit AP 旁挂式三层 WLAN，AC 作为 DHCP 服务器为 AP 和 STA 分配 IP 地址；汇聚层交换机 Switch2 作为 DHCP 代理；采用隧道转发的业务数据转发方式。通过适当的配置实现 AP 上线、STA 正确获取 IP 地址，各网络设备之间可以相互通信，使用黑名单功能拒绝非法接入 WLAN。

12.5.3 任务实施

1. 网络设备的基本配置

在交换机、路由器和无线控制器上完成主机名、VLAN 和接口 IP 地址的配置，配置命令如下。

① Switch1 上的基本配置

```
[Huawei] sysname Switch1
[Switch1] vlan batch 10 to 12
[Switch1] interface GigabitEthernet 0/0/1
[Switch1-GigabitEthernet0/0/1] port link-type trunk
[Switch1-GigabitEthernet0/0/1] port trunk pvid vlan 10        //剥离 VLAN10 数据标签转发
[Switch1-GigabitEthernet0/0/1] port trunk allow-pass vlan 10 11 12
[Switch1-GigabitEthernet0/0/1] quit
[Switch1] interface GigabitEthernet 0/0/2
[Switch1-GigabitEthernet0/0/2] port link-type trunk
[Switch1-GigabitEthernet0/0/2] port trunk pvid vlan 10
[Switch1-GigabitEthernet0/0/2] port trunk allow-pass vlan 10 11 12
[Switch1-GigabitEthernet0/0/2] quit
[Switch1] interface GigabitEthernet 0/0/24
[Switch1-GigabitEthernet0/0/24] port link-type trunk
[Switch1-GigabitEthernet0/0/24] port trunk allow-pass vlan 10 11 12
```

② Switch2 上的基本配置

```
[Huawei] sysname Switch2
[Switch2] vlan batch 10 11 12 100
[Switch2] interface GigabitEthernet 0/0/24
[Switch2-Ethernet0/0/24] port link-type trunk
[Switch2-Ethernet0/0/24] port trunk allow-pass vlan 10 11 12
[Switch2] interface GigabitEthernet0/0/1
[Switch2-GigabitEthernet0/0/1] port link-type trunk
[Switch2-GigabitEthernet0/0/1] port trunk allow-pass vlan 11 12 100
[Switch2] interface GigabitEthernet0/0/2
[Switch2-GigabitEthernet0/0/2] port link-type trunk
[Switch2-GigabitEthernet0/0/2] port trunk allow-pass vlan 11 12
[Switch2-GigabitEthernet0/0/2] quit
[Switch2] interface Vlanif 10
[Switch2-Vlanif10] ip address 10.0.10.254 24
[Switch2-Vlanif10] interface Vlanif 11
[Switch2-Vlanif11] ip address 10.0.11.253 24
[Switch2-Vlanif11] interface Vlanif 12
[Switch2-Vlanif12] ip address 10.0.12.253 24
[Switch2-Vlanif12] interface Vlanif 100
[Switch2-Vlanif100] ip address 10.0.100.253 24
[Switch2-Vlanif100] quit
```

③ Router1 上的基本配置

```
[Huawei] sysname Router1
[Router1] interface GigabitEthernet0/0/0.11
[Router1-GigabitEthernet0/0/0.11] dot1q termination vid 11
[Router1-GigabitEthernet0/0/0.11] ip address 10.0.11.254 24
[Router1-GigabitEthernet0/0/0.11] arp broadcast enable
[Router1-GigabitEthernet0/0/0.11] quit
[Router1] interface GigabitEthernet0/0/0.12
[Router1-GigabitEthernet0/0/0.12] dot1q termination vid 12
```

```
[Router1-GigabitEthernet0/0/0.12] ip address 10.0.12.254 24
[Router1-GigabitEthernet0/0/0.12] arp broadcast enable
[Router1-GigabitEthernet0/0/0.12] quit
```
④ AC 上 的基本配置
```
[AC6605] sysname AC
[AC] vlan batch 11 12 100
[AC] interface GigabitEthernet0/0/1
[AC-GigabitEthernet0/0/1] port link-type trunk
[AC-GigabitEthernet0/0/1] port trunk allow-pass vlan 11 12 100
[AC-GigabitEthernet0/0/1] quit
[AC] interface Vlanif 100
[AC-Vlanif100] ip address 10.0.100.254 24
[AC-Vlanif100] quit
```

2. 配置 DHCP 和默认路由

在 AC 上配置 DHCP 服务器，为 STA 和 AP 动态分配 IP 地址。在 Switch2 上配置 DHCP 中继。然后在 AC 和 Router1 上配置默认路由。

```
① 在 AC 上配置 DHCP 服务器
[AC] dhcp enable
[AC] ip pool huawei                        // 为 AP 提供地址
[AC-ip-pool-huawei] network 10.0.10.0 mask 24
[AC-ip-pool-huawei] gateway-list 10.0.10.254
// 指明 AC 的 IP 地址
[AC-ip-pool-huawei] option 43 sub-option 3 ascii 10.0.100.254
[AC-ip-pool-huawei] quit
[AC] ip pool vlan11                        // 为教务处提供地址
[AC-ip-pool-vlan11] gateway-list 10.0.11.254
[AC-ip-pool-vlan11] network 10.0.11.0 mask 24
[AC-ip-pool-vlan11] dns-list 10.10.10.10
[AC-ip-pool-vlan11] quit
[AC] ip pool vlan12                        // 为财务处提供地址
[AC-ip-pool-vlan12] gateway-list 10.0.12.254
[AC-ip-pool-vlan12] network 10.0.12.0 mask 24
[AC-ip-pool-vlan12] dns-list 10.10.10.10
[AC-ip-pool-vlan12] quit
[AC] interface vlanif 100
[AC-Vlanif100] dhcp select global
[AC-Vlanif100] quit
② 在 Switch2 上配置 DHCP 中继
[Switch2] dhcp enable
[Switch2] interface Vlanif 10
[Switch2-Vlanif10] dhcp select relay        // 为 AP 分配 IP 地址
[Switch2-Vlanif10] dhcp relay server-ip 10.0.100.254
[Switch2-Vlanif10] quit
[Switch2] interface Vlanif 11
[Switch2-Vlanif11] dhcp select relay        // 为 STA1 分配 IP 地址
[Switch2-Vlanif11] dhcp relay server-ip 10.0.100.254
```

```
[Switch2-Vlanif11] interface Vlanif 12
[Switch2-Vlanif12] dhcp select relay          //为 STA2 分配 IP 地址
[Switch2-Vlanif12] dhcp relay server-ip 10.0.100.254
③ 在 AC 和 Router1 上配置默认路由
[AC] ip route-static 0.0.0.0 0.0.0.0 10.0.100.253   //AC 到 AP 的路由
[Router1] ip route-static 0.0.0.0 0.0.0.0 10.0.11.253
```

3. 查询 AP1 和 AP2 的 MAC 地址

分别在 AP1 和 AP2 上执行 display system-information 命令查询 AP 的 MAC 地址,从显示结果得知,AP1 的 MAC 地址为 00:e0:fc:2c:40:a0,AP2 的 MAC 地址为 00:e0:fc:3c:31:a0。

4. 配置 AP 上线

在 AC 上配置 AP 上线,配置步骤和配置命令如下。

```
① 创建 AP 组,用于将相同配置的 AP 加入同一 AP 组
[AC] wlan
[AC-wlan-view] ap-group name ap-group1
[AC-wlan-ap-group-ap-group1] quit
② 创建域管理模板,并在 AP 组下引用域管理模板
[AC-wlan-view] regulatory-domain-profile name default
[AC-wlan-regulate-domain-default] country-code cn
[AC-wlan-regulate-domain-default] ap-group name ap-group1
[AC-wlan-ap-group-ap-group1] regulatory-domain-profile default
Warning : Modifying the country code will clear channel , power and antenna gain
configurations of the radio and reset the AP .Continue ? [Y / N]: y
[AC-wlan-ap-group-ap-group1] quit
[AC-wlan-view] quit
③ 配置 AC 的源端口
[AC] capwap source interface Vlanif 100
④ 在 AC 上离线导入 AP1 、AP2,并将 AP 加入 AP 组 ap-group1 中
[AC] wlan
[AC-wlan-view] ap auth-mode mac-auth              //认证模式为 MAC 认证
[AC-wlan-view] ap-id 0 ap-mac 00e0-fc2c-40a0
[AC-wlan-ap-0] ap-name area_1                    //AP1 的名称为 area_1
[AC-wlan-ap-0] ap-group ap-group1
Warning : This operation may cause AP reset .If the country code changes , it will clear
channel , power and antenna gain configurations of the radio , Whether to continue? [Y /
N]; y
[AC-wlan-ap-0] quit
[AC-wlan-view] ap-id 1 ap-mac 00e0-fc3c-31a0
[AC-wlan-ap-1] ap-name area_2                    //AP2 的名称为 area_2
[AC-wlan-ap-1] ap-group ap-group1
Warning : This operation may cause AP reset .If the country code changes , it will clear
channel , power and antenna gain configurations of the radio , Whether to continue ? [Y /
N]: y
```

完成以上配置后,需要在 AC 上使用 display ap all 命令确认 AP 是否正常上线。

5. 配置 WLAN 业务

在 AC 上配置 WLAN 业务的配置步骤和配置命令如下。

①创建安全模板、SSID 模板和 VAP 模板，并对模板进行引用

// 创建名为"wlan-net1"的安全模板、SSID 模板和 VAP 模板，配置安全策略、密码、SSID 名称和转发模式，并对模板进行引用

```
[AC] wlan
[AC-wlan-view] security-profile name wlan-net1                //创建安全模板
[AC-wlan-sec-prof-wlan-net1] security wpa-wpa2 psk pass-phrase a1234567 aes
[AC-wlan-sec-prof-wlan-net1] quit
[AC-wlan-view] ssid-profile name wlan-net1                    //创建 SSID 模板
[AC-wlan-ssid-prof-wlan-net1] ssid Academic                  //配置 SSID 名称
[AC-wlan-ssid-prof-wlan-net1] quit
[AC-wlan-view] vap-profile name wlan-net1                     //创建 VAP 模板
[AC-wlan-vap-prof-wlan-net1] forward-mode tunnel             //转发模式为隧道模式
[AC-wlan-vap-prof-wlan-net1] service-vlan vlan-id 11         //业务 VLAN 为 VLAN11
[AC-wlan-vap-prof-wlan-net1] security-profile wlan-net1     //引用安全模板
[AC-wlan-vap-prof-wlan-net1] ssid-profile wlan-net1         //引用 SSID 模板
```

// 创建名为"wlan-net2"的安全模板、SSID 模板和 VAP 模板，配置安全策略、密码、SSID 名称和转发模式，并对模板进行引用

```
[AC] wlan
[AC-wlan-view] security-profile name wlan-net2                //创建安全模板
[AC-wlan-sec-prof-wlan-net2] security wpa-wpa2 psk pass-phrase a1234567 aes
[AC-wlan-sec-prof-wlan-net2] quit
[AC-wlan-view] ssid-profile name wlan-net2                    //创建 SSID 模板
[AC-wlan-ssid-prof-wlan-net2] ssid Finances                  //配置 SSID 名称
[AC-wlan-ssid-prof-wlan-net2] quit
[AC-wlan-view] vap-profile name wlan-net2                     //创建 VAP 模板
[AC-wlan-vap-prof-wlan-net2] forward-mode tunnel             //转发模式为隧道模式
[AC-wlan-vap-prof-wlan-net2] service-vlan vlan-id 12         //业务 VLAN 为 VLAN12
[AC-wlan-vap-prof-wlan-net2] security-profile wlan-net2     //引用安全模板
[AC-wlan-vap-prof-wlan-net2] ssid-profile wlan-net2         //引用 SSID 模板
```

② 配置 AP 组引用 VAP 模板

// AP 上射频 0 和射频 1 同时使用 VAP 模板 wlan-net1 和 wlan-net2 的配置

```
[AC] wlan
[AC-wlan-ap-1] ap-group name ap-group1
[AC-wlan-ap-group-ap-group1] vap-profile wlan-net1 wlan 1 radio 0
[AC-wlan-ap-group-ap-group1] vap-profile wlan-net1 wlan 1 radio 1
[AC-wlan-ap-group-ap-group1] vap-profile wlan-net2 wlan 2 radio 0
[AC-wlan-ap-group-ap-group1] vap-profile wlan-net2 wlan 2 radio 1
[AC-wlan-ap-group-ap-group1] quit
```

③ 配置 AP1 和 AP2 的射频信道和功率

```
[AC-wlan-view] ap-id 0
[AC-wlan-ap-0] radio 0
[AC-wlan-radio-0/0] channel 20mhz 6                //带宽为 20MHz，信道为 6
Warning : This action may cause service interruption .Continue ? [Y / N] y
[AC-wlan-radio-0/0] eirp 127                       //有效全向辐射功率为 127mW
[AC-wlan-radio-0/0] quit
```

```
[AC-wlan-ap-0] radio 1
[AC-wlan-radio-0/1] channel 20mhz 149         //带宽为 20MHz,信道为 149
Warning : This action may cause service interruption .Continue ? [Y / N] y
[AC-wlan-radio-0/1] eirp 127                   //有效全向辐射功率为 127mW
[AC-wlan-radio-0/1]quit
[AC-wlan-ap-0]quit
[AC-wlan-view] ap-id 1
[AC-wlan-ap-1] radio 0
[AC-wlan-radio-1/0] channel 20mhz 11
Warning : This action may cause service interruption .Continue ? [Y / N] y
[AC-wlan-radio-1/0] eirp 127
[AC-wlan-radio-1/0] quit
[AC-wlan-ap-1] radio 1
[AC-wlan-radio-1/1] channel 20mhz 153
Warning : This action may cause service interruption .Continue ? [Y / N] y
[AC-wlan-radio-1/1] eirp 127
[AC-wlan-radio-1/1]quit
[AC-wlan-ap-1] quit
```

6. 配置黑名单

在 AC 上配置黑名单,配置命令如下。

```
① 配置基于 AP 的 STA 黑名单
//创建名为"black1"的 STA 黑名单,将 STA3 的 MAC 地址(5489-98C3-532F)加入黑名单
[AC] wlan                                    //进入 WLAN 视图
//创建 STA 黑名单,名字为 black1
[AC-wlan-view] sta-blacklist-profile name black1
//将 MAC 地址加入创建的黑名单中
[AC-wlan-blacklist-prof-black1] sta-mac 5489-98C3-532F
[AC-wlan-blacklist-prof-black1] quit
//创建名为"test"的 AP 系统模板,并引用刚创建的 STA 黑名单,使黑名单在 AP 范围内有效
[AC-wlan-view] ap-system-profile name test           //创建 AP 系统模板
//在 AP 模板中引用 STA 黑名单
[AC-wlan-ap-system-prof-test] sta-access-mode blacklist black1
[AC-wlan-ap-system-prof-test] quit
//在 AP 组 ap-group1 中引用 AP 系统模板 test
[AC-wlan-view] ap-group name ap-group1               //进入当前 AP 所在的 AP 组
[AC-wlan-ap-group-ap-group1] ap-system-profile test  //引用 AP 系统模板 test
Warning : This action may cause service interruption .Continue ? [Y / N] y
[AC-wlan-ap-group-ap-group1] quit
② 配置基于 VAP 的 STA 黑名单
//将 Phone1(5489-983F-37F8)加入 STA 黑名单,不允许 Phone1 连接,但允许其连接名为"Finances"
的 SSID
[AC] wlan
//创建 STA 黑名单,名字为 black2
[AC-wlan-view] sta-blacklist-profile name black2
//将终端 MAC 地址加入创建的黑名单中
[AC-wlan-blacklist-prof-black2] sta-mac 5489-983F-37F8
[AC-wlan-blacklist-prof-black2] quit      //退出黑名单视图
```

```
//在 VAP 模板 wlan-net1 中引用 STA 黑名单,使黑名单在 VAP 范围内有效
[AC-wlan-view] vap-profile name wlan-net1 //进入 VAP 模板视图
//引用名为"black2"的 STA 黑名单
[AC-wlan-vap-prof-wlan-net1] sta-access-mode blacklist black2
[AC-wlan-vap-prof-wlan-net1] quit
```

7. 验证配置

完成以上配置步骤后,需要进行如下测试,以验证配置是否成功。

（1）在 AC 上查看 AP 对应射频上的 VAP 创建信息。

在 AC 上使用 display vap ssid Academic 命令查看 AP 对应射频上的 VAP 创建信息,查看结果如下。当"Status"字段为"ON"时,表示 AP 对应射频上的 VAP 已创建成功。

```
<AC>display vap ssid Academic
Info: This operation may take a few seconds, please wait.
WID : WLAN ID
--------------------------------------------------------------------------
AP ID AP name RfID WID   BSSID       Status  Auth type      STA   SSID
--------------------------------------------------------------------------
0    area_1  0    1    00E0-FC2C-40A0ON    WPA/WPA2-PSK   0   Academic
0    area_1  1    1    00E0-FC2C-40B0ON    WPA/WPA2-PSK   0   Academic
1    area_2  0    1    00E0-FC3C-31A0ON    WPA/WPA2-PSK   0   Academic
1    area_2  1    1    00E0-FC3C-31B0ON    WPA/WPA2-PSK   0   Academic
--------------------------------------------------------------------------
```

（2）查看已接入无线网络中的用户。

将 STA1 接入"Academic",STA2 和 Phone1 接入"Finances",在 AC 上使用 display station ssid Academic 和 display station ssid Finances 命令查看已接入无线网络中的用户,查看结果如下。

```
<AC>display station ssid Academic
Rf/WLAN: Radio ID/WLAN ID
Rx/Tx: link receive rate/link transmit rate(Mbps)
--------------------------------------------------------------------------
STA MAC    AP ID Ap name Rf/WLAN Band  Type  Rx/Tx RSSI  VLAN  IP address
--------------------------------------------------------------------------
5489-9812-2e22  0   area_1  0/1   2.4G  -   -/-    -  11  10.0.11.188
--------------------------------------------------------------------------
Total: 1 2.4G: 1 5G: 0
< AC> display station ssid Finances
Rf/WLAN: Radio ID/WLAN ID
Rx/Tx: link receive rate/link transmit rate(Mbps)
--------------------------------------------------------------------------
STA MAC    AP ID Ap name Rf/WLAN Band  Type  Rx/Tx RSSI  VLAN  IP address
--------------------------------------------------------------------------
5489-983f-37f8   0   area_1  0/2   2.4G  -   -/-    -  12  10.0.12.134
5489-986b-7bc8  1 area_2  0/2   2.4G  -   -/-    -  12  10.0.12.212

--------------------------------------------------------------------------
Total: 2 2.4G: 2 5G: 0
```

（3）查看黑名单。

使用 display sta-blacklist-profile name black2 命令，可查看黑名单。通过对 Phone1 进行连接测试，可验证 Phone1 只能连接"Finances"的 SSID。

```
<AC>display sta-blacklist-profile name black2
--------------------------------------------------------------------------------
Index    MAC              Description
--------------------------------------------------------------------------------
0        5489-983f-37f8

--------------------------------------------------------------------------------
Total: 1
```

（4）查看 STA 获取 IP 地址的情况及测试漫游功能。

STA1 和 STA2 正常关联无线网络后，可通过无线网络自动获取 IP 地址，使用 ipconfig 命令查看 STA1 和 STA2 的 IP 地址。

在华为 eNSP 模拟器中，STA 的漫游功能默认开启，无须进行配置。可通过 STA 的"自动移动"功能来测试漫游功能。具体测试方法为：在 STA 上右击，选择自动移动，然后选择一处地方点击鼠标左键，STA 就会自动移动到该处。在 STA 上尝试使用 ping 命令加-t 参数一直访问，同时使 STA 从一个 AP 的信号覆盖范围移动到另一个 AP 的信号覆盖范围，观察 STA 的发包情况。经过实验，可以看出，在移动过程中，基本上不会出现丢包或者只出现短暂丢包（经过多次实验，有时会丢 1 个包）的现象，基本上实现了 WLAN 内漫游效果。

最后，测试 STA1 与 Phone1 等其他站点的网络连通性，结果显示应为全网连通。

12.6 项目总结与拓展

本项目介绍了无线网络通信中常用的无线园区网络的概念，有线侧和无线侧组网的概念，介绍了 CAPWAP、AP＋AC 组网方式、AC 连接方式等。WLAN 组网架构通常分为胖 AP 架构和瘦 AP 架构。在瘦 AP 架构中，AP＋AC 组网方式有二层组网和三层组网。二层组网是指 AP 和 AC 之间的网络为二层网络，或 AP 与 AC 直连。二层组网比较简单，适用于简单临时的组网，能够进行比较快速的组网配置，但不适用于大型组网架构。三层组网是指 AP 与 AC 之间的网络为三层网络。在大型组网中一般采用三层组网。

AP 的管理和 WLAN 业务配置流程

AC 连接方式有直连式和旁挂式。直连式组网 AC 一般直接部署在 AP 和汇聚/核心层交换机之间，旁挂式组网 AC 一般旁挂在汇聚/核心层交换机旁侧。

12.7 习题

1. 选择题

（1）最早的无线局域网出现在哪一年？

A. 1956　　　　　B. 1981　　　　　C. 1990　　　　　D. 1971

（2）下列哪一项不属于无线传输技术？

A. 微波传输　　　B. 红外传输　　　C. 光纤传输　　　D. 卫星传输

（3）无线局域网中，CSMA/CA 机制包括哪几项？

A. 载波侦听　　　B. 多址访问　　　C. 冲突检测　　　D. 避免冲撞

（4）SSID 的作用是什么？

A. 标识 AP 设备　　　B. 标识 AC 设备　　　C. 标识服务集　　　D. 标识网络

（5）胖 AP 的优点是？

A. 适合大规模组网　　B. 独立控制　　　　C. 漫游效果好　　　D. 支持负载均衡

（6）CAPWAP 的主要内容包括哪几项？

A. AP 对 AC 的自动发现及 AP＋AC 的状态机运行维护

B. AC 对 AP 进行管理、业务配置下发

C. STA 数据封装 CAPWAP 隧道进行转发

D. 定义了 MAC 层和物理层的传输速率

（7）当 AC 为旁挂式组网时，如果数据采用直接转发模式，则数据流（　　）AC；如果数据采用隧道转发模式，则数据流（　　）AC。

A. 不经过，经过　　　B. 不经过，不经过　　C. 经过，经过　　　D. 经过，不经过

（8）关于组网方式，下列描述中，正确的是？

A. 相对于三层组网，二层组网更适用于园区、体育场等大型网络

B. 三层组网的优势在于配置简单、组网容易

C. 如果 AC 处理数据的能力比较弱，推荐使用旁挂式组网

D. 在直连式组网中，AP 的业务数据可以不经过 AC 而直接到达上行网络

（9）如果连接同一个 SSID 的无线客户端想从一个 AP 漫游到另一个 AP，那么两个 AP 之间信号重叠的区域范围一般为？

A. 50％　　　　　　　B. 不需要重叠　　　　C. 100％　　　　　　D. 15％～25％

（10）IEEE 802.11 标准中用于定义漫游的是？

A. IEEE 802.11c　　B. IEEE 802.11h　　C. IEEE 802.11j　　D. IEEE 802.11r

2. 问答题

（1）胖 AP 和瘦 AP 各自的优势在哪里？它们分别适用于什么场景？

（2）BSS、BSA、SSID、ESS 各自的含义和它们之间的联系是怎样的？

（3）简述二层组网和三层组网的特点。

（4）简述直连式组网和旁挂式组网的特点。

（5）简述直接转发和隧道转发的特点。

项目 13 构建 IPv6 园区网络

13.1 **项目介绍**

为贯彻落实党中央、国务院决策部署,深入推进互联网协议第六版(IPv6)规模部署和应用,某高校计划启动整个校园 IPv6 的网络改造工作。根据校园网环境现状,需要制定未来 3 年的整体规划方案,IPv6 网络基础设施改造是整个规划方案的第一步,包括令人事处、财务处和教务处等多个学校部门的办公区、学校实训室等场所的网络设备实现 IPv4/IPv6 双栈和网络连通。

13.2 **学习目标**

(1) 了解 IPv6 的特点和分组结构。
(2) 掌握 IPv6 地址结构和配置方式。
(3) 了解 ICMPv6 协议功能。
(4) 掌握 IPv6 路由。
(5) 能够在 IPv6 网络中配置 IPv6 地址和静态路由。
(6) 能够配置 OSPFv3 协议实现网络连通。
(7) 具有质量意识、安全意识和创新意识。

13.3 **相关知识**

随着互联网的规模越来越大,以及 5G、物联网等新兴技术的发展,IPv4 面临的挑战越来越多,其中一个最大的问题就是网络地址资源有限,严重制约了互联网的应用和发展。国际互联网工程任务组(the Internet Engineering Task Force,IETF)在 20 世纪 90 年代提出了下一代互联网协议 IPv6(Internet Protocol version 6,互联网协议第 6 版)。IPv6 是 IPv4 的后续版本,它不仅解决了网络地址资源数量有限的问题,还解决了多种接入设备接入互联网的障碍。IPv6 取代 IPv4 势在必行。

◆ 13.3.1 IPv6 协议

1. IPv6 的改进

IPv6 相对于 IPv4 来说有以下几方面的改进。

（1）具有扩展的地址空间和结构化的路由层次。

地址长度由 IPv4 的 32 位扩展到 128 位，全局单点地址采用支持无分类域间路由的地址聚类机制，可以支持更多的地址层次和更多的节点数目，并且使自动配置地址更加简单。

（2）简化了报头格式。

尽管 IPv6 的地址长度是 IPv4 的四倍，但是 IPv6 的基本头长度只是 IPv4 的两倍。相对于 IPv4 报头大小的可变设计（可为 20～60 字节），IPv6 基本头采用了定长设计，大小固定为 40 字节。相对于 IPv4 报头中数量多达 12 个的选项，IPv6 把报头分为基本头和扩展头，基本头中只包含选路所需要的 8 个基本选项，其他功能选项都设计为扩展头，这样有利于提高路由器的转发效率，也可以根据新的需求设计出新的扩展头，以使其具有良好的可扩展性。

（3）管理简单，即插即用。

通过实现一系列的自动发现和自动配置功能，简化网络节点的管理和维护。已实现的典型技术包括最大传输单元发现（MTU Discovery）、邻接节点发现（Neighbor Discovery）、路由器通告（Router Advertisement）、路由器请求（Router Solicitation）、节点自动配置（Auto-configuration）等。

（4）安全性有所提高。

在制定 IPv6 技术规范的同时，产生了 IPSec（IPSecurity），用于提供 IP 层的安全性。目前，IPv6 实现了认证头（Authentication Header，AH）和封装安全载荷（Encapsulating Security Payload，ESP）两种机制。前者实现数据的完整性及对 IP 数据报来源的认证，保证分组确实来自源地址所标记的节点；后者提供数据加密功能，实现端到端的加密。

（5）具备 QoS 能力。

报头中的"标签"字段用于鉴别同一数据流的所有报文，因此路径上所有路由器可以鉴别一个数据流的所有报文，实现非默认的服务质量或实时的服务等特殊处理。

2. IPv6 协议栈

IPv4 和 IPv6 协议栈的比较如图 13-1 所示。

图 13-1　IPv4 和 IPv6 协议栈的比较

IPv6 网络层的核心协议包括以下几种。

（1）IPv6 取代 IPv4，支持 IPv6 的动态路由协议都属于 IPv6 协议，比如 RIPng、OSPFv3。

（2）Internet 控制消息协议 IPv6（ICMPv6）取代 ICMP，它报告错误和其他信息以帮助诊断不成功的数据报传送。

（3）邻居发现（Neighbor Discovery，ND）协议取代 ARP，它管理相邻 IPv6 节点间的交互，包括自动配置地址和将下一跃点 IPv6 地址解析为 MAC 地址。

（4）多播接收方发现（Multicast Listener Discovery，MLD）协议取代 IGMP，它管理 IPv6 多播组成员身份。

◆ 13.3.2　IPv6 分组结构

1. IPv6 基本首部

IPv6 数据报在基本首部（Base Header，基本头）的后面允许有零个或多个扩展首部（Extension Header，扩展头），再后面是数据部分。但请注意，所有的扩展首部都不属于 IPv6 数据报的首部。如图 13-2 所示，所有的扩展首部和数据部分一起称为数据报的有效载荷或净负荷。

IPv6 数据报中，报头的总长度是 40 字节，IPv6 报文基本首部结构如图 13-3 所示。IPv6 中引入的变化在其报头格式中可以明显地体现出来。

IPv6 报文结构

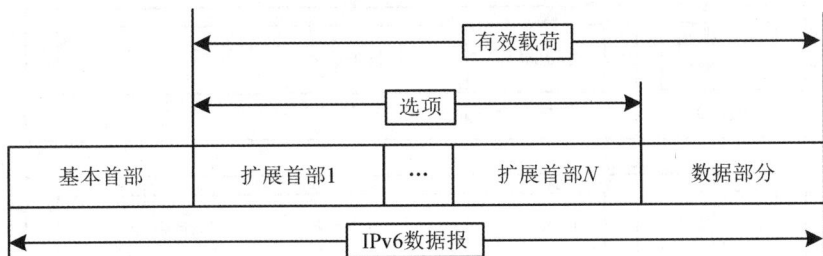

图 13-2　IPv6 数据报

图 13-3　IPv6 报文基本首部结构

相关定义如下。

（1）版本（Version）：长度为 4 位，对于 IPv6，该字段必须为 6。

（2）流类别（Traffic Class）：长度为 8 位，等同于 IPv4 中的 TOS 字段，表示 IPv6 数据报的类或优先级，主要应用于 QoS。

（3）流标签（Flow Label）：长度为 20 位，用于标识属于同一业务流的数据报。一个节点可以同时作为多个业务流的发送源。流标签和源节点地址唯一标识了一个业务流。

（4）有效载荷长度（Payload Length）：长度为 16 位，指紧跟 IPv6 报头的数据报的其他部分（即扩展报头和上层协议数据单元）。该字段只能表示最大长度为 65535 字节的有效载荷。如果有效载荷的长度超过这个值，该字段会置 0，而有效载荷的长度用逐跳选项扩展报头中的超大有效载荷选项来表示。

（5）跳数限制（Hop Limit）：长度为 8 位。该字段类似于 IPv4 中的 Time to Live 字段，它定义了 IP 数据报所能经过的最大跳数。每经过一个设备，该数值减去 1，当该字段的值为 0 时，数据报将被丢弃。

（6）源地址（Source Address）：长度为 128 位，指出了 IPv6 数据报的发送方地址。

（7）目的地址（Destination Address）：长度为 128 位，指出了 IPv6 数据报的接收方地址。这个地址可以是一个单播、组播或任意点播（简称任播）地址。如果使用了选路扩展头（其中定义了一个数据报必须经过的特殊路由），其目的地址可以是其中某一个中间节点的地址而不必是最终地址。

（8）下一报头（Next Header）：长度为 8 位，这个字段指出了 IPv6 报头后所跟的头字段中的协议类型。与 IPv6 协议字段类似，下一报头字段可以用来指出高层是 TCP 还是 UDP，也可以用来指明 IPv6 扩展头的存在，如图 13-4 所示。

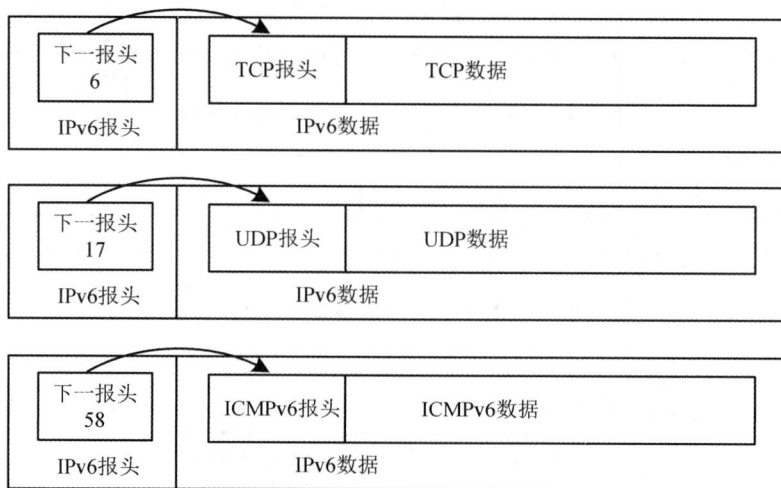

图 13-4　下一报头字段

2. IPv6 扩展首部

IPv6 扩展首部是可选报头，一个 IPv6 数据报中可能存在零个或多个扩展首部，这些扩展首部可以具有不同的长度。IPv6 扩展首部代替了 IPv4 的选项字段。

扩展首部的作用有两个，一是标识 IPv6 数据报中数据部分所承载的协议，这一点与 IPv4 报头的协议字段相似；二是指示扩展首部的存在，在必需的 IPv6 基本头之后，可以有 0 个、1 个或多个扩展首部。所有扩展首部中都有的一个字段是另外的下一报头字段，表示接下来还有其他扩展首部，或者是数据（净荷）协议（如 TCP 报文段）。因此，最后的扩展首部总是指示哪种协议被封装在数据部分，这一点与 IPv4 的协议字段相似。

例如，RFC2460 中定义了 6 个扩展首部类型，如表 13-1 所示。

表 13-1　RFC2460 中定义的扩展首部类型

扩展首部类型	代表该类首部的下一报头值	描述
逐跳选项首部	0	该选项主要用于为在传送路径上的每跳转发指定发送参数，传送路径上的每台中间节点都要读取并处理该字段
路由选项首部	43	该选项和 IPv4 的 Loose Source and Record Route 选项类似，该报头能够被 IPv6 源节点用来强制让数据报经过特定的设备

扩展首部类型	代表该类首部的下一报头值	描述
分片首部	44	同 IPv4 一样,IPv6 报文发送也受到 MTU 的限制。当报文长度超过 MTU 时就需要将报文分段发送,而在 IPv6 中,分段发送使用的是分片首部
认证首部	51	该选项由 IPSec 使用,提供认证、数据完整性及重放保护功能。它还可对 IPv6 基本首部中的一些字段进行保护
封装安全有效载荷首部	50	该选项由 IPSec 使用,提供认证、数据完整性及重放保护、IPv6 数据报的保密功能
目的选项首部	60	目的选项首部携带了一些只有目的节点才会处理的信息。目前,目的选项报头主要应用于移动 IPv6

如图 13-5 所示,每一个扩展首部都由若干个字段组成,它们的长度也各不相同,但所有扩展首部的第一个字段都是 8 位的"下一报头"字段,此字段的值指出了在该扩展首部后面的字段是什么。高层首部总是放在最后面。

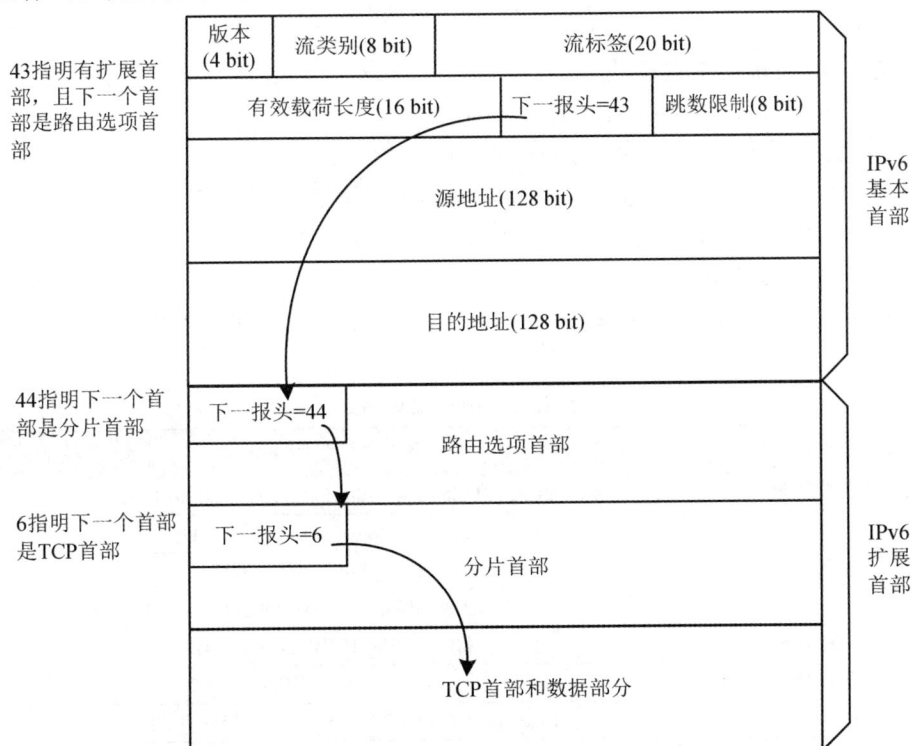

图 13-5 IPv6 扩展首部

◆ 13.3.3　IPv6 地址

1. IPv6 地址表达方式

（1）IPv6 地址格式。

IPv6 地址总长度为 128 比特,通常分为 8 组,每组最多为 4 个十六进制数的形式,每组十六进制数间用冒号分隔,如图 13-6 所示。

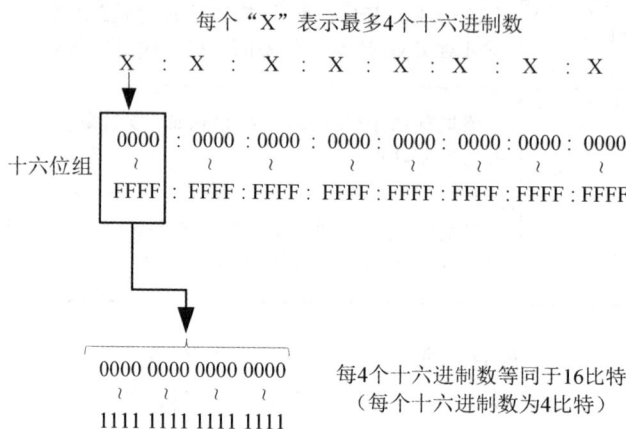

IPv6 地址类型

```
每个"X"表示最多4个十六进制数

X : X : X : X : X : X : X : X

十六位组   0000 : 0000 : 0000 : 0000 : 0000 : 0000 : 0000 : 0000
           ≀      ≀      ≀      ≀      ≀      ≀      ≀      ≀
           FFFF : FFFF : FFFF : FFFF : FFFF : FFFF : FFFF : FFFF


           0000 0000 0000 0000    每4个十六进制数等同于16比特
           ≀    ≀    ≀    ≀       （每个十六进制数为4比特）
           1111 1111 1111 1111
```

图 13-6　IPv6 地址格式

下面是 IPv6 地址的首选格式。

0000:0000:0000:0000:0000:0000:0000:0001

FF01:0000:0000:0000:0003:0000:0000:0002

2001:0000:1011:000D:00B0:0000:9000:0001

2001:0100:AAAA:0001:DCBA:0000:0000:0020

（2）IPv6 地址压缩格式。

在某些 IPv6 地址中,很可能包含长串的"0",为了书写方便,可以允许"0"压缩,如表 13-2所示。

表 13-2　IPv6 地址格式

序号	地址格式	地址
1	IPv6 地址	2001:0DB8:0000:0000:0000:0000:0346:8D58
	省略前导 0	2001:DB8:0:0:0:0:346:8D58
	省略全 0	2001:DB8::346:8D58
2	IPv6 地址	2001:0CB8:BBBB:0001:0000:0000:0000:0100
	省略前导 0	2001:CB8:BBBB:1:0:0:0:100
	省略全 0	2001:CB8:BBBB:1::100
3	IPv6 地址	FF01:0001:D000:0A00:0000:0000:0731:00BC
	省略前导 0	FF01:1:D000:A00:0:0:731:BC
	省略全 0	FF01:1:D000:A00::731:BC

但要注意,为了避免地址表示不清晰,一对冒号(::)在一个地址中只能出现一次。

2. IPv6 地址结构和生成方式

（1）IPv6 地址结构。

IPv6 地址可以分为两部分：网络前缀和接口标识，网络前缀相当于 IPv4 地址中的网络 ID，接口标识相当于 IPv4 地址中的主机 ID。接口标识生成方法有三种，分别是手工配置、软件自动生成和 IEEE EUI-64 规范（简称 EUI-64 规范）生成。其中，EUI-64 规范生成最为常用。

（2）IEEE EUI-64 规范生成。

IEEE EUI-64 规范生成是将接口的 MAC 地址转换为 IPv6 接口标识（ID）的过程。如图 13-7 所示，MAC 地址的前 24 位为公司标识，后 24 位为扩展标识。从高位数，第 7 位是 0 表示 MAC 地址本地唯一。转换时，先将 FFFE 插入 MAC 地址的公司标识和扩展标识之间，然后从高位数，将第 7 位的 0 改为 1，表示此接口标识全球唯一。

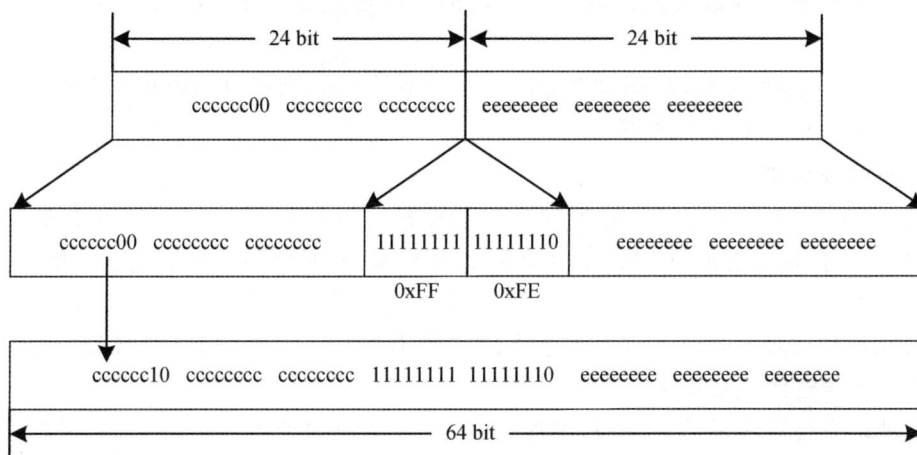

图 13-7　EUI-64 规范生成示意图

根据 IEEE EUI-64 规范，MAC 地址为 0011-2400-C4D4 的接口经转换后得到的接口标识为 0211:24FF:FE00:C4D4，具体过程如图 13-8 所示。

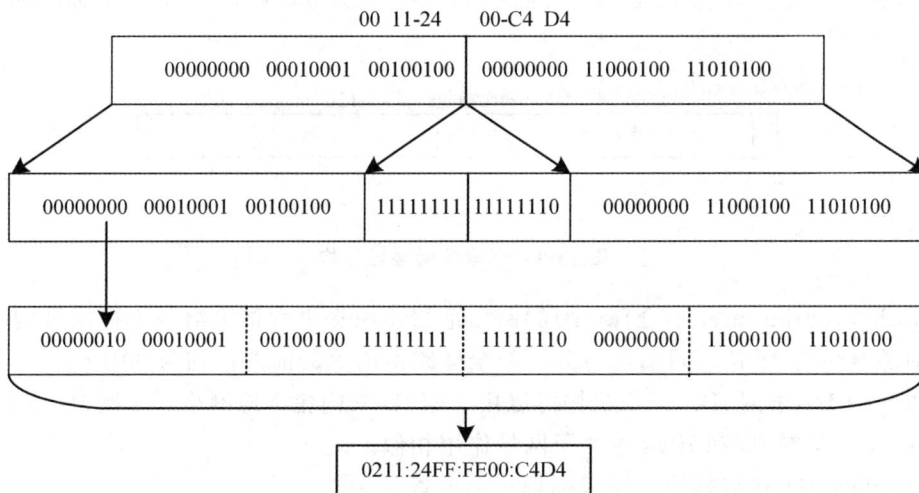

图 13-8　EUI-64 规范生成实例

将 48 位的 MAC 地址对半劈开，然后插入"FFFE"，再对从左数起的第 7 位，也就是 U/L 位取反，即可得到对应的接口 ID。

在单播 MAC 地址中，第 1 个 Byte 的第 7 位是 U/L(Universal/Local，也称为 G/L，其中，G 表示 Global)位，用于表示 MAC 地址的唯一性。如果 U/L＝0，则该 MAC 地址是全局管理地址，是由拥有 OUI 的厂商所分配的 MAC 地址；如果 U/L＝1，则是本地管理地址，是网络管理员基于业务目的自定义的 MAC 地址。

在 EUI-64 接口 ID 中，第 7 位的含义与 MAC 地址的正好相反，0 表示本地管理，1 表示全局管理，所以，使用 EUI-64 格式的接口 ID 时，如果 U/L 位为 1，则地址是全球唯一的，如果为 0，则地址是本地唯一的，这就是为什么要反转该位的原因。

这种由 MAC 地址产生 IPv6 地址接口标识的方法可以减少配置的工作量，尤其是当采用无状态地址自动配置时，只需要获取一个 IPv6 前缀就可以与接口标识形成 IPv6 地址。但是使用这种方式最大的缺点是任何人都可以通过二层 MAC 地址推算出三层 IPv6 地址。

对于 IPv6 单播地址来说，如果地址的前三位不是 000，则接口标识必须为 64 位，如果地址的前三位是 000，则没有此限制。

3. IPv6 地址分类

IPv6 地址分为单播地址、组播地址和任播地址(Anycast Address)三种类型。和 IPv4 相比，取消了广播地址类型，以更丰富的组播地址代替，同时增加了任播地址类型。

(1) 单播地址。

单播地址是点对点通信时使用的地址，此地址仅标识一个接口，路由器负责把对单播地址发送的数据报送到该接口上。

单播地址有全球单播地址、链路本地地址、唯一本地地址未指定地址、环回地址等几种形式。

① 全球单播地址。

全球单播地址也被称为(可聚合)全局单播地址，是 IPv6 互联网全局范围内可路由、可达的 IPv6 地址，等同于 IPv4 的公有地址，在 IPv6 编址架构中充当了非常重要的角色。迁移到 IPv6 的一个主要动机就是 IPv4 地址的耗尽。图 13-9 给出了全局单播地址的一般结构。

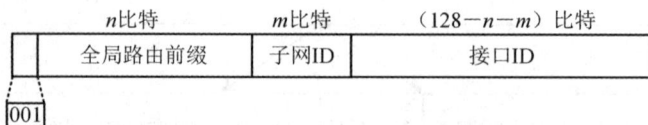

图 13-9　全球单播地址结构

a. Global routing prefix：全球(全局)路由前缀。由提供商指定给一个组织机构，通常全球路由前缀至少为 48 位。目前已经分配的全球路由前缀的前 3 位均为 001。

b. Subnet ID：子网 ID。组织机构可以用子网 ID 来构建本地网络。子网 ID 通常最多分配到第 64 位。子网 ID 和 IPv4 中的子网号作用相似。

c. Interface ID：接口标识。用来标识一个设备。

目前 IANA 分配的全局单播地址块是从二进制数值 001(即 2000∶/3)开始的，因此全局单播地址范围为 2000∶/3～3FFF∶/3。

全局单播地址是配置在接口上的。一个接口可以配置多个全局单播地址,这些地址可以位于同一个子网或不同子网中。

接口并不一定要配置全局单播地址,但至少必须要配置一个链路本地地址。也就是说,如果接口有全局单播地址,就必须有链路本地地址。但是,如果接口有链路本地地址,并不一定要有全局单播地址。

②链路本地地址。

链路本地地址是仅用于单条链路的单播地址。链路本地地址是 IPv6 中的应用范围受限制的地址类型,只能在连接到同一本地链路的节点之间使用。它使用了特定的本地链路前缀 FE80::/10(最高 10 位值为 1111111010),同时将接口标识添加在后面作为地址的低64 位。

链路本地地址的作用类似于 IPv4 中的私网地址,任何没有申请到提供商分配的全球单播地址的组织机构都可以使用链路本地地址。链路本地地址只能在本地网络内部被路由转发而不会在全球网络中被路由转发。

当一个节点启动 IPv6 协议栈时,启动时节点的每个接口会自动配置一个链路本地地址(固定前缀+EUI-64 接口标识),如图 13-10 所示。这种机制使得两个连接到同一链路的 IPv6 节点不需要做任何配置就可以通信。链路本地地址广泛应用于邻居发现、无状态地址配置等应用。

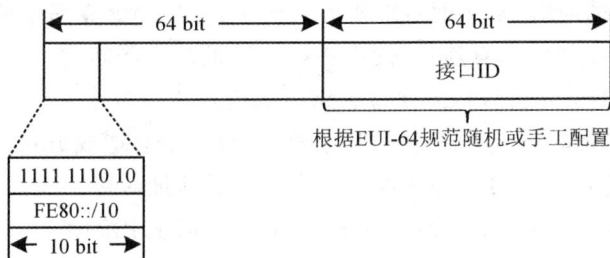

图 13-10 链路本地地址结构

从链路本地地址的前缀及前缀长度可以看出,链路本地单播地址的范围是 FE80::/10 ～FEBF:/10。

IPv6 链路本地地址适用于以下场合。

a. 路由器使用链路本地地址作为它们发送的 RA 消息的默认网关。

b. 运行路由协议(如用于 IPv6 的 EIGRP 或 OSPFv3)的路由器使用链路本地地址来建立邻接关系。

c. IPv6 路由表中的动态路由使用链路本地地址作为下一跳地址。

③唯一本地地址。

唯一本地地址也被称为本地 IPv6 地址(Local IPv6 Address)。这类地址应该具备全局唯一性,但不应该在全球互联网上进行路由,通常应用于范围有限的区域(如站点内部)或者在数量有限的站点之间进行路由。

唯一本地地址的固定前缀为 FC00::/7,其结构如图 13-11 所示。

a. 前缀:固定为 FC00::/7。

b. L:L 标志位,值为 1 代表该地址为在本地网络范围内使用的地址;值为 0 代表其被保留,用于以后扩展。

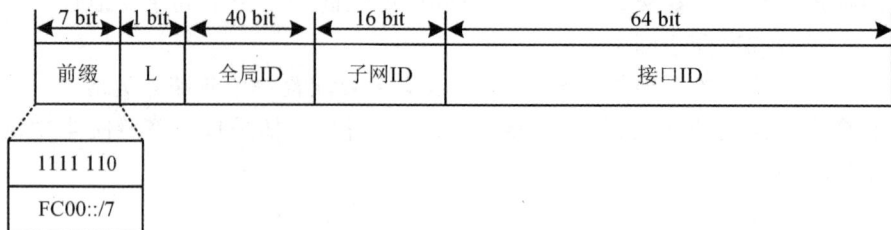

7 bit	1 bit	40 bit	16 bit	64 bit
前缀	L	全局ID	子网ID	接口ID

1111 110

FC00::/7

图 13-11　唯一本地地址结构

c. 全局 ID：全球唯一前缀，通过（伪）随机方式产生（RFC4193）。

d. 子网 ID：用于划分子网。

e. 接口 ID：接口标识。

从唯一本地地址的前缀及前缀长度可以看出，唯一本地地址的范围是 FC00::/7～FDFF::/7。

唯一本地地址的作用类似于 IPv4 中的私网地址，任何没有申请到提供商分配的全球单播地址的组织机构都可以使用唯一本地地址。唯一本地地址只能在本地网络内部被路由转发而不会在全球网络中被路由转发。

唯一本地地址具有如下特点。

a. 具有全球唯一的前缀（虽然通过随机方式产生，但是冲突概率很低）。

b. 可以进行网络之间的私有连接，而不必担心地址冲突等问题。

c. 具有知名前缀（FC00::/7），方便边缘路由器进行路由过滤。

d. 如果出现路由泄漏，该地址不会和其他地址冲突，不会造成 Internet 路由冲突。

e. 应用中，上层应用程序将这些地址看作全球单播地址对待。

f. 独立于互联网服务提供商（Internet Service Provider，ISP）。

④ IPv6 特殊单播地址。

a. 未指定地址：0:0:0:0:0:0:0:0/128 或者 ::/128。该地址作为某些报文的源地址，比如作为重复地址检测时发送的邻居请求报文（NS）的源地址，或者 DHCPv6 初始化过程中客户端所发送的请求报文的源地址。

b. 环回地址：0:0:0:0:0:0:0:1/128（或 ::1/128）。与 IPv4 中的 127.0.0.1 作用相同，用于本地回环，发往 ::/1 的数据报实际上发给本地，可用于本地协议栈回环测试。

c. IPv4 兼容地址：在过渡技术中，为了让 IPv4 地址显得更加突出一些，定义了内嵌 IPv4 地址的 IPv6 地址格式。在这种表示方法中，IPv6 地址的部分使用十六进制数表示，IPv4 地址部分可用十进制格式。该地址已经几乎不再使用。

（2）组播地址。

IPv6 的组播与 IPv4 的相同，用来标识一组接口，一般这些接口属于不同的节点。一个节点可能属于 0 到多个组播组。发往组播地址的报文被组播地址标识的所有接口接收。例如组播地址 FF02::1 表示链路本地范围的所有节点，组播地址 FF02::2 表示链路本地范围的所有路由器。

一个 IPv6 组播地址由前缀、标志（Flag）字段、范围（Scope）字段及组播组 ID（Group ID）4 个部分组成，如图 13-12 所示。

① 前缀：IPv6 组播地址的前缀是 FF00::/8。

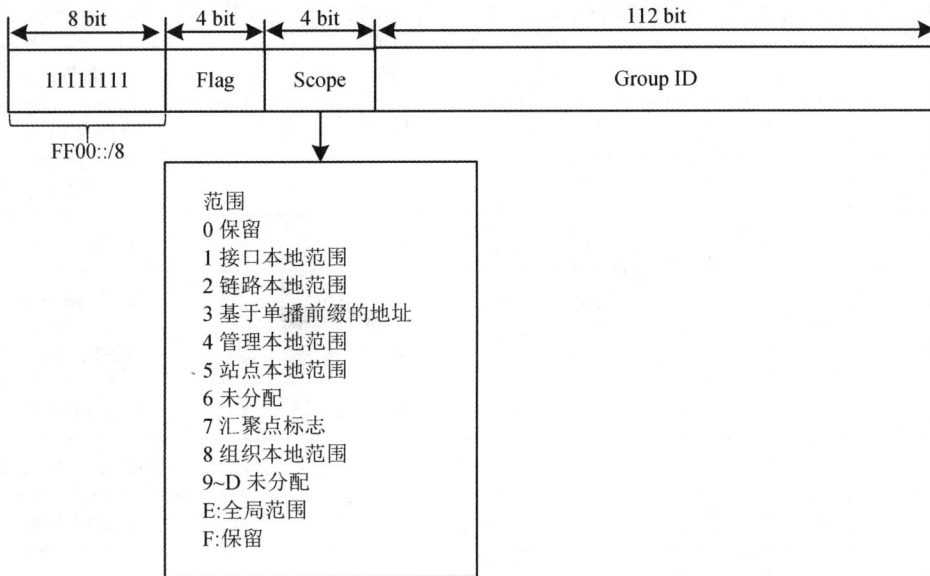

图 13-12　组播地址结构

② 范围字段：长度为 4 bit，用来限制组播数据流在网络中发送的范围，利用该字段，设备可以定义多播包的范围。路由器能够即刻确定在多大范围内传播多播包，因此可以避免将流量发送到目的区域之外，从而可大大提高发送效率，如图 13-13 所示。

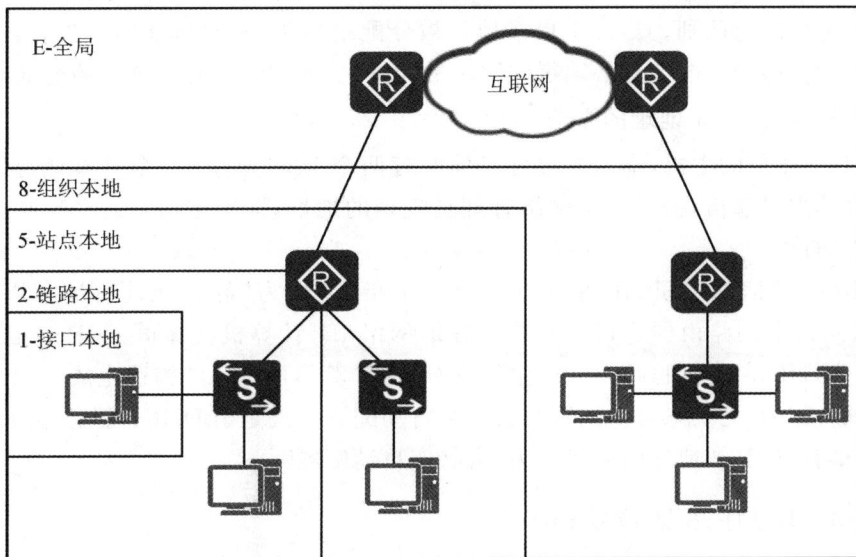

图 13-13　组播范围

③ 组播组 ID：长度为 112 bit，用以标识组播组。目前，RFC2373 并没有将所有的 112 位都定义成组标识，而是建议仅使用该 112 位的最低 32 位作为组播组 ID，将剩余的 80 位都置 0。这样每个组播组 ID 都映射到一个唯一的以太网组播 MAC 地址（RFC2464）。

一些已分配的（或周知的）组播地址如表 13-3 所示。

表 13-3　一些已分配的(或周知的)组播地址

/8 前缀	标记	范围(0～F)	压缩格式	描述
FF	0	1	FF01::1	全部节点
FF	0	1	FF01::2	全部路由器
FF	0	2	FF02::1	全部节点
FF	0	2	FF02::2	全部路由器
FF	0	2	FF02::5	OSPF 路由器
FF	0	2	FF02::6	OSPF DR
FF	0	2	FF02::9	RIP 路由器
FF	0	2	FF02::1:2	全部 DHCP 代理
FF	0	5	FF05::2	全部路由器
FF	0	5	FF05::1:3	全部 DHCP 服务器

（3）任播地址。

任播地址标识一组接口,它与多播地址的区别在于发送数据报的方法不同。向任播地址发送的数据报并未分发给组内的所有成员,而是发往该地址标识的"最近的"那个接口。

任播地址从单播地址空间中分配,可使用单播地址的任何格式。因而,从语法上,任播地址与单播地址没有区别。当一个单播地址被分配给多于一个接口时,就将其转化为任播地址。分配到任播地址的节点必须得到明确的配置,从而知道它有一个任播地址。

4. 给主机配置 IPv6 地址的方法

使用 IPv6 通信的主机,本地链接可以同时有两个 IPv6 地址,一个是本地链路地址,用于和本网段的主机通信,另一个是网络管理员规划的地址,即本地唯一或全球唯一的地址,用于跨网段通信。

使用 IPv6 通信的主机,IPv6 地址可以人工指定,称为"静态地址";还可以自动生成 IPv6 地址,网络中的路由器告诉计算机所在的网络 ID,计算机就知道了 IPv6 地址的前 64 位(网络部分),IPv6 地址的后 64 位(主机部分)由计算机的 MAC 构造生成,这种方式生成的 IPv6 地址,称为"无状态自动配置";另一种自动配置方式是由 DHCP 服务器分配 IPv6 地址,这种自动获得 IPv6 地址的方式称为"有状态自动配置"。

◆ 13.3.4　ICMPv6 协议功能

1. ICMPv6 报文

ICMPv6(Internet Control Message Protocol for the IPv6)是 IPv6 的基础协议之一。在 IPv4 中,ICMP 向源节点报告关于向目的地传输 IP 数据报过程中的错误和信息。它定义了一些消息,如:目的不可达、数据报超长、超时、回应请求和回应应答等。在 IPv6 中,ICMPv6 除了提供 ICMPv4 常用的功能之外,还是其他一些功能的基础,如邻接点发现、无状态地址配置(包括重复地址检测)、PMTU 发现等。

ICMPv6 的协议类型号（即 IPv6 报文中的 Next Header 字段的值）为 58。ICMPv6 的报文格式如图 13-14 所示。

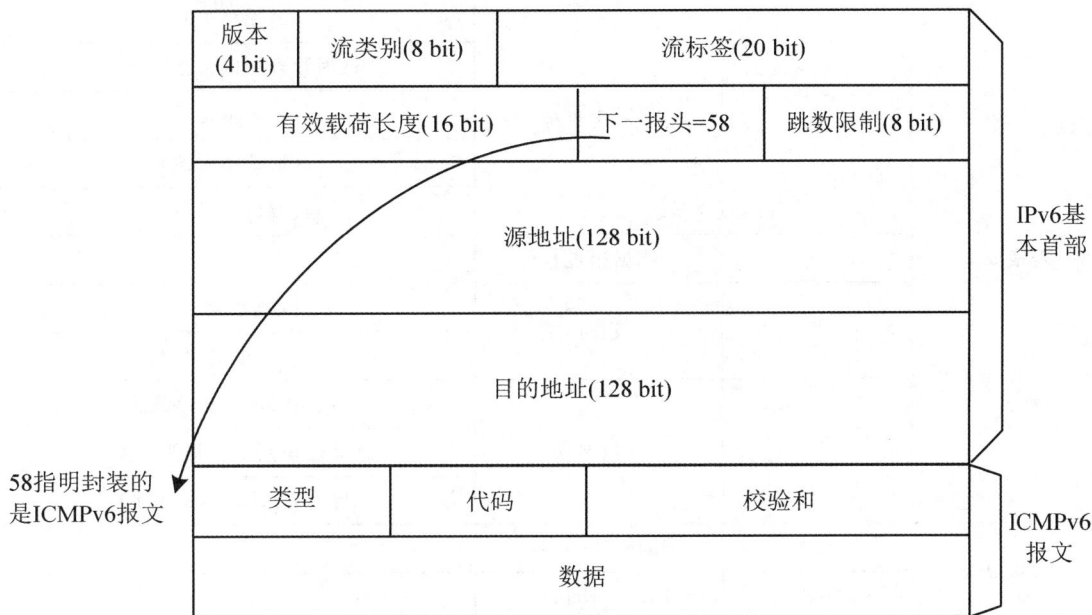

图 13-14   ICMPv6 报文格式

报文中各字段解释如下。

（1）类型（Type）：表明消息的类型，0～127 表示差错报文类型，128～255 表示信息报文类型。

（2）代码（Code）：表示此消息类型细分的类型。

（3）校验和（Checksum）：表示 ICMPv6 报文的校验和。

ICMPv6 报文类型如表 13-4 所示。ICMPv6 差错报文用于报告在转发 IPv6 数据报时出现的错误，其可以分为 4 种。ICMPv6 信息报文提供诊断功能和附加的主机功能，比如多播侦听发现和邻居发现。常见的 ICMPv6 信息报文主要包括回送请求报文（Echo Request）和回送应答报文（Echo Reply），这两种报文也就是通常使用的 Ping 报文。

2. 邻居发现协议

邻居发现协议（Neighbor Discovery Protocol，NDP）是 IPv6 中一个非常重要的协议，它实现了一系列功能，包括地址解析、路由器发现/前缀发现、地址自动配置、地址重复检测等。

在 IPv4 网络中，当一个节点想和另外一个节点通信时，它需要知道另外一个节点的链路层地址。比如，以太网共享网段上的两台主机通信时，主机需要通过 ARP 协议解析出另一台主机的 MAC 地址，从而知道如何封装报文。在 IPv6 网络中也有解析链路层地址的需要，其就是由邻居发现协议来完成的。

路由器发现/前缀发现、地址自动配置功能是 IPv4 协议不具备的，其体现了 IPv6 协议为了简化主机配置而对 IPv4 协议进行的改进。

表 13-4 ICMPv6 报文类型

报文类型	Type	名称	Code
差错报文	1	目的不可达	0(无路由)
			1(因管理原因禁止访问)
			2(未指定)
			3(地址不可达)
			4(端口不可达)
	2	数据报过长	0
	3	超时	0(跳数到 0)
			1(分片重组超时)
	4	参数错误	0(错误的报头字段)
			1(无法识别下一报头类型)
			2(无法识别 IPv6 选项)
信息报文	128	Echo Request	0
	129	Echo Reply	0

路由器发现/前缀发现是指主机能够获得路由器及所在网络的前缀,以及其他配置参数。如果在共享网段上有若干台 IPv6 主机和一台 IPv6 路由器,通过路由器发现/前缀发现功能,IPv6 主机会自动发现 IPv6 路由器上所配置的前缀及链路 MTU 等信息。地址自动配置功能是指主机根据路由器发现/前缀发现所获取的信息,自动配置 IPv6 地址。在主机发现了路由器上所配置的前缀及链路 MTU 等信息后,主机会用这些信息来自动生成 IPv6 地址,然后用此地址来与其他主机进行通信。

IPv6 中的地址自动配置具有与 IPv4 中的 DHCP 类似的功能。所以在 IPv6 中,DHCP 已不再是实现地址自动配置所必不可少的了。

邻居发现协议能够通过地址解析功能来获取同一链路上邻居节点的链路层地址。所谓"同一链路"是指节点处于同一链路层,中间没有网络层设备隔离。通过以太网介质相连的两台主机、通过运行 PPP 协议的串口链路连接的两台路由器,都属于同一链路上的邻居节点。

(1)地址解析。

地址解析过程中使用了两种 ICMPv6 报文:邻居请求(Neighbor Solicitation,NS)和邻居通告(Neighbor Advertisement,NA),如图 13-15 所示。

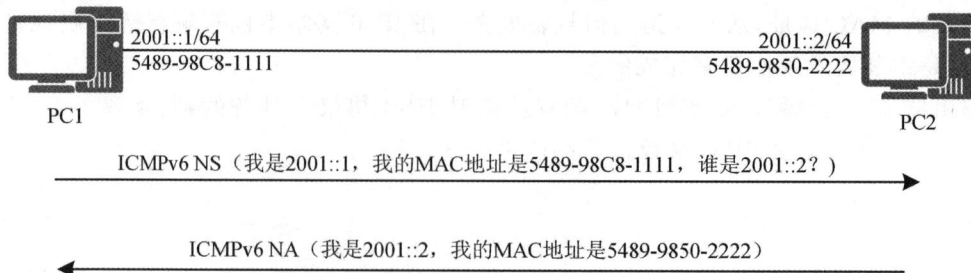

图 13-15 地址解析过程

PC1 想要与 PC2 通信,但不知道 PC2 的链路层地址,则会以组播方式发送邻居请求消息。邻居请求消息的目的地址是 PC2 的被请求节点组播地址。这样这个邻居请求消息就能够只被 PC2 接收,其他主机会忽略这个消息。消息内容中包含了 PC1 的链路层地址。

PC2 收到邻居请求消息后,会以单播方式返回邻居通告消息。以单播方式返回的目的是减少网络中的组播流量,节省带宽。邻居通告消息中包含了自己的链路层地址。

PC1 可从收到的邻居通告消息中获取 PC2 的链路层地址。之后 PC1 用 PC2 的链路层地址来进行数据报文封装,双方即可通信。

(2) 地址自动配置。

地址自动配置是指主机根据路由器发现/前缀发现获取信息,自动配置 IPv6 地址。

IPv6 地址自动配置通过路由器请求消息(Router Solicitation,RS)和路由器通告消息(Router Advertisement,RA)来实现,过程如图 13-16 所示。

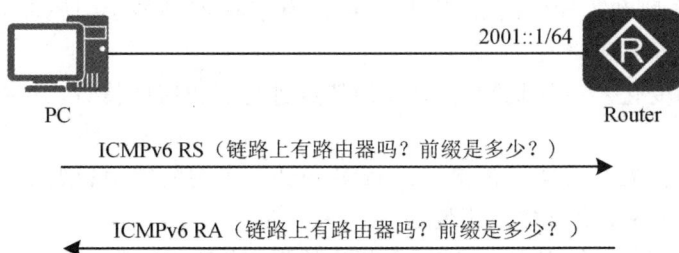

图 13-16　IPv6 地址无状态自动配置过程

主机启动时,通过路由器请求消息向路由器发出请求、请求前缀和其他配置信息,以便用于主机配置。路由器请求消息的目的地址是 FF02::2(链路本地范围所有路由器组播地址),这样所有路由器都会收到这个消息。

路由器收到路由器请求消息后,会返回路由器通告消息,其中包括前缀和其他配置参数信息(路由器也会周期性地发布路由器通告消息)。路由器通告消息的目的地址是 FF02::1(链路本地范围所有节点组播地址),以便所有节点都能收到这个消息。

主机利用路由器返回的路由器通告消息中的地址前缀及其他配置参数,自动配置接口的 IPv6 地址及其他信息,从而生成全球单播地址。

如图 13-16 所示,主机在启动时发送路由器请求消息,路由器收到后,会把接口前缀 2001::/64 信息通过路由器通告消息通告给主机,然后主机以此前缀再加上 EUI-64 格式的接口标识,生成一个全球单播地址。

13.3.5　IPv6 路由及相关配置命令

IPv6 路由可以通过 3 种方式生成,分别是通过链路层协议直接发现生成(直连路由)、通过手工配置生成(静态路由)和通过路由协议计算生成(动态路由)。

IPv6 路由协议共有 4 种,分别为 RIPng、OSPFv3、IPv6-IS-IS 和 BGP4+,本项目只介绍 OSPFv3。

1. 静态路由及其配置命令

IPv6 静态路由与 IPv4 静态路由类似,适用于一些结构比较简单的 IPv6 网络。它们之间的主要区别是目的地址和下一跳地址有所不同,IPv6 静态路由使用的是 IPv6 地址,而 IPv4 静态路由使用 IPv4 地址。

在配置 IPv6 静态路由时，如果指定的目的地址为::/0(前缀长度为 0)，则表示配置了一条 IPv6 默认路由。

在系统视图下配置 IPv6 静态路由的命令如下。

ipv6 route-static ipv6-address prefix-length [interface-type interface-number] *nexthop-address* [**preference** *preference-value*]

2. OSPFv3 协议及其配置命令

开放式最短路径优先协议版本 2(Open Shortest Path First version 2，OSPFv2)在报文格式、运行机制等方面与 IPv4 地址联系紧密，这大大制约了它的可扩展性。为了使 OSPF 能够很好地应用于 IPv6，同时保留其众多优点，IETF 在 1999 年制定了应用于 IPv6 的 OSPF，即开放式最短路径优先协议版本 3(Open Shortest Path First version 3，OSPFv3)。

OSPFv3 沿袭了 OSPFv2 的协议框架，其网络类型、邻居发现和邻接建立机制、协议状态机、协议报文类型和 OSPFv2 的基本一致。为了很好地支持 IPv6 且增强可扩展性，OSPFv3 在以下方面有所修改。

(1) 运行机制变化。主要是针对 IPv6 的特点进行了相应的修订，并将拓扑描述与 IP 网络描述分开。

(2) 功能有所扩展。增加了单链路运行多 OSPF 实例的能力；增加了对不识别的 LSA 的处理能力，协议具备了更好的适用性。

(3) 报文格式变化。针对 IPv6 进行了相应的报文修改，取消了 OSPFv2 中的验证字段，增加了 Instance ID 字段用于区分同一链路上的不同 OSPF 实例。

(4) LSA 格式变化。新增加两种 LSA，并对 Type-3 LSA 和 Type-4 LSA 的名称进行了修改。

在运行机制方面，OSPFv3 和 OSPFv2 在以下方面是相同的。

(1) 使用相同的 SPF 算法，根据开销来决定最佳路径。

(2) 区域和 Router ID 的概念没有变化。OSPFv3 中的 Router ID 与 Area ID 仍然是 32 位，与 OSPFv2 完全相同。

(3) 具有相同的邻居发现机制和邻接形成机制。

(4) 具有相同的 LSA 扩散机制和老化机制。

同时，它们也有以下不同之处。

(1) OSPFv3 基于链路运行，OSPFv2 基于网段运行。在 OSPFv2 中，协议的运行是基于子网的，路由器之间形成邻居关系的条件之一就是两端接口的 IP 地址必须属于同一网段。OSPFv3 基于链路运行，同一个链路上可以有多个 IPv6 子网。OSPFv2 中的网段、子网等概念在 OSPFv3 中都被链路所取代。由于 OSPFv3 不受网段的限制，所以两个具有不同 IPv6 前缀的节点可以在同一条链路上建立邻居关系。

(2) OSPFv3 在同一条链路上可以运行多个实例。OSPFv3 在协议报文中增加了 "Instance ID"字段，用于标识不同的实例。路由器在进行报文接收时对该字段进行判断，只有报文中的实例号和接口配置的实例号相匹配时才会处理报文，否则丢弃报文。这样，一条链路可以运行多个 OSPF 实例，且各实例独立运行，不会互相影响。

(3) OSPFv3 通过 Router ID 来标识邻接的邻居，OSPFv2 则通过 IP 地址来标识邻接的邻居。OSPFv3 中，Router ID、Area ID 和 Link State ID 仍保留为 32 位，不以 IPv6 地址形式赋值；DR 和 BDR 也只通过 Router ID 来标识，不通过 IPv6 地址进行标识。这样做的好处是，OSPFv3 可以独立于网络层协议运行，这大大提高了协议的可扩展性。

（4）OSPFv3 取消了报文中的验证字段。OSPFv3 取消了报文中的验证字段,改为使用 IPv6 中的扩展头 AH 和 ESP 来保证报文的完整性和机密性。这在一定程度上简化了 OSPF 协议的处理。

LSA 是 OSPFv3 计算和维护路由信息的主要来源。在 RFC2740 中定义了 7 类 LSA ,具体描述如表 13-5 所示。

表 13-5　LSA 类型说明

类型	作用
Router-LSA	由每个路由器生成,描述本路由器的链路状态和开销,只在路由器所处区域内传播
Network-LSA	由广播型网络和 NBMA 的 DR 生成,描述本网段端口的链路状态,只在 DR 所处区域内传播
Inter-Area-Prefix-LSA	与 OSPFv2 中的 Type-3 LSA 类似,该 LSA 由 ABR 生成,在与该 LSA 相关的区域内传播
Inter-Area-Router-LSA	与 OSPFv2 中的 Type-4 LSA 类似,该 LSA 由 ABR 生成,在与该 LSA 相关的区域内传播
AS-External-LSA	由 ASBR 生成,描述到达其他 AS(Autonomous System,自治系统)的路由,传播到整个 AS(Stub 区域除外)。默认路由也可以用 AS-External-LSA 来描述
Link-LSA	路由器为每条链路生成一个 Link-LSA,在本地链路范围内传播。每个 Link-LSA 描述了该链路上所连接的 IPv6 地址前缀及路由器的链路本地地址
Intra-Area-Prefix-LSA	每个 Intra-Area-Prefix-LSA 包含路由器上的 IPv6 前缀信息、Stub 区域信息或穿越区域(Transit Area)的网段信息,该 LSA 在区域内传播

OSPFv3 中,IPv6 地址信息仅包含在部分 LSA 的载荷中。其中,Router-LSA 和 Network-LSA 中不再包含地址信息,仅用来描述网络拓扑。增加了一种新的 LSA——Intra-Area-Prefix-LSA 来携带 IPv6 地址前缀,用于发布区域内的路由。OSPFv3 还新增了另一种 LSA——Link-LSA,用于路由器向链路上其他路由器通告自己的链路本地地址及本链路上的所有 IPv6 地址前缀。Link-LSA 只在本地链路范围内传播。此外,OSPFv3 还对 Type-3 LSA 和 Type-4 LSA 的名称进行了修改。在 OSPFv3 中,Type-3 LSA 更名为 Inter-Area-Prefix-LSA,Type-4 LSA 更名为 Inter-Area-Router-LSA。

配置 OSPFv3 的基本功能的步骤如下。

第 1 步:在系统视图下创建 OSPFv3 进程并进入 OSPFv3 视图。

ospfv3 [*process-id*]

OSPFv3 进程号在启动 OSPFv3 时进行设置,它只在本地有效,不影响与其他路由器之间的报文交换。如果没有指定进程 ID,则系统默认的进程 ID 为 1。

第 2 步:在 OSPFv3 视图配置路由器的 ID。

router-id *router-id*

与 OSPFv2 不同,OSPFv3 的 Router ID 必须手工配置,如果没有配置 Router ID,OSPFv3 无法正常运行。

配置 Router ID 时,必须保证自治系统中任意两台路由器的 Router ID 都不相同。如果在同一台路由器上运行了多个 OSPFv3 进程,必须为不同的进程指定不同的 Router ID。

第 3 步:在接口视图下在指定的网络接口上使能 OSPFv3。

ospfv3 *process-id* **area** *area-id* [**instance** *instance-id*]

配置此命令后,相应的接口将属于指定的区域,并能够与邻居路由器收发 OSPFv3 路由。同时,此命令也可以指定接口的实例 ID。

13.4 【任务 1】配置 IPv6 地址和静态路由

◆ 13.4.1 任务描述

A 高校利用 IPv6 技术搭建网络,学校 3 个部门所有 PC 连接在同一交换机上。PC1 代表财务处,划分到 VLAN10 中;PC2 代表教务处,划分到 VLAN20 中;PC3 代表人事,处划分到 VLAN30 中。Router1 代表学校出口路由器,Router2 模拟互联网。

网络管理员需要合理规划学校各部门 IPv6 地址和子网网段,还要在路由器接口上合理配置网关的 IPv6 地址及静态路由,实现学校各部门和互联网互相通信。

◆ 13.4.2 任务分析

使用 IPv6 静态路由及默认路由实现网络连通,网络拓扑图如图 13-17 所示。

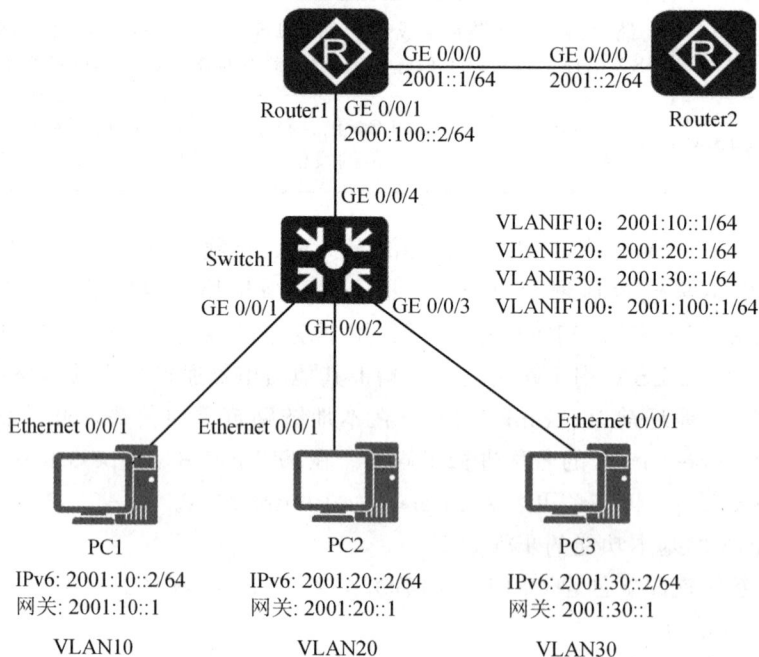

图 13-17 使用 IPv6 静态路由及默认路由实现网络连通的网络拓扑图

路由器和交换机的端口 IPv6 地址设置如表 13-6 所示。

表 13-6 路由器和交换机的端口 IPv6 地址设置

设备	端口	IPv6 地址/前缀长度	连接的计算机
Router1	GE0/0/0	2001::1/64	无
	GE0/0/1	2001:100::2/64	无
Router2	GE0/0/0	2001::2/64	无
Switch1	GE0/0/1(VLANIF10)	2001:10::1/64	PC1
	GE0/0/2(VLANIF20)	2001:20::1/64	PC2
	GE0/0/3(VLANIF30)	2001:30::1/64	PC3
	GE0/0/4(VLANIF100)	2001:100::1/64	无

计算机的 IPv6 地址设置如表 13-7 所示。

表 13-7 计算机的 IPv6 地址设置

设备	IPv6 地址/前缀长度	所属 VLAN
PC1	2001:10::2/64	10
PC2	2001:20::2/64	20
PC3	2001:30::2/64	30

在交换机 Switch1 上配置默认路由,下一跳地址指向 2001:100::2。路由器 Router1 利用汇总路由访问学校的 3 个部门,下一跳地址指向 2001:100::1。路由器 Router2 利用静态路由访问交换机 Switch1 管理地址,利用汇总路由对学校 3 个部门的 IPv6 地址进行汇总,下一跳地址均指向 2001::1。

13.4.3 任务实施

1. 网络设备基本配置

首先将交换机的主机名设置为 Switch1,将两台路由器的主机名分别配置为 Router1 和 Router2,然后按 IPv6 地址设置为 PC1、PC2 和 PC3 配置 IPv6 地址、前缀长度和 IPv6 网关。

在 PC1 上单击鼠标右键,在弹出的快捷菜单中选择"设置"命令,打开设置对话框。在"基础配置"选项卡中的"IPv6 配置"选区中,单击"静态"单选按钮,设置"IPv6 地址"为"2001:10::2","前缀长度"为"64","IPv6 网关"为"2001:10::1",单击对话框右下角的"应用"按钮,如图 13-18 所示。

PC2 和 PC3 的设置请参照 PC1。

2. 在交换机上创建 VLAN

在交换机 Switch1 上创建 VLAN10、VLAN20、VLAN30 和 VLAN100,并将相应端口分别划入对应的 VLAN,配置命令如下。

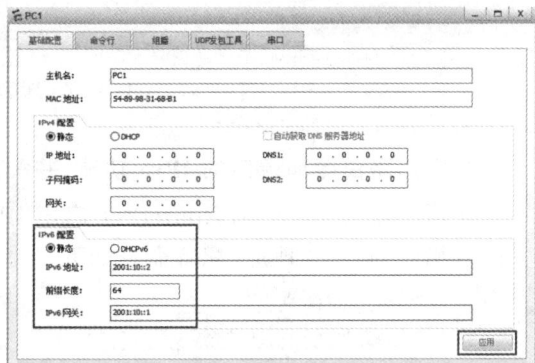

图 13-18 PC1 的 IPv6 地址设置

```
[Switch1]vlan batch 10 20 30 100
[Switch1]interface GigabitEthernet 0/0/1
[Switch1-GigabitEthernet0/0/1]port link-type access
[Switch1-GigabitEthernet0/0/1]port default vlan 10
[Switch1-GigabitEthernet0/0/1]quit
[Switch1]interface GigabitEthernet 0/0/2
[Switch1-GigabitEthernet0/0/2]port link-type access
[Switch1-GigabitEthernet0/0/2]port default vlan 20
[Switch1-GigabitEthernet0/0/2]quit
[Switch1]interface GigabitEthernet 0/0/3
[Switch1-GigabitEthernet0/0/3]port link-type access
[Switch1-GigabitEthernet0/0/3]port default vlan 30
[Switch1-GigabitEthernet0/0/3]quit
[Switch1]interface GigabitEthernet0/0/4
[Switch1-GigabitEthernet0/0/4]port link-type access
[Switch1-GigabitEthernet0/0/4]port default vlan 100
[Switch1-GigabitEthernet0/0/4]quit
```

3. 启用交换机的 IPv6 功能，并配置 IPv6 地址

启用交换机 Switch1 及其端口的 IPv6 功能，并配置 VLAN 的管理地址，配置命令如下。

```
[Switch1]ipv6                                //启用交换机的 IPv6 功能
[Switch1]interface Vlanif 10
[Switch1-Vlanif10]ipv6 enable                //启用交换机端口的 IPv6 功能
[Switch1-Vlanif10]ipv6 address 2001:10::1 64 //为交换机 VLAN10 配置管理地址
[Switch1-Vlanif10]quit
[Switch1]interface Vlanif 20
[Switch1-Vlanif20]ipv6 enable
[Switch1-Vlanif20]ipv6 address 2001:20::1 64
[Switch1-Vlanif20]quit
[Switch1]interface Vlanif 30
[Switch1-Vlanif30]ipv6 enable
[Switch1-Vlanif30]ipv6 address 2001:30::1 64
[Switch1-Vlanif30]quit
[Switch1]interface Vlanif 100
[Switch1-Vlanif100]ipv6 enable
[Switch1-Vlanif100]ipv6 address 2001:100::1 64
[Switch1-Vlanif100]quit
```

4. 启用路由器和端口的 IPv6 功能，并配置路由器端口的 IPv6 地址

在路由器 Router1 和 Router2 上启用 IPv6 功能；在相关端口上启用端口的 IPv6 功能，并配置相应的 IPv6 地址，配置命令如下。

① Router1 上的配置

```
[Router1]ipv6
[Router1]interface GigabitEthernet0/0/0
[Router1-GigabitEthernet0/0/0]ipv6 enable
[Router1-GigabitEthernet0/0/0]ipv6 address 2001::1 64
[Router1-GigabitEthernet0/0/0]quit
```

```
[Router1]interface GigabitEthernet0/0/1
[Router1-GigabitEthernet0/0/1]ipv6 enable
[Router1-GigabitEthernet0/0/1]ipv6 address 2001:100::2 64
[Router1-GigabitEthernet0/0/1]quit
```
② Router2 上的配置
```
[Router2]ipv6
[Router2]interface GigabitEthernet0/0/0
[Router2-GigabitEthernet0/0/0]ipv6 enable
[Router2-GigabitEthernet0/0/0]ipv6 address 2001::2 64
[Router2-GigabitEthernet0/0/0]quit
```

完成以上配置后,在路由器上使用 display ipv6 interface brief 命令查看路由器端口的 IPv6 地址配置信息,显示信息如下。

```
[Router1] display ipv6 interface brief
* down: administratively down
(l): loopback
(s): spoofing
Interface                    Physical          Protocol
GigabitEthernet0/0/0         up                up
[IPv6 Address] 2001::1
GigabitEthernet0/0/1         up                up
[IPv6 Address] 2001:100::2
```

5. 配置 IPv6 静态路由

在 Switch1、Router1 和 Router2 上配置静态路由,实现 IPv6 网络互连,配置命令如下。

① Switch1 上的配置
// 在交换机 Swich1 上配置默认路由,下一地址指向 2001:100::2。
```
[Switch1]ipv6 route-static :: 0 2001:100::2
```
② Router1 上的配置
// 在路由器 Router1 上配置一条汇总路由,目标地址为 3 个部门网络的聚合地址 2001::/16,下一跳地址指向 2001:100::1。
```
[Router1]ipv6 route-static 2001:: 16 2001:100::1
```
③ Router2 上的配置
// 在路由器 Router2 上配置一条汇总路由,目标地址为 3 个部门网络的聚合地址 2001::/16,下一跳地址指向 2001::1;配置一条静态路由,目标地址为交换机管理网络,下一跳地址指向 2001::1。
```
[Router2]ipv6 route-static 2001:: 16 2001::1
[Router2]ipv6 route-static 2001:100:: 64 2001::1
```

完成以上配置后,使用 display ipv6 routing-table 命令可以查看 IPv6 路由表。其中,在 Router1 上执行 display ipv6 routing-table 命令后的输出信息如下。

```
<Router1>display ipv6 routing-table
Routing Table : Public
    Destinations : 7Routes : 7
                                        // 此处省略部分内容
Destination  : 2001::            PrefixLength : 16    // 汇总路由
NextHop      : 2001:100::1       Preference   : 60
Cost :       0                   Protocol     : Static
RelayNextHop : ::               TunnelID     : 0x0
```

```
Interface       : GigabitEthernet0/0/1       Flags        : RD
```
// 此处省略部分内容

6. 测试网络连通性

单击 PC1 的"命令行"选项卡,在"PC1>"处输入要测试的内容,这里去 ping PC2、PC3 和 Router2 的 IPv6 地址,测试结果显示 PC1 与 PC2、PC3 和 Router2 之间均可以正常通信,IPv6 路由配置成功。

```
PC1>ping 2001:20::2
Ping 2001:20::2: 32 data bytes, Press Ctrl_C to break
From 2001:20::2: bytes=32 seq=1 hop limit=254 time=93 ms
From 2001:20::2: bytes=32 seq=2 hop limit=254 time=32 ms
From 2001:20::2: bytes=32 seq=3 hop limit=254 time=31 ms
From 2001:20::2: bytes=32 seq=4 hop limit=254 time=47 ms
From 2001:20::2: bytes=32 seq=5 hop limit=254 time=31 ms

---2001:20::2 ping statistics---
  5 packet(s) transmitted
  5 packet(s) received
  0.00%  packet loss
  round-trip min/avg/max=31/46/93 ms

PC1> ping 2001:30::2
Ping 2001:30::2: 32 data bytes, Press Ctrl_C to break
From 2001:30::2: bytes=32 seq=1 hop limit=254 time=78 ms
From 2001:30::2: bytes=32 seq=2 hop limit=254 time=31 ms
From 2001:30::2: bytes=32 seq=3 hop limit=254 time=31 ms
From 2001:30::2: bytes=32 seq=4 hop limit=254 time=47 ms
From 2001:30::2: bytes=32 seq=5 hop limit=254 time=31 ms

---2001:30::2 ping statistics---
  5 packet(s) transmitted
  5 packet(s) received
  0.00%  packet loss
  round-trip min/avg/max=31/43/78 ms

PC1>ping 2001::2
Ping 2001::2: 32 data bytes, Press Ctrl_C to break
Request timeout!
Request timeout!
From 2001::2: bytes=32 seq=3 hop limit=62 time=47 ms
From 2001::2: bytes=32 seq=4 hop limit=62 time=31 ms
From 2001::2: bytes=32 seq=5 hop limit=62 time=47 ms

---2001::2 ping statistics---
  5 packet(s) transmitted
  3 packet(s) received
  40.00%  packet loss
  round- trip min/avg/max=0/41/47 ms
```

13.5 【任务 2】配置 OSPFv3 协议实现网络连通

13.5.1 任务描述

A 高校使用 IPv6 技术搭建校园网,由于静态路由需要网络管理员手工配置,在网络拓扑发生变化时,也不会自动生成新的路由,因此使用动态路由 OSPFv3 协议实现网络连通,实现任意两个节点之间的通信,并降低网络拓扑变化引发的人工维护工作量。

13.5.2 任务分析

使用动态路由 OSPFv3 协议实现网络连通,其网络拓扑图如图 13-19 所示。

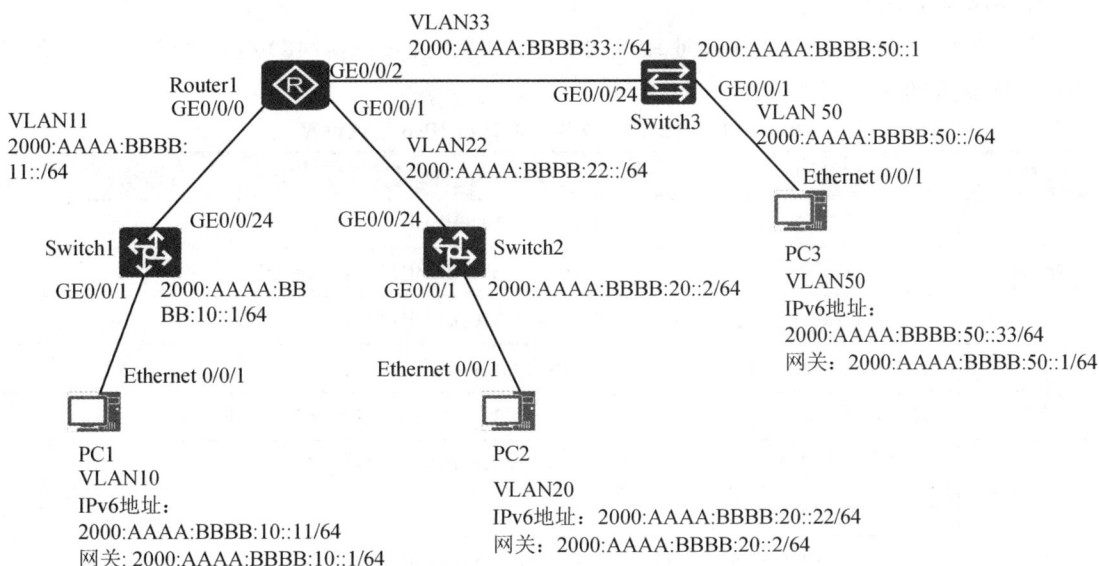

图 13-19 使用动态路由 OSPFv3 协议实现网络连通的网络拓扑图

1. VLAN 规划

A 高校有多个部门,按照每个部门一个 VLAN 进行规划,本项目仅列出 2 个部门和 1 个对外服务器区,此外,有 3 个 VLAN 用于在路由器和交换机之间运行路由协议。A 高校园区网 VLAN 规划表如表 13-8 所示。

表 13-8 园区网 VLAN 规划表

VLAN	IP 地址	用途
VLAN10	2000:AAAA:BBBB:10::/64	财务处
VLAN20	2000:AAAA:BBBB:20::/64	人事处
VLAN50	2000:AAAA:BBBB:50::/64	对外服务器区
VLAN11	2000:AAAA:BBBB:11::/64	Switch1 与 Router1 对接
VLAN22	2000:AAAA:BBBB:22::/64	Switch2 与 Router1 对接
VLAN33	2000:AAAA:BBBB:33::/64	Switch3 与 Router1 对接

交换机 VLAN 及端口规划表如表 13-9 所示。

表 13-9　交换机 VLAN 及端口规划表

设备	VLAN ID	端口范围	用途
Switch1	10	GE0/0/1	与 PC1 对接
	11	GE0/0/24	与 Router1 对接
Switch2	20	GE0/0/1	与 PC2 对接
	22	GE0/0/24	与 Router1 对接
Switch3	50	GE0/0/1	与 PC3 对接
	33	GE0/0/24	与 Router1 对接

2. IPv6 地址规划

假设学校使用 IPv6 地址（地址段为 2000：AAAA：BBBB：：/48）进行规划，则 A 高校 IPv6 地址设置如表 13-10 和表 13-11 所示。

表 13-10　路由器和交换机的端口 IPv6 地址设置

设备	接口	IPv6 地址/前缀长度	连接的计算机
Router1	GE0/0/0	2000：AAAA：BBBB：11：：1/64	无
	GE0/0/1	2000：AAAA：BBBB：22：：1/64	无
	GE0/0/2	2000：AAAA：BBBB：33：：1/64	无
Switch1	GE0/0/1（VLANIF10）	2000：AAAA：BBBB：10：：1/64	PC1
	GE0/0/24（VLANIF11）	2000：AAAA：BBBB：11：：2/64	无
Switch2	GE0/0/1（VLANIF20）	2000：AAAA：BBBB：20：：2/64	PC2
	GE0/0/24（VLANIF22）	2000：AAAA：BBBB：22：：2/64	无
Switch3	GE0/0/1（VLANIF50）	2000：AAAA：BBBB：50：：1/64	PC3
	GE0/0/24（VLANIF33）	2000：AAAA：BBBB：33：：2/64	无

表 13-11　计算机的 IPv6 地址设置

设备	接口	IPv6 地址/前缀长度
PC1	Ethernet 0/0/1	2000：AAAA：BBBB：10：：11/64
PC2	Ethernet 0/0/1	2000：AAAA：BBBB：20：：22/64
PC3	Ethernet 0/0/1	2000：AAAA：BBBB：50：：33/64

在路由器和交换机上均运行动态路由 OSPFv3 协议，实现全网互通。

13.5.3　任务实施

1. 网络设备基本配置

首先将 3 台交换机的主机名分别设置为 Switch1、Switch2 和 Switch3，将路由器的主机名配置为 Router1，然后按 IPv6 地址设置为 PC1、PC2 和 PC3 配置 IPv6 地址、前缀长度和 IPv6 网关。

2. 启用路由器和端口的 IPv6 功能, 并配置路由器端口的 IPv6 地址

在路由器 Router1 上启用 IPv6 功能; 在相关端口上启用端口的 IPv6 功能, 并配置相应的 IPv6 地址, 配置命令如下。

```
[Router1]ipv6                                    //启用路由器的 IPv6 功能
[Router1]interface GigabitEthernet0/0/0
[Router1-GigabitEthernet0/0/0]ipv6 enable     //启用路由器端口的 IPv6 功能
[Router1-GigabitEthernet0/0/0]ipv6 address 2000:AAAA:BBBB:11::1 64
[Router1-GigabitEthernet0/0/0]quit
[Router1]interface GigabitEthernet0/0/1
[Router1-GigabitEthernet0/0/1]ipv6 enable
[Router1-GigabitEthernet0/0/1]ipv6 address 2000:AAAA:BBBB:22::1 64
[Router1-GigabitEthernet0/0/1]quit
[Router1]interface GigabitEthernet0/0/2
[Router1-GigabitEthernet0/0/2]ipv6 enable
[Router1-GigabitEthernet0/0/2]ipv6 address 2000:AAAA:BBBB:33::1 64
[Router1-GigabitEthernet0/0/2]quit
```

3. 在交换机上配置 VLAN 并配置 IPv6 地址

在交换机 Switch1、Switch2 和 Switch3 上配置 VLAN, 并启用 VLANIF 端口的 IPv6 功能、配置 IPv6 地址, 配置命令如下。

```
① Switch1 上的配置
[Switch1]ipv6                                    //启用交换机的 IPv6 功能
[Switch1]vlan batch 10 to 11
[Switch1]interface GigabitEthernet0/0/1
[Switch1-GigabitEthernet0/0/1]port link-type access
[Switch1-GigabitEthernet0/0/1]port default vlan 10
[Switch1-GigabitEthernet0/0/1]quit
[Switch1]interface GigabitEthernet0/0/24
[Switch1-GigabitEthernet0/0/24]port link-type access
[Switch1-GigabitEthernet0/0/24]port default vlan 11
[Switch1-GigabitEthernet0/0/24]quit
[Switch1]interface Vlanif 10
[Switch1-Vlanif10]ipv6 enable                    //启用交换机端口的 IPv6 功能
//为 VLANIF10 端口配置 IPv6 地址
[Switch1-Vlanif10]ipv6 address 2000:AAAA:BBBB:10::1 64
[Switch1-Vlanif10]quit
[Switch1]interface Vlanif 11
[Switch1-Vlanif11]ipv6 enable                    //启用交换机端口的 IPv6 功能
[Switch1-Vlanif11]ipv6 address 2000:AAAA:BBBB:11::2 64
[Switch1-Vlanif11]quit
② Switch2 上的配置
[Switch2]ipv6                                    //启用交换机的 IPv6 功能
[Switch2]vlan batch 20 22
[Switch2]interface GigabitEthernet0/0/1
[Switch2-GigabitEthernet0/0/1]port link-type access
[Switch2-GigabitEthernet0/0/1]port default vlan 20
[Switch2-GigabitEthernet0/0/1]quit
```

```
[Switch2]interface GigabitEthernet0/0/24
[Switch2-GigabitEthernet0/0/24]port link-type access
[Switch2-GigabitEthernet0/0/24]port default vlan 22
[Switch2-GigabitEthernet0/0/24]quit
[Switch2]interface Vlanif 20
[Switch2-Vlanif20]ipv6 enable                //启用交换机端口的 IPv6 功能
//为 VLANIF20 端口配置 IPv6 地址
[Switch2-Vlanif20]ipv6 address 2000:AAAA:BBBB:20::2 64
[Switch2-Vlanif20]quit
[Switch2]interface Vlanif 22
[Switch2-Vlanif22]ipv6 enable                //启用交换机端口的 IPv6 功能
[Switch2-Vlanif22]ipv6 address 2000:AAAA:BBBB:22::2 64
[Switch2-Vlanif22]quit
```
③ Switch3 上的配置
```
[Switch3]ipv6                                //启用交换机的 IPv6 功能
[Switch3]vlan batch 33 50
[Switch3]interface GigabitEthernet0/0/1
[Switch3-GigabitEthernet0/0/1]port link-type access
[Switch3-GigabitEthernet0/0/1]port default vlan 50
[Switch3-GigabitEthernet0/0/1]quit
[Switch3]interface GigabitEthernet0/0/24
[Switch3-GigabitEthernet0/0/24]port link-type access
[Switch3-GigabitEthernet0/0/24]port default vlan 33
[Switch3-GigabitEthernet0/0/24]quit
[Switch3]interface Vlanif 33
[Switch3-Vlanif33]ipv6 enable                //启用交换机端口的 IPv6 功能
//为 VLANIF33 端口配置 IPv6 地址
[Switch3-Vlanif33]ipv6 address 2000:AAAA:BBBB:33::2 64
[Switch3-Vlanif33]quit
[Switch3]interface Vlanif 50
[Switch3-Vlanif50]ipv6 enable                //启用交换机端口的 IPv6 功能
[Switch3-Vlanif50]ipv6 address 2000:AAAA:BBBB:50::1 64
[Switch3-Vlanif50]quit
```

4. 配置 OSPFv3 路由

在交换机和路由器上配置 OSPFv3 路由协议。为了增强 OSPFv3 的组网适应能力，减少系统资源的消耗，配置 Switch1 交换机的 VLANIF10 接口为静默状态 Silent。这样配置后，该接口的直连路由仍可以由同一交换机发布，但在接口上不会建立 OSPFv3 邻居关系。

```
① Switch1 上的配置
[switch1]ospfv3 1                            //启用交换机 OSPFv3 功能并建立 OSPFv3 进程 1
[switch1-ospfv3-1]router-id 11.11.11.11              //配置交换机的 Router ID
[switch1-ospfv3-1] silent-interface Vlanif10    //禁止接口 Vlanif10 收发 OSPFv3 报文
[switch1-ospfv3-1]quit
[switch1]interface Vlanif 11
[switch1-Vlanif11]ospfv3 1 area 0                //配置 OSPFv3 骨干区域
[switch1-Vlanif11]quit
[switch1]interface Vlanif 10
```

```
[switch1-Vlanif10]ospfv3 1 area 0
[switch1-Vlanif10]quit
```
② Switch2 上的配置
```
[Switch2]ospfv3 1                    //启用交换机 OSPFv3 功能并建立 OSPFv3 进程 1
[Switch2-ospfv3-1] router-id 22.22.22.22      //配置交换机的 Router ID
[switch2-ospfv3-1] silent-interface Vlanif20   //禁止接口 Vlanif20 收发 OSPFv3 报文
[Switch2-ospfv3-1]quit
[Switch2]interface Vlanif22
[Switch2-Vlanif22]ospfv3 1 area 0.0.0.0       //配置 OSPFv3 骨干区域
[Switch2-Vlanif22]quit
[Switch2]interface Vlanif20
[Switch2-Vlanif20]ospfv3 1 area 0.0.0.0
[Switch2-Vlanif20]quit
[Switch2]quit
```
③ Switch3 上的配置
```
[Switch3]ospfv3 1                    //启用交换机 OSPFv3 功能并建立 OSPFv3 进程 1
[Switch3-ospfv3-1] router-id 33.33.33.33      //配置交换机的 Router ID
[switch2-ospfv3-1] silent-interface Vlanif50   //禁止接口 Vlanif50 收发 OSPFv3 报文
[Switch3-ospfv3-1]quit
[Switch3]interface Vlanif33
[Switch3-Vlanif33]ospfv3 1 area 0.0.0.0       //配置 OSPFv3 骨干区域
[Switch3-Vlanif33]quit
[Switch3]interface Vlanif50
[Switch3-Vlanif50]ospfv3 1 area 0.0.0.0
[Switch3-Vlanif50]quit
```
④ Router1 上的配置
```
[Router1]ospfv3 1                    //启用路由器 OSPFv3 功能并建立 OSPFv3 进程 1
[Router1-ospfv3-1]router-id 1.1.1.1   //配置路由器的 Router ID
[Router1-ospfv3-1]quit
[Router1]interface GigabitEthernet 0/0/0
[Router1-GigabitEthernet0/0/0]ospfv3 1 area 0   //配置 OSPFv3 骨干区域
[Router1-GigabitEthernet0/0/0]quit
[Router1]interface GigabitEthernet 0/0/1
[Router1-GigabitEthernet0/0/1]ospfv3 1 area 0
[Router1-GigabitEthernet0/0/1]quit
[Router1]interface GigabitEthernet 0/0/2
[Router1-GigabitEthernet0/0/2]ospfv3 1 area 0
[Router1-GigabitEthernet0/0/2]quit
```

完成以上配置后,在 Switch1、Switch2、Switch3 和 Router1 上,使用 display ipv6 routing-table protocol ospfv3 命令查看路由表。其中,Router1 上执行 display ipv6 routing-table protocol ospfv3 命令的输出结果如下。

```
<Router1>display ipv6 routing-table protocol ospfv3
Public Routing Table : OSPFv3
Summary Count : 6


OSPFv3 Routing Table's Status : <Active >
Summary Count : 3
```

```
Destination   : 2000:AAAA:BBBB:10::        PrefixLength : 64
NextHop       : FE80::4E1F:CCFF:FE01:71D5  Preference   : 10
Cost          : 2                          Protocol     : OSPFv3
RelayNextHop  : ::                         TunnelID     : 0x0
Interface     : GigabitEthernet0/0/0       Flags        : D

Destination   : 2000:AAAA:BBBB:20::        PrefixLength : 64
NextHop       : FE80::4E1F:CCFF:FE84:75AC  Preference   : 10
Cost          : 2                          Protocol     : OSPFv3
RelayNextHop  : ::                         TunnelID     : 0x0
Interface     : GigabitEthernet0/0/1       Flags        : D

Destination   : 2000:AAAA:BBBB:50::        PrefixLength : 64
NextHop       : FE80::4E1F:CCFF:FE84:3DD0  Preference   : 10
Cost          : 2                          Protocol     : OSPFv3
RelayNextHop  : ::                         TunnelID     : 0x0
Interface     : GigabitEthernet0/0/2       Flags        : D
// 此处省略部分内容
```

5. 测试网络连通性

在 PC1 上 ping PC2 和 PC3 的 IPv6 地址，测试结果显示 PC1 与 PC2、PC3 之间均可以正常通信，全网连通，OSPFv3 路由配置成功。

```
PC1>ping 2000:aaaa:bbbb:20::22                    // PC1 ping PC2
Ping 2000:aaaa:bbbb:20::22: 32 data bytes, Press Ctrl_C to break
From 2000:aaaa:bbbb:20::22: bytes=32 seq=1 hop limit=252 time=94 ms
From 2000:aaaa:bbbb:20::22: bytes=32 seq=2 hop limit=252 time=47 ms
From 2000:aaaa:bbbb:20::22: bytes=32 seq=3 hop limit=252 time=63 ms
From 2000:aaaa:bbbb:20::22: bytes=32 seq=4 hop limit=252 time=46 ms
From 2000:aaaa:bbbb:20::22: bytes=32 seq=5 hop limit=252 time=63 ms

---2000:aaaa:bbbb:20::22 ping statistics---
  5 packet(s) transmitted
  5 packet(s) received
  0.00%  packet loss
  round-trip min/avg/max=46/62/94 ms

PC1>ping 2000:aaaa:bbbb:50::33                    // PC1 ping PC3
Ping 2000:aaaa:bbbb:50::33: 32 data bytes, Press Ctrl_C to break
From 2000:aaaa:bbbb:50::33: bytes=32 seq=1 hop limit=252 time=109 ms
From 2000:aaaa:bbbb:50::33: bytes=32 seq=2 hop limit=252 time=63 ms
From 2000:aaaa:bbbb:50::33: bytes=32 seq=3 hop limit=252 time=46 ms
From 2000:aaaa:bbbb:50::33: bytes=32 seq=4 hop limit=252 time=63 ms
From 2000:aaaa:bbbb:50::33: bytes=32 seq=5 hop limit=252 time=47 ms

---2000:aaaa:bbbb:50::33 ping statistics---
  5 packet(s) transmitted
```

```
5 packet(s) received
0.00%  packet loss
round-trip min/avg/max=46/65/109 ms
```

13.6 项目总结与拓展

本项目讲述了 IPv6 协议的基本知识、IPv6 路由相关知识、IPv6 地址的表达方式等，并对网络设备配置 IPv6 地址和 IPv6 路由进行了详细介绍。

冬奥会背后的
网络黑科技

13.7 习题

1. 选择题

（1）下列哪一项不是造成 IPv4 危机的原因？

A. IPv4 地址长度太短　　　　　　　B. IPv4 地址结构设计不合理

C. IPv4 地址分配不合理　　　　　　D. 网络地址转换

（2）IPv6 地址的长度是多少位？

A. 32　　　　　　B. 64　　　　　　C. 96　　　　　　D. 128

（3）IPv6 基本头的长度是固定的，包括多少字节？

A. 20　　　　　　B. 40　　　　　　C. 60　　　　　　D. 80

（4）对 IPv6 地址 2003:0DB8:0000:0100:0000:0000:0346:8D58 进行简化，以下正确的是？

A. 2003:0DB8::0346:8D58

B. 2003:DB8::100::0346:8D58

C. 2003:0DB8:0:1::346:8D58

D. 2003:DB8:0:100::346:8D58

（5）以下选项中，属于配置静态路由时的非必须配置参数的是？

A. 目的地址　　　　B. 前缀　　　　　C. 下一跳　　　　D. 优先级

（6）以下关于静态路由命令 ipv6 route-static 2010:: 64 2020::1 的描述中，错误的是？

A. 2010:: 是目标网段的前缀

B. 2020::1 是目标 IPv6 地址

C. 目标网段的前缀长度为 64 位

D. 配置该静态路由，可提供对目标地址 2010::1 的访问

（7）以下哪种报文不属于 OSPFv3 协议报文？

A. Hello　　　　　　　　　　　　　B. DD

C. LSR　　　　　　　　　　　　　　D. Open

（8）OSPFv3 使用组播形式发送协议报文，目的组播地址为？（多选）

A. FF02::5　　　　　　　　　　　　B. FF02::9

C. 224.0.0.6　　　　　　　　　　　D. FF02::6

（9）IPv6 链路本地地址前缀是？

A. 2001::1

B. 2002::2

C. FE80::/10

D. FEC0::/10

（10）在 IPv6 中，回环地址是？

A. ::

B. ::127.0.0.1

C. FFFF:FFFF:FFFF:FFFF:FFFF:FFFF:FFFF:FFFF

D. ::1

2. 问答题

（1）IPv6 地址可分为哪几类？

（2）简述 IPv6 主机无状态地址配置过程。

（3）IPv6 邻居发现协议有哪些功能？

（4）IPv6 路由可分为哪几类？

（5）IPv6＋作为我国数字新基建的技术底座，具有什么样的优点？

项目 14 网络项目综合实践

14.1 项目介绍

学习网络技术的最终目的是解决网络工程项目中的规划、设计、部署和运维等问题。本项目利用前面所学的网络知识来完成一个网络项目的综合实践,实现网络技术在实际工程中的应用,读者可通过完整的项目实施过程来积累项目经验,达到提升网络职业技能的目的。

14.2 学习目标

(1)了解网络工程实施、网络工程维护的过程。

(2)掌握园区网 VLAN、MSTP、链路聚合的配置和调试。

(3)掌握 OSPF、VRRP 和 DHCP 的配置和调试。

(4)掌握 ACL、NAT 和交换机端口安全的配置和调试。

(5)掌握 AC 的配置和调试。

(6)掌握 OSPFv3 的配置和调试。

(7)学会以"工程学"的方法来分析问题和解决复杂网络问题。

14.3 项目实践

◆ 14.3.1 网络拓扑设计

设计如图 14-1 所示的 A 高校校园网配置拓扑图。

◆ 14.3.2 VLAN 和 IP 地址规划

1. VLAN 规划

A 高校有多个部门,按照每个部门一个 VLAN 进行规划,本项目仅列出 4 个部门和 1 个对外服务器区,此外,有 3 个 VLAN 用于在路由器和交换机之间运行路由协议,WLAN 分配了两个 VLAN,分别作为管理 VLAN 和业务 VLAN 使用,VLAN1 用于网络管理。A 高校园区网 VLAN 规划表如表 14-1 所示。

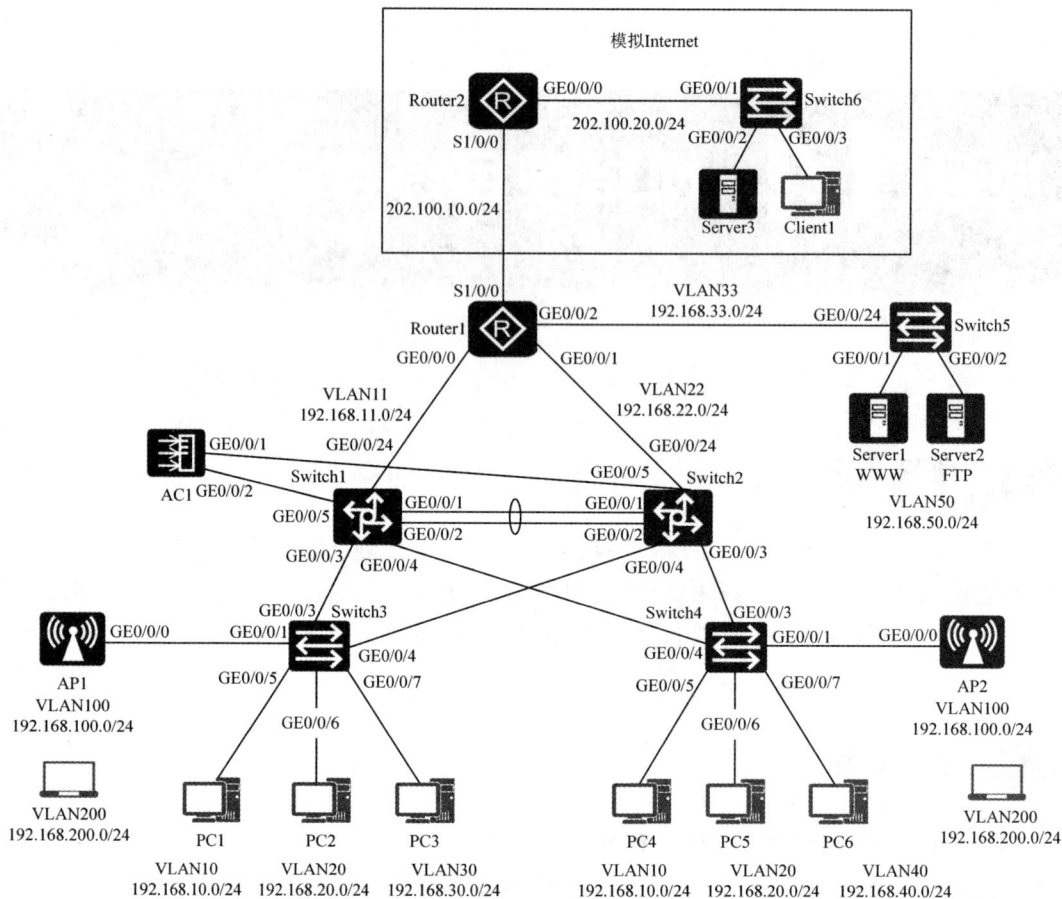

图 14-1 校园网配置拓扑图

表 14-1 园区网 VLAN 规划表

VLAN	IP 地址	用途
VLAN1	192.168.1.0/24	网络管理
VLAN10	192.168.10.0/24	财务处
VLAN20	192.168.20.0/24	人事处
VLAN30	192.168.30.0/24	图书馆
VLAN40	192.168.40.0/24	教务处
VLAN50	192.168.50.0/24	对外服务器区
VLAN100	192.168.100.0/24	WLAN 管理 VLAN
VLAN200	192.168.200.0/24	WLAN 业务 VLAN
VLAN11	192.168.11.0/24	Switch1 与 Router1 对接
VLAN22	192.168.22.0/24	Switch2 与 Router1 对接
VLAN33	192.168.33.0/24	Switch5 与 Router1 对接

交换机 VLAN 及端口规划表如表 14-2 所示。

表 14-2 交换机 VLAN 及端口规划表

设备	VLAN ID	端口范围	用途
Switch1	11	GE0/0/24	与 Router1 对接
	Trunk	GE0/0/1～GE0/0/5	
Switch2	22	GE0/0/24	与 Router1 对接
	Trunk	GE0/0/1～GE0/0/5	
Switch3	10	GE0/0/5	PC1
	20	GE0/0/6	PC2
	30	GE0/0/7	PC3
	Trunk	GE0/0/1 、GE0/0/3～ GE0/0/4	
Switch4	10	GE0/0/5	PC4
	20	GE0/0/6	PC5
	40	GE0/0/7	PC6
	Trunk	GE0/0/1 、GE0/0/3～ GE0/0/4	
Switch5	50	GE0/0/1～GE0/0/2	Server1、Server2
	33	GE0/0/24	与 Router1 对接
AC1	Trunk	GE0/0/1～ GE0/0/2	

2. IPv4 地址规划

A 高校园 IPv4 地址规划表如表 14-3 所示。

表 14-3 IPv4 地址规划表

设备	接口	IP 地址	备注
Switch1	VLANIF1	192.168.1.1/24	供网络管理使用
	VLANIF10	192.168.10.253/24	
	VLANIF20	192.168.20.253/24	
	VLANIF30	192.168.30.253/24	
	VLANIF40	192.168.40.253/24	
	VLANIF100	192.168.100.253/24	
	VLANIF200	192.168.200.253/24	
	VLANIF11	192.168.11.253/24	
Switch2	VLANIF1	192.168.1.2/24	供网络管理使用
	VLANIF10	192.168.10.254/24	
	VLANIF20	192.168.20.254/24	
	VLANIF30	192.168.30.254/24	
	VLANIF40	192.168.40.254/24	
	VLANIF100	192.168.100.254/24	
	VLANIF200	192.168.200.254/24	
	VLANIF22	192.168.22.254/24	
Switch3	VLANIF1	192.168.1.3/24	供网络管理使用
Switch4	VLANIF1	192.168.1.4/24	供网络管理使用

续表

设备	接口	IP 地址	备注
Switch5	VLANIF1	192.168.1.5/24	供网络管理使用
	VLAIF50	192.168.50.1/24	
	VLAIF33	192.168.33.2/24	
AC1	VLANIF100	192.168.100.252/24	
	VLANIF200	192.168.200.252/24	
Router1	GE0/0/0	192.168.11.1/24	
	GE0/0/1	192.168.22.1/24	
	GE0/0/2	192.168.33.1/24	
	S1/0/0	202.100.10.1/24	
Router2	S1/0/0	202.100.10.10/24	
	GE0/0/0	202.100.20.1/24	

3. IPv6 地址规划

假设学校使用 IPv6 地址（地址段为 2000：AAAA：BBBB：：/48）进行规划，则 A 高校 IPv6 地址规划表如表 14-4 所示。

表 14-4　IPv6 地址规划表

设备	接口	IP 地址	备注
Switch1	VLANIF10	2000：AAAA：BBBB：10：：1/64	
	VLANIF20	2000：AAAA：BBBB：20：：1/64	
	VLANIF30	2000：AAAA：BBBB：30：：1/64	
	VLANIF40	2000：AAAA：BBBB：40：：1/64	
	VLANIF11	2000：AAAA：BBBB：11：：2/64	
Switch2	VLANIF1	2000：AAAA：BBBB：1：：2/64	
	VLANIF10	2000：AAAA：BBBB：10：：2/64	
	VLANIF20	2000：AAAA：BBBB：20：：2/64	
	VLANIF30	2000：AAAA：BBBB：30：：2/64	
	VLANIF40	2000：AAAA：BBBB：40：：2/64	
	VLANIF22	2000：AAAA：BBBB：22：：2/64	
Switch5	VLANIF1	2000：AAAA：BBBB：1：：5/64	
	VLAIF50	2000：AAAA：BBBB：50：：1/64	
	VLAIF33	2000：AAAA：BBBB：33：：2/64	
Router1	GE0/0/0	2000：AAAA：BBBB：11：：1/64	
	GE0/0/1	2000：AAAA：BBBB：22：：1/64	
	GE0/0/2	2000：AAAA：BBBB：33：：1/64	

14.3.3 项目实施

本项目的实施配置过程可以在 eNSP 上模拟实现。由于项目实施过程涉及的配置命令比较多,有些配置步骤只给出配置思路和说明,省略掉了部分配置命令,如果需要了解技术细节,可以参考本书前面的内容。

本项目中,主机的 IP 地址/子网掩码和网关设置,以及路由器接口 IP 地址/子网掩码配置请参考 IP 地址规划表完成,以下实施过程不包括 IP 地址配置。

1. 校园网 VLAN、VLAN 间路由和链路聚合实施

校园网 4 台交换机和 AC 之间,以及 AP 和交换机之间的链路配置为 Trunk,并允许相应的 VLAN 通过,在两台核心交换机 Switch1 和 Switch2 之间采用手工模式链路聚合方式,具体配置命令如下。

```
① Switch1 上的配置
[Switch1]vlan batch 10 11 20 30 40 100 200
[switch1]interface Eth-Trunk 1
[switch1-Eth-Trunk1]trunkport GigabitEthernet 0/0/1 to 0/0/2
[switch1-Eth-Trunk1]port link-type trunk
[switch1-Eth-Trunk1]port trunk allow-pass vlan all
[switch1-Eth-Trunk1]quit
[Switch1]interface GigabitEthernet 0/0/3
[Switch1-GigabitEthernet0/0/3]port link-type trunk
[Switch1-GigabitEthernet0/0/3]port trunk allow-pass vlan all
[Switch1-GigabitEthernet0/0/3]quit
[Switch1]interface GigabitEthernet 0/0/4
[Switch1-GigabitEthernet0/0/4]port link-type trunk
[Switch1-GigabitEthernet0/0/4]port trunk allow-pass vlan all
[Switch1-GigabitEthernet0/0/4]quit
[Switch1]interface GigabitEthernet 0/0/5
[Switch1-GigabitEthernet0/0/5]port link-type trunk
[Switch1-GigabitEthernet0/0/5]port trunk allow-pass vlan all
[Switch1-GigabitEthernet0/0/5]quit
[Switch1]interface GigabitEthernet0/0/24
[Switch1-GigabitEthernet0/0/24]port link-type access
[Switch1-GigabitEthernet0/0/24]port default vlan 11
[Switch1-GigabitEthernet0/0/24]quit
[Switch1]interface Vlanif 1
[Switch1-Vlanif1]ip address 192.168.1.1 24
[Switch1-Vlanif1]quit
[Switch1]interface Vlanif 10
[Switch1-Vlanif10]ip address 192.168.10.253 24
[Switch1-Vlanif10]quit
[Switch1]interface Vlanif 11
[Switch1-Vlanif11]ip address 192.168.11.253 24
[Switch1-Vlanif11]quit
[Switch1]interface Vlanif 20
[Switch1-Vlanif20]ip add 192.168.20.253 24
[Switch1-Vlanif20]quit
```

```
[Switch1]interface Vlanif 30
[Switch1-Vlanif30]ip add 192.168.30.253 24
[Switch1-Vlanif30]quit
[Switch1]interface Vlanif 40
[Switch1-Vlanif40]ip add 192.168.40.253 24
[Switch1-Vlanif40]quit
[Switch1]interface Vlanif 100
[Switch1-Vlanif100]ip add 192.168.100.253 24
[Switch1-Vlanif100]quit
[Switch1]interface Vlanif 200
[Switch1-Vlanif100]ip add 192.168.200.253 24
[Switch1-Vlanif100]quit
```

② Switch2 上的配置

```
[Switch2]vlan batch 10 20 22 30 40 100 200
[Switch2]interface Eth-Trunk 1
[Switch2-Eth-Trunk1]trunkport GigabitEthernet 0/0/1 to 0/0/2
[Switch2-Eth-Trunk1]port link-type trunk
[Switch2-Eth-Trunk1]port trunk allow-pass vlan all
[Switch2-Eth-Trunk1]quit
[Switch2]interface GigabitEthernet 0/0/3
[Switch2-GigabitEthernet0/0/3]port link-type trunk
[Switch2-GigabitEthernet0/0/3]port trunk allow-pass vlan all
[Switch2-GigabitEthernet0/0/3]quit
[Switch2]interface GigabitEthernet 0/0/4
[Switch2-GigabitEthernet0/0/4]port link-type trunk
[Switch2-GigabitEthernet0/0/4]port trunk allow-pass vlan all
[Switch2-GigabitEthernet0/0/4]quit
[Switch2]interface GigabitEthernet 0/0/5
[Switch2-GigabitEthernet0/0/5]port link-type trunk
[Switch2-GigabitEthernet0/0/5]port trunk allow-pass vlan all
[Switch2-GigabitEthernet0/0/5]quit
[Switch2]interface GigabitEthernet0/0/24
[Switch2-GigabitEthernet0/0/24]port link-type access
[Switch2-GigabitEthernet0/0/24]port default vlan 22
[Switch2-GigabitEthernet0/0/24]quit
[Switch2]interface Vlanif 1
[Switch2-Vlanif1]ip address 192.168.1.2 24
[Switch2-Vlanif1]quit
[Switch2]interface Vlanif 10
[Switch2-Vlanif10]ip address 192.168.10.254 24
[Switch2-Vlanif10]quit
[Switch2]interface Vlanif 20
[Switch2-Vlanif20]ip add 192.168.20.254 24
[Switch2-Vlanif20]quit
[Switch2]interface Vlanif 22
[Switch2-Vlanif22]ip address 192.168.22.254 24
[Switch2-Vlanif22]quit
[Switch2]interface Vlanif 30
```

```
[Switch2-Vlanif30]ip add 192.168.30.254 24
[Switch2-Vlanif30]quit
[Switch2]interface Vlanif 40
[Switch2-Vlanif40]ip add 192.168.40.254 24
[Switch2-Vlanif40]quit
[Switch2]interface Vlanif 100
[Switch2-Vlanif100]ip add 192.168.100.254 24
[Switch2-Vlanif100]quit
[Switch2]interface Vlanif 200
[Switch2-Vlanif100]ip add 192.168.200.254 24
[Switch2-Vlanif100]quit
```
③Switch3 上的配置
```
[Switch3]vlan batch 10 20 30 100 200
[Switch3]interface GigabitEthernet 0/0/1
[Switch3-GigabitEthernet0/0/1]port link-type trunk
[Switch3-GigabitEthernet0/0/1] port trunk pvid vlan 100
[Switch3-GigabitEthernet0/0/1] port trunk allow-pass vlan 100 200
[Switch3-GigabitEthernet0/0/1]quit
[Switch3]interface GigabitEthernet 0/0/3
[Switch3-GigabitEthernet0/0/3]port link-type trunk
[Switch3-GigabitEthernet0/0/3]port trunk allow-pass vlan all
[Switch3-GigabitEthernet0/0/3]quit
[Switch3]interface GigabitEthernet 0/0/4
[Switch3-GigabitEthernet0/0/4]port link-type trunk
[Switch3-GigabitEthernet0/0/4]port trunk allow-pass vlan all
[Switch3-GigabitEthernet0/0/4]quit
[Switch3]interface GigabitEthernet0/0/5
[Switch3-GigabitEthernet0/0/5]port link-type access
[Switch3-GigabitEthernet0/0/5]port default vlan 10
[Switch3-GigabitEthernet0/0/5]quit
[Switch3]interface GigabitEthernet0/0/6
[Switch3-GigabitEthernet0/0/6]port link-type access
[Switch3-GigabitEthernet0/0/6]port default vlan 20
[Switch3-GigabitEthernet0/0/6]quit
[Switch3]interface GigabitEthernet0/0/7
[Switch3-GigabitEthernet0/0/7]port link-type access
[Switch3-GigabitEthernet0/0/7]port default vlan 30
[Switch3-GigabitEthernet0/0/7]quit
[Switch3]interface Vlanif 1
[Switch3-Vlanif1]ip address 192.168.1.3 24
[Switch3-Vlanif1]quit
```
④ Switch4 上的配置
```
[Switch4]vlan batch 10 20 40 100 200
[Switch4-GigabitEthernet0/0/1]interface GigabitEthernet 0/0/1
[Switch4-GigabitEthernet0/0/1]port link-type trunk
[Switch4-GigabitEthernet0/0/1] port trunk pvid vlan 100
[Switch4-GigabitEthernet0/0/1] port trunk allow-pass vlan 100 200
[Switch4-GigabitEthernet0/0/1]quit
```

```
[Switch4]interface GigabitEthernet 0/0/3
[Switch4-GigabitEthernet0/0/3]port link-type trunk
[Switch4-GigabitEthernet0/0/3]port trunk allow-pass vlan all
[Switch4-GigabitEthernet0/0/3]quit
[Switch4]interface GigabitEthernet 0/0/4
[Switch4-GigabitEthernet0/0/4]port link-type trunk
[Switch4-GigabitEthernet0/0/4]port trunk allow-pass vlan all
[Switch4-GigabitEthernet0/0/4]quit
[Switch4]interface GigabitEthernet0/0/5
[Switch4-GigabitEthernet0/0/5]port link-type access
[Switch4-GigabitEthernet0/0/5]port default vlan 10
[Switch4-GigabitEthernet0/0/5]quit
[Switch4]interface GigabitEthernet0/0/6
[Switch4-GigabitEthernet0/0/6]port link-type access
[Switch4-GigabitEthernet0/0/6]port default vlan 20
[Switch4-GigabitEthernet0/0/6]quit
[Switch4]interface GigabitEthernet0/0/7
[Switch4-GigabitEthernet0/0/7]port link-type access
[Switch4-GigabitEthernet0/0/7]port default vlan 40
[Switch4-GigabitEthernet0/0/7]quit
[Switch4]interface Vlanif 1
[Switch4-Vlanif1]ip address 192.168.1.4 24
[Switch4-Vlanif1]quit
```

⑤ AC1 上的配置

```
[AC1]vlan batch 10 20 30 40 100 200
[AC1]interface GigabitEthernet 0/0/1
[AC1-GigabitEthernet0/0/1]port link-type trunk
[AC1-GigabitEthernet0/0/1]port trunk allow-pass vlan all
[AC1-GigabitEthernet0/0/1]quit
[AC1]interface GigabitEthernet 0/0/2
[AC1-GigabitEthernet0/0/2]port link-type trunk
[AC1-GigabitEthernet0/0/2]port trunk allow-pass vlan all
[AC1-GigabitEthernet0/0/2]quit

[AC1]interface vlanif 100
[AC1-Vlanif100]ip add 192.168.100.2 24
[AC1-Vlanif100]quit
[AC1]interface vlanif 200
[AC1-Vlanif200]ip add 192.168.200.2 24
[AC1-Vlanif200]quit
```

⑥ Switch5 上的配置

```
[Switch5]vlan batch 33 50
[Switch5]interface GigabitEthernet 0/0/1
[Switch5-GigabitEthernet0/0/1]port link-type access
[Switch5-GigabitEthernet0/0/1]port default vlan 50
[Switch5-GigabitEthernet0/0/1]quit
[Switch5]interface GigabitEthernet 0/0/2
```

```
[Switch5-GigabitEthernet0/0/2]port link-type access
[Switch5-GigabitEthernet0/0/2]port default vlan 50
[Switch5-GigabitEthernet0/0/2]quit
[Switch5]interface GigabitEthernet 0/0/24
[Switch5-GigabitEthernet0/0/24]port link-type access
[Switch5-GigabitEthernet0/0/24]port default vlan 33
[Switch5-GigabitEthernet0/0/24]quit
[Switch5]interface Vlanif 50
[Switch5-Vlanif50]ip address 192.168.50.1 24
[Switch5-Vlanif50]quit
[Switch5]interface Vlanif 33
[Switch5-Vlanif33]ip address 192.168.33.2 24
[Switch5-Vlanif33]quit
```

2. 校园网 MSTP 实施

为了提高校园网的可靠性,核心层采用了双交换机,各接入层交换机和 AC 均连接到两台核心交换机上,为了避免环路,需要部署和实施 MSTP。

所有交换机的 MSTP 域相同,域名为 region1。本项目配置 MSTP 实例 1 和实例 2,实例 1 与 VLAN10、VLAN20、VLAN30 相映射,实例 2 与 VLAN40、VLAN100、VLAN200 相映射。控制 MSTP 各实例的根桥,Switch1 是实例 1 的根桥,Switch2 是实例 2 的根桥,以实现负载均衡,提高设备的利用率。

在各设备上的具体配置命令如下。

```
① Switch1 上的配置
[Switch1]stp mode mstp
[switch1]stp region-configuration
[switch1-mst-region]region-name region1
[switch1-mst-region]instance 1 vlan 10 20 30
[switch1-mst-region]instance 2 vlan 40 100 200
[switch1-mst-region]active region-configuration
[switch1-mst-region]quit
[switch1]stp instance 1 root primary
[switch1]stp instance 2 root secondary
② Switch2 上的配置
[Switch2]stp mode mstp
[Switch2]stp region-configuration
[Switch2-mst-region]region-name region1
[Switch2-mst-region]instance 1 vlan 10 20 30
[Switch2-mst-region]instance 2 vlan 40 100 200
[Switch2-mst-region]active region-configuration
[Switch2-mst-region]quit
[Switch2]stp instance 2 root primary
[Switch2]stp instance 1 root secondary
③Switch3 上的配置
[Switch3]stp mode mstp
[Switch3]stp region-configuration
[Switch3-mst-region]region-name region1
[Switch3-mst-region]instance 1 vlan 10 20 30
[Switch3-mst-region]instance 2 vlan 40 100 200
```

```
[Switch3-mst-region]active region-configuration
[Switch3-mst-region]quit
```

④ Switch4 上的配置

与 Switch3 相同,请参考 Switch3 上的配置

⑤ AC1 上的配置

与 Switch3 相同,请参考 Switch3 上的配置

3. 校园网 VRRP 实施

校园网两台核心层交换机 Switch1 和 Switch2 承担 VLAN 间路由功能,核心交换机上的 VLANIF 接口地址就是相关 VLAN 的 PC 的默认网关,为了提高网关的稳定性和可靠性,实施 VRRP 技术实现网关冗余。此处应该注意:VRRP 的主/备路由器应该和 MSTP 的根桥相配合,以避免产生次优路径。例如,若 VLAN40 所对应的实例 2 的根桥是 Switch2,则 VLAN40 的 VRRP 组的主路由器也要是 Switch2。

具体配置命令如下。

```
① Switch1 上的配置
[switch1]interface Vlanif 10
[switch1-Vlanif10]vrrp vrid 1 virtual-ip 192.168.10.1
[switch1-Vlanif10]vrrp vrid 1 priority 200
[switch1-Vlanif10]vrrp vrid 1 track interface GigabitEthernet 0/0/24 reduced 150
[switch1-Vlanif10]quit
[switch1]interface Vlanif 20
[switch1-Vlanif20]vrrp vrid 2 virtual-ip 192.168.20.1
[switch1-Vlanif20]vrrp vrid 2 priority 200
[switch1-Vlanif20]vrrp vrid 2 track interface GigabitEthernet 0/0/24 reduced 150
[switch1-Vlanif20]quit
[switch1]interface Vlanif 30
[switch1-Vlanif30]vrrp vrid 3 virtual-ip 192.168.30.1
[switch1-Vlanif30]vrrp vrid 3 priority 200
[switch1-Vlanif30]vrrp vrid 3 track interface GigabitEthernet 0/0/24 reduced 150
[switch1-Vlanif30]quit
[switch1]interface Vlanif 40
[switch1-Vlanif40]vrrp vrid 4 virtual-ip 192.168.40.1
[switch1-Vlanif40]quit
[switch1]interface Vlanif 100
[switch1-Vlanif100]vrrp vrid 5 virtual-ip 192.168.100.1
[switch1-Vlanif100]quit
[switch1]interface Vlanif 200
[switch1-Vlanif200]vrrp vrid6 virtual-ip 192.168.200.1
[switch1-Vlanif200]quit
② Switch2 上的配置
[Switch2]interface Vlanif 10
[Switch2-Vlanif10]vrrp vrid 1 virtual-ip 192.168.10.1
[Switch2-Vlanif10]quit
[Switch2]interface Vlanif 20
[Switch2-Vlanif20]vrrp vrid 2 virtual-ip 192.168.20.1
[Switch2-Vlanif20]quit
[Switch2]interface Vlanif 30
```

```
[Switch2-Vlanif30]vrrp vrid 3 virtual-ip 192.168.30.1
[Switch2-Vlanif30]quit
[Switch2]interface Vlanif 40
[Switch2-Vlanif40]vrrp vrid 4 virtual-ip 192.168.40.1
[Switch2-Vlanif40]vrrp vrid 4 priority 200
[Switch2-Vlanif40]vrrp vrid 4 track interface GigabitEthernet 0/0/24 reduced 150
[Switch2-Vlanif40]quit
[Switch2]interface Vlanif 100
[Switch2-Vlanif100]vrrp vrid 5 virtual-ip 192.168.100.1
[Switch2-Vlanif100]vrrp vrid 5 priority 200
[Switch2-Vlanif100]vrrp vrid 5 track interface GigabitEthernet 0/0/24 reduced 150
[Switch2-Vlanif100]quit
[Switch2]interface Vlanif 200
[Switch2-Vlanif200]vrrp vrid 6 virtual-ip 192.168.200.1
[Switch2-Vlanif200]vrrp vrid 6 vrrp priority 200
[Switch2-Vlanif200]vrrp vrid 6 track interface GigabitEthernet 0/0/24 reduced 150
[Switch2-Vlanif200]quit
```

4. 校园网路由协议 OSPF 实施

本项目的路由协议选择在园区网中应用非常广泛的 OSPF 协议,具体配置如下。

① Switch1 上的配置

```
[switch1]ospf 10 router-id 11.11.11.11
[Switch1-ospf-10] silent-interface Vlanif10
[Switch1-ospf-10] silent-interface Vlanif20
[Switch1-ospf-10] silent-interface Vlanif30
[Switch1-ospf-10] silent-interface Vlanif40
[Switch1-ospf-10] silent-interface Vlanif100
[Switch1-ospf-10] silent-interface Vlanif200
[switch1-ospf-10]area 0
[switch1-ospf-10-area-0.0.0.0]network 192.168.10.0 0.0.0.255
[switch1-ospf-10-area-0.0.0.0]network 192.168.20.0 0.0.0.255
[switch1-ospf-10-area-0.0.0.0]network 192.168.30.0 0.0.0.255
[switch1-ospf-10-area-0.0.0.0]network 192.168.40.0 0.0.0.255
[switch1-ospf-10-area-0.0.0.0]network 192.168.100.0 0.0.0.255
[switch1-ospf-10-area-0.0.0.0]network 192.168.200.0 0.0.0.255
[switch1-ospf-10-area-0.0.0.0]network 192.168.11.0 0.0.0.255
[switch1-ospf-10-area-0.0.0.0]quit
[switch1-ospf-10]quit
```

② Switch2 上的配置

```
[Switch2]ospf 10 router-id 22.22.22.22
[Switch2-ospf-10] silent-interface Vlanif10
[Switch2-ospf-10] silent-interface Vlanif20
[Switch2-ospf-10] silent-interface Vlanif30
[Switch2-ospf-10] silent-interface Vlanif40
[Switch2-ospf-10] silent-interface Vlanif100
[Switch2-ospf-10] silent-interface Vlanif200
[Switch2-ospf-10]area 0.0.0.0
```

```
[Switch2-ospf-10-area-0.0.0.0] network 192.168.10.0 0.0.0.255
[Switch2-ospf-10-area-0.0.0.0] network 192.168.20.0 0.0.0.255
[Switch2-ospf-10-area-0.0.0.0] network 192.168.30.0 0.0.0.255
[Switch2-ospf-10-area-0.0.0.0] network 192.168.40.0 0.0.0.255
[Switch2-ospf-10-area-0.0.0.0] network 192.168.100.0 0.0.0.255
[Switch2-ospf-10-area-0.0.0.0] network 192.168.200.0 0.0.0.255
[Switch2-ospf-10-area-0.0.0.0]network 192.168.22.0 0.0.0.255
[Switch2-ospf-10-area-0.0.0.0]quit
[Switch2-ospf-10]quit
```

③Switch5 上的配置

```
[Switch5]ospf 10 router-id 33.33.33.33
[Switch5-ospf-10]area 0
[Switch5-ospf-10-area-0.0.0.0]network 192.168.50.0 0.0.0.255
[Switch5-ospf-10-area-0.0.0.0]network 192.168.33.0 0.0.0.255
[Switch5-ospf-10-area-0.0.0.0]quit
[Switch5-ospf-10]quit
```

④ Router1 上的配置

```
[Router1]ip route-static 0.0.0.0 0 serial 1/0/0
[Router1]ospf 10 router-id 1.1.1.1
[Router1-ospf-10]area 0
[Router1-ospf-10-area-0.0.0.0]network 192.168.11.0 0.0.0.255
[Router1-ospf-10-area-0.0.0.0]network 192.168.22.0 0.0.0.255
[Router1-ospf-10-area-0.0.0.0]network 192.168.33.0 0.0.0.255
[Router1-ospf-10-area-0.0.0.0]quit
[Router1-ospf-10]default-route-advertise
[Router1-ospf-10]quit
```

5. 校园网 WLAN 实施

校园网用户有移动通信需求，因此需要部署 WLAN。本项目采用 AC＋Fit AP 方案在校园网中部署 WLAN，AP 是零配置的，全部配置工作在有线网络和 AC 上进行。根据现有的拓扑条件，采用简单、可靠的直接转发方式和二层组网方案，具体配置如下。

```
① 在 AC1 上配置路由和 DHCP
[AC1]ip route-static 0.0.0.0 0.0.0.0 192.168.100.1
[AC1]dhcp enable
[AC1]interface Vlanif 100
[AC1-Vlanif100]dhcp select interface
[AC1-Vlanif100]dhcp server gateway-list 192.168.100.1
[AC1-Vlanif100]dhcp server excluded-ip-address 192.168.100.253 192.168.100.254
[AC1-Vlanif100]quit
[AC1]interface Vlanif 200
[AC1-Vlanif200]dhcp server gateway-list 192.168.200.1
[AC1-Vlanif200]dhcp server dns-list 8.8.8.8
[AC1-Vlanif200]dhcp server excluded-ip-address 192.168.200.252 192.168.200.254
[AC1-Vlanif200]quit
② 在 AC1 上配置 AP 上线和 WLAN 业务
[AC1]capwap source interface Vlanif 100
```

```
[AC1]wlan
[AC1-wlan-view]ap-group name group1
[AC1-wlan-ap-group-group1]quit
[AC1-wlan-view]ap auth-mode mac-auth
[AC1-wlan-view]ap-id 0 ap-mac 00e0-fc94-1620
[AC1-wlan-ap-0]ap-name ap1
[AC1-wlan-ap-0]ap-group group1
[AC1-wlan-ap-0]quit
[AC1-wlan-view]ap-id 1 ap-mac 00e0-fcd3-5390
[AC1-wlan-ap-1]ap-name ap2
[AC1-wlan-ap-1]ap-group group1
[AC1-wlan-ap-1]quit
[AC1-wlan-view]security-profile name wlan-net
[AC1-wlan-sec-prof-wlan-net]security wpa-wpa2 psk pass-phrase abc123456 aes
[AC1-wlan-sec-prof-wlan-net]quit
[AC1-wlan-view]ssid-profile name wlan-net
[AC1-wlan-ssid-prof-wlan-net]ssid HBKJ
[AC1-wlan-ssid-prof-wlan-net]quit
[AC1-wlan-view]vap-profile name wlan-net
[AC1-wlan-vap-prof-wlan-net]forward-mode direct-forward
[AC1-wlan-vap-prof-wlan-net]service-vlan vlan-id 200
[AC1-wlan-vap-prof-wlan-net]security-profile wlan-net
[AC1-wlan-vap-prof-wlan-net]ssid-profile wlan-net
[AC1-wlan-vap-prof-wlan-net]quit
[AC1-wlan-view]ap-group name group1
[AC1-wlan-ap-group-group1]vap-profile wlan-net wlan 1 radio 0
[AC1-wlan-ap-group-group1]vap-profile wlan-net wlan 1 radio 1
[AC1-wlan-ap-group-group1]quit
[AC1-wlan-view]quit
```

6. 校园网 NAT 实施

为了减少向 ISP 购买公网 IP 地址的成本,校园网内部使用的是私有 IP 地址,需要在出口路由器 Router1 上部署 NAT。

A 高校没有申请多余的公网 IP 地址,因此在出口路由器上使用 NAPT 方式部署 NAT;同时 A 高校的 WWW 服务器和 FTP 服务器需要为公网用户提供服务,因此要在 Router1 的出口配置 NAT Server,具体配置如下。

① 在 Router1 上配置 NAPT

```
[Router1]acl 2000
[Router1-acl-basic-2000]rule permit source 192.168.10.0 0.0.0.255
[Router1-acl-basic-2000]rule permit source 192.168.20.0 0.0.0.255
[Router1-acl-basic-2000]rule permit source 192.168.30.0 0.0.0.255
[Router1-acl-basic-2000]rule permit source 192.168.40.0 0.0.0.255
[Router1-acl-basic-2000]rule permit source 192.168.200.0 0.0.0.255
[Router1-acl-basic-2000]quit
[Router1]nat address-group 1 202.100.10.2 202.100.10.2
[Router1]interface Serial 1/0/0
```

```
[Router1-Serial1/0/0] nat outbound 2000 address-group 1
[Router1-Serial1/0/0]quit
```

② 在 Router1 上配置 NAT Server

```
[Router1]interface Serial 1/0/0
[Router1-Serial1/0/0]nat server protocol tcp global 202.100.10.3 80 inside 192.168.50.10 80
[Router1-Serial1/0/0]nat server protocol tcp global 202.100.10.3 20 inside 192.168.50.20 20
[Router1-Serial1/0/0]nat server protocol tcp global 202.100.10.3 21 inside 192.168.50.20 21
[Router1-Serial1/0/0]quit
```

7. 校园网 ACL 和交换机端口安全实施

网络安全是校园网的基本需求，来自内部和外部的网络攻击都是非常危险的，因此要在出口路由器上部署高级 ACL 以抵御外网攻击，要在接入交换机上部署端口安全等以抵御内网攻击，具体配置如下。

① 在 Router1 上配置高级 ACL，抵御勒索病毒

```
[Router1]acl 3000
[Router1-acl-adv-3000]rule deny tcp source any destination any destination-port eq 135
[Router1-acl-adv-3000]rule deny tcp source any destination any destination-port eq 137
[Router1-acl-adv-3000]rule deny tcp source any destination any destination-port eq 138
[Router1-acl-adv-3000]rule deny tcp source any destination any destination-port eq 139
[Router1-acl-adv-3000]rule deny tcp source any destination any destination-port eq 445
[Router1-acl-adv-3000]quit
[Router1]interface Serial 1/0/0
[Router1-Serial1/0/0]traffic-filter inbound acl 3000
[Router1-Serial1/0/0]quit
```

② 在 Switch1 和 Switch2 上配置 STP 根防护

```
[Switch1]interface GigabitEthernet 0/0/3
[Switch1-GigabitEthernet0/0/3]stp root-protection
[Switch1-GigabitEthernet0/0/3]quit
[Switch1]interface GigabitEthernet 0/0/4
[Switch1-GigabitEthernet0/0/4]stp root-protection
[Switch1-GigabitEthernet0/0/4]quit
```

Switch2 上的配置与 Switch1 相同，请参考 Switch1 上的配置

③ 在 Switch3 和 Switch4 上配置边缘端口和 BPDU 过滤

```
[Switch3]interface GigabitEthernet 0/0/5
[Switch3-GigabitEthernet0/0/5] stp edged-port enable
[Switch3-GigabitEthernet0/0/5] stp bpdu-filter enable
[Switch3-GigabitEthernet0/0/5]quit
[Switch3]interface GigabitEthernet 0/0/6
[Switch3-GigabitEthernet0/0/6] stp edged-port enable
[Switch3-GigabitEthernet0/0/6] stp bpdu-filter enable
[Switch3-GigabitEthernet0/0/6]quit
[Switch3]interface GigabitEthernet 0/0/7
[Switch3-GigabitEthernet0/0/7] stp edged-port enable
```

```
[Switch3-GigabitEthernet0/0/7] stp bpdu-filter enable
[Switch3-GigabitEthernet0/0/7]quit
```
Switch4 上的配置与 Switch3 相同,请参考 Switch3 上的配置

④ 在 Switch3 和 Switch4 上配置端口安全
```
[Switch3]interface GigabitEthernet 0/0/5
[Switch3-GigabitEthernet0/0/5] port-security enable
[Switch3-GigabitEthernet0/0/5] port-security max-mac-num 2
[Switch3-GigabitEthernet0/0/5]quit
[Switch3]interface GigabitEthernet 0/0/6
[Switch3-GigabitEthernet0/0/6] port-security enable
[Switch3-GigabitEthernet0/0/6] port-security max-mac-num 2
[Switch3-GigabitEthernet0/0/6]quit
[Switch3]interface GigabitEthernet 0/0/7
[Switch3-GigabitEthernet0/0/7] port-security enable
[Switch3-GigabitEthernet0/0/7] port-security max-mac-num 2
[Switch3-GigabitEthernet0/0/7]quit
```
Switch4 上的配置与 Switch3 相同,请参考 Switch3 上的配置

8. 校园网部署 IPv6

为了迎接 IPv6 时代的到来,校园网先行部署 IPv6 网络,以用于研究和测试,暂时不考虑连接到 Internet。本项目仅在园区网核心交换机和出口路由器上配置 OSPFv3,以实现 IPv6 网络互通,具体配置如下。

① IPv6 基本配置
```
[switch1]ipv6
[switch1]interface Vlanif10
[switch1-Vlanif10] ipv6 enable
[switch1-Vlanif10] ipv6 address 2000:AAAA:BBBB:10::1/64
[switch1-Vlanif10] quit
[switch1]interface Vlanif20
[switch1-Vlanif20] ipv6 enable
[switch1-Vlanif20] ipv6 address 2000:AAAA:BBBB:20::1/64
[switch1-Vlanif20] quit
[switch1]interface Vlanif30
[switch1-Vlanif30] ipv6 enable
[switch1-Vlanif30] ipv6 address 2000:AAAA:BBBB:30::1/64
[switch1-Vlanif30] quit
[switch1]interface Vlanif40
[switch1-Vlanif40] ipv6 enable
[switch1-Vlanif40] ipv6 address 2000:AAAA:BBBB:40::1/64
[switch1-Vlanif40] quit
[switch1]interface Vlanif11
[switch1-Vlanif11] ipv6 enable
[switch1-Vlanif11] ipv6 address 2000:AAAA:BBBB:11::2/64
[switch1-Vlanif11] quit
[Switch2]ipv6
[Switch2]interface Vlanif10
[Switch2-Vlanif10] ipv6 enable
```

```
[Switch2-Vlanif10] ipv6 address 2000:AAAA:BBBB:10::2/64
[Switch2-Vlanif10] quit
[Switch2]interface Vlanif20
[Switch2-Vlanif20] ipv6 enable
[Switch2-Vlanif20] ipv6 address 2000:AAAA:BBBB:20::2/64
[Switch2-Vlanif20] quit
[Switch2]interface Vlanif30
[Switch2-Vlanif30] ipv6 enable
[Switch2-Vlanif30] ipv6 address 2000:AAAA:BBBB:30::2/64
[Switch2-Vlanif30] quit
[Switch2]interface Vlanif40
[Switch2-Vlanif40] ipv6 enable
[Switch2-Vlanif40] ipv6 address 2000:AAAA:BBBB:40::2/64
[Switch2-Vlanif40] quit
[Switch2]interface Vlanif22
[Switch2-Vlanif22] ipv6 enable
[Switch2-Vlanif22] ipv6 address 2000:AAAA:BBBB:22::2/64
[Switch2-Vlanif22] quit
[Switch5]ipv6
[Switch5]interface Vlanif33
[Switch5-Vlanif33] ipv6 enable
[Switch5-Vlanif33] ipv6 address 2000:AAAA:BBBB:33::2/64
[Switch5-Vlanif33] quit
[Switch5]interface Vlanif50
[Switch5-Vlanif50] ipv6 enable
[Switch5-Vlanif50] ipv6 address 2000:AAAA:BBBB:50::1/64
[Switch5-Vlanif50] quit
[Router1]ipv6
[Router1]interface GigabitEthernet 0/0/0
[Router1-GigabitEthernet0/0/0]ipv6 enable
[Router1-GigabitEthernet0/0/0]ipv6 address 2000:AAAA:BBBB:11::1/64
[Router1-GigabitEthernet0/0/0]quit
[Router1]interface GigabitEthernet 0/0/1
[Router1-GigabitEthernet0/0/1]ipv6 enable
[Router1-GigabitEthernet0/0/1]ipv6 address 2000:AAAA:BBBB:22::1/64
[Router1-GigabitEthernet0/0/1]quit
[Router1]interface GigabitEthernet 0/0/2
[Router1-GigabitEthernet0/0/2]ipv6 enable
[Router1-GigabitEthernet0/0/2]ipv6 address 2000:AAAA:BBBB:33::1/64
[Router1-GigabitEthernet0/0/2]quit
```
② 配置 OSPFv3
```
[switch1]ospfv3
[switch1-ospfv3-1]router-id 11.11.11.11
[switch1-ospfv3-1] silent-interface Vlanif10
[switch1-ospfv3-1] silent-interface Vlanif20
[switch1-ospfv3-1] silent-interface Vlanif30
[switch1-ospfv3-1] silent-interface Vlanif40
```

```
[switch1-ospfv3-1]quit
[switch1]interface Vlanif 11
[switch1-Vlanif11]ospfv3 1 area 0
[switch1-Vlanif11]quit
[switch1]interface Vlanif 10
[switch1-Vlanif10]ospfv3 1 area 0
[switch1-Vlanif10]quit
[switch1]interface Vlanif 20
[switch1-Vlanif20]ospfv3 1 area 0
[switch1-Vlanif20]quit
[switch1]interface Vlanif 30
[switch1-Vlanif30]ospfv3 1 area 0
[switch1-Vlanif30]quit
[switch1]interface Vlanif 40
[switch1-Vlanif40]ospfv3 1 area 0
[switch1-Vlanif40]quit
[Switch2]ospfv3
[Switch2-ospfv3-1] router-id 22.22.22.22
[switch2-ospfv3-1] silent-interface Vlanif10
[switch2-ospfv3-1] silent-interface Vlanif20
[switch2-ospfv3-1] silent-interface Vlanif30
[switch2-ospfv3-1] silent-interface Vlanif40
[Switch2-ospfv3-1]quit
[Switch2]interface Vlanif22
[Switch2-Vlanif22]ospfv3 1 area 0.0.0.0
[Switch2-Vlanif22]quit
[Switch2]interface Vlanif10
[Switch2-Vlanif10]ospfv3 1 area 0.0.0.0
[Switch2-Vlanif10]quit
[Switch2]interface Vlanif20
[Switch2-Vlanif20]ospfv3 1 area 0.0.0.0
[Switch2-Vlanif20]quit
[Switch2]interface Vlanif30
[Switch2-Vlanif30]ospfv3 1 area 0.0.0.0
[Switch2-Vlanif30]quit
[Switch2]interface Vlanif40
[Switch2-Vlanif40]ospfv3 1 area 0.0.0.0
[Switch2-Vlanif40]quit
[Switch2]quit
[Switch5]ospfv3
[Switch5-ospfv3-1] router-id33.33.33.33
[Switch5-ospfv3-1]quit
[Switch5]interface Vlanif33
[Switch5-Vlanif33]ospfv3 1 area 0.0.0.0
[Switch5-Vlanif33]quit
[Switch5]interface Vlanif50
[Switch5-Vlanif50]ospfv3 1 area 0.0.0.0
```

```
[Switch5-Vlanif50]quit
[Router1]ospfv3
[Router1-ospfv3-1]router-id 1.1.1.1
[Router1-ospfv3-1]quit
[Router1]interface GigabitEthernet 0/0/0
[Router1-GigabitEthernet0/0/0]ospfv3 1 area 0
[Router1-GigabitEthernet0/0/0]quit
[Router1]interface GigabitEthernet 0/0/1
[Router1-GigabitEthernet0/0/1]ospfv3 1 area 0
[Router1-GigabitEthernet0/0/1]quit
[Router1]interface GigabitEthernet 0/0/2
[Router1-GigabitEthernet0/0/2]ospfv3 1 area 0
[Router1-GigabitEthernet0/0/2]quit
```

◆ 14.3.4 　项目测试

完成整个项目的配置实施之后，要进行连通性测试，主要包括如下测试内容。

（1）测试校园网主机之间、访问 Internet 主机的连通性。

（2）测试 Internet 主机访问校园网服务器的连通性。

（3）模拟故障测试。当接入层交换机到核心层交换机的链路出现故障时，查看 MSTP 和 VRRP 切换情况及网络连通情况；当核心层交换机到边界路由器的链路出现故障时，查看 VRRP 切换情况及网络连通情况。

14.4 　项目总结与拓展

本项目以一个综合网络项目为载体，系统讲述了网络系统集成项目的 IP 地址规划、项目实施和项目测试等内容，同时给出了所有设备的配置文件，注重项目的完整性，是对前面所学网络知识和网络技术的综合运用。

通过学习本项目，可以有效提高网络规划设计能力、分析问题能力、技术应用能力和故障排除能力。

本项目中每台网络设备的配置文件如下。

AC1

Router1

Router2

Switch1

Switch2

Switch3

Switch4

Switch5

项目 15 Python 自动化运维

15.1 项目介绍

随着网络技术的不断更新与发展,网络运维管理也发生了非常大的变化,一些传统的网络运维技术及管理方式越来越不能满足网络发展和高效运维管理的需求。于是,一些新的运维技术及自动化运维方式逐渐被运用到日常网络运维管理中。近年来,Python 语言在网络自动化运维领域的应用越来越广泛,掌握运用 Python 语言进行网络自动化运维是新一代网络工程师的必备技能。

15.2 学习目标

(1) 了解 Python 运维常用库和常用语法。
(2) 掌握 Paramiko 模块的基本知识和使用方法。
(3) 能够编写 Python 脚本管控网络设备的配置。
(4) 增强紧迫感和使命感,树立终身学习的理念。

15.3 相关知识

Python 语言作为当下最热门的语言之一,具有简单、易学、接近自然思维、可移植性高等特点,成为自动化运维的必备工具。运用 Python 编程语言,可以让程序代替人力实现自动化运维,解决网络运维中的实际问题,让网络管理员告别枯燥的重复工作,提高网络运维效率和用户的满意度。

15.3.1 Python 的安装和使用

Python 在 Windows、Linux 和 macOS 下都可以使用,目前最新的 macOS 本身已经内置了 Python,本项目主要介绍 Python 在 Windows 和 Linux 下的安装和使用方法。

1. 在 Windows 下安装 Python

首先在 Python 官网下载 Windows 版的 Python 3,截止 2024 年 2 月,最新的版本为3.12.1。这里选择 64 位版本和.exe 格式进行安装。安装过程中有一个很重

Python 开发
环境搭建

要的步骤,如图 15-1 所示,这里默认没有勾选"Add python. exe to PATH",请务必勾选。之后选择"Customize installation"进行自定义安装。

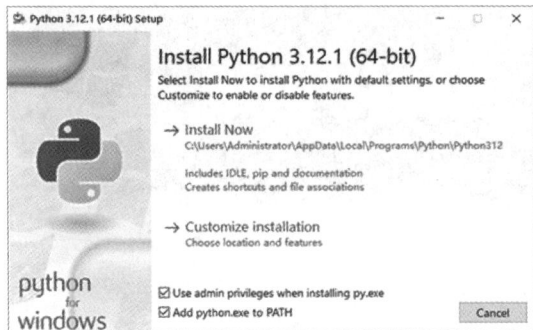

图 15-1　Python 安装界面 1

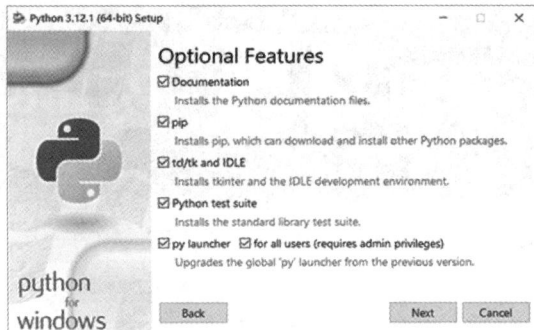

图 15-2　Python 安装界面 2

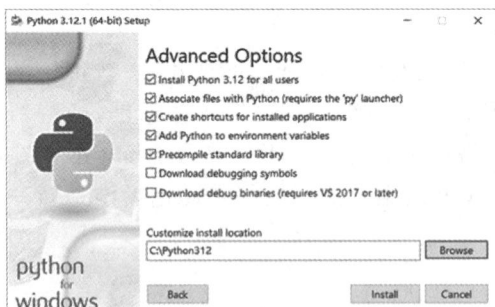

图 15-3　Python 安装界面 3

在如图 15-2 所示的界面中,单击"Next"按钮,出现如图 15-3 所示的界面。

在图 15-3 所示的 Advanced Options 中,推荐将"Install Python 3. 12 for all users"勾选上,然后单击"Install"按钮进行安装。

安装完成之后,打开命令行,输入 Python命令,如果可以进入 Python 3. 12. 1 的解释器,如图 15-4 所示,则说明 Python 3 安装成功。

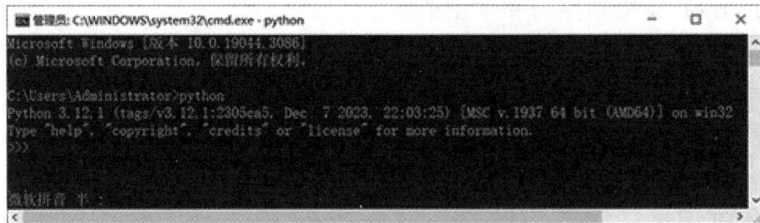

图 15-4　进入解释器

2. 在 Linux 下安装 Python

在安装 Python 之前,需要安装一些依赖包,这些依赖包将为 CentOS 8 系统提供必要的功能,以便我们顺利安装 Python。

在 CentOS 8 系统中,使用如下命令安装依赖包。

```
[root@ localhost ~]#  yum install-y gcc openssl-devel bzip2-devel libffi-devel
```

然后使用如下命令来下载 Python 3. 12. 1 的安装包。

```
[root@ localhost ~]# wget https:// www.python.org/ftp/python/3.12.1/Python-3.12.1.tgz
```

接下来用如下 tar 命令对刚才下载的包解压缩。

```
[root@ localhost ~]# tar -zxvf Python-3.12.1.tgz
```

解压缩完成后,当前目录下会多出一个 Python-3. 12. 1 的目录,执行 cd 命令进入该目录,然后依次输入. /configure--enable-optimizations 和 make altinstall 命令来完成 Python的安装。

```
[root@ localhost ~]# cd Python-3.12.1/
[root@ localhost Python-3.12.1]#  ./configure--enable-optimizations
[root@ localhost Python-3.12.1]#  make altinstall
```

安装完成后,输入命令 Python3,如果可以进入 Python 3.12.1 的解释器,则说明
Python 3.12.1 安装成功。

```
[root@ localhost ~]# python3
Python 3.12.1 (main, Feb  3 2024, 08:15:59) [GCC 8.5.0 20210514 (Red Hat 8.5.0-4)] on linux
Type "help", "copyright", "credits" or "license" for more information.
> > >
```

15.3.2 Python 语法

这里对 Python 的语法知识进行简单介绍,详细语法知识请参阅
Python 相关的专业书籍。

Python 函数及
应用

1. Python 变量

所谓变量就是程序运行过程中,值会发生变化的量。在 Python 中,变
量是存储在内存中的一个值,当用户创建一个变量后,在内存中会预留一部
分空间给该变量。Python 解释器会根据变量类型开辟不同的内存空间进行变量的存储。

用户可以通过变量赋值操作来将变量指向一个对象,例如,下面的 a=100 即是一个最
简单的变量赋值的示例。

```
>>>a=100
```

Python 是一门动态类型语言,和 C/C++、Java 等不同,我们无须手动指明变量的数据
类型,根据赋值的不同,Python 可以随意更改一个变量的数据类型。

变量在进行命名时,需要遵守以下规则,否则将会引发系统错误。

(1) 变量名只能包含字母、数字和下划线。变量名可以字母或下划线开头,但不能以数
字开头。例如,变量可命名为"sw_1",但不能命名为"1_sw"。

(2) 变量名不能包含空格。例如,变量不能命名为"ip addr"。

(3) Python 的关键字和函数名不能作为变量名。例如,"print"不能作为变量名。

(4) 变量名区分大小写。例如,ip 和 Ip 代表两个不同的变量。

2. Python 数据类型

Python 中有 6 类标准的数据类型:数字(Number)、字符串(String)、列表(List)、集合
(Set)、元组(Tuple)和字典(Dictionary)。

(1) 数字。数字包含整数、浮点数、布尔值和复数 4 种类型。其中,常用的主要是整数、
浮点数和布尔值。

(2) 字符串。Python 中的字符串是一种相当灵活的数据类型,内容可以为空,也可以为
汉字或英文字母,还可以为整数、小数或标点符号等,只需要以引号开始和结尾即可,引号可
以为单引号、双引号或三引号,但字符串的开始和结尾引号必须一致。

(3) 列表。列表是一组有序的集合,以中括号"[]"表示,列表中的数据项被称为元素,
每个元素之间以逗号","隔开,元素的数据类型可以不相同。列表是有序的集合,因此可以
使用元素的位置或索引号来访问列表中的元素。和大多数编程语言一样,在 Python 中,第
一个列表元素的索引号是 0,而不是 1。

(4) 集合。集合是一组无序的集合,其中没有重复的数据。创建集合时要使用"{ }",但

如果要创建一个空集合,则必须使用函数 set()。

(5)元组。元组和列表的大部分特性是相同的,不同之处在于以下两点:元组中的元素是不可修改的,而列表中的元素是可以修改的;元组以小括号"()"表示,而列表以中括号"[]"表示。

(6)字典。字典是无序的键值对的集合,以大括号"{}"表示,元素以逗号","隔开;每组元素由键(Key)和值(Value)构成,中间以冒号":"隔开,冒号的左边为键,冒号的右边为值。键的数据类型可为字符串、常数、浮点数或者元组,值可为任意数据类型。

3. Python 条件语句

常见的编程语言都有三大结构:顺序结构、分支结构和循环结构。其中,顺序结构就是按照语句顺序自上而下一句接一句地执行,而分支结构会绕过一些语句执行。在 Python 中,分支结构语句也被称为条件语句,由 if、elif 和 else 三种语句组成。其中,if 为强制语句,可以单独使用;elif 和 else 为选择语句,不能单独使用。下面分别举例进行说明。

```
if Scores>=60:
print("恭喜,您已及格!")
```

这段代码用来判断当用户的分数大于等于 60 时,输出"恭喜,您已及格!"。若希望当用户分数小于 60 时,输出"很遗憾,您没有及格!",则可以结合使用 if 和 else,代码如下。

```
if Scores>=60:
print("恭喜,您已及格!")
else:
print("很遗憾,您没有及格!")
```

如果想对用户的成绩进行更细的划分,输出成绩的档次,则可结合使用 if、elif 和 else,以实现最终的效果,代码如下。

```
if Scores> =90:
    print("您的成绩为优秀!")
elif Scores>=80:
    print("您的成绩为良好!")
elif Scores>=60:
    print("您的成绩为及格!")
else:
    print("您的成绩为不及格!")
```

4. Python 循环语句

循环结构,顾名思义,就是在满足条件的情况下,反复执行某一操作。和分支结构语句一样,循环结构语句也需要缩进和冒号。在 Python 中,常用的循环结构语句有 while 和 for。

(1) while 语句。

while 语句每执行一次写在其下面的执行语句,程序都会回到 while 条件语句处,重新判断条件是否为 True。如果为 True,程序继续执行;否则,while 程序立即终止。下面这段代码使用 while 语句计算 1~100 的整数和。

```
n=100
sum =0
counter=1
while counter <=n:
    sum=sum+counter
    counter +=1
print("1到% d之和为:% d"% (n,sum))
```

当 while 的条件语句永远为 True 时,就会陷入无限循环,程序永远处于运行状态。为了防止无限循环,可以使用 break 语句。下面这段代码要求判断变量 counter 的值,当 counter 的值大于 100 时,才会跳出循环进入下一步操作。和 break 语句功能类似的还有 continue 语句,它也用于循环的内部;不同的是,当程序执行到 continue 语句时,立即跳转到循环的开头,并根据条件结果决定是否继续执行循环。

```
sum =0
counter=1
while True:
    sum=sum+counter
    counter +=1
    if counter >100:
        break
print("1 到% d之和为:% d"% (counter-1,sum))
```

（2）for 语句。

虽然都是循环结构语句,但 for 语句和 while 语句完全不同,while 语句是结合判断语句决定循环的开始和结束,而 for 语句是遍历一组可迭代的序列,遍历结束后,for 语句随即停止。for 语句的基本语法格式如下。

```
for <variable> in <sequence>:
语句
```

其中,<variable>是一个变量的名称,代表序列中的每一个元素;<sequence>为可迭代的序列(字符串、列表、元组等)。在下面这段代码中,变量 fruit 代表将要遍历的可迭代序列(['banana', 'apple', 'mango'])中的每一个元素,在符合变量命名规则的前提下,该变量可由用户任意命名,如若将本例中的 fruit 换成 x,输出结果也是一样的。

```
for fruit in ['banana', 'apple', 'mango']:
    print ('当前水果是:% s' % fruit)
```

以上代码的执行结果如下:

```
当前水果是: banana
当前水果是: apple
当前水果是: mango
```

5. Python 函数

函数就是组织好的、可重复使用的、用来完成一定功能的代码块。在程序中,有些功能会经常用到,此时就可以使用函数来提高应用的模块性及代码的重复利用率。在 Python 中,函数可分为两种,一种是内置函数,另一种是用户自定义函数。内置函数即加载 Python 解释器后可以直接使用的函数,如常用的 print( )、input( )、dir( )等函数。

（1）函数的创建和调用。

用户自定义函数即根据实际需要,由用户自己创建的函数。在 Python 中,使用关键字 def 定义函数,其语法格式如下。

```
def 函数名称 (参数 1, 参数 2...):
语句
```

def 后面接函数名称和括号,括号里面根据情况可带参数也可不带参数。在创建好自定义函数之后,要调用该函数才能得到函数的输出结果,示例如下。

```
# 定义带参数的函数
>>>def add(x,y):
        result=x+y
        print(result)
# 调用函数
>>>add(10,20)
30
# 定义不带参数的函数
>>>def name():
        print("My name is Marry!")
# 调用函数
>>>name()
My name is Marry!
```

不管自定义函数是否带参数，函数都不能在创建前就被调用。

（2）函数的返回值。

任何一个函数都需要返回一个值才有意义。自定义函数可以使用 print 和 return 语句向调用方返回函数的值，如果不使用 print 和 return 语句，则返回值为 None。

其中，print 用来输出函数返回值，以便让用户看到结果，但函数返回值不会被保存，当将该函数赋值给变量时，变量值为空，示例如下。

```
>>>def add(x,y):
        print(x+y)
>>>result=add(10,20)
30
>>>print(result)
None
```

注意，将函数赋值给一个变量时，比如这里的 result＝add(10,20)，也会触发调用函数的效果。

而 return 则恰恰相反，在调用函数后，return 不会输出函数返回值，但函数返回值会被保存，当将该函数赋值给变量时，变量的值就是函数返回值，示例如下。

```
>>>def add(x,y):
        return x+ y
>>>result=add(10,20)
>>>print(result)
30
```

6. Python 模块

如果将一些经常使用的函数存储到与主程序分离的文件中，使其在任何程序中都可以被调用，则使用起来会更加方便，在 Python 中，这种文件称为模块，可以使用 import 语句来引入模块。

（1）import 语句。

如果希望引入某个模块，则可以使用 import 加上模块的名称，这样会导入指定模块中的所有成员（包括变量、函数、类等）。不仅如此，当需要使用模块中的成员时，需用该模块名（或别名）作为前缀，否则 Python 解释器会报错。

```
>>>import os
>>>os.getcwd()
'/root/pythonProject'
```

（2）from...import 语句。

一个模块中可能包含大量的成员，如果只需要导入模块中指定的成员，而不是全部成员，则可以使用 from...import 语句。同时，当程序中使用该成员时，无须附加任何前缀，直接使用成员名（或别名）即可。

```
>>>from os import getcwd
>>>getcwd()
'/root/pythonProject'
```

Python 中的模块分为三大类：内置模块、第三方模块和自定义模块。内置模块是 Python 自带的模块，可以直接使用，如 time、os 等；第三方模块是由 Python 社区开发的一组模块，通常提供了一些特定的功能，如数据分析、机器学习、Web 开发等，第三方模块不能直接使用，需要使用 pip 下载安装；自定义模块是由开发者自己编写的一组模块，可以满足特定的需求，用来帮助开发者组织代码，提高代码的可重用性和可维护性。

7. 异常处理

异常处理是 Python 中很常用的知识点。通常在第一次写完代码运行脚本时，会遇到一些代码错误。Python 中有两种代码错误：语法错误（SyntaxErrors）和异常（Exceptions）。比如忘了在 if 语句末尾加冒号就是一种典型的语法错误，Python 会回复一个"SyntaxError: invalid syntax"的报错信息。

有时一条语句在语法上是正确的，但是执行代码后依然会引发错误，这类错误叫作异常。异常的种类很多，比如把零当作除数的"零除错误"（ZeroDivisionError）、变量还没创建就被调用的"命名错误"（NameError）等都是很常见的异常。这些都是 Python 中常见的内置异常，也就是在没有导入第三方模块的情况下会遇到的异常，示例如下。

```
>>>10/0
Traceback (most recent call last):
  File "< input>", line 1, in < module>
ZeroDivisionError: division by zero

>>>print(x)
Traceback (most recent call last):
  File "< input>", line 1, in < module>
NameError: name 'x' is not defined
```

除了这些常见的 Python 内置异常，从第三方导入的模块也有自己独有的异常。

使用异常处理能提高代码的鲁棒性，帮助程序员快速修复代码中出现的错误。在 Python 中，我们使用 try…except…语句来做异常处理，示例如下。

```
>>>for i in [2,5,0,10]:
    try:
result=100/i
print(result)
except:
print("出现错误!")
50.0
20.0
出现错误!
10.0
```

15.3.3 Python 中的 SSH 模块

Python 模块及应用

在 Python 中，支持 SSH 远程登录访问网络设备的模块很多，常见的有 Paramiko 和 Netmiko。本项目将重点介绍 Paramiko。

1. Paramiko 简介

Paramiko 是用 Python 语言编写的支持以加密和认证方式进行远程控制的模块。它遵循 SSH2 协议，使用 Paramiko 可以方便地通过 SSH 协议执行远程主机的程序或脚本。由于 Paramiko 是使用 Python 语言实现的，所以所有 Python 支持的平台，如 Linux、Windows、Solaris、macOS 等，Paramiko 都可以支持。因此，当需要使用 SSH 协议从一个平台连接到另外一个平台进行一系列操作时，Paramiko 是最佳工具之一。

Paramiko 有两个重要的基础类：Channel 类和 Transport 类。

（1）Channel 类：对于 SSH2 Channel 的抽象类，其作用类似于套接字（Socket），是 SSH 传输的安全通道。常用的方法有 exe_command( )、exit_status_ready( )、recv_exit_ status( )、close( )等。

（2）Transport 类：核心协议的实现类，是一种加密的会话，使用时会同步创建一个加密的流隧道。常用的方法有 send( )、recv( )、close( )等。

2. Paramiko 核心组件

Paramiko 包括两个核心组件：SFTPClient 类和 SSHClient 类。

（1）SFTPClient 类。

SFTPClient 封装了 SFTP 客户端，主要用来执行远程文件操作（上传文件、下载文件、修改文件权限等），常用的方法有 from_transport、put 和 get。其中，from_transport( )方法用于创建一个已连通的 SFTP 客户端通道；put( )方法用于上传本地文件到远程 SFTP 服务器端中；get( )方法用于从远程 SFTP 服务器端下载文件到本地。

下面这段代码使用 Paramiko 的 SFTPClient 类实现了文件的上传和下载。

```python
# 导入 paramiko 模块
import paramiko
# 获取 Transport 实例
tran=paramiko.Transport("192.168.1.1",22)
# 连接远程服务器
tran.connect(username ="root", password="root")
print("连接成功")
# 获取 SFTPClient 实例
sftp=paramiko.SFTPClient.from transport(tran)
# 设置上传的本地/远程文件路径变量
put_localpath=r"D:\Python\upload\upload.py"
put_remotepath="/home/upload/upload.py"
# 设置下载的本地/远程文件路径变量
get_remotepath="/home/download/download.py"
get_localpath=r"D:\Python\download\download.py"
# 执行上传动作并上传文件到远程服务器中
sftp.put(put_localpath, put_remotepath)
# 执行下载动作并从远程服务器中下载文件
```

```
sftp.get(get_remotepath, get_localpath)
tran.close()
```

（2）SSHClient类。

SSHClient类封装了 Transport 类、Channel 类及 SFTPClient 类，通常用于执行远程命令。常用的方法有 connect( )、exec_command( )、load_system_host_keys( )、set_missing_host_policy( )、invoke_shell( )等。其中，connect( )方法用于实现远程 SSH 连接并进行校验；exec_command( )方法为远程命令执行方法，该方法的输入与输出流为标准输入、标准输出、标准错误的 Python 文件对象；load_system_host_keys( )方法用于加载本地公钥校验文件；set_missing _host _policy( )方法用于设置连接的远程主机没有主机密钥或 HostKeys 对象时的策略，目前支持 3 种策略，分别是 AutoAddPolicy、RejectPolicy（默认）、WarningPolicy，仅限用于 SSHClient 类；invoke_shell( )方法用于在 SSH 服务器端创建一个交互式的 Shell。

下面这段代码使用 Paramiko 的 SSHClient 类连接并配置交换机。

```
import paramiko
import time
# 创建交换机登录信息变量
ip="192.168.1.1"
username="admin"
password ="Huawei@123"
# 创建 SSH 对象
ssh=paramiko.SSHClient()
# 允许连接不在 know_hosts 文件中的主机
ssh.set_missing_host_key_policy(paramiko.AutoAddPolicy())
# 以 SSH 方式连接交换机
ssh.connect(hostname=ip, port=22, username=username, password=password)
print("成功连接", ip)
# 调用交换机命令行
command=ssh.invoke_shell()
# 发送配置命令
command.send(sys\n")
command.send("sysname Switch1\n")
command.send("interface loopback0\n")
command.send("ip address 192.168.0.1 24\n")
command.send("return\n")
command.send("save\n")
command.send("y\n")
# 设置等待时间并输出回显内容
time.sleep(3)
output=command.recv(65535).decode()
print(output)
# 关闭连接
ssh.close()
```

以上这段代码通过 SSH 方式成功连接交换机后，需要调用 paramiko. SSHClient( )中的 invoke_shell( )来唤醒 Shell，即唤醒华为交换机的 VRP 命令行，并将它赋值给变量 command，之后调用 invoke_shell( )中的 command( )函数，向交换机发送配置命令。

Python 可一次性执行脚本命令,中间没有时间间隔,这样会造成某些命令遗漏和回显内容不完整的问题。在使用 recv( )函数对回显结果进行保存之前,需要调用 time 模块中的sleep( )函数手动使 Python 停止 3 秒,这样回显内容才能被完整地输出。这里的 command.recv(65535)中的 65535 代表截取 65535 个字符的回显内容。对交换机配置完毕后,使用close( )方法退出 SSH 连接。

15.4 【任务1】批量登录网络设备

◆ 15.4.1 任务描述

A 高校校园网现有网络架构已经能满足日常教学和办公需求,项目转入运维阶段。为满足运维需求,网络管理员已经在网管主机上安装了 CentOS 8,计划通过 Python 语言实现网络自动化运维。网络管理员的首要任务是编写 Python 脚本批量登录到网络设备。

◆ 15.4.2 任务分析

本任务仅演示对交换机 Switch1～Switch4 的自动化管理和配置,网络拓扑图如图 15-5所示。

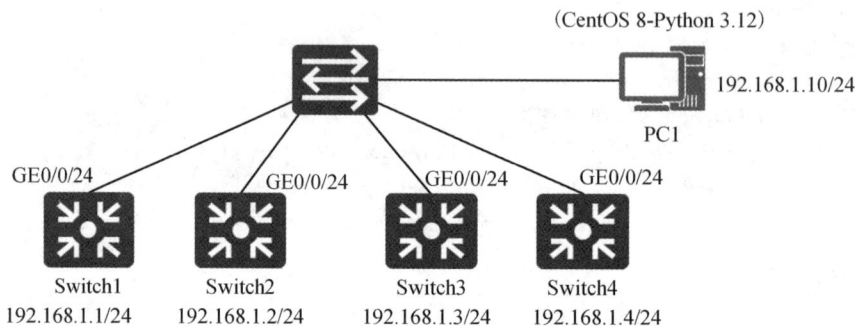

图 15-5　Python 自动化运维网络拓扑图

在网管主机上使用 Python 脚本加载 Paramiko 模块,通过 SSH 协议远程登录到校园网的网络设备上。对于要批量管理的网络设备,需要先启用所有设备的 SSH 服务,再根据项目需求来编写 Python 脚本完成网络设备的配置修改。

校园网管理网络 IP 地址规划表如表 15-1 所示。

表 15-1　IP 地址规划表

设备	接口	IP 地址/子网掩码		默认网关
Switch1	VLANIF1	192.168.1.1	255.255.255.0	N/A
Switch2	VLANIF1	192.168.1.2	255.255.255.0	N/A
Switch3	VLANIF1	192.168.1.3	255.255.255.0	N/A
Switch4	VLANIF1	192.168.1.4	255.255.255.0	N/A
PC1	Ethernet0/0/0	192.168.1.10	255.255.255.0	N/A

◆ 15.4.3 任务实施

1. 基本配置

首先将 4 台交换机的主机名设置为 Switch1、Switch2、Switch3 和 Switch4,然后按 IP 地址规划表为 4 台交换机和网管主机 PC1 的接口配置 IP 地址和子网掩码。

2. 配置 SSH 服务

在交换机 Switch1、Switch2、Switch3 和 Switch4 上开启 SSH 服务,使管理员可以通过 SSH 协议远程登录到交换机,配置命令如下。

```
① Switch1 上的配置
[Switch1]stelnet server enable
[Switch1]aaa
[Switch1-aaa]local-user admin password cipher 123456
[Switch1-aaa]local-user admin privilege level 3
[Switch1-aaa]local-user admin service-type ssh
[Switch1-aaa]quit
[Switch1]ssh user admin service-type stelnet
[Switch1]ssh user admin authentication-type password
[Switch1]user-interface vty 0 4
[Switch1-ui-vty0-4]authentication-mode aaa
[Switch1-ui-vty0-4]protocol inbound ssh
[Switch1-ui-vty0-4]quit
② Switch2、Switch3 和 Switch4 上的配置
与 Switch1 相同,请参考 Switch1 上的配置
```

3. 编写 Python 脚本批量登录到网络设备

在网管主机 PC1 上创建 Python 脚本 ssh_switchs.py,批量 SSH 登录到交换机上并自动更改交换机的登录密码,提高设备管理的安全性,脚本代码如下。

```python
import paramiko
import time

def ssh_switchs(device,username,password,commands,port=22):
    ssh=paramiko.SSHClient()
    ssh.load_system_host_keys()
    ssh.set_missing_host_key_policy(paramiko.AutoAddPolicy())
    try:
        ssh.connect(hostname=device,username=username,password=password)
        print("成功 SSH 登录到:", device)
        shell=ssh.invoke_shell()
        for cmd in commands:
            shell.send(cmd+'\n')
        time.sleep(3)
        result=shell.recv(65535).decode()
        return result
    except:
        print("无法 SSH 登录到设备,请检查配置!!!")
    ssh.close()
```

```
if __name__=="__main__":
    devices=['192.168.1.1', '192.168.1.2', '192.168.1.3', '192.168.1.4']
    username='admin'
    password='123456'
    commands=['system-view',
              'aaa',
              'local-user admin password cipher admin@123',
              'return',
              'save',
              "Y",'\n']
    for device in devices:
        result=ssh_switchs(device,username,password,commands)
        print(result)
```

4. 在网管主机 PC1 上运行 Python 脚本并进行验证

在 PC1 上运行 Python 脚本，并查看脚本的回显内容，如下所示。

```
成功 SSH 登录到：192.168.1.1
Info: The max number of VTY users is 5, and the number
      of current VTY users on line is 1.
      The current login time is 2024-02-03 18:08:28.
<Switch1>system-view
Enter system view, return user view with Ctrl+Z.
[Switch1]aaa
[Switch1-aaa]local-user admin password cipher admin@123
[Switch1-aaa]return
<Switch1>save
The current configuration will be written to the device.
Are you sure to continue? [Y/N]Y
Now saving the current configuration to the slot 0.
Save the configuration successfully.
<Switch1>

成功 SSH 登录到：192.168.1.2
Info: The max number of VTY users is 5, and the number
      of current VTY users on line is 1.
      The current login time is 2024-02-03 18:08:32.
<Switch2>system-view
Enter system view, return user view with Ctrl+Z.
[Switch2]aaa
[Switch2-aaa]local-user admin password cipher admin@123
[Switch2-aaa]return
<Switch2>save
The current configuration will be written to the device.
Are you sure to continue? [Y/N]Y
Now saving the current configuration to the slot 0.
Save the configuration successfully.
<Switch2>
```

成功 SSH 登录到：192.168.1.3

```
Info: The max number of VTY users is 5, and the number
      of current VTY users on line is 1.
      The current login time is 2024-02-03 18:08:36.
<Switch3>system-view
Enter system view, return user view with Ctrl+Z.
[Switch3]aaa
[Switch3-aaa]local-user admin password cipher admin@123
[Switch3-aaa]return
<Switch3>save
The current configuration will be written to the device.
Are you sure to continue? [Y/N]Y
Info: Please input the file name ( * .cfg, * .zip ) [vrpcfg.zip]:
Now saving the current configuration to the slot 0.
Save the configuration successfully.
<Switch3>
```

成功 SSH 登录到：192.168.1.4

```
Info: The max number of VTY users is 5, and the number
      of current VTY users on line is 1.
      The current login time is 2024-02-03 18:08:39.
<Switch4>system-view
Enter system view, return user view with Ctrl+Z.
[Switch4]aaa
[Switch4-aaa]local-user admin password cipher admin@123
[Switch4-aaa]return
<Switch4>save
The current configuration will be written to the device.
Are you sure to continue? [Y/N]Y
Info: Please input the file name ( * .cfg, * .zip ) [vrpcfg.zip]:
Now saving the current configuration to the slot 0.
Save the configuration successfully.
<Switch4>
```

从回显内容可以看出，脚本执行成功，4 台交换机均已经修改了管理密码。

接下来，在 PC1 上执行 ssh admin@192.168.1.1 命令，重新登录到 Switch1，验证交换机的管理密码已经被成功修改，如下所示。

```
[root@ localhost ~]#  ssh admin@192.168.1.1
admin@ 192.168.1.1's password:        //这里输入修改后的新密码 admin@123

Info: The max number of VTY users is 5, and the number
      of current VTY users on line is 1.
      The current login time is 2024-02-03 18:14:32.
<Switch1>
```

15.5 【任务2】实现网络设备的配置备份

◆ 15.5.1 任务描述

　　A高校有交换机和路由器等网络设备40多台，为了保障网络设备的正常运行，需要每天备份网络设备的配置信息。由于学校还未购买和使用自动化管理软件，网络管理员需要通过手工方式SSH登录网络设备，备份网络设备的配置信息，手工方式备份网络设备的配置信息给管理员增加了很多工作，费时费力，工作效率低下。为了提高工作效率，网络管理员准备编写Python脚本来自动备份网络设备的配置信息。

◆ 15.5.2 任务分析

　　在任务1的基础上编写Python脚本，读取网络设备的运行配置信息，并以规划好的文件命名格式将其保存到/root/deviceconfig目录中。

◆ 15.5.3 任务实施

1. 编写Python脚本backupconfig.py，用来自动化备份配置文件

```python
import paramiko
import time
from datetime import datetime

def ssh_switchs(device,username,password,commands,port=22):
    ssh=paramiko.SSHClient()
    ssh.load_system_host_keys()
    ssh.set_missing_host_key_policy(paramiko.AutoAddPolicy())
    try:
        ssh.connect(hostname=device,username=username,password=password)
        print("成功SSH登录到:", device)
        shell=ssh.invoke_shell()
        for cmd in commands:
            shell.send(cmd+'\n')
        time.sleep(3)
        result=shell.recv(65535).decode()
        return result
    except:
        print("无法SSH登录到设备,请检查配置!!!")
ssh.close()

if __name__ =="__main__":
    devices=['192.168.1.1','192.168.1.2','192.168.1.3','192.168.1.4']
    username='admin'
    password='admin@123'
    commands=['screen-length 0 temporary',
              'display current-configuration ']
    for device in devices:
```

```
        result=ssh_switchs(device,username,password,commands)
        if result:
            now=datetime.now()
            filename="/root/deviceconfig/"+str(now.year)+"-"\
                     +str(now.month)+"-"+str(now.day)+"-"+device+".txt"
            print("开始将配置信息写入文件:",filename)
            f=open(filename,'w')
            f.write(result)
            f.close()
            print("文件% s写入完毕!"% (filename))
```

2. 运行 Python 脚本并进行验证

在 PC1 上运行 Python 脚本,并查看脚本的回显内容,如下所示。

```
成功 SSH 登录到: 192.168.1.1
开始将配置信息写入文件:/root/deviceconfig/2024-2-3-192.168.1.1.txt
文件/root/deviceconfig/2024-2-3-192.168.1.1.txt写入完毕!
成功 SSH 登录到: 192.168.1.2
开始将配置信息写入文件:/root/deviceconfig/2024-2-3-192.168.1.2.txt
文件/root/deviceconfig/2024-2-3-192.168.1.2.txt写入完毕!
成功 SSH 登录到: 192.168.1.3
开始将配置信息写入文件:/root/deviceconfig/2024-2-3-192.168.1.3.txt
文件/root/deviceconfig/2024-2-3-192.168.1.3.txt写入完毕!
成功 SSH 登录到: 192.168.1.4
开始将配置信息写入文件:/root/deviceconfig/2024-2-3-192.168.1.4.txt
文件/root/deviceconfig/2024-2-3-192.168.1.4.txt写入完毕!
```

在 PC1 上执行完脚本之后,使用 ls -l /root/deviceconfig/命令,查看 /root/deviceconfig 目录中的文件,如下所示。

```
[root@ localhost ~]# ls -l /root/deviceconfig/
total 16
-rw-r--r--.1 root root 1960 Feb  3 05:50 2024-2-3-192.168.1.1.txt
-rw-r--r--.1 root root 2344 Feb  3 05:50 2024-2-3-192.168.1.2.txt
-rw-r--r--.1 root root 1960 Feb  3 05:50 2024-2-3-192.168.1.3.txt
-rw-r--r--.1 root root 1960 Feb  3 05:50 2024-2-3-192.168.1.4.txt
```

接着查看设备配置备份文件的内容,确认设备配置是否备份成功。如下所示,查看交换机 Switch1 对应的配置备份文件的内容,结果显示,交换机 Switch1 的配置信息备份成功。

```
[root@ localhost ~]# cat /root/deviceconfig/2024-2-3-192.168.1.1.txt

Info: The max number of VTY users is 5, and the number
     of current VTY users on line is 1.
     The current login time is 2024-02-03 18:50:26.
<Switch1>screen-length 0 temporary
Info: The configuration takes effect on the current user terminal interface only.
<Switch1>display current-configuration
#
sysname Switch1
#
cluster enable
```

```
ntdp enable
ndp enable
#
//省略剩下显示内容
```

15.6 项目总结与拓展

本项目介绍了 Python 在网络自动化运维领域中的工作原理，通过批量登录到网络设备并进行网络设备的自动备份，展示了 Python 在网络自动化运维中的具体应用。

Python 自动化运维的
应用场景和方法

15.7 习题

选择题

（1）Python 中的字符串需要以引号开始和结尾，引号可以是以下哪项？

A. 单引号　　　　　B. 双引号　　　　　C. 三引号　　　　　D. 以上都是

（2）以下哪项不是 Python 的内建模块？

A. OS 模块　　　B. telnetlib 模块　　　C. time 模块　　　D. Paramiko 模块

（3）下列选项中，正确将 IP 地址 192.168.1.1 赋值给 ipadd 对象的 Python 语句是？

A. ipadd=192.168.1.1　　　　　　　　B. ipadd="192.168.1.1"

C. "ipadd"="192.168.1.1"　　　　　　D. "192.168.1.1"=ipadd

（4）以下哪个模块提供了通过 SSH 协议连接到网络设备的功能？

A. OS 模块　　　B. telnetlib 模块　　　C. getpass 模块　　　D. Paramiko 模块

（5）若管理员在一个 Python 脚本中写入了如下代码，则下列说法中，正确的是？

```
import paramiko
username="admin"
password="admin123"
ssh_client=paramiko.SSHClient()
ssh_client.set_missing_host_key_policy(paramiko.AutoAddPolicy())
ssh_client.connect(hostname=ip,username=username,password=password)
```

A. 引入的是 telnet 模块相关代码

B. 用户名为 admin，密码为 admin123

C. 用户名为 admin123，密码为 admin

D. 如果这是 Python 脚本的全部代码，则管理员可以成功执行这些代码

附录 A 本书使用的图标

本书中所使用的部分图标示例如下。

通用交换机	接入层交换机	汇聚层交换机	核心层交换机
路由器	防火墙	无线 AP	AC
Wi-Fi 信号	基站	IP 网	Internet 网
广域网	局域网	网络云	IP 电话
PC	笔记本/便携电脑	pad	手机
服务器	Web 服务器	FTP 服务器	DHCP 服务器
企业网络用户	商业中心	企业	小区

附录 B　eNSP 的安装和使用

◆ 一、eNSP 简介

eNSP(Enterprise Network Simulation Platform)是由华为公司提供的一款免费的、可扩展的、图形化操作的网络仿真工具平台，主要对企业网络路由器、交换机等设备进行软件仿真，完美模拟真实设备及场景，支持大型网络模拟，让广大用户有机会在没有真实设备的情况下也能够进行模拟演练，提高网络技术的学习效率。

eNSP 具有可高度仿真、可模拟大规模网络、可通过网卡实现与真实网络设备的通信等特点。

◆ 二、安装和使用 eNSP

1. 安装并启动 eNSP

eNSP 需要在 VirtualBox 中运行，使用 Wireshark 捕获链路中的数据包。当前华为官网提供的 eNSP 安装包中包含了这两款软件，这两款软件也可以单独下载，应先安装 Virtual Box 和 Wireshark，最后安装 eNSP。

安装 eNSP 时，如果出现如附图 1 所示的 eNSP 安装界面，则表示 WinPcap、Wireshark 和 VirtualBox 已经提前安装好了。

开启 eNSP 后，将看到如附图 2 所示界面。左侧面板中的图标代表 eNSP 所支持的各种产品及设备，中间面板则包含多种网络场景的样例。

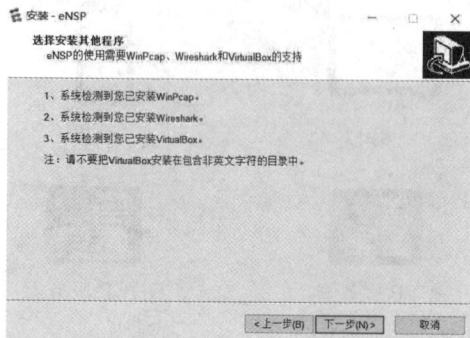

附图 1　eNSP 安装界面

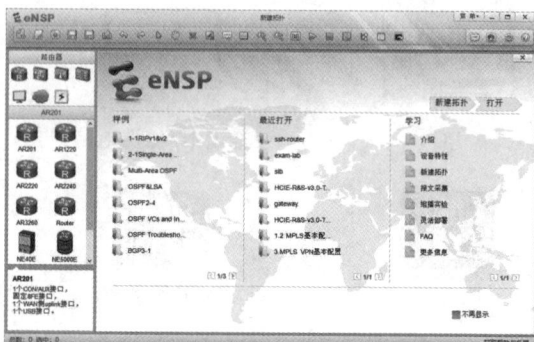

附图 2　eNSP 界面

2. 搭建简单 IP 网络拓扑

单击窗口左上角的"新建"图标，创建一个新的实验场景，就可以在弹出的空白界面上搭建网络拓扑图。

在左侧面板顶部,单击"终端"图标。在显示的终端设备中,选中"PC"图标,把图标拖动到空白界面上。然后使用相同步骤,再拖动一个 PC 图标到空白界面上,建立一个端到端网络拓扑,如附图 3 所示。

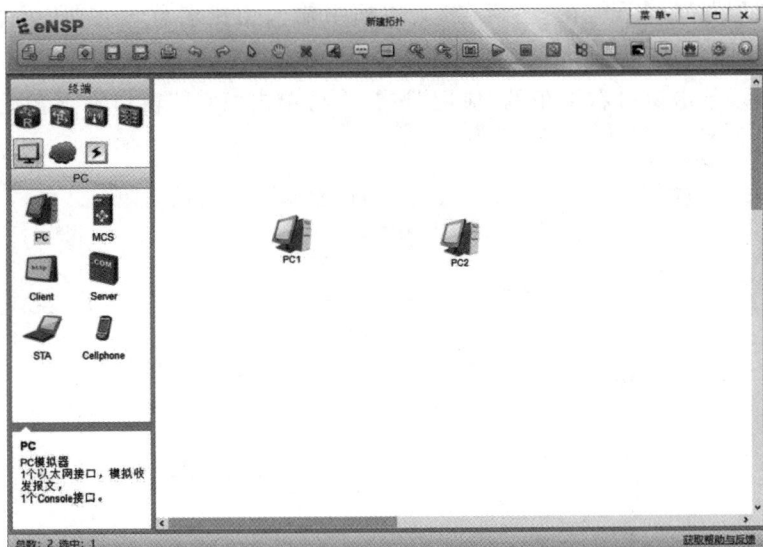

附图 3 建立网络拓扑

在左侧面板顶部,单击"设备连线"图标。在显示的媒介中,选择"Copper(Ethernet)"图标。单击图标后,光标代表一个连接器。单击客户端设备,会显示该模拟设备包含的所有端口。单击"Ethernet 0/0/1"选项,连接此端口。单击另外一台设备并选择"Ethernet 0/0/1"端口作为该连接的终点,此时,两台设备间的连接完成,如附图 4 所示。可以在电脑上观察到,在已建立的端到端网络中,连线的两端显示的是两个红点,表示该连线连接的两个端口都处于 Down 状态。

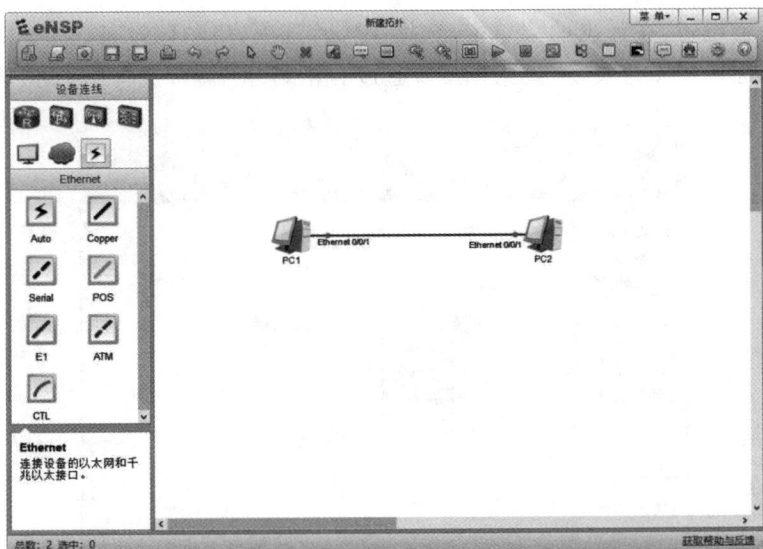

附图 4 建立一条物理连接

3. 进入终端配置界面进行终端系统配置

右击一台终端设备，在弹出的属性菜单中选择"设置"选项，查看该设备的系统配置信息。弹出的设置属性窗口包含"基础配置""命令行""组播"与"UDP 发包工具"等标签页，分别用于不同需求的配置。

选择"基础配置"标签页，在"主机名"文本框中输入主机名称。在"IPv4 配置"区域，单击"静态"选项按钮。在"IP 地址"文本框中输入 IP 地址。按照附图 5 配置 IP 地址及子网掩码。配置完成后，单击窗口右下角的"应用"按钮。再单击"PC1"窗口右上角的 ⊠ 按钮关闭该窗口。

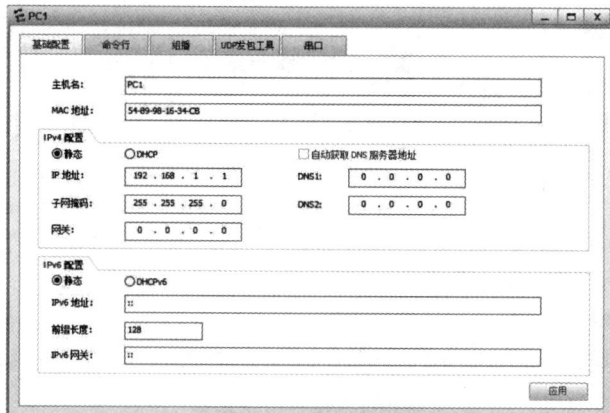

附图 5　配置 PC1

使用相同的步骤配置 PC2。建议将 PC2 的 IP 地址配置为 192.168.1.2，子网掩码配置为 255.255.255.0。

完成基础配置后，两台终端系统可以成功建立端到端通信。

4. 启动终端系统设备

可以使用以下两种方法启动设备。

① 右击一台设备，在弹出的菜单中，选择"启动"选项，启动该设备。

② 拖动光标选中多台设备（见附图 6），通过右击显示菜单，选择"启动"选项，启动所有设备。

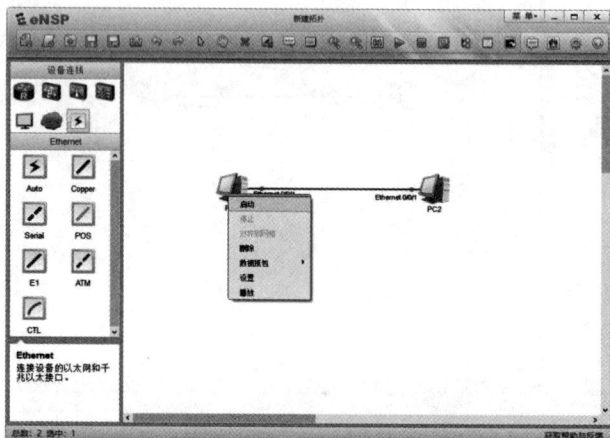

附图 6　启动终端设备

设备启动后,线缆上的红点将变为绿点,表示该连接为 up 状态。

当网络拓扑中的设备变为可操作状态后,就可以监控物理连接中的接口状态与介质传输中的数据流。

5. 捕获接口报文

选中设备并右击,在显示的菜单中单击"数据抓包"选项后,会显示设备上可用于抓包的接口列表,从列表中选择需要被捕获数据的接口,如附图 7 所示。

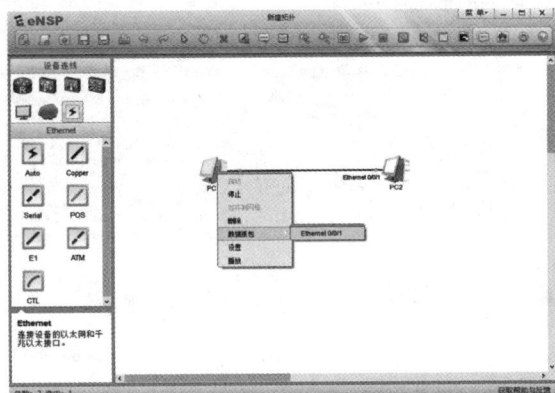

附图 7　捕获接口报文

接口选择完成后,Wireshark 抓包工具会自动激活,捕获选中接口所收发的所有报文。如需捕获更多接口的数据,重复上述步骤,选择不同接口即可,Wireshark 将会为每个接口激活不同实例来捕获数据包。

根据被监控设备的状态,Wireshark 可捕获选中接口上产生的所有流量,生成抓包结果。在本实例的端到端组网中,需要先通过配置来产生一些流量,再观察抓包结果。

6. 生成接口流量

可以使用以下两种方法打开命令行界面。

① 双击设备图标,在弹出的窗口中选择"命令行"标签页。

② 右击设备图标,在弹出的属性菜单中,选择"设置"选项,然后在弹出的窗口中选择"命令行"标签页。

产生流量最简单的方法是使用 ping 命令发送 ICMP 报文。在命令行界面输入 ping <ip address>命令,其中,<ip address>设置为对端设备的 IP 地址,如附图 8 所示。

附图 8　生成接口流量

生成的流量会在该界面的回显信息中显示，包含发送的报文和接收的报文。

生成流量之后，通过 Wireshark 捕获报文并生成抓包结果。可以在抓包结果中查看到 IP 网络的协议的工作过程，以及报文中基于 OSI 参考模型的各层协议的详细内容。

7. 观察抓取到的报文

查看 Wireshark 抓取到的报文，如附图 9 所示。

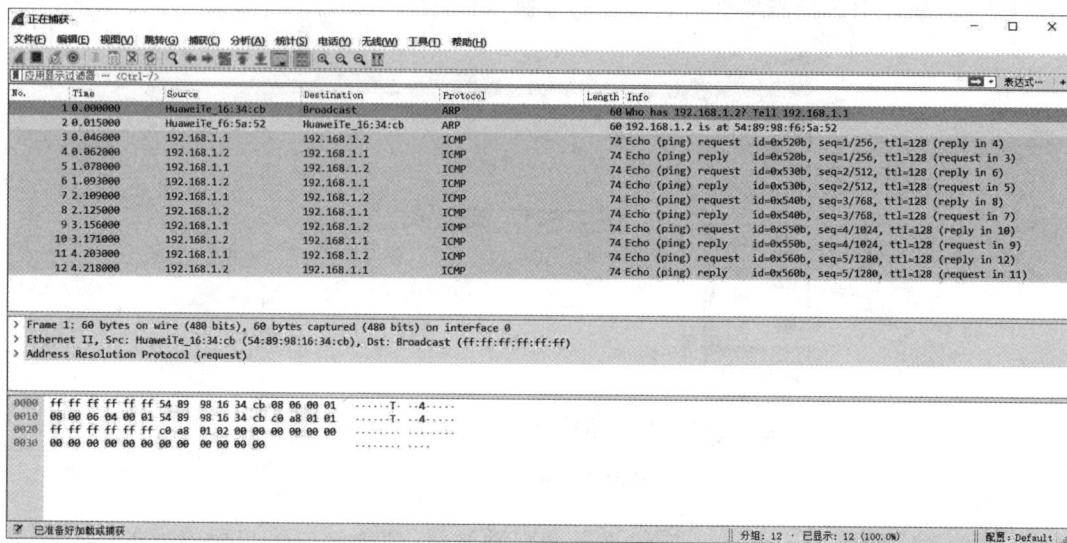

附图 9　Wireshark 抓取到的报文

Wireshark 程序包含许多针对所捕获报文的管理功能。其中一个比较常用的功能是过滤功能，可用来显示某种特定报文或协议的抓包结果。在菜单栏下面的"Filter"文本框里输入过滤条件就可以使用该功能。最简单的过滤方法是在文本框中先输入协议名称（小写字母），再按回车键。在本示例中，Wireshark 抓取了 ICMP 与 ARP 两种协议的报文。在"Filter"文本框中输入 icmp 或 arp 再按回车键后，在回显中就将只显示 ICMP 或 ARP 报文的捕获结果。

Wireshark 界面包含三个面板，分别显示的是数据包列表、每个数据包的内容明细，以及数据包对应的十六进制的数据格式。报文内容明细对于理解协议报文格式十分重要，同时也显示了基于 OSI 参考模型的各层协议的详细内容。

参考文献

[1] 尹淑玲,温静.路由交换技术[M].武汉:华中科技大学出版社,2020.

[2] 华为技术有限公司[M].网络系统建设与运维(中级).北京:人民邮电出版社.2020.

[3] 华为技术有限公司[M].网络系统建设与运维(高级).北京:人民邮电出版社.2020.

[4] 张文库,彭素荷,孙外平.网络设备配置与管理项目教程(华为 eNSP 模拟器版)[M].北京:电子工业
     出版社,2022.

[5] 许成刚,阮晓龙,高海波,等.eNSP 网络技术与应用从基础到实战[M].北京:中国水利水电出版
     社,2020.

[6] 肖威.网络设备管理操作指南[M].北京:中国纺织出版社.2022.

[7] 赵新胜,陈美娟.路由与交换技术[M].北京:人民邮电出版社.2018.

[8] 华为技术有限公司.HCNA 网络技术实验指南[M].北京:人民邮电出版社,2017.

[9] 华为技术有限公司.HCNA 网络技术学习指南[M].北京:人民邮电出版社,2015.

[10] 王达.华为路由器学习指南[M].北京:人民邮电出版社,2014.

[11] 王达.华为交换机学习指南[M].北京:人民邮电出版社,2013.

[12] 杭州华三通信技术有限公司.路由交换技术[M].北京:清华大学出版社,2012.

[13] 刘丹宁,田果,韩士良.路由与交换技术[M].北京:人民邮电出版社,2017.

[14] 徐慧洋,白杰,卢宏旺.华为防火墙技术漫谈[M].北京:人民邮电出版社,2015.

[15] 王印,朱嘉盛.网络工程师的 Python 之路[M].北京:电子工业出版社,2023.